微/藻/生/物/学

秦松　陈军　总主编

"十四五"国家重点出版物出版规划项目

基础微藻学

第一卷

胡章立　孙婷　主编

山东科学技术出版社
·济南·

图书在版编目（CIP）数据

基础微藻学 / 胡章立，孙婷主编. -- 济南 : 山东科学技术出版社，2025. 5. --（微藻生物学 / 秦松，陈军总主编）. -- ISBN 978-7-5723-2417-8

Ⅰ. Q949.2

中国国家版本馆 CIP 数据核字第 2024WT8808 号

基础微藻学

JICHU WEIZAO XUE

统　　筹：郑淑娟
责任编辑：周建辉　张文彬
装帧设计：孙　佳

主管单位：山东出版传媒股份有限公司
出 版 者：山东科学技术出版社
地址：济南市市中区舜耕路 517 号
邮编：250003　电话：（0531）82098088
网址：www.lkj.com.cn
电子邮件：sdkj@sdcbcm.com
发 行 者：山东科学技术出版社
地址：济南市市中区舜耕路 517 号
邮编：250003　电话：（0531）82098067
印 刷 者：济南新先锋彩印有限公司
地址：济南市工业北路 188-6 号
邮编：250100　电话：（0531）88615699

规格： 16 开（184 mm × 260 mm）
印张： 21.5　**字数：** 316 千
版次： 2025 年 5 月第 1 版　**印次：** 2025 年 5 月第 1 次印刷
定价： 120.00 元

编委会

序

PREFACE

微藻是一类具有高光合利用率的低等生物，也是主要的初级生产力来源，进行了全球约50%的光合作用，以此提供了全世界70%的食物来源。微藻是一个庞大的类群，包括几十万至数百万个物种，而高等植物仅包括25万个物种；在进化层面，微藻是介于细菌等原核生物与高等植物之间的生物类群，兼具微生物和高等植物的特点，具有丰富的物种多样性和特异性。近年来，在微藻规模化培养等技术的推动下，微藻以其独特的生物学性质和物质组成，在食品、化妆品、水产养殖、生物固碳等多个领域实现了广泛应用，产业发展迅速，对社会经济发展的推动作用日益加强。

秦松研究员及其团队多年来致力于微藻的科学研究与应用推广，对于微藻学科和微藻产业的发展具有深刻的理解和责任感。此前秦松研究员已参与编著《海藻遗传学》等专著，此次会同微藻研究的专家和微藻产业的主要技术骨干，编写了《微藻生物学》，进一步凝练、提升了微藻研究的学科理论，指引了学科发展的方向，为促进研究成果的产业化做出了积极贡献。

《微藻生物学》包括基础微藻学、应用微藻学和实用微藻技术三卷。基础微藻学从微藻的系统分类学、生态学、生理学、生物化学、遗传与分子生物学和组学与合成生物学等方面进行详细阐述，填补了微藻研究缺乏生物学基础支撑的空白。应用微藻学是对微藻应用研究进展的总结，提炼出学科化研究的概念，为微藻的应用建立了研究方法，从而构建了从微藻分离、纯化到生产和利用的应用研究系统，主要包括常见的应用微藻种类、微藻活性物质、微藻规模化生产的共性关键技术、微藻食品工程及化妆品工程、微藻污水处理工程和微藻固碳工程6个部分。实用微藻技术是指导微藻研究和产业化的技术手册，内容翔实，实用性强。三卷有机结合，涵盖了微藻从基础研究到产业化应用的方方面面，并进行了全面梳理和科学提升，形成了完整的理论和技术应用体系。

《微藻生物学》的出版将会积极推动微藻研究和微藻产业的发展。

中国科学院院士 

序

PREFACE

微藻是一类在陆地、海洋分布广泛、营养丰富、光合利用率高的低等生物。微藻物种数量庞大，生物多样性极其丰富。据估计，微藻物种数量高达80万种，目前进行鉴定分类的微藻仅约35 000种，开展规模化商业利用的物种不超过10种。因此，微藻这一资源宝库尚未被充分开发，生物多样性与利用研究还具有巨大的探索和发掘空间。

微藻的应用需要扎实的研究基础为依托，但是目前尚未有以微藻为对象进行系统介绍的专著。中国科学院烟台海岸带研究所秦松研究员及其团队编写的《微藻生物学》，是一部系统介绍微藻基础研究、应用基础研究和实际应用技术的专著。基础微藻学从微藻的系统分类学、生态学、生理学、生物化学、遗传与分子生物学和组学与合成生物学全方位解读了目前微藻研究的进展，汇总了当前国内外微藻研究的成果，阐述了微藻基础研究的历史和现状，总结了微藻的物质基础、生理特性和作用机理。应用微藻学详细介绍了已规模化应用的微藻种类及相应特性、营养功能和生物量积累等，重点阐述了微藻在固碳、污水处理、食品、化妆品等方面的应用，展现了近年来微藻应用的主要领域和成果，阐明了微藻应用的物质基础和代谢机制，为突破微藻应用的瓶颈指明方向。为了使从业人员更便捷地使用基础微藻学和应用微藻学的理论和技术，实用微藻技术提供了微藻分离培养、培养基、反应器设计、规模化养殖等具体技术的应用和操作流程。该项目将微藻研究基础、应用研究和实用技术有机结合，不仅填补了我国在该领域的空白，而且对推动我国微藻产业高效、可持续发展具有重要意义。

《微藻生物学》内容深入浅出，层次分明，既有科学理论又有实践技术，具有重要的参考价值，尤其适用于微藻学专业初学者、研究生、微藻产业技术人员，对助力微藻基础研究、应用研究和微藻产业健康发展具有重要意义。

中国科学院院士

目录 CONTENTS

绪 论 …… 001

第一节 微藻的基本特性 …… 001
第二节 微藻的研究价值 …… 008
第三节 微藻的研究历程 …… 013

第一章 微藻的分类与生态 …… 016

第一节 微藻的分类 …… 017
第二节 微藻的分布 …… 052

第二章 微藻生理与生物化学 …… 064

第一节 微藻生物大分子的结构与功能 …… 064
第二节 微藻光合作用 …… 079
第三节 微藻呼吸作用 …… 118
第四节 微藻自养与异养 …… 129
第五节 微藻逆境生理 …… 140

第三章 微藻遗传与分子生物学 …… 173

第一节 微藻的遗传特性 ……173
第二节 微藻细胞核遗传 ……183
第三节 微藻线粒体遗传 ……197
第四节 微藻表观遗传学 ……206
第五节 微藻基因工程 ……224

第四章 微藻组学与合成生物学…… 271

第一节 微藻基因组学 ……271
第二节 转录组学 ……288
第三节 蛋白质组学 ……294
第四节 微藻基因组的进化 ……303
第五节 基因组编辑技术 ……307
第六节 合成生物学技术在微藻研究中的应用 ……315

绪论

第一节 微藻的基本特性

藻类是具光合色素、单细胞生殖器官且无根、茎、叶分化的有机体。微藻是指在显微镜下能分辨其形态的微小藻类类群，不属于分类学名称。微藻一般为直径不到 1 mm 的丝状体或单细胞，具有形态多样、分布广、适应性强等特性，可进行放氧光合作用。

一、微藻的种类

微藻是一类广泛分布于陆地和海洋中的低等生物，其光合利用率高、营养丰富、种类繁多。截至 21 世纪初，已发现的藻类有 3 万余种。其中，微藻占 70%，即 2 万余种。根据微藻含有的色素、生殖方式、生殖器官构造和细胞构造的不同，可将其分为 11 个门：绿藻门（Chlorophyta）、黄藻门（Xanthophyta）、裸藻门（Euglenophyta）、轮藻门（Charophyta）、金藻门（Chrysophyta）、硅藻门（Bacillariophyta）、蓝藻门（Cyanophyta）、甲藻门（Dinophyta）、褐藻门（Phaeophyta）、红藻门（Rhodophyta）和隐藻门（Cryptophyta）；根据微藻的色素颜色，可将其分为褐藻、绿藻和红藻。微藻的营养方式有光能自养型（Phototrophic）、兼养型（Mixotrophic）和异养型（Heterotrophic）。在自然界中，大部分微藻与高等植物一样属于光能自养型生物，它们在地表、水体或其他基质上生成有机物，为其他生物的生存创造条件。

微藻的生活习性多样，按照其生态习性，可分为浮游微藻（Planktonic microalgae）和底栖微藻（Benthic microalgae）；按照生长地点的温度差异，可分为暖水性种、冷水性种和温水性种；按照生长环境差异，可分为水生微藻、气生微藻和陆生微藻（表 1）。

表 1　微藻的分类

分类方式	种类
按形态学分类	绿藻门、黄藻门、裸藻门、轮藻门、金藻门、硅藻门、蓝藻门、甲藻门、褐藻门、红藻门、隐藻门
按色素颜色分类	褐藻、绿藻、红藻
按营养方式分类	光能自养型、兼养型、异养型
按生态习性分类	浮游微藻、底栖微藻
按生长地点的温度差异分类	暖水性种、冷水性种、温水性种
按生长环境差异分类	水生微藻、气生微藻、陆生微藻

整个生活史都在水中营浮游生活的微藻，称为真性或永久性浮游植物（Euplankton 或 Holoplankton）；只在生活史的某个阶段营浮游生活，其他时期营沉水生活的微藻，称为假性（或偶然性）浮游植物（Pseudoplankton 或 Tychoplankton）。近年来，研究人员还发现了生活在水表层与空气之间的藻类，称之为漂浮藻类，但是目前对于此类群的研究相对较少。

大多数微藻生活在各种水体中，有些微藻则生活在土壤表层或近表层潮湿或有水的环境中，我们把此类微藻称为土壤微藻（Soil microalgae）。它们对水的需求量不同，一般土壤藻类对于干旱条件具有较强的忍受能力，具有适应其栖息环境的一些生活特性，在生理学和生物化学等方面与其他藻类具有共性。着生于植物体表面，例如树皮、树叶等部位的藻类称为附植藻类（Epiphyton），附植藻类有的以整个植物体着生，有的以基细胞或胶质柄等固着器着生。着生于岩石上的藻类称为附石藻类（Epilithon），附石藻类固着的基质水中和陆上均有，附着方式有的以附着器（假根）着生，有的无特殊的附着器。

二、微藻的生物学特性

1. 结构多样性

微藻有两种基本类型：原核（Prokaryotic）微藻和真核（Eukaryotic）微藻。其中，原核微藻主要指蓝藻；真核微藻包括绿藻、黄藻、裸藻、金藻、硅藻、红藻和隐藻等。

蓝藻细胞中无核膜包裹的细胞核，遗传物质DNA裸露在核区；无高尔基体、液泡、线粒体、中心体和内质网等细胞器；固质中无色素体，但含光合片层；细胞壁深处具蛋白性质的附属物：菌毛或纤毛（图1）。蓝藻无鞭毛，不能自由运动，但有可能发生蹭动、滑动和泳动。例如，集胞藻属（*Synechocystis*）可借助Ⅳ型菌毛的伸缩在固体表面发生蹭动，内生孢子可通过母细胞复分裂增殖发生滑动；聚球藻属（*Synechococcus*）可通过细胞外膜层的收缩和扩展进行泳动。

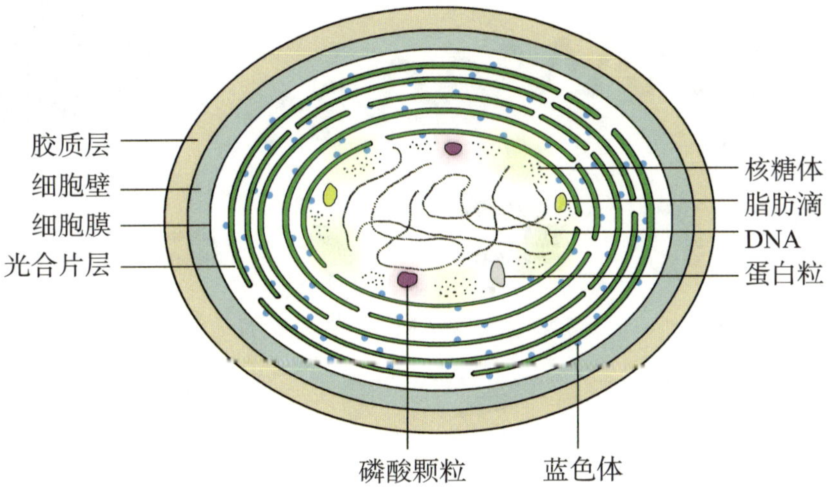

图1 蓝藻细胞模式图

真核微藻具细胞核和复杂的细胞器，绝大部分遗传物质分布在细胞核内，少部分存在于线粒体和叶绿体内；具色素体和鞭毛。鞭毛是一种复杂的运动器官，主体结构为一个由9根二联体微管围绕2根单体微管组成的轴丝，整个结构被质膜包围。鞭毛或光滑或粗糙，并通过基体嵌入细胞质外层。不同门类的藻类其鞭毛数目和细胞着生位置存在差异。例如，绿藻通常有 2 条着生于细胞顶端、长度相等的鞭毛；金藻和黄藻有 1 ~ 3 条鞭毛，其中 2 条鞭毛不等长；隐藻有 2 条不等长的鞭毛，从斜截的亚顶端伸出；横裂甲藻纲的 2 条鞭毛分别位于横沟和纵沟中。此外，一些羽状硅藻也具有滑动能力，如紫球藻属（*Porphyridium*）中的红藻和部分绿藻。

微藻藻体有单细胞、群体和丝状体多种形态（图 2），藻细胞存在厚壁孢子（akinete）、芽孢、异形胞、连锁体等特殊结构。厚壁孢子或芽孢可由营养细胞在恶劣条件下形成，具有很厚的细胞壁和颗粒状内含物，在适合生长的条件下能够萌发。异形胞是可以起到固氮作用的独特细胞，在完全缺乏化合氮条件下，蓝藻细胞分化成为异形胞，它们有厚的细胞壁和稀疏的细胞质。连锁体为丝状藻体断裂形成的短毛状片段，通常能滑移运动，具有气囊泡。

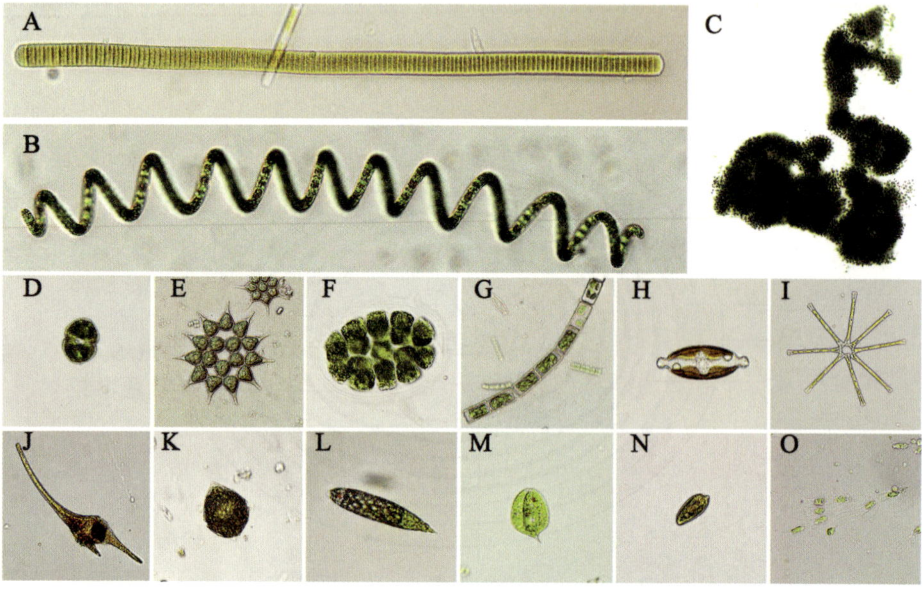

A：颤藻（*Oscillatoria* sp.）；B：螺旋藻（*Spirulina* sp.）；C：铜绿微囊藻（*Microcystis aeruginosa*）；D：凹顶鼓藻（*Euastrum* sp.）；E：单角盘星藻（*Pediastrum simplex*）；F：空球藻（*Eudorina elegans*）；G：变异直链藻（*Melosira varians*）；H：美壁藻（*Caloneis* sp.）；I：美丽星杆藻（*Asterionella formosa*）；J：飞燕角甲藻（*Ceratium hirundinella*）；K：柯维拟多甲藻（*Peridiniopsis kevei*）；L：纤细裸藻（*Euglena gracilis*）；M：扁裸藻（*Phacus* sp.）；N：卵形隐藻（*Cryptomonas ovata*）；O：锥囊藻（*Dinobryon* sp.）

图 2　微藻显微图

藻落多呈扁平形、球形、立方体形、四集藻形、树枝状、鞭索状或非鞭索状。藻落内部细胞规则或不规则地排列在胶被中，无定型地聚焦在一起（如微囊藻属，*Microcystis*），或者形成一层微纤维结构包裹在一起（如粘杆藻属，*Gloeothece*）。此外，固定藻落常和有鞭毛的微藻细胞组成运动藻落，嵌入同一个胶被中（如空星藻属，*Coelastrum*；盘藻属，*Gonium*）。微藻的胶被根据稠度可分为鞘、包被、荚膜和黏膜，其作用为抵御外界胁迫，参与营养物质的传递、吸收和储存，以及参与运动迁移等。例如：生活在高太阳辐射环境中的蓝藻，其鞘大多存在吸收太阳光的功能色素，可防御紫外线辐射。

2. 繁殖方式

微藻的繁殖通常以无性生殖为主，包括细胞分裂繁殖和孢子[①]繁殖等。微藻的有性生殖则通过配子[②]体结合进行繁殖。

（1）微藻的无性生殖

微藻的细胞分裂繁殖是指一个细胞连同细胞壁（有些微藻并无细胞壁）均分为两个，其分裂的方向有的只有一个，有的则有两个或三个。在适宜的环境条件下，这种细胞分裂繁殖方式可快速增加个体数量。微藻孢子形成是在细胞内进行的，首先经过细胞核分裂，其次是细胞质分裂。按照这样的分裂结果，可在一个细胞内形成 2 的倍数（2，4，8，16，32，64，⋯）的细胞，即为孢子。孢子脱离母细胞之后便可形成新的个体，这种繁殖方式称为孢子繁殖。各种微藻细胞的核分裂次数大体上是一定的，有的微藻细胞质的分裂是在细胞核分裂完毕后发生的，而有的则随着核的每次分裂而分裂。

孢子可分为游动孢子（又称动孢子，Zoospore）、不动孢子（又称静孢子，aplanospore）和厚壁孢子等类型。淡水藻类除蓝藻门外大都能产生游动孢子进行繁殖，其细胞裸露，无细胞壁，有鞭毛，能运动。不动孢子具有细胞壁，无鞭毛，不能运动。有的不动孢子在形态构造上和成长的个体（母体）十分相似，

---

① 孢子是微藻无性生殖产生的细胞。

② 配子是微藻有性生殖产生的生殖细胞。

又称似亲孢子（autospore）。在生活环境不适宜时，有些微藻的细胞壁增厚、体积增大、积累更多的营养物质，形成厚壁孢子，有些种类还会在细胞内另生被膜，成为休眠孢子，它们都需要经过一段时间的休眠，直至生活环境适宜时，才继续进行生长繁殖。

（2）微藻的有性生殖

微藻的有性生殖一般是在一定条件下或生活史中的某一时期进行，通过雄配子和雌配子在体外相接合，形成一个合子。合子形成后，通常需要经过一段休眠期才萌发成为一个新的个体。

有性生殖分为同配生殖（isogamy）、异配生殖（anisogamy）和卵配生殖（oogamy）三种类型：①同配生殖，即雌配子和雄配子的形状、大小都相同；②异配生殖，即雌配子和雄配子的形状相似，只是雌配子较大些；③卵配生殖，即雌配子和雄配子的形状和大小都不相同，雌配子（卵细胞）较大，不能运动，雄配子（精子）小，有鞭毛，能运动。

微藻中接合藻目的有性生殖是 2 个能变形的无鞭毛的配子相接合。这种接合是由两个母细胞发出的接合管相接合或由原来的细胞壁互相接合，并且在接合处的细胞壁融合，一个细胞或两个细胞的内含物通过融合处接合形成合子。接合生殖（conjugation）是绿藻门接合藻目特有的有性生殖方法。

3. 其他生物学特性

与其他生物相比，微藻具有如下特点：

（1）微藻具有单细胞结构，形态为群体或丝状体，多为浮游藻类。

（2）微藻是一类低等生物，种类繁多，分布极广泛，形态多样，适应性强。

（3）微藻细胞小、细胞壁大多坚硬。

（4）微藻生长周期短。

（5）微藻易于大规模培养。

（6）可以用海水、碱水或半碱水培养，在淡水资源短缺、土地贫瘠地区是获得有效生物资源的重要途径。

（7）微藻富含蛋白质、碳水化合物和脂肪，有些种类还富含油脂、矿物质等，是未来人类重要的油料和食品资源。

（8）微藻（特别是海洋微藻）具有独特的生存环境，可以合成许多结构和生理功能独特的生物活性物质。经过诱变筛选或基因工程改造，微藻可以更高效地合成具有商业化价值的化合物，是未来人类获取化工原料、保健品和药品的重要来源。

三、微藻与其他微生物的区别

从大小上讲，微藻多为肉眼不可见、需要用显微镜才能观察的微小生物，人们常把它归类为微生物类别。实际上，微藻除了与高等植物一样能有效地利用太阳光能将水和二氧化碳等无机物质合成有机物质外，还具有生长繁殖快、世代周期短的特点，有的还能利用有机碳源进行高密度发酵培养。同时，微藻还具有与真菌、细菌等其他类别微生物不一样的形态和结构差异（表2）。

表2　微藻与真菌、细菌的区别

种类	细胞形态	大小	细胞壁	生长周期
微藻	原核生物或真核生物，单细胞结构，群体呈球状或丝状	大小从几微米到几百微米不等	主要含纤维素和果胶质，还有硅质等	生长繁殖较快，世代周期短
真菌	真核生物，单细胞或多细胞结构，多细胞真菌由菌丝构成	菌丝直径 2 ~ 10 μm	主要含甘露聚糖、少量蛋白和脂类	多数生长比较缓慢
细菌	原核生物，形态多呈螺旋形、杆形、球形、丝状等	大小的单位是微米，球菌一般为 0.5 ~ 1 μm	主要含肽聚糖，细胞壁厚度为 15 ~ 30 nm	

第二节　微藻的研究价值

一、微藻的营养价值

地球上 60% 以上的氧气是由哪一类生物产生的？哪一类生物是地球上各种生物的主要食物来源？哪一类生物是最具生物技术发展潜力，同时也是最古老的生物？答案是微藻。微藻是食物链的初级生产者，是地球上较原始的生物类群之一，经历了几十亿年的演化，没有因为残酷的生活条件和恶劣的环境变化而消失。微藻虽小，但它们是地球上最具营养价值的健康食物之一，所含有的维生素、氨基酸和矿物质与人类本身的成分极其相似，可以为我们提供营养，有助于身体健康，被誉为 21 世纪最理想的绿色营养食物。

微藻一般生长在阳光充足、富含矿物元素的环境中，其营养价值极高，含有的植物性蛋白质高达 65%。其中，人体必需氨基酸的比例高达 50%，人体吸收率最高可达到 90%（蓝藻为 90%，绿藻则为 45% ~ 50%）。微藻含有多种矿物元素（磷、铁、钙等）和维生素（泛酸、叶酸、β - 胡萝卜素、生物素、维生素 A、维生素 C 等）。其中，微藻维生素 B_{12} 和铁质含量比动物肝的含量高，其钙质含量更是高于牛奶。微藻因其含有完整丰富的营养成分，被各个国家列为保健食品、功能性食品或膳食补充品。墨西哥政府明文规定该国的儿童食物内必须含有 5% 的蓝藻，奥运选手食物中需含 20% 以上的蓝藻；日本健康营养食品协会于 1996 年起将蓝藻、绿藻列为健康食品；美国食品药品监督管理局（FDA）于 1998 年将蓝藻、绿藻列为膳食补充剂，美国航空航天局将绿藻列为太空食品，并称其为 21 世纪的绿色能量食物。

二、微藻与水环境

1. 蓝藻水华

蓝藻水华是自然水体富营养化导致的生态灾害。随着社会经济快速发展，目前蓝藻水华已经成为世界性的生态环境问题。下面以太湖为例对蓝藻水华暴发的原因进行介绍。

蓝藻是地球上最原始和最古老的藻类之一，存在于地球上长达35亿年。蓝藻喜高温和强光，当温度和光线适宜且水体营养丰富时，将大量繁殖形成水华。蓝藻水华会散发难闻的气味，对湖水和景观造成破坏，过量蓝藻会消耗水中过多的氧气，从而导致水中的大量生物因为缺氧而死亡，同时蓝藻降解时分泌的毒素破坏水质，直接危害人类的健康。

太湖处于长江三角洲经济最发达的地区，面积达2 400 km^2，全湖可以分为江苏（占53%）、浙江（占33.4%）和上海（占13.6%）三大部分。除湖中岛屿外，实际水域面积为2 338 km^2，平均水深为1.89 m，蓄水量为4.43×10^8 m^3，多年来记载的平均入湖水量约6.6×10^8 m^3，太湖的平均换水周期在300天左右。太湖作为长三角地区社会经济发展的重要水资源，对饮用水、工农业用水、航运、旅游和防洪蓄水等起到十分重要的作用。“太湖之美在于太湖之水。”太湖以水的精神展示了吴越文化的精髓，使无锡成为闻名中外的旅游城市。但自20世纪90年代以来由于经济的快速发展，加上环保意识淡薄，太湖湖水水质每况愈下，太湖北岸的城市——无锡曾经一度爆发了饮用水危机。2007年4月，无锡太湖的蓝藻发生异常增殖。同年5月，出现了大规模的蓝藻暴发，直接导致无锡部分地区的自来水被严重污染，爆发饮用水危机，造成了巨大的社会影响。

太湖为什么会暴发蓝藻水华呢？其中很重要的一个原因就是自然条件，包括水文、气象和地理条件，这些条件是蓝藻暴发所需要的。当这些条件和合适的生活环境同时存在的时候，蓝藻水华就会大规模暴发。对太湖往年蓝藻水华暴发情况进行研究，发现每年第一次发生蓝藻水华的时间和增长率与沉积物中蓝藻活细胞的类型、数量、密度以及冬眠和再生的时间有关，而水体富营养化程度与氮、磷含量相关，不同程度的富营养化可使蓝藻水华大规模暴发，也可抑制蓝藻的生长。湖泊富营养化趋势的增加使得蓝藻在藻类中的比例逐渐增加，成为优势种群甚至绝对优势种群后，很容易引起蓝藻水华大规模暴发。

影响蓝藻水华暴发的自然条件还包括温度、光照、风力、降雨、水域地形、水动力、水位、大气压、电导率、盐度、pH、气流扰动、水的垂直分层和稳定性，以及微生物和食物链相互作用的生物环境等。其中，每天的平均气温高于 25℃可以促进蓝藻的生长和繁殖；充足的光照条件有利于蓝藻的光合作用，加快蓝藻的繁殖；风力不仅会对蓝藻的上浮和下沉产生影响，而且还会对蓝藻的漂浮方向产生影响；降雨会使气温和水温降低，水体内含氧量增加，有利于蓝藻下沉；当水域的地形是湾或凹状的时候，在顺风的情况下有利于蓝藻的聚集。

人为因素也是造成蓝藻水华暴发的重要原因之一。在推进社会经济发展的过程中，人类向湖泊排放了大量含氮、磷等的污染物，加速了水体富营养化。我国化学肥料的消费量是世界上最高的，但实际上只有 30% 被作物吸收，相当于有 70% 左右的肥料进入了土壤和地下水，导致河流、湖泊内蓝藻所需的养分大量增加，为蓝藻水华暴发创造了环境条件。研究表明，太湖地区氮污染总量的 50% 和磷污染总量的 48% 是由化学肥料过度流失所造成的，其中大部分来自太湖西部和北部地区的农田。在无锡、常州、苏州以及太湖附近的其他地方，每公顷的化肥用量已超过 500 kg，远高于国际标准的最高上限（每公顷 225 kg）。由于农业对化肥的依赖性还在增加，这也导致蓝藻水华暴发的隐患还没有消除。与此同时，因为工业化的迅速发展和部分企业环保理念的缺失，一些工厂将污染物直接向太湖中排放，直接导致湖中的营养物质急剧升高，在环境温度适宜的时候，湖中的蓝藻大量繁殖，大量消耗湖中的溶解氧，使得湖中原来的生物因为缺氧而大量死亡，出现严重的生态学问题。

2. 海洋赤潮

2000 多年前，古埃及就有关于“赤潮”的记录，直至发明了显微镜之后，人们才渐渐揭开了关于赤潮现象的神秘面纱。海水中的一些浮游生物可以在特定的环境条件下发生爆发性繁殖，从而导致海水发生非正常的颜色变化，这就形成了赤潮。微型或者小型浮游植物和原生动物是造成赤潮现象的主要生物。目前已知造成赤潮现象的生物有 40 多个属、120 多种，较为常见的是骨条藻、夜光藻和原生动物中的腰鞭毛虫等，其主要分布在距离水面数十厘米至 1 m 左右的海水表层。

浮游生物的颜色决定了赤潮的颜色，夜光藻形成的赤潮主要呈红褐色，绿色鞭毛藻形成的赤潮则为绿色。因此，赤潮实际上是多种有色潮的一个总称。发生赤潮的海水往往是黏稠并带有腥臭味的，故又被称为“臭水”“厄水”。

近年来，赤潮现象频繁发生，这与日益严重的海洋污染有着不可分割的联系。由于工业污水、生活废水和农业污染等进入海洋，氮和磷等生物可利用的营养元素积累，导致了海洋水体的富营养化，为赤潮生物的大量繁殖提供了条件，这是赤潮形成的重要原因。与此同时，海域内的水温和气象条件与赤潮的发生也有直接关系。例如：太阳暴晒、水温上升以及海面上稳定的空气流等因素都有助于赤潮生物的累积，这也是赤潮形成的自然条件。

密集的赤潮生物会堵塞鱼的鳃，消耗水中大量的溶解氧，使海水及海洋生物处于极度缺氧状态。赤潮还会形成硫化氢（H_2S）等有害气体，不仅会威胁到其他海洋生物的生存，甚至会导致一些海洋生物大量死亡。更严重的是，赤潮生物体内及其代谢的产物中含有生物毒素，这些毒素会导致鱼类、贝类中毒或者死亡。人类如果误食含有这些生物毒素的海产品，可能会发生中毒或者致死事件。

赤潮是一种生态灾害，赤潮暴发给人类敲响了警钟，同时也告诫我们，海洋环境的保护已迫在眉睫，我们必须采取行动去关注、保护和改善海洋环境。

三、微藻生物技术

微藻生物技术是现代生物技术的组成部分之一，其主要研究对象是单细胞微藻。自 20 世纪 60 年代日本等国家大规模生产小球藻以来，微藻生物技术已经初具规模，并显示出巨大的应用潜力，为科技工作者、企业和政府所重视。近年来，国际化石能源价格持续高涨，温室气体过度排放导致全球气候变化日益显著，第一代生物燃料[①]的开发引发国际粮食价格飙升。在这种背景下，微藻生物技术的研究受到各国政府的高度重视，也成为风险投资的焦点，巨额的资金投入这一技术领域，我们相信微藻生物技术产业将获得巨大发展。

微藻生物技术主要是面向能源、环境、食品和医药卫生等领域，形成了基础研究和产业化开发并重的微藻生物技术产业化研发策略（图 4）。在能源领域，微藻有望成为继粮食作物乙醇、纤维素乙醇和陆生作物生物柴油之后新一代生物质能源的原材料；在环境领域，微藻有大幅吸收温室气体二氧化碳的潜力，并在处理生活和工业污水等方面有广阔的应用前景；在食品领域，微藻有潜力为人类提供大量单细胞蛋白质、植物油脂、类胡萝卜素类和不饱和脂肪酸等食品或食品添加剂；在医药卫生领域，从微藻生物资源中寻找新的抗生素、抗癌和抗病毒药物的研究也成为目前及未来科研工作的重点。

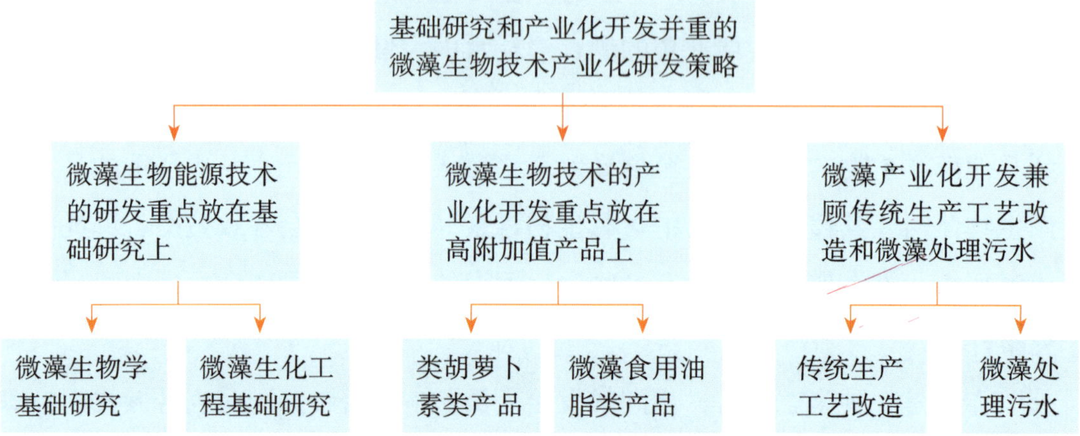

图 4　我国微藻生物技术产业化研发策略

① 第一代生物燃料是指使用糖类和淀粉类等原料进行发酵产生生物乙醇。

尽管微藻生物技术产业潜力巨大，但是目前微藻生物技术产业的规模还较小，微藻大规模工业化培养仅是近50年的产业成就，已经实现大规模（自养）培养的微藻物种仅有螺旋藻、小球藻、杜氏盐藻、微拟球藻和雨生红球藻等，主要用于功能食品和饲料添加剂等行业。微藻生物技术产业（自养培养）初级产品的年市场总值估计有几十亿元人民币的规模。

第三节　微藻的研究历程

18世纪末期，关于微藻培养的研究就已经展开，当时涉及的藻类主要是淡水藻类，包括小球藻和栅藻等，培养藻类的主要目的是给植物生理学研究提供可靠的实验材料。

最早注意到微藻细胞的学者是显微镜专家Baily J W，他在1841年发现了微藻化石，并对来源于淡水和海水的微藻分别进行了比较详细的考察，被誉为美国的第一位藻类学家。Durant C F在1850年发表的著作及Pieters P B在1867年的一份科学报告中都对各种藻类进行了较为详细的报道和描述，并将这些藻类分为25个属。经过30多年的积累,Snow J在1903年将藻类扩展到103个属，并且成功地在实验室中进行了相关藻类的培养研究，并因此成为第一个发现藻类培养技术的学者。

在上述研究工作的基础上，West等人于1916年出版了第一本藻类学专著《藻类》，该书全面总结了前几十年有关藻类学的知识，为后来的藻类研究奠定了良好的基础。随后,《北美东北海岸藻类》《美国淡水藻类》《藻类的结构和生产》等几部专著对藻类资源的分布、藻类品种的形态和分类、藻类与环境的关系、藻类与水生动物和人类之间的相互关系、藻类的生活史、藻类在食物链中的作用及其所处的进化地位等方面进行了详细介绍，使人类对藻类有了比较全面的认识。

在此之后，人们对藻类的各种特性开始进行进一步研究，如培养藻类所需的条件、藻类进行光合作用的机理、藻类的生理生化特性、具有实用价值的藻株筛选与开发利用、藻类大规模和大批量培养、藻类生物制品和藻类生物活性物质的开发利用等，初步建立了比较完整的藻类生物学研究体系，微藻的研究体系也由此建立。《从实验室到小型工厂的藻类培养》一书对微藻而言是非常重要的代表性著作。该书对微藻的生长条件、大规模培养技术、应用及各种有效成分的分析等方面进行了全面总结，对微藻生物学的发展起到了承前启后的指导性作用。

在产业化方面，研究人员开发出了以开放式跑道池为主的开放式培养系统。由于该系统结构简单、建造容易、投资低以及整体技术相对简单，在许多国家和地区得到了推广和应用，实现了小球藻、螺旋藻、红球藻和盐藻等一些有应用价值的微藻大规模培养，从而加快了微藻研究成果的产业化进程。

随着微藻大规模培养及应用技术的成功，人们对微藻的发展前途和微藻的经济潜力给予了充分肯定，世界各国政府和学者也重视起来。1946—1959 年，美国、英国、日本、法国、捷克斯洛伐克、菲律宾和印度等国家分别成立了国家级藻类学会。1961 年，国际藻类学会成立。20 世纪 80 年代以来，微藻生物学开始重视基础研究与工程技术的结合，形成自己的特色，进而形成真正的微藻产业体系。

进入 21 世纪以来，随着微藻生物学研究体系的日益成熟，与微藻相关的各类研究有了很大发展，主要有以下几个方面：①建立起了比较完整且成熟的应用微藻生物学研究体系；②微藻研究条件日趋完善，很多国家的研究机构建立起了具有一定规模的微藻种质资源库，适合微藻大规模培养的各种光生物反应器和微藻高密度培养技术被先后开发出来，为微藻进一步研究和开发奠定了坚实基础；③大批微藻保健食品、药品及微藻活性物质的开发应用使微藻高附加值产品走向市场成为现实。

参考文献

陈峰，姜悦，1999. 微藻生物技术［M］. 北京：中国轻工业出版社 .

倪学文，2005. 海洋微藻应用研究现状与展望［J］. 海洋渔业（3）：251−255.

王长海，2004. 海洋生化工程概论［M］. 北京：化学工业出版社 .

Ehling−Schulz M, Bilger W, Scherer S, 1997. UV−B−induced synthesis of photoprotective pigments and extracellular polysaccharides in the terrestrial cyanobacterium Nostoc commune［J］. J Bacteriol, 179(6): 1940−1945.

Lee K W, 1984. Unrecorded marine algae from Korea. Ⅲ［J］. Bull. Mar. Resour. Res. Inst. ChejuNat. Univ., 8: 65−67.

Pichel F G, Sherry N D, Castenholz R W, 1992. Evidence for an ultraviolet sunscreen role of the extracellular pigment scytonemin in the terrestrial cyanobacterium *chiorogloeopsis* sp.［J］. Photochemistry and Photobiology, 56(1): 17−23.

第一章 微藻的分类与生态

藻类是植物界的一大类群，人类对其认识的历史漫长而曲折。1754 年，分类学家林奈将植物界分成 24 纲，其中的隐花植物（cryptogamia）包括所有无种子和花的植物，分为藻类、真菌、苔藓和蕨类四大类。1887 年，恩格勒分类系统将隐花植物分为 13 个门，其中的原植体植物门又分为 2 纲：藻类和真菌。从此，藻类在植物分类系统中拥有了 1 个纲的位置。在此后的 100 多年间，藻类学家和其他植物学家通过采集标本、观察形态，依据林奈的双名法命名法则对所研究的藻类进行命名和分类位置确定，并衍生出并行进化理论和绿藻进化理论，这些理论认为藻类具有共同的祖先，是一个自然的类群。

随着研究的深入，科学家们发现，蓝藻并不是藻，而是“蓝细菌”（Cyanobacteria）。藻类除蓝藻外，其他大多都是真核的。20 世纪 70 年代以来，电子显微技术和分子生物学技术在分类学中得到广泛应用，新的发现改变了传统藻类演化的观点，研究表明真核藻类是内共生起源的。在隐藻中发现的类核体（核形体），就是内共生真核藻类的细胞核在长期内共生进化过程中的“残迹”。同时，真核藻类细胞器的内共生起源得到细胞超微结构和分子生物学研究的支持。通过对各种原核和真核生物的 rDNA 序列进行对比，发现地球上的生物可分为相互联系的 3 个类群——古菌类、真细菌类和真核生物类。蓝藻是真核藻类的共同祖先，在长期的内共生进化过程中，蓝藻发生与色素形成相关的基因突变、丢失和转移等，从而形成色素组成不同的真核藻类。含有不同色素的藻类，其起源方式不同，差异也很大，不同色素组成的藻类在漫长的演化中经历了从简单到复杂的过程。

20 世纪末，学者们根据内共生起源学说将藻类进行分类，虽然分类的理论依据相同，但是建立的分类系统却不同。藻类学家 R E Lee（1999）、C Van Den Hoek（1995）、L E Graham（2000）和胡鸿钧等（2006）分别将藻类分为 15、11、9 及 13 个门。中国学者使用的主要是胡鸿钧等提出的分类系统，该系统认为，藻类并不是一个自然的类群，而是由具有相同或相似特征的低等植物组成的集合，分类主要依据藻细胞的形态和大小、鞭毛的结构与形态、色素体的结构、光合色素的类型、储藏物质类型和细胞增殖方式。根据以上主要分类特征，下面介绍最常见的微藻门类及其代表种，主要包括以下 7 个门：蓝藻门、绿藻门、金藻门、硅藻门、甲藻门、隐藻门和裸藻门。

第一节　微藻的分类

一、蓝藻门

（一）基本特征

1. 形态与构造

蓝藻，现在又称为蓝细菌，是一类原核生物，为单细胞、非丝状群体或丝状群体。非丝状群体有多种形态，包括板状、中空球形、立方体形和不定形群体，群体通常由具有一定形态和不同颜色的胶被包裹；丝状群体（藻丝）由相连的一系列藻细胞组成，具鞘或不具鞘。蓝藻细胞无色素体和真正的细胞核，原生质体分为外部色素区和内部无色中央区，色素区含有叶绿素 a、叶黄素和藻胆蛋白，无色中央区含有环形丝状 DNA，无核膜和核仁（图 1–1）。细胞壁由氨基糖和氨基酸组成，细胞外胶被主要由肽聚糖组成。有些物种的少量营养细胞分化形成异形胞，异形胞比营养细胞大很多，细胞壁厚，内含物少，呈无色透明状，内部含有丰富的固氮酶，是细胞固氮的场所（图 1–2）。有些种类细胞含有气囊。

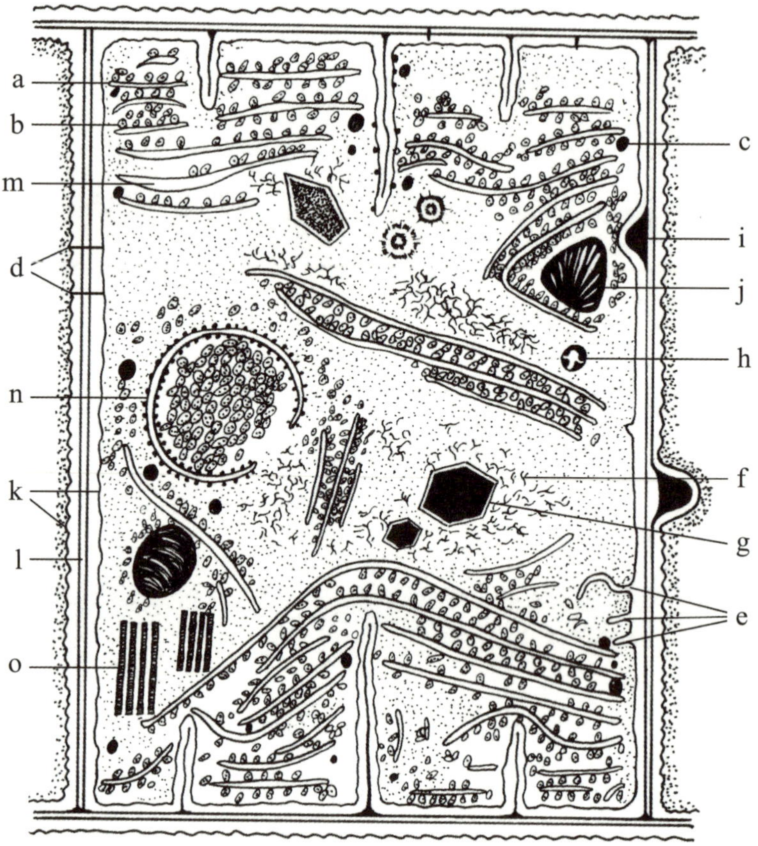

a. 光合作用片层；b、c. 各种不同的颗粒；d. 相邻细胞的胞间连丝；e. 形成的原生质膜；f. 核质；g. 多角小体；h. 似液泡构造体；i. 加厚的横壁；j. 结构颗粒体；k. 原生质膜；l. 横壁；m. 光合作用构成的圆盘；n. 藻胆体；o. 圆柱形小体

图 1–1　蓝藻细胞显微结构

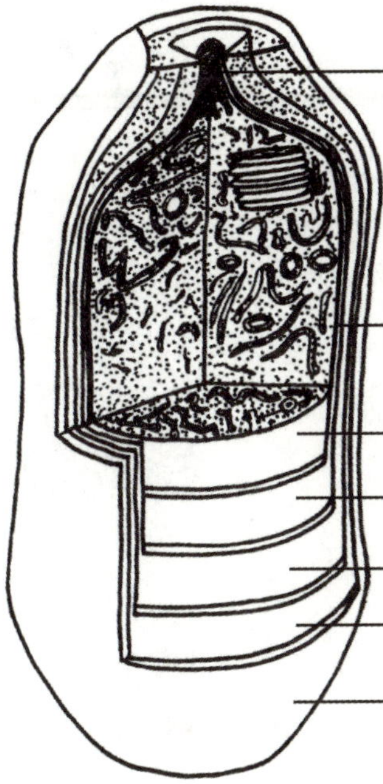

图 1–2　异形胞的构造

2. 繁殖

蓝藻的繁殖方式通常为细胞分裂，单细胞类群的分裂面有 1 ~ 3 个。具有多个分裂面的蓝藻细胞经细胞分裂后，子细胞通常被胶被包裹形成胶群体。丝状类群除了细胞分裂外，还能形成藻殖段，藻殖段从藻丝滑动离开后发育形成新的藻丝。

蓝藻除了进行营养繁殖外，还以孢子的方式进行无性生殖，如厚壁孢子、外生孢子（exospore）和内生孢子（endospore）。外生孢子由细胞内原生质发生横分裂生成。内生孢子较罕见，由母细胞原生质多次分裂形成大量具有薄壁的子细胞，母细胞破裂后释放出孢子，新的藻个体由释放出的孢子萌发而成（图 1–3）。

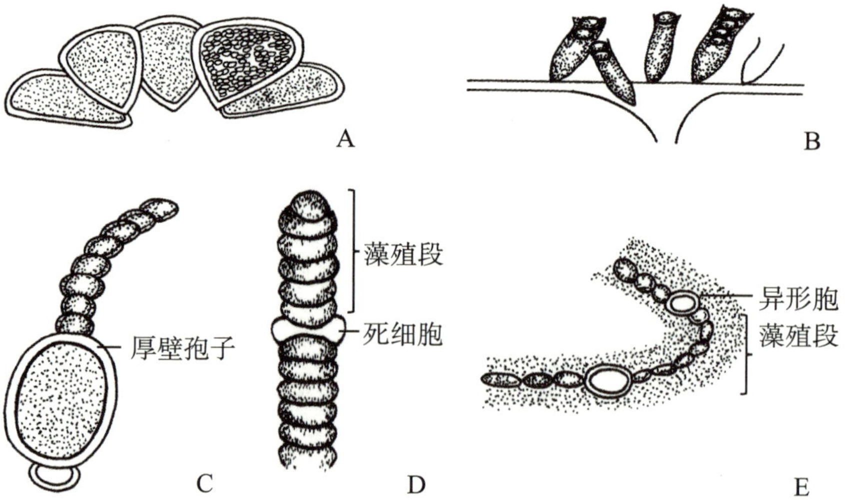

A. 产生内生孢子；B. 产生外生孢子；C. 产生厚壁孢子；D、E. 形成藻殖段

图 1–3 蓝藻的繁殖方式

3. 分布

蓝藻适应性极强，分布范围遍及陆地和海洋。在温度高达 70℃的温泉、−35℃的极寒高原、过饱和盐水等严苛的环境中均有发现蓝藻的报道。在营养丰富的水体中，蓝藻会在适宜的环境条件下大量繁殖，浮于水体表面形成水华。在河流、湖泊底部的岩石及一些植物体上，会发现一些附着的底栖蓝藻。此外，还有一些蓝藻可与真菌、蕨类（满江红）植物或裸子植物（苏铁）等生物共生。例如，地衣是蓝藻与真菌共生而成的。

（二）代表属

蓝藻门仅 1 纲，4 个目，约 150 个属。

1. 颤藻属（*Oscillatoria*）

颤藻属的植物体为单条藻丝或许多藻丝组成的皮壳状或块状漂浮群体，细胞圆柱形或盘状，顶端细胞形态多样，末端增厚或具帽状结构，无胶质鞘或不明显（图 1–4）。藻丝直或弯曲，无分枝，能颤动，旋转式运动。藻丝在死细胞或隔离盘处断裂，形成藻殖段进行繁殖。

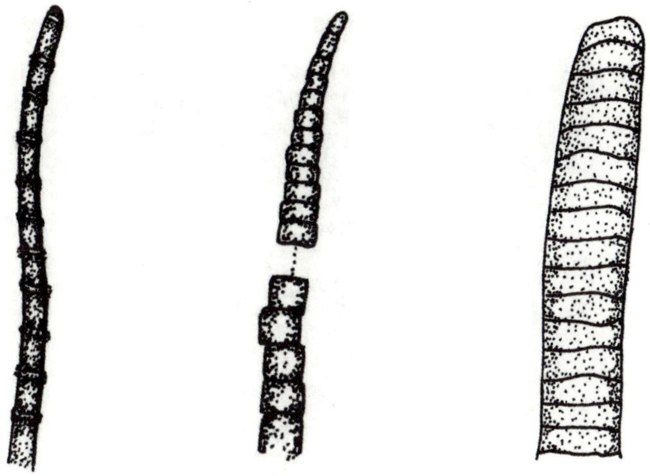

图 1-4 颤藻

2. 节旋藻属（*Arthrospira*）

节旋藻属的植物体为单列多细胞组成的丝状体，无鞘，不分枝，圆柱状，松弛而有规律地卷曲，通常有较大的螺旋，不同种螺距疏密有异。藻丝顶端细胞钝圆，具或不具帽状结构，多数外壁不增厚（图 1-5）。节旋藻属的细胞横壁明显，常收缢，以藻殖段进行繁殖。

图 1-5 节旋藻

3. 念珠藻属（*Nostoc*）

念珠藻属的植物体是由一列细胞组成的不分枝丝状体，细胞呈圆球状，排列成一行形如念珠，常被胶质鞘包被（图 1-6）。念珠藻属的丝状体上有异形胞和厚壁孢子，有的个体有胶质鞘，以藻殖段进行繁殖。念珠藻属常见于淡水水体或潮湿的土壤及岩石上。本属的普通念珠藻（*N. commune* Vauch.）、发状念珠藻（*N. flagelliforme* Bornet Flah.）、拟球状念珠藻（*N. sphaeroids* Kütz.）可供食用。

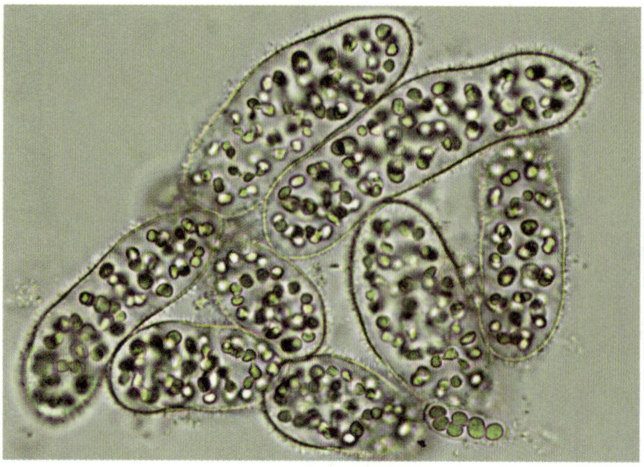

图 1-6　念珠藻

4. 鱼腥藻属（*Anabaena*）

鱼腥藻属的细胞呈球形或圆柱形，藻丝呈曲线状，单一或聚集为团状，无公共胶质鞘，浮生于水中或黏附于基质上（图 1-7）。在富营养化水体中，鱼腥藻常与铜绿微囊藻（*Microcystis aeruginosa*）一起形成水华。

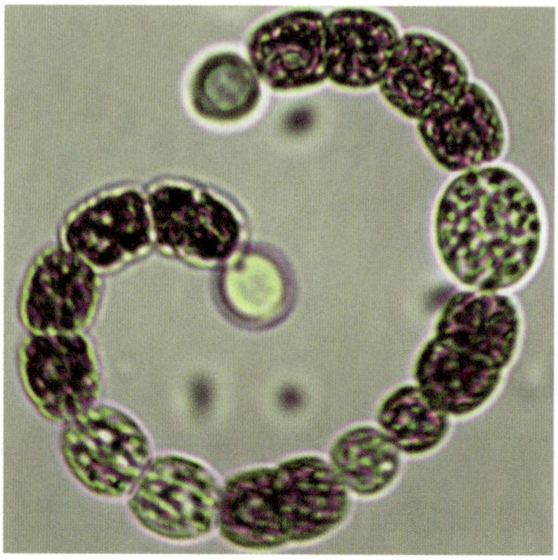

图 1-7　鱼腥藻

5. 微囊藻属（*Microcystis*）

微囊藻属多生于淡水中，少数生于海水或盐水中，其藻细胞近球状，多具有气泡（假空胞），可自由漂浮或附着生活。群体呈球状或不规则状等多种形状，细胞均匀分布在无色胶被中（图 1–8）。在夏季营养丰富的水中，此属可于水表形成一层有腥味的绿色浮沫，分泌抑制其他藻类生长或草食动物牧食的毒素。

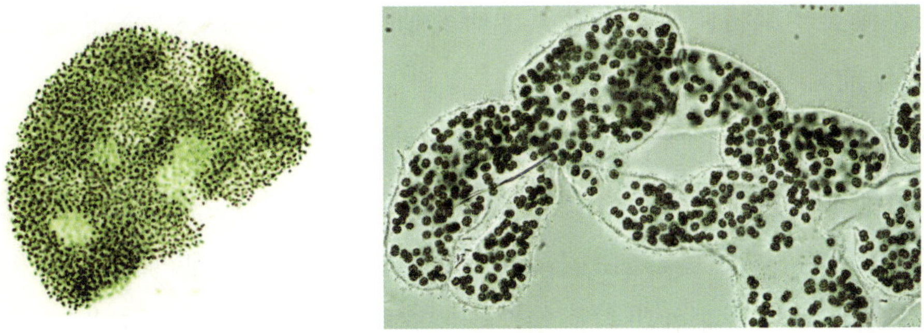

图 1–8　微囊藻

6. 色球藻属（*Chroococcus*）

色球藻属多见于湖泊、池塘及湿润的土地或岩石上，为单细胞或群体，由透明无色胶质鞘包被（图 1–9）。单细胞个体呈球状或近球状。群体一般由多代子细胞组成，子细胞呈半球状或四分体状，细胞相接处平直。

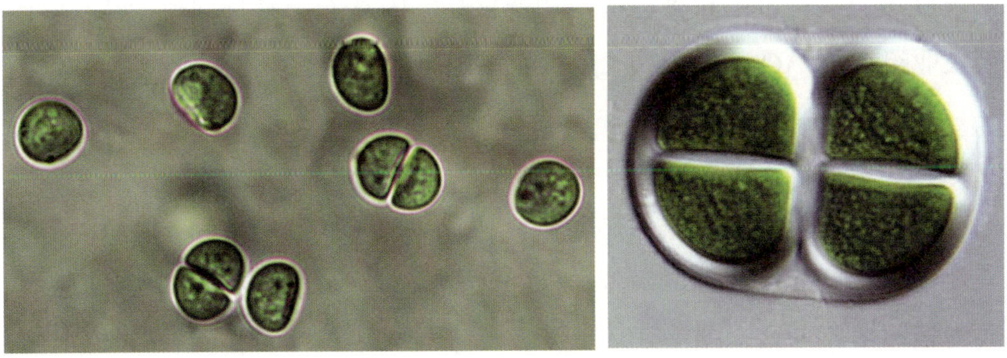

图 1–9　色球藻

（三）生态地位

蓝藻是地球上最原始、最古老的绿色自养植物类群。在原核生物化石形成的叠层石中，在寒武纪、奥陶纪、泥盆纪地层中均发现了远古的蓝藻化石。基于这些已发现的蓝藻化石及相关古生物学资料，一些藻类学家认为细菌和蓝藻在地球上出现的时间为 33 亿 ~ 35 亿年前，尤其在寒武纪时代蓝藻较为繁盛。近年来，藻类学家将微体化石和其他研究结果相结合，认为蓝藻进化的时间约在 27 亿年前。

蓝藻是独立的植物类群，在细胞构造和繁殖方式上，与其他植物存在明显差异，但与细菌存在很高的相似性。起初，有学者认为蓝藻和红藻有很多共性，亲缘关系较近，主张红藻是由蓝藻发展而来的，但是由于两者在很多方面存在巨大的差异，这一主张并没有得到广泛的支持。而后，有些学者提出蓝藻和细菌有共同的起源，两者一起被列入原核生物界（Prokaryota）。

（四）经济价值

1. 食用

可食用的蓝藻有普通念珠藻（俗称地木耳）、发状念珠藻（俗称发菜）、拟球状念珠藻（俗称葛仙米）、节旋藻属（节旋藻）。

节旋藻是具有重要营养价值的功能食品，因营养丰富且均衡，被联合国粮食及农业组织（FAO）推荐为“21 世纪最理想的食品”。

2. 固氮作用

固氮蓝藻可以通过固氮作用将氮气转化成氨（$N_2 \xrightarrow{\text{固氮酶}} NH_3$），如束毛藻（*Trichodesmium*）和假膜藻（*Katagnymene*）是海洋主要的固氮生物，鱼腥藻可为稻田增加氮肥（图 1-10）。

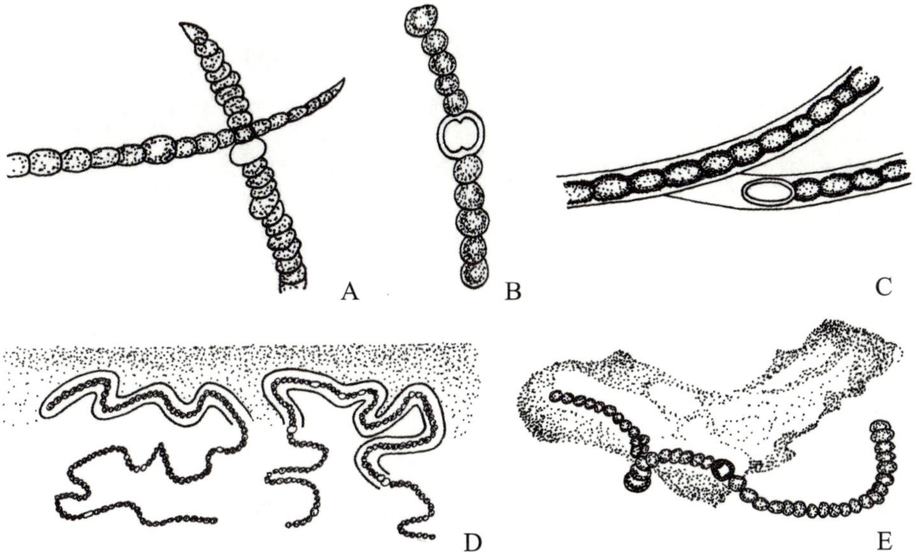

A. 固氮鱼腥藻；B. 满江红鱼腥藻；C. 溪生单枝藻；D. 林氏念球藻；E. 渠泽念珠藻

图 1–10　固氮蓝藻

3. 遗传学实验材料

蓝藻中的组囊藻、鱼腥藻、聚球藻都是非常好的蓝藻分子遗传学实验材料。

4. 生物能源

利用蓝藻可以合成氢气、生物乙醇、生物柴油等生物能源。蓝藻经过基因改造后，只需要摄取阳光、水分和二氧化碳，便能够通过光合作用直接分泌出可作为生物能源的一些碳氢化合物。

5. 抗生素

某些蓝藻细胞能分泌抗生素类物质，如念珠藻能分泌被称为细菌素的抗生素，它可以杀死相关的藻株。

二、绿藻门

绿藻门是藻类植物中种类最多的一门，分布广泛，几乎在所有生境中都可找到绿藻的踪迹。绿藻门种类多生活在水中。其中，淡水种类约占 90%，多数全球性分布；海产种类约占 10%，南北半球海域的种类差别较大。

（一）基本特征

1. 形态与构造

绿藻藻体有单细胞、群体、丝状体、叶状体等多种类型，多数细胞具 1 个细胞核，少数多核。多数绿藻的细胞壁主要成分为纤维素，少数种类由木糖或甘露糖的多聚物构成。绿藻细胞最显著的细胞器是色素体（仅少数无色种类无色素体），形态多样，有轴状、杯状、星状等，是本门藻类分类的重要特征之一。绿藻光合作用色素组成与高等植物相似，含有叶绿素 a、叶绿素 b、叶黄素和胡萝卜素。光合作用片层中类囊体常 2 ~ 6 条成组排列。多数绿藻色素体内具有 1 个或多个蛋白核，主要功能是合成和储存淀粉，有时也储存蛋白质和油脂。运动单细胞和大多数运动生殖细胞的色素体上常具 1 个红色的眼点。

大多数绿藻的运动细胞具 2 条等长、表面平滑的鞭毛，少数为 1 条或多条。有些种类鞭毛表面有毛状附着物或覆盖 1 层或几层微小的鳞片。绝大多数绿藻的营养体只有在繁殖时才形成有鞭毛的游动孢子和配子，可运动。少数营养细胞前端有鞭毛，可运动。

细胞的有丝分裂有两种基本类型：一种类型是在细胞分裂中期核膜不消失，末期纺锤体消失，两子核相距较近，胞质以环沟和细胞板的方式进行分裂；另一种类型是在细胞有丝分裂的中期核膜消失，有纺锤体，末期形成成膜体（phragmoplast），两子核相距较远（图 1–11）。

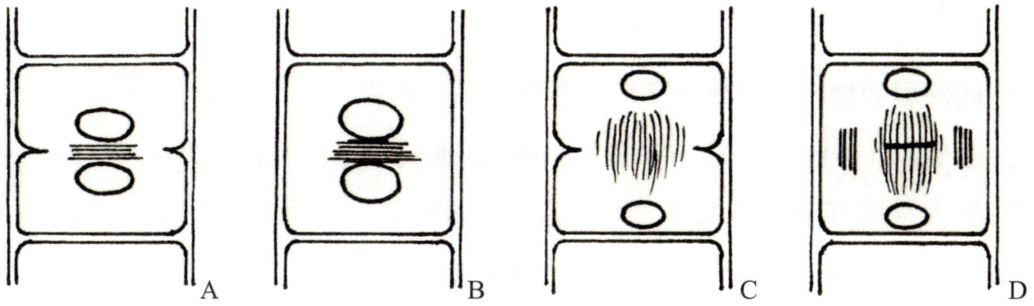

A. 形成环沟；B. 形成细胞板；C. 有纺锤体并形成环沟；D. 有纺锤体，形成成膜体和细胞板

图 1-11　绿藻细胞有丝分裂模式图

2. 繁殖

绿藻的繁殖有营养繁殖、无性生殖和有性生殖 3 种方式。

（1）营养繁殖：通过细胞分裂、群体裂解或形成藻殖段发育成新的个体。

（2）无性生殖：无性生殖可形成游动孢子、静孢子、似亲孢子或厚壁孢子。

（3）有性生殖：有同配生殖、异配生殖、卵式生殖和接合生殖 4 种方式。

3. 分布

绿藻分布广泛，淡水、海水、半咸水等水体中都有绿藻分布。淡水绿藻常见于江河、湖泊、小溪、沟渠之中，在一些较为极端的生境中也能发现绿藻的踪迹。多数绿藻种类营浮游生活，部分沉在水中生活，有的绿藻也可与真菌共生或寄生在动物体内。一般淡水种类分布在世界各地，赤道附近温暖海水的地理阻隔使南北半球的海水中绿藻差异明显。

（二）代表属

绿藻门下设 4 纲，分别为绿藻纲（Chlorophyceae）、葱绿藻纲（Prasinophyceae 或 Micromonadophyceae）、轮藻纲（Charophyceae）和接合藻纲（Conjugatophyceae），这里主要介绍一些隶属绿藻纲团藻目（Volvicales）和绿球藻目（Chlorococcales）的属。

1. 团藻属（*Volvox*）

团藻属的植物体由数百至数万个细胞排列组成一个空心球体或卵形体。细胞多边形，外被胶鞘，鞘与鞘相接，细胞间通过原生质丝相连（图 1–12）。群体后端大且没有鞭毛的细胞为生殖胞（gonidium）。无性生殖时，生殖胞多次纵裂形成皿状体（plakea），当皿状体细胞数量达到 32 个时，开始出现营养细胞和生殖细胞的分化，细胞继续分裂直至形成一个个球体。母群体破裂释放子群体。有性生殖为卵式生殖，卵和精子由群体中少数的生殖细胞产生。产生精子的生殖细胞经反复纵裂形成皿状体，经翻转后发育成一个能游动的精子板（sperm packet）。产生卵的生殖细胞不经分裂发育成一个不动卵。精卵结合形成合子，合子外被光滑或有刺状突起的厚壁。合子从群体的胶质中放出后，可在恶劣环境中保持生命活力达数年之久，在适宜的环境条件下萌发形成新的个体。团藻常见于夏季淡水池塘，可持续数周。

图 1–12　团藻属（带子群体的母群体）

2. 衣藻属（*Chlamydomonas*）

衣藻属的植物体为游动单细胞，球状、卵状或椭圆状（图 1–13 A）。细胞前端具或不具乳状突起，有两条顶生等长鞭毛。衣藻在水中依靠鞭毛的摆动进行运动，鞭毛基部的两个伸缩泡可能为排泄器官。细胞壁平滑，主要由纤维素、果胶质组成，具或不具胶被。杯状叶绿体位于细胞的基部，具有一个中央蛋白核，细胞核位于细胞中央偏前端，有的位于细胞中部或一侧。眼点位于细胞的一侧，呈橘红色，由一层或数层含有类胡萝卜素的油滴构成。

营养繁殖时细胞进行纵分裂或横分裂，无性生殖，原生质体分裂形成2～16个动孢子（图1-13 B）。细胞生长旺盛时期以无性生殖为主，遇不良环境，形成胶群体；环境适宜，恢复流动单细胞状态。有性生殖为同配、异配方式，个别种类为卵式生殖。

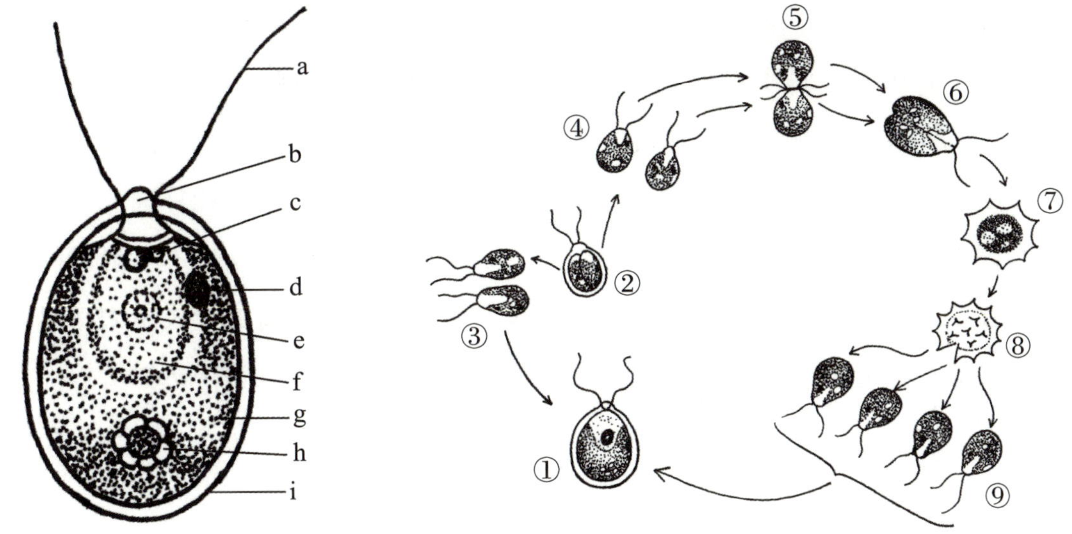

A　　　　　　B

A. 衣藻细胞的结构：a. 鞭毛；b. 乳突；c. 伸缩泡；d. 眼点；e. 细胞核；f. 细胞质；g. 载色体；h. 蛋白核；i. 细胞壁

B. 衣藻生殖和生活史：① 营养细胞；② 孢子囊或配子囊；③ 游动孢子；④ 配子；⑤ 配子结合；⑥、⑦ 合子；⑧合子萌发；⑨孢子

图 1-13　衣藻细胞的结构和生活史

3. 红球藻属（*Haematococcus*）

红球藻属的植物体为单细胞，细胞椭圆形或卵形，细胞壁与原生质体间充满胶状物质，细胞间胞质丝相连（图1-14）。原生质体卵形，顶端具乳头状

突起，成熟细胞突起不明显，不与细胞壁连接。鞭毛两条等长，长度与体长大致相等，通过前端的叉状胶管伸出细胞壁。伸缩泡分散在原生质体内，数量几个至数十个；色素体杯状，蛋白核 1 个至数个，1 个眼点位于细胞近中部一侧，细胞核位于细胞近中央的一侧。

营养繁殖为细胞分裂形成子细胞，在逆境时形成胶群体或厚壁孢子进行无性生殖。厚壁孢子因积累大量虾青素而呈血红色。有性生殖为同配生殖。

4. 杜氏藻属（*Dunaliella*）

杜氏藻属的植物体为单细胞，有卵形、球形、椭圆形、圆柱形、梨形和纺锤形等多种形态，顶端常尖细，细胞易变形。无细胞壁，有时具薄的周质。顶生两条等长鞭毛，具眼点或无。色素体单个，杯状或半球形，具一个蛋白核，位于色素体基部或侧面。淡水种类具两个伸缩泡，位于鞭毛基部，海水种类无伸缩泡（图 1-15）。有些物种的细胞能积累大量 β- 胡萝卜素和甘油。无性生殖时游动孢子进行纵分裂，在一定条件下形成胶群体，逆境条件下可形成静孢子。有性生殖为同配，合子萌发时分裂的子细胞从母细胞壁中释放出来。目前产业化培养所用藻种常为杜氏藻（*D. saliva*）和巴尔杜氏藻（*D. bardawil*）。

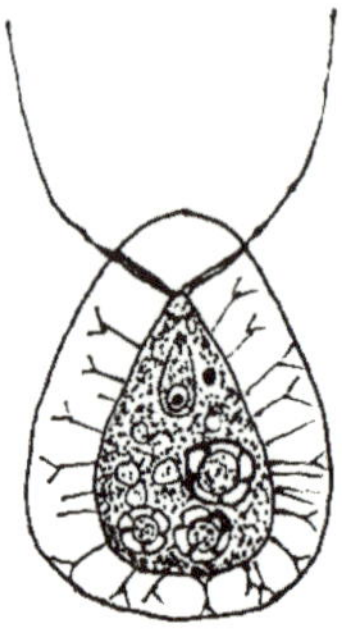

图 1-14　红球藻

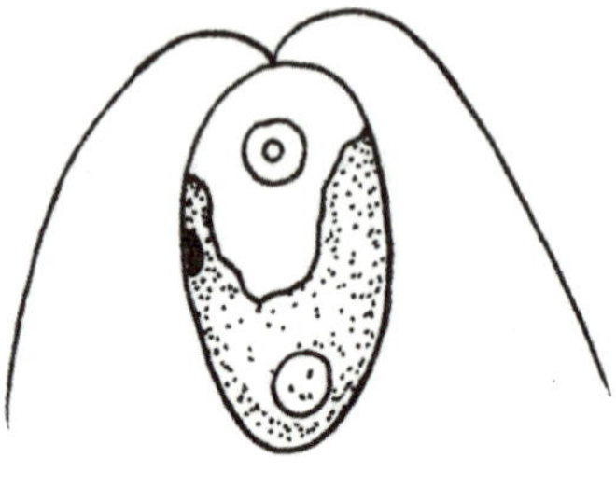

图 1-15　杜氏藻

5. 小球藻属（*Chlorella*）

小球藻属的植物体多为单细胞，或者多个细胞聚集成群，群体中细胞大小不一致，细胞为球形或椭圆形；色素体 1 个，周生，杯状或片状；具 1 个蛋白核或无；细胞壁组分含有一种类胡萝卜素的衍生物——孢囊素（sporopollein）（图 1–16）。常与水生无脊椎动物和原生动物形成细胞内共生。

小球藻以产生似亲孢子进行无性繁殖。母细胞多次分裂，形成多个似亲孢子，母细胞破裂，似亲孢子释放。小球藻常见于各种富含有机质的水体中。

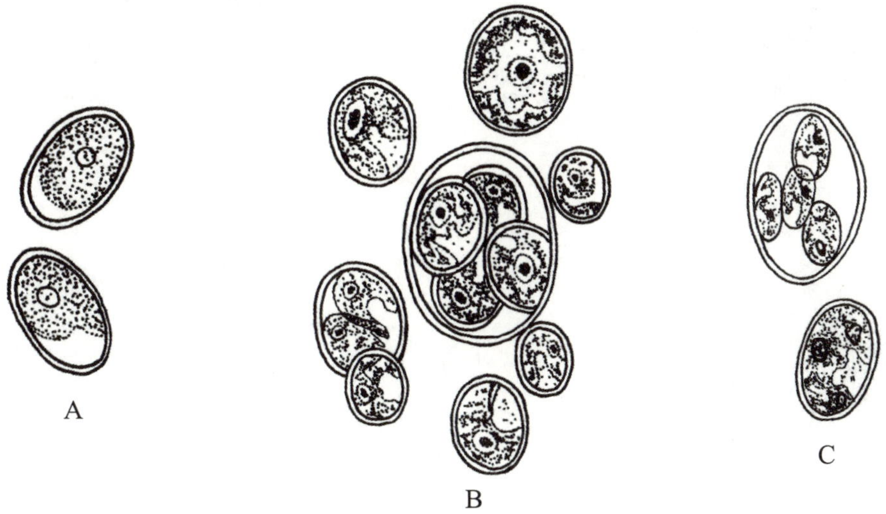

A. 椭圆小球藻（*C. ellipsoidea*，Gren.） B. 小球藻（*C. vulgari*，Bei j.）
C. 蛋白核小球藻（*C. pyrenoidosa*，Chick.）

图 1–16 小球藻属

6. 栅藻属（*Scenidesmus*）

栅藻属植物体的细胞呈椭圆形、球形、三角形、四角形、角锥形或纺锤形（图 1–17）。细胞壁光滑，有颗粒、突起或脊刺，细胞单核，具薄片叶绿体。色素体周生，片状或杯状，具 1 ~ 2 个蛋白核。藻体中细胞数一般是 2 的倍数，群体细胞彼此以细胞壁或细胞壁上的凸起连接，长轴互相平行排列成 1 行，或互相交错排列成 2 行，其形态因细胞生长的基质不同而发生变化（图 1–18）。群体中细胞的形态相同或不同。种类之间的区别主要在于细胞上脊刺的数量、类型及细胞壁的质地。群体中的任何细胞都可在无性生殖时形成似亲孢子。

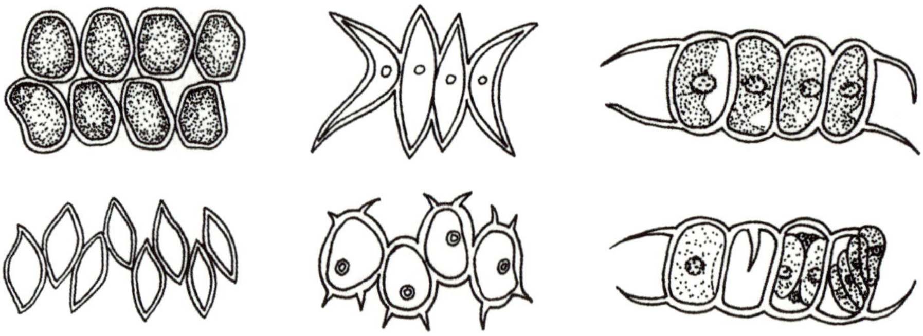

图 1-17　栅藻细胞的各种类型及似亲群体的形成和释放

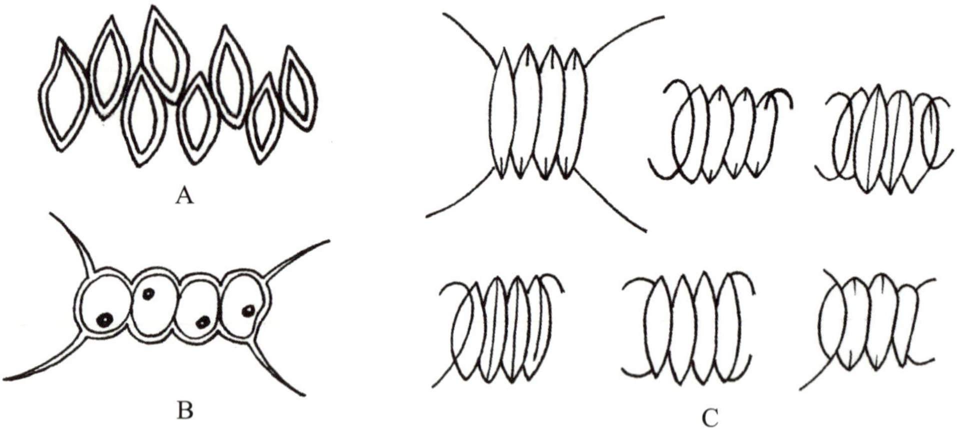

A. 斜生栅藻；B. 四尾栅藻；C. 被甲栅藻

图 1-18　不同种栅藻

（三）系统演化及地位

（1）绿藻最早出现的时间为 12 亿~ 14 亿年前，可能由原核的“原绿藻”演化而来。

（2）绿藻门内部有明显的从单细胞到多细胞、从简单到复杂、从低级到高级的演化类型。

（3）绿藻与高等植物在光合色素、光合产物及鞭毛类型等方面有很多相似之处，因此许多学者认为绿藻可能是高等植物的祖先。

（四）经济价值

绿藻门的经济价值很高。例如：小球藻是最早被开发的经济微藻之一，繁殖迅速，产量较高，营养物质丰富，在保健食品、高档水产饵料等产业被广泛应用，也可作为提取各种功能性生物活性物质的原料。此外，已经开发形成产业的杜氏藻、具有良好应用前景的红球藻以及作为遗传学研究材料而广泛应用的衣藻都属于绿藻。

三、金藻门

（一）基本特征

1. 形态与构造

金藻门植物体有单细胞、群体或分枝丝状体，浮游或附着生活。有些单细胞和群体种类的营养细胞前端有鞭毛，可运动。大多数金藻门物种的细胞无细胞壁，原生质膜裸露或由纤维素构成的囊壳包被。少数金藻细胞含细胞壁，其主要成分为纤维素和果胶质。细胞内为玻璃状原生质，载色体 1～2 个或多个。载色体由内层的两层载色体膜及外层的两层内质网膜包被；光合片层束状，由 3 条类囊体叠加而成。载色体中含有叶绿素 a、叶绿素 c、β- 胡萝卜素、墨角藻黄素以及几种叶黄素。其中，胡萝卜素及叶黄素含量高于叶绿素，因此载色体呈橙黄或褐黄色，光合作用产物为金藻昆布多糖（chrysolaminaran）和脂肪。细胞核 1 个，位于细胞的前端。眼点由一层油滴构成，位于细胞前端载色体膜和外层类囊体膜之间。能够运动的金藻种类具鞭毛，鞭毛等长或不等长。具 2 根鞭毛时，鞭毛向前且较长的为茸鞭型，鞭毛稍弯向后方且较短的是尾鞭型（图 1-19）。

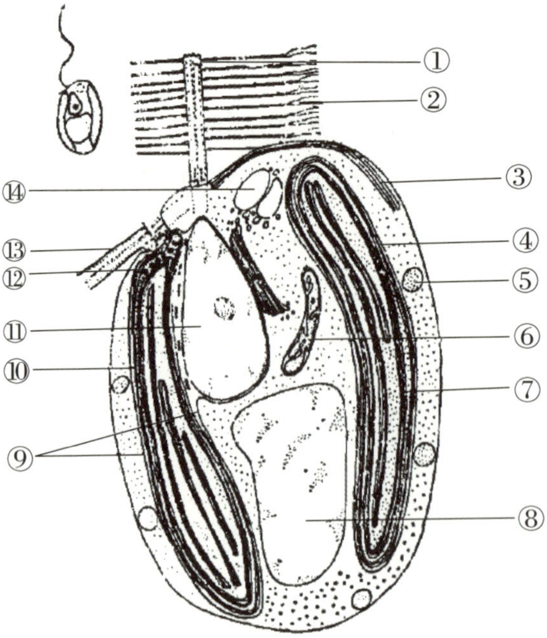

①长鞭毛；②鞭茸；③鞭毛微管根；④载色体；⑤产胶体；⑥线粒体；⑦3条一束的类囊体；⑧金藻昆布多糖囊泡；⑨载色体内质网膜；⑩载色体膜；⑪细胞核；⑫眼点；⑬短鞭毛；⑭伸缩泡

图 1-19　电子显微镜下金藻细胞结构模式图

2. 繁殖

金藻门物种单细胞类型以纵裂的方式形成两个子细胞；群体类型通过裂解形成藻体片段，新的群体由断裂的片段发育而成。不能运动的种类，以具 1～2 条鞭毛的游动孢子进行繁殖。很多种类可以产生不动孢子抵御逆境。在有些种类中发现有性生殖，有丝分裂为开放式，锥囊藻属（*Dinobryon*）的有性生殖为同配和异配，黄群藻属（*Synura*）的有性生殖为异配。

3. 分布

金藻多见于淡水，少数生活在海水和咸水中。金藻适宜在清澈、温度较低的微酸性软水中生活，生长旺盛的季节主要为早春、晚秋及温度较低的冬季。

（二）代表属

1. 等鞭金藻属（*Isochrysis*）

植物体为单细胞，具 2 条等长的尾鞭型鞭毛，定鞭退化。细胞球形或侧扁，细胞表面具几层圆形鳞片，细胞内具 1～2 个褐黄色的侧生色素体（图 1–20）。储藏物质为油滴和白糖素。细胞以纵裂方式进行繁殖。有时细胞褪去鞭毛，分泌胶质，群体状沉入水底。

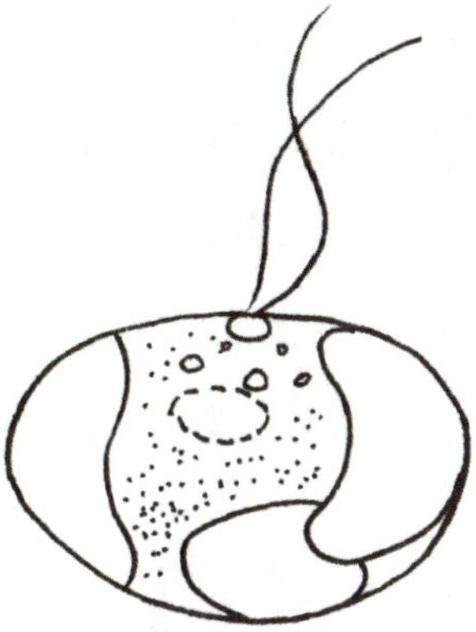
图 1–20　等鞭金藻

2. 锥囊藻属（*Dinobryon*）

植物体为树状或丛状群体，浮游或着生生活。细胞整体呈纺锤形、卵形或圆锥形，具囊壳，前端呈喇叭状开口，后端锥形，透明或黄褐色，表面平滑或具有纹，基部以短柄附着于囊壳开口内，伸缩泡 1 个到多个，眼点 1 个，色素体 1～2 个，周生，片状。增殖方式为细胞纵分裂，也形成休眠孢子，有性生殖为同配。

四、硅藻门

（一）基本特征

1. 形态与构造

植物体为单细胞，或多细胞相互连接成不同形状的群体，营浮游或附生于固体基质表面生活。细胞壁高度硅质化，形成硅质硬壳。壳体由上下两个半壳套合而成，外面的半片为上壳（epitheca），里面的半片为下壳（hypotheca）。壳的正面称为壳面（valve），侧面为两个半壳嵌合的地方，称为环带（girdle band）。半壳主要由硅质和果胶构成，壳面上有花纹，如羽纹硅藻和圆筛硅藻的细胞壁。按壳面的花纹分类：一种类型是圆形、辐射对称的中心硅藻类，花纹由中央向四周辐射状排列；另一种类型是长形的羽纹硅藻类，花纹两侧对称排列（图 1–21）。硅藻载色体盘状或片状，1 个或多个，由于叶黄素类所占比例高于叶绿素，载色体呈黄绿色或黄褐色。同化产物为金藻昆布多糖和油。硅藻具 1 个球形或卵形的细胞核，仅精子具茸鞭型鞭毛，营养体中无游动细胞，但是有些羽纹硅藻可自发运动。

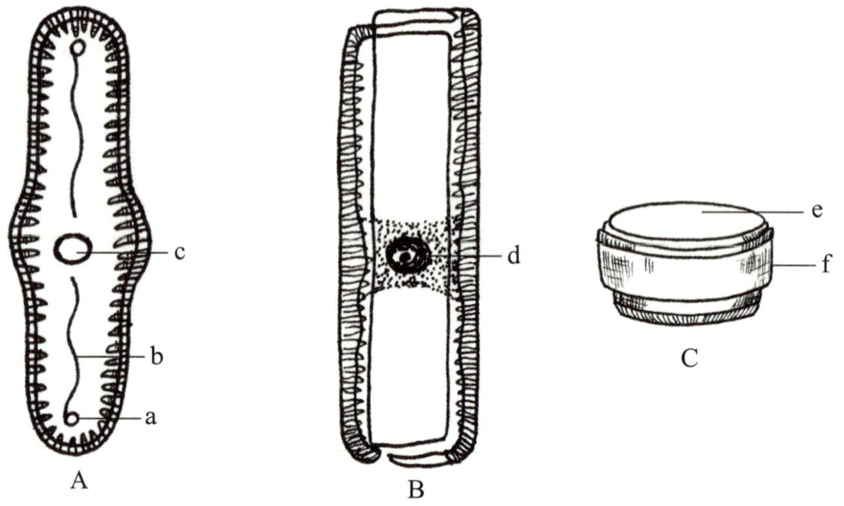

A. 羽纹硅藻的壳面；B. 羽纹硅藻的环带面；C. 圆筛硅藻的上下壳

a. 极节；b. 脊缝；c. 中央节；d. 细胞核；e. 圆筛硅藻的壳面；f. 圆筛硅藻的环带面

图 1–21　羽纹硅藻和圆筛硅藻的细胞壁

2. 繁殖

细胞分裂是硅藻最主要的繁殖方式（图 1–22）。细胞经过不断分裂，一个子细胞的体积和母细胞等大，另一个则愈来愈小，缩小到一定大小时，以产生复大孢子（auxospore）的方式恢复细胞原来的大小，复大孢子可萌发形成新的藻体。

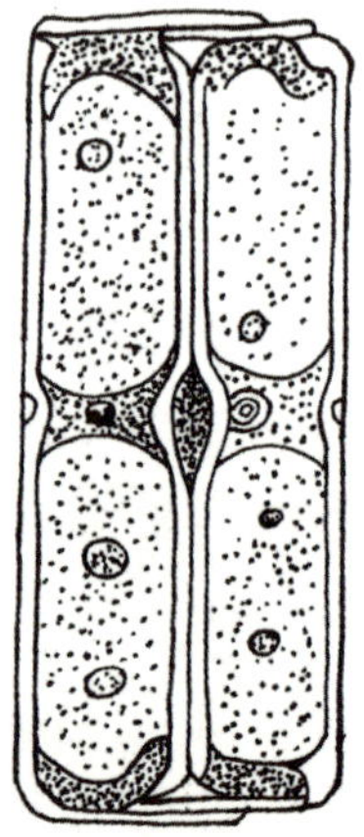

图 1–22　羽纹硅藻的细胞分裂

形成复大孢子的方式有无性和有性两种。以披针桥弯藻［*Cymbella lanceolata*（Ehr.）V. H.］为例，两个结合的细胞先进行 1 次减数分裂，形成 4 个子核，其中 2 个核已退化，其余 2 个核发育成大小不等的 2 个配子。配子结合形成 2 个复大孢子，并发育成 2 个新的植物体（图 1−23）。逆境时，硅藻还可以形成母细胞壁增厚的休眠孢子，环境适宜时萌发形成新的个体。

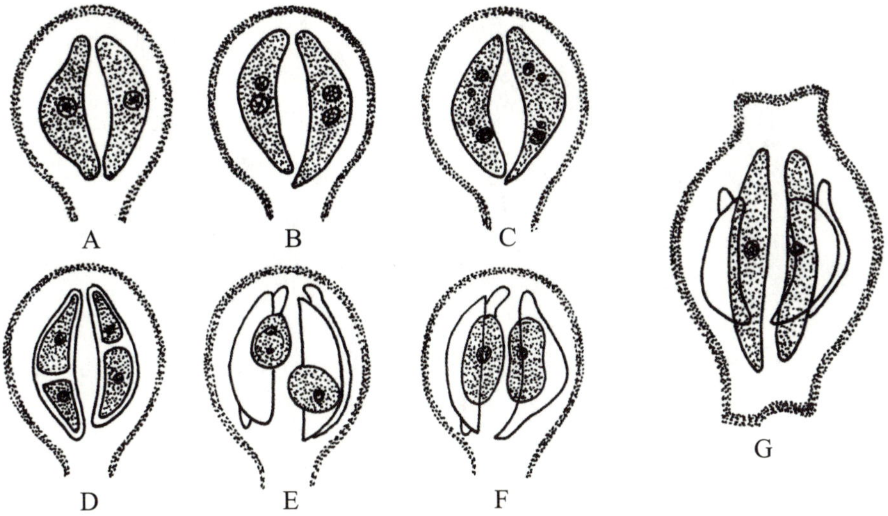

A～C. 减数分裂，每个细胞中有 2 个核发育；D. 形成 2 个大小不等的配子；E. 早期合子；F～G. 合子增大，形成复大孢子

图 1−23　披针桥弯藻形成复大孢子的过程

3. 分布

硅藻分布极广，在各种水体、湿润的土壤、潮湿的岩石上几乎都可发现硅藻的踪迹。海产硅藻多为中心硅藻纲，羽纹硅藻纲多见于淡水。在温度相对较低的初春、深秋，硅藻生长旺盛，是鱼、虾、贝类重要的饵料之一，是水生态初级生产力重要的组成部分。

硅藻种类很多，据可靠记载，有 16 000 多种，分为中心硅藻纲（Centricae）和羽纹硅藻纲（Pennatae）两个纲。硅藻门中常见的有直链藻属（*Melosira*）、根管藻属（*Rhizosolenia*）、桥弯藻属（*Cymbella*）、双菱藻属（*Surirella*）和舟形藻属（*Navicula*）（图 1−24）。

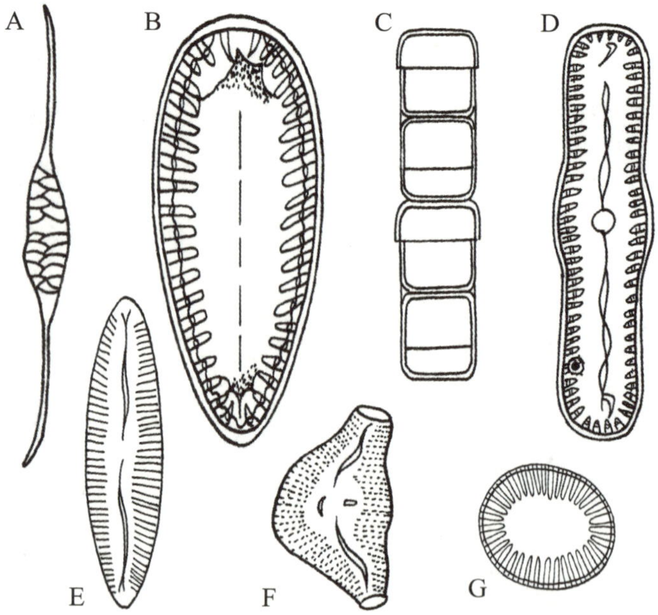

A. 根管藻属；B. 双菱藻属；C. 直链藻属；D. 羽纹藻属；E. 舟形藻属；F. 桥弯藻属；G. 小环藻属

图 1–24　硅藻的各种类型

（二）代表属

1. 小环藻属（*Cyllotella*）

植物体为单细胞或由胶质、小棘以壳面连接成链状群体。细胞鼓形，壳面圆形，分成两圈，外圈有辐射状排列的向中心的条状纹和孔纹，中央平滑无纹、点纹或不规则的花纹。细胞带面平滑，小盘状色素体多个。以细胞分裂方式进行繁殖，每个细胞产生 1 个复大孢子（图 1–24 G、图 1–25）。本属硅藻 100 余种，多生活于淡水，底栖和浮游均有，低温时节大量出现。

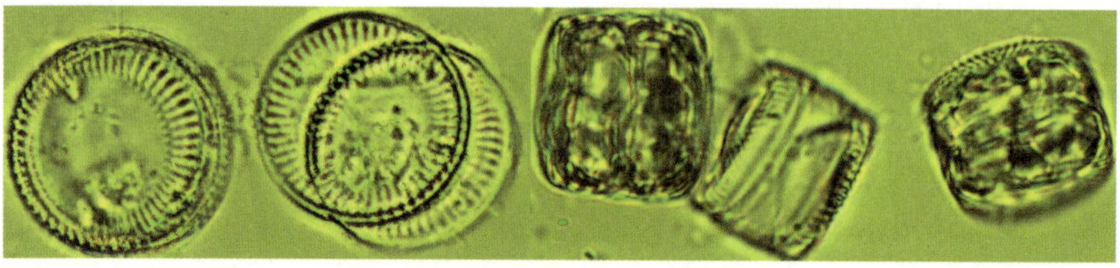

图 1–25　小环藻

2. 羽纹属（*Pinnularia*）

植物体为单细胞或多细胞连成带状群体。壳面两侧平行，线形、舟形或对称的波浪状。壳缝在中线上，直或弯曲，常在中央节和极节处增宽，壳面花纹主要由壳面两侧肋纹组成。色素体片状，位于细胞带面两侧，常各具 1 个蛋白核（图 1-24 D、图 1-26）。本属 200 余种，常单独自由生活，淡水、半咸水和海水都有分布。

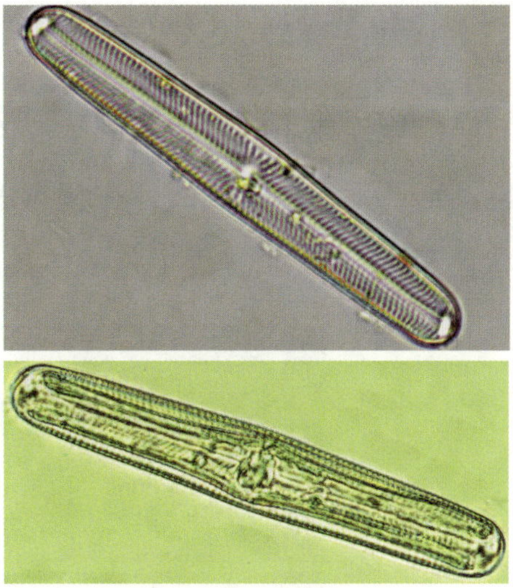

图 1-26　羽纹硅藻

3. 骨条藻属（*Skeletonema*）

细胞呈圆盘状或圆柱状，由相邻细胞对应的长棘末端相连成长链（图 1-27）。壳面破裂或凸起，壳缘具一圈硅质长棘（又称支持突）。色素体盘状或片状，细胞核位于细胞中央，以细胞分裂方式进行繁殖，产生的复大孢子呈圆形。卵配生殖中，造精细胞与产卵细胞在同一群体上形成。

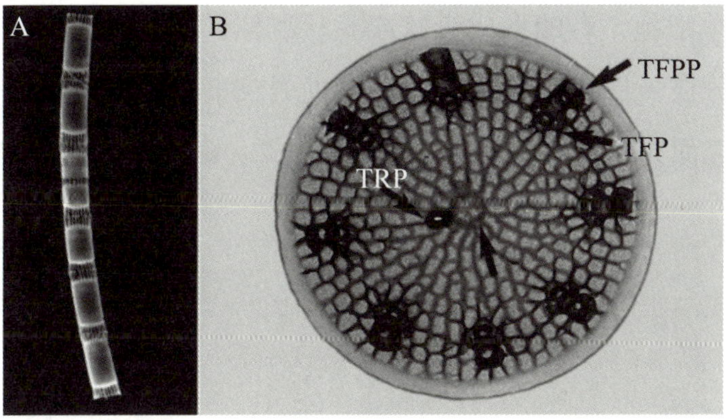

A. 玛氏骨条藻（*Skeletonema marinoi*）多个细胞连接形成群体

B. 拟中肋骨条藻（*Skeletonema pseudocostatum*）顶面观，TFP，支持孔道末端（terminal fultoportula）；TFPP，支持突末端（terminal fultoportula process）；TRP，唇形突末端（terminal rimoportula process）

图 1-27　骨条藻电镜图

4. 角毛藻属（*Chactoceros*）

细胞连成不同形状的链状群体，少数单生（图 1–28）。壳面长方形，带面椭圆形，平坦、凸或凹，在相对的一端各具一条长度可变的长角毛。盘状或片状色素体 1 ~ 2 个，每个色素体具 1 个蛋白核。

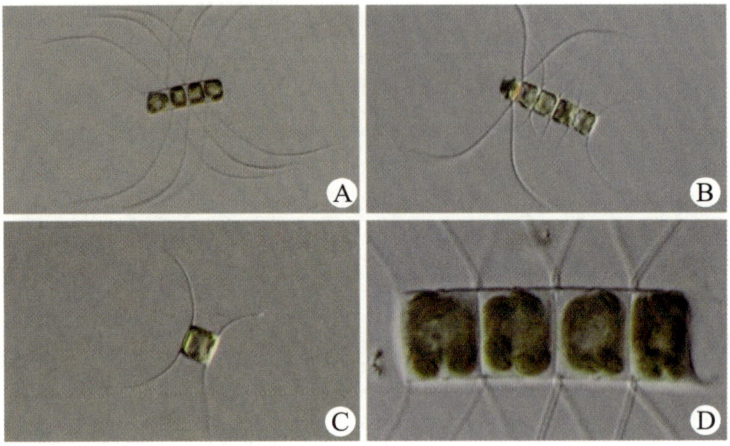

A、B. 链状群体；C. 单细胞；D. 链状群体放大

图 1–28　异角毛藻

5. 菱形藻属（*Nitzschia*）

植物体为单细胞，有的形成带状或星状群体，有些种类的细胞位于胶质管中，分枝或不分枝（图 1–29）。上下壳的龙骨突起，彼此交叉相对，具小的中央节和极节，壳面具横线纹，带面观呈菱形。2 ~ 6 个带状色素体侧生，位于带面的一侧。

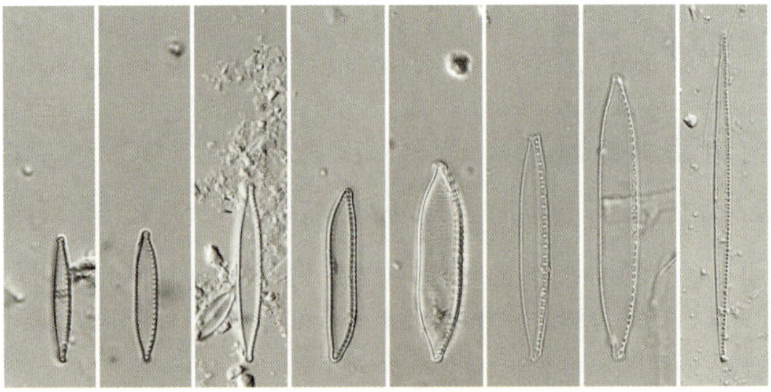

图 1–29　常见菱形藻

6. 圆筛藻属（*Coscinodiscus*）

植物体为单细胞，营浮游生活。壳体圆盘形或短圆柱形，常具环形或菱形的间生带，壳面圆形，少数为椭圆形或不规则形。壳面纹饰为辐射状排列的粗网孔纹，粗网孔在壳面呈辐射状、螺旋状或弯曲的切线状排列，少数不规则排列。中央的粗网孔有的特别粗大，排列似玫瑰花形，称为中央玫瑰纹区；有的中央平滑，称为中央无纹区（图 1-30）。增殖方式为细胞分裂，无性生殖产生的复大孢子呈球形或椭圆形。圆筛藻属海洋浮游种类较多，淡水种类较少。

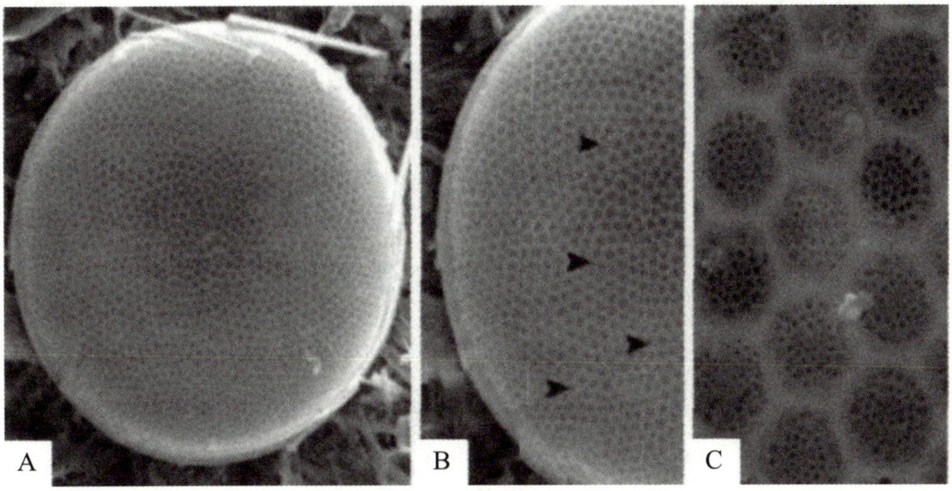

A. 壳面观；B. 散布壳面的唇形突；

C. 壳面外侧的筛膜及其下方的六角形孔纹

图 1-30　辐射圆筛藻

7. 舟形藻属（*Navicula*）

植物体为单细胞。壳面线形、披针形、菱形或椭圆形，两侧对称，末端钝圆，近头状或喙状，中轴区狭窄，具中央节和极节。中央节圆形或椭圆形，有的种类极节扁圆形，壳缝两侧具点纹组成的横线纹、布纹、肋纹或窝孔纹，带面长方形，平滑（图 1-31）。色素体片状或带状，多为 2 个。

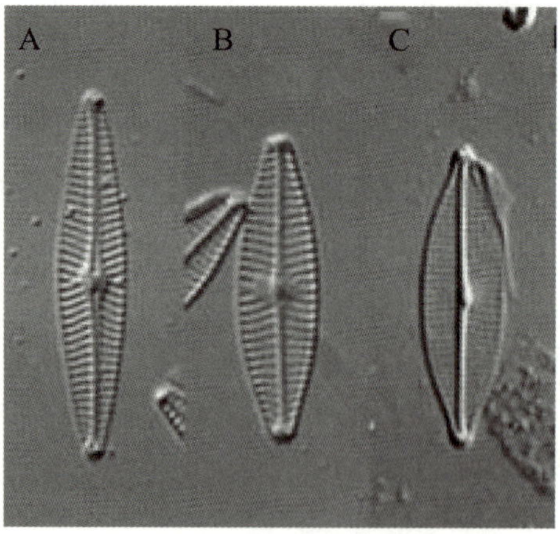

A. 隐头舟形藻（*Navicula cryptotenella*）；B. 蓝绿舟形藻（*N. veneta*）；
C. 簇生舟形藻（*N. gregaria*）

图 1-31　舟形藻

（三）生态地位

从大量海相沉积的硅藻化石推断，硅藻最早出现的时间大致在白垩纪，上白垩纪和第三纪是硅藻发展最为繁盛的时期。叶绿素 a、叶绿素 c 和墨角藻黄素为硅藻、金藻和褐藻都含有的色素，从这一角度分析，说明三者之间具有较为密切的亲缘关系。硅藻是含叶绿素 a 和叶绿素 c 的植物类群当中比较特殊的一个类群。藻类学家依据现有的一些证据推想硅藻可能是从含有叶绿素 a 和叶绿素 c 且具鞭毛的藻类发展而来。

五、甲藻门

（一）基本特征

1. 形态与构造

甲藻门大多数为单细胞，具 2 条鞭毛（极少数无鞭毛），可运动，少数为丝状或单细胞连成的链状群体。大多数甲藻细胞大小为 10 ~ 100 μm。细胞球形、卵圆形、针状或分枝状，表面光滑或具有纹饰或具孔或具凹陷。细胞核大而明显，呈圆形、椭圆形或细长形，染色体在整个生活史都存在，在有丝分裂中核膜不消失，不形成纺锤体。细胞裸露或具有厚而硬的细胞壁。背腹扁平或左右侧扁平，前后端通常有角状突起、刺或翅状结构。

根据细胞壁组成和鞭毛着生位置，甲藻分为两个亚纲：纵裂甲藻亚纲和横裂甲藻亚纲。纵裂甲藻亚纲单细胞，细胞壁由左右两瓣组成，2 条鞭毛不等长，鞭毛位于细胞前端，一条鞭毛伸向前，一条鞭毛围绕细胞前端。横裂甲藻亚纲单细胞，或由多个细胞连接形成各种形状的群体，细胞裸露或有纤维质组成的细胞壁，细胞壁由数量不等的甲板组成；壳面有横沟和纵沟，多数种类的横沟能环绕细胞一周，横沟常为螺旋状或环形围绕；一条鞭毛为横鞭，带状，环绕在横沟中，一条鞭毛为纵鞭，线状，通过纵沟向后伸出。横裂甲藻亚纲根据甲板的有无又分为裸甲藻和具甲甲藻（图 1–32）。

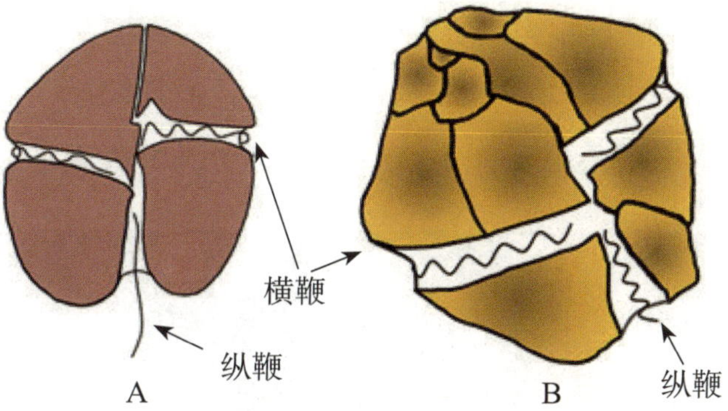

A. 裸甲藻；B. 具甲甲藻

图 1–32　横裂甲藻细胞形态模式图

甲藻细胞色素体多个，圆盘状或棒状，有些海产种类的色素体为长带状或片状，常分散在细胞表层，金黄色、黄绿色或褐色，极少数种类色素体为无色。色素体包被具 3 层膜，外层膜不与内质网相连接，最重要的光合色素为叶绿素 a 和叶绿素 c，无叶绿素 b，少数内共生隐藻的裸甲藻含有藻蓝素。辅助色素有 β– 胡萝卜素和叶黄素，其中最重要的是多甲藻素（peridinin）。储藏物质为淀粉和油滴，有些种类具有蛋白核。

2. 繁殖

甲藻普遍通过细胞分裂进行增殖，有些种类可产生动孢子、似亲孢子或不动孢子，少数种类存在有性生殖。

3. 分布

甲藻在淡水和海水中都有分布，海洋中甲藻种类繁多，是海洋藻类重要类群之一，对海洋初级生产力的贡献超过了硅藻。甲藻能够形成赤潮，目前已知有超过 60 种的甲藻能够产生毒素，对食品安全、人类健康和生态环境造成影响。

（二）代表属

1. 裸甲藻属（*Gymnodinium*）

裸甲藻属植物体的细胞卵形到近圆球形，多数近两侧对称，有时具小突起。多数种类细胞表面光滑，极少数种类细胞表面具纹饰。细胞上下锥端部钝圆，或顶端钝圆、末端狭窄（图 1–33）。多数种类背腹扁平，横沟明显且通常

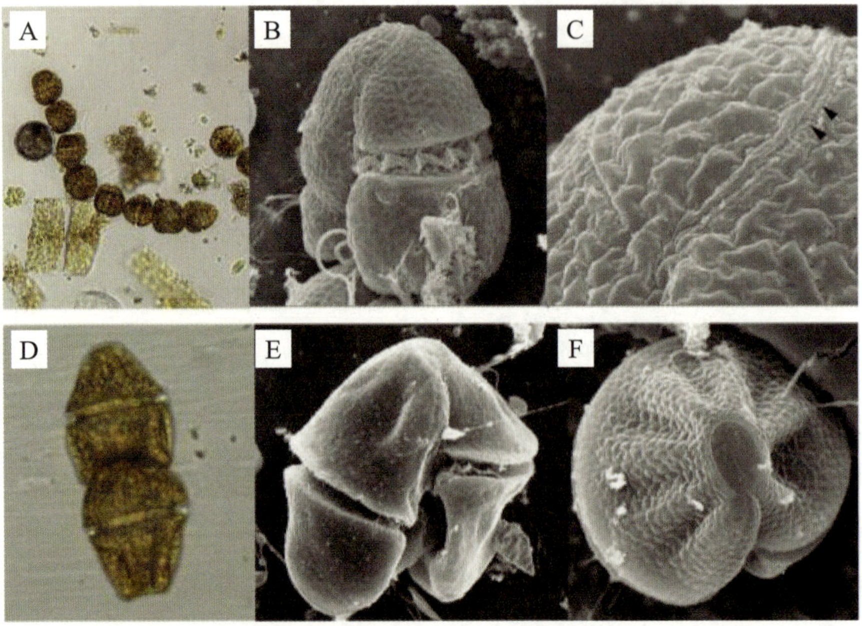

图 1–33　链状裸甲藻（*Gymnodinium catenatum*）细胞

绕细胞一周，纵沟在不同种类中深浅、长度不等。细胞裸露或具很薄的壁，薄壁由相同的六角形板片组成。色素体多个，金黄色、绿色、褐色或蓝色，盘状或棒状，辐射状或周生排列，有些种类无色素体。具眼点或无，部分种类具胶被。以纵分裂方式增殖，只在极少数种类中发现厚壁孢子。

2. 多甲藻属（*Peridinium*）

多甲藻属的细胞球形、卵圆形或椭圆形，上锥部狭长，下锥部短而宽。纵沟和横沟明显，横沟多为环状，沟边缘通常具有刺状或乳头状突起（图 1–34）。板片光滑或具纹饰。具明显的甲藻液泡，色素体多个，颗粒状，周生，黄绿色、黄褐色或褐红色。具眼点或无。细胞核较大，位于细胞中部，形状多样，圆形、卵形或肾形。有的种类具蛋白核，细胞内储藏物为淀粉和油滴。以斜向纵分裂方式进行细胞增殖，或产生厚壁休眠孢子。少数种类存在有性生殖方式。淡水种类较少，主要为海水种类。

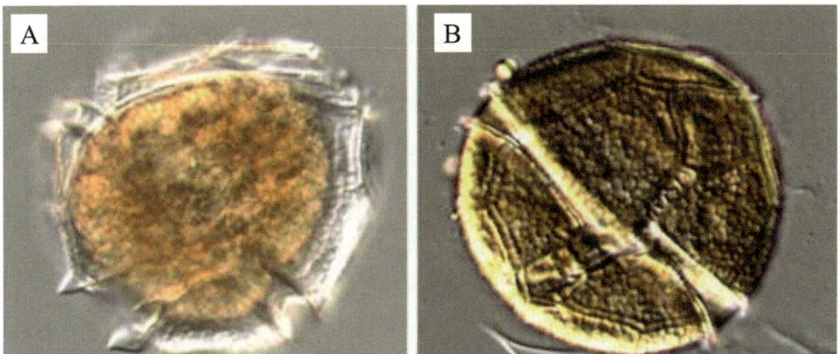

A. 营养细胞；B. 孢囊

图 1–34　二角多甲藻（*Peridinium bipes*）

3. 角甲藻属（*Ceratium*）

角甲藻属的植物体为单细胞或多个细胞连成群体。细胞具有 1 个顶角和 2 ~ 3 个底角，顶角端部具顶孔，底角末端开口或封闭（图 1–35）。细胞腹侧中央为斜方透明区，透明区右侧有一条锥形沟，单个细胞通过锥形区相互连接形成群体。壳面具网状窝孔纹。色素体多个，金黄色、黄绿色或褐色。具眼点或无。角甲藻属主要以细胞分裂的方式进行增殖，有些种类形成休眠孢子。

图 1-35　角甲藻

4. 原甲藻属（*Prorocentrum*）

原甲藻属的细胞由两块较大的瓣状板片、顶部鞭毛区数量不等的较小板片及鞭毛组成，鞭毛区的板片形成鞭毛孔和附属孔；顶部鞭毛区通常为“V”形或“U”形，其边缘具翅状、刺状突起结构（图 1-36）。细胞左右扁平，无横沟和纵沟。细胞表面光滑或有纹饰，具孔或凹陷，有些种类细胞表面凹陷形成网状结构。

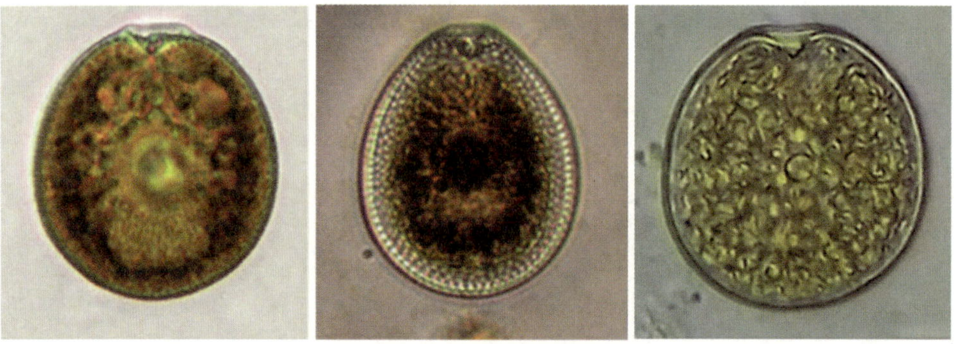

图 1-36　常见原甲藻

六、隐藻门

（一）基本特征

1. 形态与构造

多数隐藻门种类为单细胞，具有 2 条等长、略等长或不等长的鞭毛，罕见为 1 条鞭毛，少数无鞭毛；鞭毛位于腹侧近前端，少数种类侧生，有些种类仅在浮游时期才有鞭毛。细胞壁无纤维素，细胞表面具周质体，部分种类周质体是具有一定形态的板片，如长方形或六角形。有鞭毛的种类细胞呈卵圆形或椭圆形，细胞前端较宽大，钝圆或斜截形，背侧凸出，腹侧凹入或平直。腹沟位于细胞一侧并向后延伸。部分种类具口沟，腹沟和口沟两侧常具有刺丝泡，部分种类无刺丝泡。具 1 个或 2 个色素体，少数种类无色素体。色素体通常为黄绿色或黄褐色，部分为蓝绿色、绿色或红色，其与色素体内质网膜之间具有特殊的核形体。光合色素有叶绿素 a、叶绿素 c 和位于类囊体腔内的藻胆素，蛋白核有或无，储藏物质为淀粉和油滴。

2. 繁殖

绝大多数隐藻通过细胞纵裂的方式进行细胞增殖，极少数种类为有性生殖。

3. 分布

隐藻广泛分布于海洋和淡水生态系统中，在土壤、地下水和雪地中也都能发现其踪迹。

（二）代表属

1. 蓝隐藻属（*Chroomonas*）

蓝隐藻的细胞长卵形、椭圆形、近球形、近圆柱形、圆锥形或纺锤形。前端斜截或平直，后端钝圆或渐尖，背腹扁平，纵沟或口沟不明显。刺丝泡极小或无。鞭毛 2 条，不等长。眼点有或无。色素体多为 1 ~ 2 个，盘状，周生，蓝色或蓝绿色。淀粉粒大，排成列。蛋白核 1 个，位于中央或细胞下半部分。细胞核 1 个，位于细胞下半部（图 1–37）。

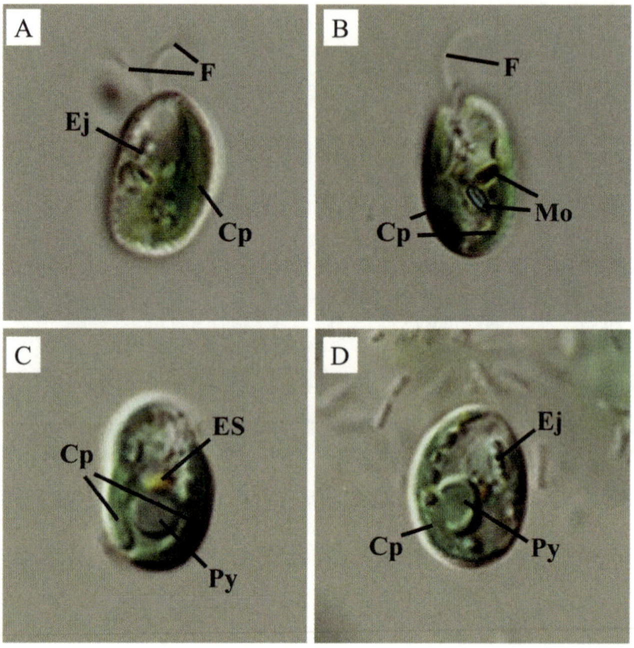

F. 鞭毛（flagellum）; Cp. 叶绿体（chloroplast）; Ej. 喷射体（Ejectosome）;
ES. 眼点（eyespot）; Mo. 莫帕氏体（Maupus oval）; Py. 蛋白核（pyrenoid）

图 1–37　诺氏蓝隐藻（*Chroomonas nordstedtii*，**A&B**）和（*Chroomonas coerulea*，**C&D**）

2. 隐藻属（*Cryptomonas*）

隐藻属的细胞椭圆形、豆形、卵形、圆锥形或纺锤形（图 1–38）。背腹扁平，背部明显隆起，腹部平直或凹入。细胞前端钝圆或斜截，后端钝圆。腹侧有明显的口沟。2 条鞭毛通常短于细胞长度。色素体 2 个，有时 1 个，呈黄绿色或黄褐色，少数为红色。多数种类具 1 个蛋白核，有的种类为 2 ~ 4 个或无蛋白核。单个细胞核位于细胞后端。增殖方式为细胞纵裂。

C. 伸缩泡（contractile vacuole）; Cp. 叶绿体（chloroplast）; Ei. 喷射体（ejectisome）; Mo. 莫帕氏体（Maupus oval）; Py. 蛋白核（pyrenoid）; S. 淀粉（starch）

图 1-38　倒卵形隐藻（*Cryptomonas obovata*）

七、裸藻门

（一）基本特征

1. 形态与构造

绝大多数裸藻是单细胞，极少数为多细胞组成的不定型群体。裸藻无细胞壁，质膜下的原生质体外层特化成表质，也称周质体（periplast），由平而紧密结合的线纹组成。在表质下面有微管，这些微管是细胞的骨架。表质线纹的螺旋走向是裸藻分类的一个依据。裸藻细胞前端有特殊的“泡 - 泡”结构，还有具有渗透调节作用的伸缩泡（contractile vacuole），少数海生和寄生的种类无伸缩泡。

大多数裸藻的营养细胞具 2 条不等长的鞭毛，极少数种类在生活史的大部分时间内鞭毛脱落，仅保留鞭毛的残根，营附着生活，从基质脱离后鞭毛可再生长出来。眼点和副鞭毛体是绿色裸藻特有的结构——光感受器，对光敏感。裸藻细胞核虽然属于真核，但是具有明显的间核性质，与甲藻类似，它的染色体一直处于致密状态。

绝大多数裸藻具有色素体，其色素体片层结构和所含的色素成分与绿藻的几乎相同。有些种类的色素体含有由副淀粉（paramylon）的蛋白核外包裹形成的鞘状结构，即具鞘蛋白核，少数种类没有副淀粉鞘，为裸蛋白核。色素体的有无及形状，蛋白核的有无，副淀粉的有无及形态是重要的分类依据。裸藻的储藏物质还有脂类。

部分绿色裸藻在胞外有囊壳的特殊结构，表面平滑或具有点、纹、刺和突起等纹饰，囊壳的形状和纹饰是这类裸藻分类的重要依据。

2. 繁殖

裸藻的繁殖比较简单，由细胞纵分裂进行无性生殖。不良环境下有些种类可形成孢囊（cyst）。

3. 分布

裸藻在淡水和海水中都有分布。裸藻的营养方式（光合缺陷型营养、渗透或腐生营养和动物性营养）决定了裸藻的生长环境需要有机质的存在，因此裸藻多生活在有机质较为丰富的水体中，部分裸藻甚至能耐有机污染。春夏季节，在有机质丰富的鱼池中常形成裸藻水华。

（二）代表属

1. 裸藻属（*Euglena*）

裸藻属的细胞能变形，多为纺锤形或圆柱形，横切面圆形或椭圆形，后端延伸呈尾状或具尾刺（图 1-39）。细胞表质柔软或半硬化，具螺旋状排列的线纹。色素体 1 个至多个，呈星形、盾形或盘形，蛋白核有或无。副淀粉呈小颗

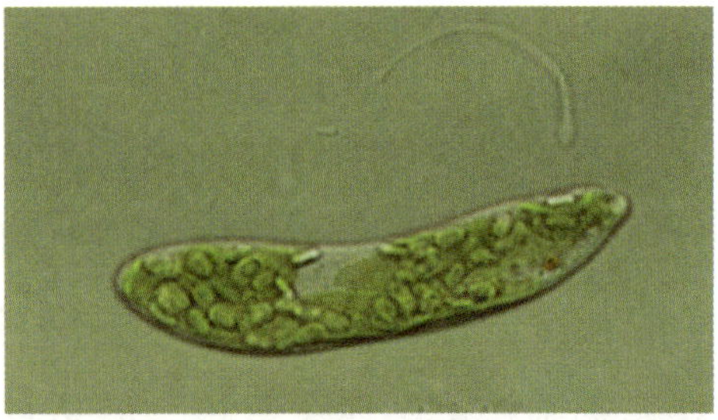

图 1-39　纤细裸藻（*Euglena gracilis*）

粒状，数量不等，或为定型大颗粒，2 个至多个。细胞核较大，位于细胞的中央或后部。鞭毛单条，眼点明显。多数具明显的裸藻状蠕动。大多数淡水产，极少数海产。

2. 扁裸藻属（*Phacus*）

扁裸藻属的细胞扁平，正面观一般呈圆形、卵形或椭圆形，有的呈螺旋形扭转，顶端具纵沟，后端多数呈尾状。细胞表质硬，具纵向或螺旋形排列的线纹、点纹或颗粒（图 1-40）。绝大多数种类具多个圆盘形色素体，无蛋白核。副淀粉较大，有环形、假环形、圆盘形、球形、线轴形和哑铃形等形状，常为 1 个至数个，有时还有一些球形、卵形或杆形的小颗粒。鞭毛单条，具眼点。

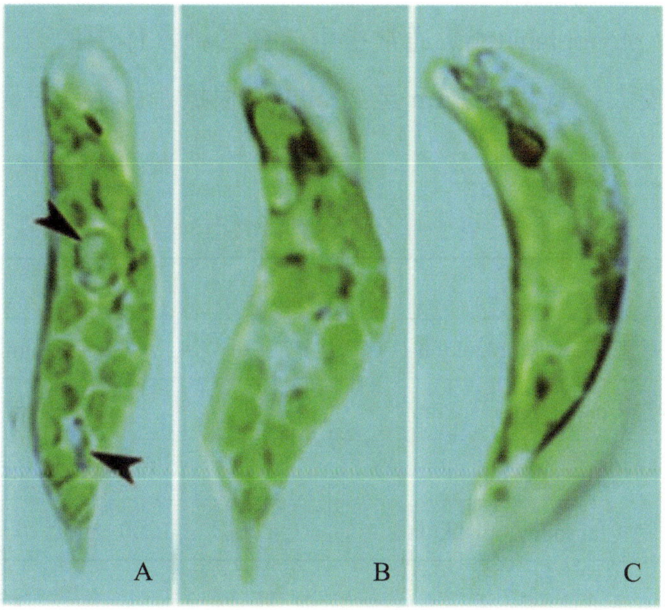

细胞呈螺旋形弯曲，呈“S”形或“C”形，尾部较短；
具短的链接的或环状的副淀粉（A 中箭头）

图 1-40　弯曲扁裸藻（*Phacus inflexus*）

第二节 微藻的分布

一、微藻的分布及种群动态

微藻细胞微小，形态多样，适应性强，分布广泛，地球上几乎所有有水生境中都可觅得它们的踪迹。微藻主要分布在河流、湖海、小溪、池塘中，部分种类也存在于潮湿的土壤、岩石、树干及干燥的沙漠中，有些特殊的种类可在温度极低的冰川雪地、温度非常高的火山温泉及近饱和的盐湖中生长繁衍。微藻是最早出现在新生境的生物类群，它们和细菌常被称为“先锋生物”。

浮游植物（phytoplankton）通常指生活在各种水体中的微藻群体。该群体个体大小跨度较大，直径 0.2 μm 至 20 mm。根据个体大小，可将其分成如下几类（表 1–1）。

表 1–1 浮游植物大小一览表

名称	大小
微微浮游植物（picophytoplankton）	0.2 ~ 2.0 μm
微型浮游植物（nanophytoplankton）	2.0 ~ 20 μm
小型浮游植物（microphytoplankton）	20 ~ 200 μm
中型浮游植物（mesophytoplankton）	200 μm 至 10 mm

（一）微藻对悬浮的适应

浮游的微藻在空间的分布常随外界环境（营养、温度、光照等）的变化而变化，通过自身的调整来保持其悬浮状态。微藻保持悬浮状态，主要是采用以下方法降低下沉速度：①改变面积与体积比。②形成特殊的细胞结构。例如，在细胞表面形成各种刺、棘，或多细胞相连形成丝状、链状、网状，以降低下沉速度。③改变细胞的相对密度。增加低密度成分（脂类）含量，或以单价离子（Na^+、K^+）替换双价离子（Ca^{2+}、Mg^{2+}），降低细胞密度。④产生胶质。细胞与水的摩擦力增加，细胞下沉速度降低。⑤气囊调节。通过调节气囊的大小或是气囊所占细胞体积的比例调节藻体上浮或下沉。

（二）微藻在水体中的空间分布

微藻在水体中的空间分布主要分为两种类型：水平分布和垂直分布。

1. 水平分布

水平分布指微藻在水体表层的分布状态。微藻的水平分布主要受到风力和水流的影响，在静止及风力较小的情况下，微藻的水平分布相对比较均匀。如果风力较大，水流较强，表层微藻的水平分布差异较大，如在风力作用下，表层微藻常会在下风头聚集，形成水华或片状分布。这种水平分布的变化除了与水流、风力有关外，还与水体的温度等因素有关。

2. 垂直分布

不同种类的微藻对于光强的需求及适应性存在明显的差异，因而导致不同微藻的光饱和点、光抑制点和最适光照区间不同，出现不同种类微藻在水体中空间分布的差异性。即使同一种类，在不同环境条件下，微藻在空间的分布也会出现变化，如节旋藻在光照最强的时段通过调整细胞的浮力，出现细胞下沉的现象。

（三）种群动态

1. 昼夜变化

微藻昼夜变化受到多种环境因素的影响，主要因素有光、水体温度、营养源等。藻类昼夜变化的规律在天然水体中是许多因素综合作用的结果，其变化规律还需进一步深入研究。

2. 季节变化

水体中，微藻种群的结构及其丰度变化具有季节性。一般情况下，冬季由于水温低，昼短夜长且光照较弱，耐寒种类的微藻成为水生态系统中的优势种群。春季光照时间逐渐增加，水温逐步回升，营养物质释放，有利于微藻的生长及繁殖，微藻种群数量随着水温的进一步升高而快速增加，从而形成春季的生长高峰。夏季由于藻类大量繁殖，营养物质被快速消耗，同时其他动物的摄食也会对微藻种群数量造成较大的影响，微藻的种群数量会出现较明显的下降。秋季微藻的生长会出现另一个生长高峰，因此微藻种群数量呈现出双峰曲线的季节变化规律。但是，有些水体藻类的生长变化也可能并不完全符合这一规律，如富营养化的湖泊微藻的生物量在夏季仍处于高峰期。

二、影响微藻生长的环境因子

（一）限制因子和忍受限

在自然条件下，微藻的生长、繁殖会受到温度、光照、营养、扰动等环境因子的影响，各因子彼此间相互作用，使得微藻最终的表征是多种环境因子综合作用的结果。各因子对微藻的影响程度不同，有一些是微藻生长必不可少的或主要的影响因子。不同种类的微藻，其主要的影响或限制因子（limiting factor）不同，即使是同种微藻，在不同的生境下，其主要限制因子也不同。控制限制因子的水平有利于控制微藻种群的生长和扩增。微藻对环境因子可忍受的最高和最低值之间的范围就是“忍受限”（tolerance limit），多数微藻会随环境的变化对忍受限做出一定的调整和改变。

（二）光照

在众多的限制因子中，光照是微藻生长中最为重要的限制因子，是绝大多数营光合自养生活微藻的能量来源。光照对于微藻生长的影响不仅体现在光质和光照度的不同，还体现在不同的光周期同样会影响微藻生长。同时，光还会随着时空（季节、纬度、水的深度）的变化而发生变化。在水中，不仅光照度会随着水深度的增加呈指数下降，而且光的光谱组成也会发生相应变化，红外线、紫外线和长波长的红光最先被吸收，短波长的青色光和蓝色光最后被吸收。藻类的光合色素系统中除了叶绿素外，还包括多种辅助色素，不同种类的辅助色素可吸收不同波长的光，生活在水体中空间分布不同的藻类吸收不同波长的光，其含有辅助色素的种类也往往存在差异。辅助色素有协助叶绿素 a 捕捉光能的作用，各种藻类叶绿素 a 与不同辅助色素所吸收的光波间也会发生光合增益效应。不同种类的微藻对光照度的要求有明显差异，在一定光照度范围内，光合效率随光照度的增加而增加。当光照度增加到某一值时，光合速率不再随光照度的增加而上升，此时对应的光照度为光饱和点，藻类在一定的光照区间会保持最高的光合速率；光照度超过藻类所承受的限度，藻类光合速率就会下降，光合作用被抑制，此时对应的光照度为光抑制点。

不同藻类最适的光照区间一般不同，即使是同一种藻类，最适光照区间也会因环境的变化而发生相应改变，如低温常使藻类对强光的敏感性增加，而适当的强光锻炼则可使藻类对强光的适应性提高。在阳光充足的晴天，水体表面的光照度远超藻类的需要，因此处于水体表层的藻类容易产生光抑制现象，导致水体表层藻类的光合作用效率偏低，而处于水体深处的藻类可能由于光照不足而光合效率降低。

（三）温度

不同地域的土著微藻都有其适合的温度范围，原产于热带地区的微藻，适宜的温度范围较高；反之，原产于高纬度地区的微藻适宜的温度范围会低一些。多数微藻的最适温度为 18 ~ 25℃，但因种类及原产地的差异，其最适温度也会有所差异，温度的忍受限也不同，如某些生活在火山温泉的蓝藻可在 70℃下正常生活，而生活在南北极的一些绿藻则可在冰雪中生长。一般情况下，蓝藻、绿藻的温度适应范围较广，常在夏秋季暴发，种类多，种群数量也很大，而金藻、硅藻多在温度较低的冬春两季大量繁殖。几种常见微藻生长的最适温度如

表 1-2 所示。

表 1-2　几种常见微藻生长的最适温度

微藻	最适温度 /℃
冰岛直链藻（*Melosira islandica var. helvetica*）	约 5
等片藻（*Diatoma elongatum var. fenius*）	10 ~ 20
栅藻（*Scenedesmus*）、小球藻（*Chlorella*）	20 ~ 25
节旋藻（*Arthrospiro*）	24 ~ 40
牟氏角毛藻（*Chaetoceros muelleri*）	35 以上

（四）营养源

微藻生长需要多种营养元素，有大量元素（钾、氮、磷等），也有微量元素（Mn、Mo、Co、Zn 等）。一般情况下，天然水体或土壤里所含有的元素能够满足藻类生长的需要，不会成为藻类生长的限制因子。但是淡水中的磷和海洋中的氮，常因为缺乏或含量过低而成为微藻生长的限制因子，尤其在藻类生长旺盛的季节显得尤为突出。1934 年，Redfield 研究了微藻培养液中碳、氮、磷元素的比例关系。实验表明，当微藻细胞接近饱和营养生长时，碳、氮、磷的原子比约为 106：16：1，这一比例关系被称为“雷德菲尔德化学计量比（Redfield ratio）”。氮、磷比高于 30 时，藻细胞的生长可能被磷抑制；低于 5 时，藻细胞的生长可能被氮抑制。Mn、Mo、Co、Zn 等微量元素缺乏也可能成为微藻生长的限制性因子。

（五）吞食

在天然水体中，藻类是整个水生态系统中食物链的最底端，许多水生动物都是以藻类为食的。吞食行为对于微藻种群数量、种类演替都会产生一定的影响。吞食者与被吞食者之间具有反馈机制，二者之间为一种动态关系，这种关系集中表现为数量上的相互消长，而复杂的吞食关系形成了生态系统中的食物链，在整个生态系统中起着物质和能量传递的作用。

（六）竞争

竞争主要指不同微藻之间及藻类与其他生物之间对光和营养源的竞争，是生态系统中普遍存在的现象。在自然水体中，微藻与水生高等植物间存在对光和营养物质的激烈竞争。通常情况下，当浮游藻类生长繁盛时，会对水生高等植物的生长产生抑制作用；反之，水生高等植物生长茂盛时，水体中浮游藻类的数量会减少。此外，在同一水体中不同种类的微藻之间也存在竞争，如裸藻和衣藻常在有机物丰富的水体中通过竞争成为优势种群。

拮抗是一种生物的代谢产物抑制其他种生物生长的现象。例如：四尾栅藻、微囊藻的分泌物能抑制其他藻类生长；水生高等植物，如黑藻、凤尾莲也能分泌某些次生代谢物质抑制藻类生长。

三、微藻在生态系统中的作用

（一）微藻与渔业的关系

藻类是水生态系统中的初级生产者，是水生动物主要的食物来源。无论在淡水还是海水中，水体中生长的藻类，尤其是一些微藻，直接或间接为鱼、虾、蟹和贝类提供饵料。水体中经济动物生长快慢、丰产与否均由水中作为饵料的浮游植物的发展情况来决定，无论是海洋还是池塘，鱼类的产量与水体中微藻的繁盛程度关系密切。因此，在池塘养鱼过程中，人们往往向池塘中添加肥料，把水“调肥”，主要目的是通过促进微藻大量繁殖来实现鱼类增产。

（二）微藻在农业上的应用

微藻可作为肥料。在湖泊、河流、池塘中生活的微藻，死亡后沉于水底，积年累月，会在水底形成厚厚的淤泥，这些淤泥可作为很好的有机肥料。人们会将所在地水体中的微藻用作提高农作物产量的天然肥料，如居住在湖区和沿海区的人们分别将富含碳酸钙的轮藻和富含钾元素的褐藻作为肥料，这些肥料还可对农作物病虫害的防治起到一定作用。

有固氮作用的微藻可以固氮，从而提高土壤肥力。自从 Drewes（1928）发现多变鱼腥藻（*Anabaena variabilis*）和点形念珠藻（*Nostoc punctiforme*）可将空气中的游离氮固定、转化为植物可利用的氮之后，科学家们对固氮微藻开展了大量研究。研究发现，具有异形胞种类的蓝藻，其细胞内的固氮酶参与细胞的固氮作用。目前已发现 70 余种具有固氮能力的蓝藻。据推测和计算，在自然水体中，稻田区每亩① 有近 1 700 ~ 6 700 g 纯氮被蓝藻固定。此外，有些微藻本身没有固氮能力，但它的存在能提高固氮细菌的固氮能力。

（三）微藻的水质指示作用

微藻个体微小，代谢迅速，对水环境的变化敏感，常作为水体污染的哨兵，指示水体的污染程度。因此，浮游植物群落相关生态参数（群落结构、丰度、多样性、优势度和空间分布等）是反映水环境质量的重要指标，其作为生物指示剂在水质评价、监测、预报及水体治理等方面得到了广泛应用。微藻在光合作用过程中释放的氧气可加速废水中有机物的降解，而有些微藻可在无氧的条件下同化污水中的有机物供自身需要。有些微藻有吸收和积累有害元素的能力，如四尾栅藻体内可积累远高于环境浓度的稀土元素（铈、钇）。目前已发现多种微藻对一些环境有害元素具有转化和积累作用，因此微藻被用于一些重金属污染水体的净化。

四、几种常见微藻的分布与生态

（一）节旋藻的分布与生态

节旋藻，商品名称为螺旋藻，是目前产业化较早且开发较好的经济微藻之一，也是开展生态学调查研究比较全面和深入的微藻。1963 年，顿顶节旋藻被

① 亩为非法定计量单位。1 亩 ≈ 667 m^2。

发现于乍得湖后，许多藻类学家对乍得湖开展了大量调查研究工作。乍得湖地处非洲乍得共和国，乍瑞河（Chari）是其主要的水源，湖区由敞水区、群岛区和沼泽区组成。该湖所在地区属于亚荒漠气候带，一年分旱雨两季，年降水量约 400 mm。湖区面积 20 000 ~ 24 000 km^2，平均水深 1.5 m；年均水温 27℃，最高水温在 6 月和 9 月，最低水温在 1 月；湖水 pH 为 7.2 ~ 9.0，湖水中的 HCO_3^- 含量丰富，而 SO_4^{2-} 和 Cl^- 较少。每年夏季钝顶节旋藻形成水华。

当碱湖水含盐量超过 30 g/L 时，节旋藻将成为湖水中浮游植物绝对的优势种群，在内蒙古察汗淖尔碱湖湖畔碱厂的日晒碱池中，发现了由很纯的钝顶节旋藻形成的水华。研究结果显示，节旋藻生长最适宜的盐度为 20 ~ 70 g/L，但在盐度为 85 ~ 270 g/L 的环境中也可生存。在高盐、高 pH 水体中节旋藻往往是浮游植物的优势种，盐浓度的高低是节旋藻能否成为优势种群的决定性因素。对乍得湖境内的罗姆波湖和博多湖的调查发现，二者湖水的 pH 均为 10.2 ~ 10.4，但后者湖水的盐浓度（32 ~ 55 g/L）高于前者（13 ~ 26 g/L）。博多湖和罗姆波湖的钝顶节旋藻种群量分别占蓝藻种群量的 80% 和 50%。钝顶节旋藻是罗姆波湖浮游植物的主要种类，随着季节的变化浮游植物的组成及数量的变化明显。钝顶节旋藻全年在博多湖都是蓝藻种群的绝对优势种，在多数月份钝顶节旋藻几乎可以代表该湖浮游植物的全部生物量。节旋藻除了在乍得湖有分布外，在非洲的其他碱湖也陆续被发现。例如，埃塞俄比亚的齐洛特斯湖（Kilotes）和阿蓝嘎第湖（Aranguadi），这两个湖泊都属于高碱、高碳酸盐型湖泊，齐洛特斯湖湖水的 pH（9.6）较阿蓝嘎第湖的 pH（10.2）低一些，前者湖水中浮游植物的优势种为钝顶节旋藻，但还有一些其他藻类，而后者湖水中钝顶节旋藻为该湖唯一的生存藻类。另外，在肯尼亚赤道地区的苏达湖中也发现了钝顶节旋藻单藻种形成的水华。近年来，钝顶节旋藻在中国的多个地区也被发现，如内蒙古农业大学的研究小组在内蒙古鄂尔多斯高原的察汗淖尔碱湖、白音淖尔碱湖、哈马太湖等多个湖泊发现钝顶节旋藻，内蒙古科技大学和内蒙古螺旋藻工程技术研究中心的科研人员在山西伍姓湖也发现了大量由钝顶节旋藻形成的水华。

（二）杜氏藻的分布与生态

杜氏藻常见于高盐水体中，是此类水体藻类的优势种群，形成绿色或红色水华。不同杜氏藻种对盐及pH的耐受范围跨度很大，盐度耐受范围为0.5～5 mol/L，在pH为11的水体中还可以正常生活。因此，杜氏藻常常成为世界各地高盐湖泊、盐厂、碱厂蒸发池浮游植物的绝对优势种群和主要的第一生产者。在南极洲、欧洲、美洲及大洋洲等的盐湖中生长着许多种类的杜氏藻。中国沿海盐池及内陆的山西运城盐湖、鄂尔多斯高原碱厂的晒碱池中都有关于杜氏藻形成红色水华的报道。在盐度大于2%的水体中，盐生杜氏藻（*D. salina*）、淡红色小杜氏藻（*D. parva*）和绿色杜氏藻（*D. viridis*）通常为该水体浮游植物的优势种群。不同种的杜氏藻在水体中空间分布的趋向性不同，如盐生杜氏藻和小杜氏藻主要分布于水体表层，绿色杜氏藻则趋向于分布在水体底部或较深的位置。不同种杜氏藻在较浅的水体中对光照度的应答不同，出现垂直移动的现象，在强光条件下，小杜氏藻及盐生杜氏藻在盐度分别为25%及32%时均趋向于向水体底层迁移。红色盐生杜氏藻可以在色素体的周围合成起到光屏障作用的类胡萝卜素抵御强光对藻体造成的伤害，因此其光饱和点较高，光抑制点约为1 500 μE/（m^2·s）。杜氏藻在水体中水平分布的主要影响因素为风力。

适应在极端环境中生活的生物种类往往较少。高盐水体属于非常严苛或极端的生存环境，在此环境中可与杜氏藻竞争生存的生物种类大大减少，导致耐盐杜氏藻种群在这种水体中成为绝对的优势种群。在盐度较低的条件下，适应生活的浮游植物的种类会增加，如纤毛类的盐蚕豆虫（*Fabrea salina*）和节肢动物的丰年虾（*Artemia salina*）在低盐水体中与杜氏藻种群产生竞争，这种竞争也成为杜氏藻种群发展的主要限制因子，限制了其种群数量。随着盐度的提高，水生态系统中与杜氏藻竞争的物种数量将降低。例如，当盐度为20%～25%时，竞争者为鞭毛时期的变形虫（*Hetevamoeba*）和纤毛虫（*Cladotricha sigmoidea*）；当盐度高于25%时，与盐生杜氏藻竞争的只有原生动物波豆虫属（*Bodo*）的几个物种。

（三）小球藻的分布与生态

小球藻在自然界分布极广，在湖泊、海洋、小河、池塘等各种水体中都可以发现其踪迹，多为淡水种，大量出现的时期常见于温暖地区春夏之交或春秋雨季。小球藻属于广温适应性藻类，不同品系的小球藻温度适应范围为 −2 ~ 39℃。小球藻属的种类都具有明显的营腐生生活倾向，因此小球藻在富含有机质的污水中能大量生长，形成水华。有些种类的小球藻可附生于树皮上（如椭圆小球藻）。很多小球藻品系能够营共生生活，如小球藻与草履虫（*Paramecium*）共生是有机界共生现象的著名例证之一。

参考文献

陈峰，姜悦，1999. 微藻生物技术［M］. 北京：中国轻工业出版社 .

胡鸿钧，2003. 螺旋藻生物学及生物技术原理［M］. 北京：科学出版社 .

胡鸿钧，等，2006. 中国淡水藻类［M］. 北京：科学出版社 .

李扬，2009. 海链藻（*Thalassiosira*）与圆筛藻（*Coscinodiscus*）的形态学比较研究［J］. 植物研究，29（3）：282−288.

梁玉波，2012. 中国赤潮灾害调查与评价（1933—2009）［M］. 北京：海洋出版社 .

吴国芳，冯志坚，马炜梁，等，1992. 植物学：下［M］. 北京：高等教育出版社 .

许晓静，李扬，2018. 异角毛藻和平滑角毛藻的分类学修订［J］. 热带亚热带植物学报，26（6）：669−676.

尤庆敏，王全喜，2011. 新疆菱形藻属和细齿藻属（硅藻门）中国新记录植物［J］. 西北植物学报，31（2）：417−422.

Carpenter E J, 1983. Physiology and ecology of marine planktonic *Oscillatoria* (*Trichodesmium*)［J］. Marine Biology Letters, 4(2): 69−85.

Catherine Q, Susanna W, Isidora E S, et al., 2013. A review of current knowledge on toxic benthic freshwater cyanobacteria−ecology, toxin production and risk management［J］. Water Res, 47(15): 5464−5479.

Chen Y W, Qin B Q, Teubner K, et al., 2003. Long−term dynamics of phytoplankton assemblages: *Microcystis*−domination in Lake Taihu, a large shallow lake in China［J］. Journal of

Plankton Research, 25(4): 445−453.

Choi B, Son M, Kim J I, et al., 2013. Taxonomy and phylogeny of the genus *Cryptomonas* (Cryptophyceae, Cryptophyta) from Korea [J]. Algae, 28(4): 307−330.

Chojnacka K, Zielinska A, 2012. Evaluation of growth yield of *Spirulina* (*Arthrospira*) sp. in photoautotrophic, heterotrophic and mixotrophic cultures [J]. World J Microbiol Biotechnol, 28(2): 437−445.

Giordano M, Bowes G, 1997. Gas exchanges, metabolism, and morphology of *Dunaliella salina* in response to the CO_2 concentration and nitrogen source used for growth [J]. Plant Physiology, 115: 1049−1056.

Graham L E, Cook M E, Busse J S, 2000. The origin of plants: body plan changes contributing to a major evolutionary radiation [J]. Proc Natl Acad Sci U S A, 97(9): 4535−4540.

Hoef−Emden K, 2018. Revision of the genus *Chroomonas* Hansgirg: the benefits of DNA−containing specimens [J]. Protist, 169(5): 662−681.

Hoppenrath M, Chomerat N, Horiguchi T, et al., 2013. Taxonomy and phylogeny of the benthic *Prorocentrum* species (Dinophyceae) −a proposal and review [J]. Harmful Algae, 27: 1−28.

Huss V, Frank C, Hartmann E C, et al., 1999. Biochemical taxonomy and molecular phylogeny of the genus *Chlorella* sensu lato (Chlorophyta) [J]. Journal of Phycology, 35(3): 587−598.

Karnkowska−Ishikawa A, Milanowski R, Kwiatowski J, et al., 2010. Taxonomy of the *Phacus oscillans* (Euglenaceae) and its close relatives−balancing morphological and molecular features [J]. Journal of Phycology, 46(1): 172−182.

Kocarkova A, Wolowski K, Poulickova A, et al., 2004. *Trachelomonas* taxa (Euglenophyta) occurred in the pools of poodri protected landscape area (Czech republic) [J]. Archiv fuer Hydrobiologie Supplement, 154: 67−84.

Lee R E, Tartell P B, Karmody C S, et al., 1999. Association of adhesive macromolecules with terminal sprouts at the neuromuscular junction after botulinum treatment [J]. Otolaryngol Head Neck Surg, 120(2): 255−261.

Lee R E, 2012. 藻类学 [M]. 段德麟，胡自民，胡征宇等，译 . 北京：科学出版社 .

Lin S, 2011. Genomic understanding of dinoflagellates [J]. Res Microbiol, 162(6): 551−569.

Liu M, Gu H, Krock B, et al., 2020. Toxic dinoflagellate blooms of *Gymnodinium catenatum* and their cysts in Taiwan Strait and their relationship to global populations [J]. Harmful Algae,

97: 101868.

Luo W, Krienitz L, 2005. Systematics of Chlorellaceae: morphology versus molecular phylogeny [J]. Phycologia, 44(4): 64.

Mccarthy J J, Carpenter E J, 1979. *Oscillatoria* (*Trichodesmium*) thiebautii (Cyanophyta) in the Central North Atlantic Ocean [J]. Journal of Phycology, 15(1): 75–82.

Nagahama Y, Murray S, Tomaru A, et al., 2011. Species boundaries in the toxic dinoflagellate *Prorocentrum lima* (Dinophyceae, Prorocentrales), based on morphological and phylogenetic characters [J]. Journal of Phycology, 47(1): 178–189.

Poulickova A, Vesela J, Neustupa J, et al., 2010. Pseudocryptic diversity versus cosmopolitanism in diatoms: a case study on *Navicula cryptocephala* Kutz.(Bacillariophyceae) and morphologically similar taxa [J]. Protist, 161(3): 353–369.

Rajaniemi P, Hrouzek P, Kastovska K, et al., 2005. Phylogenetic and morphological evaluation of the genera *Anabaena*, *Aphanizomenon*, *Trichormus* and *Nostoc* (Nostocales, Cyanobacteria) [J]. Int J Syst Evol Microbiol, 55(Pt 1): 11–26.

Redfield A C, 1934. On the proportions of organic derivatives in sea water and their relation to the composition of plankton [M]. Liverpool: University press of liverpool, 177–192.

Edgar S M, Theriot E C, 2003. 39 phylogeny of *Aulacoseira* (Bacillariophyta) [J]. Journal of Phycology, 14.

Sarno D, Kooistra W, Medlin L K, et al., 2005. Diversity in the genus *Skeletonema* (Bacillariophyceae). II. An assessment of the taxonomy of *S. costatum*–like species with the description of four new species [J]. Journal of Phycology, 41(1): 151–176.

Woolcott G W, Iima M, King R J, 2000. Speciation within *Blidingia minima* (Chlorophyta) in Japan: evidence from morphology, ontogeny, and analyses of nuclear rDNA its sequence [J]. Journal of Phycology, 36(1): 227–236.

Woolcott G W, King R J, 1998. *Ulvaria* (Ulvales, Chlorophyta) in eastern Australia: morphology, anatomy and ontogeny compared with molecular data [J]. Botanica Marina, 41(1): 63–76.

Zohary T, Sukenik A, Berman T, 2014. *Peridinium gatunense* [M] //ZOHARY T, SUKENIK A, BERMAN T, et al. Aquatic Ecology Series, 191–212.

第二章 微藻生理与生物化学

本章重点介绍微藻在各种环境条件下的活动规律和机制，主要包括微藻生物大分子的结构与功能、光合作用、呼吸作用、营养方式以及逆境生理等内容。

第一节 微藻生物大分子的结构与功能

生物大分子通常指生物体内的蛋白质、核酸和多糖等，可作为生物的结构单元，如细胞壁、细胞膜的主要组成成分；可参与细胞的信号传导以及代谢过程，如各种酶等。本节中涉及的生物大分子主要指微藻中最具应用前景的大分子，如藻蓝蛋白和多糖。

一、藻蓝蛋白的结构与功能

在蓝藻、红藻和隐藻细胞中普遍存在着光捕获细胞器——藻胆体，藻胆体由藻胆蛋白（Phycobiliprotein，PBP）装配而成，连接到类囊体膜外表面，扮演着光捕获色素的角色。藻胆蛋白是色泽鲜艳的水溶性色素蛋白，由胆蛋白（biliprotein）通过半胱氨酸的硫醚键与辅基（藻胆素）共价结合形成，依据其光谱特征可分为藻蓝蛋白（Phycocyanin，PC）、藻红蛋白（Phycoerythrin，PE）、藻红蓝蛋白（Phycoerythrocyanin，PEC）和别藻蓝蛋白（Allophycocyanin，APC）。藻胆素是一类开链的四吡咯发色团物质，不含镁和叶绿醇链，有藻蓝胆素（Phycocyanobilin，PCB）、藻红胆素（Phycoerythrobilin，PEB）、藻尿胆素（Phycourobilin，PUB）和藻紫胆素（Phycoviolobilin，PVB）4 种类型（图 2–1），多数藻蓝蛋白中的发色团是藻蓝胆素和藻红胆素。

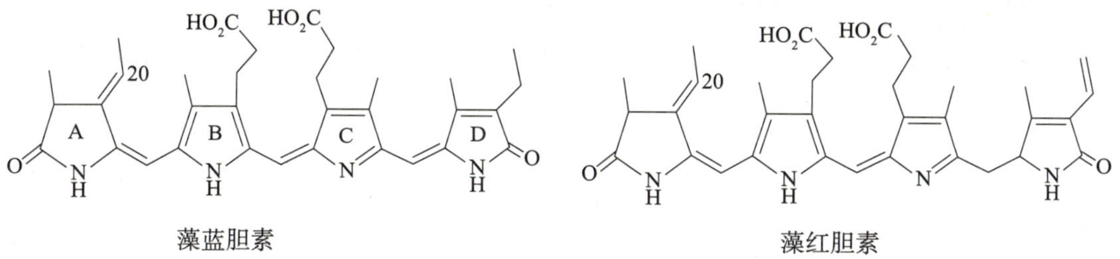

图 2–1　藻蓝胆素和藻红胆素的结构

最常见的藻胆体形状为扇形，由核心和 6 个呈发射状的棒状结构组成（图 2–2）。核心由别藻蓝蛋白组成，并与光反应中心 PSⅡ相连，其结构因藻的种类不同而存在差异。例如，在红藻中，核心由 3 个环状结构组成；在部分蓝藻中，核心由 2 个圆柱状结构组成。棒状结构主要由藻蓝蛋白和藻红蛋白组成，在部分蓝藻中只有藻红蓝蛋白而没有藻红蛋白。目前对蓝藻的光合反应机制研究较为深入，藻红蛋白或藻红蓝蛋白被光能激发，依次将光能传递给藻蓝蛋白、别藻蓝蛋白以及光合作用反应中心。

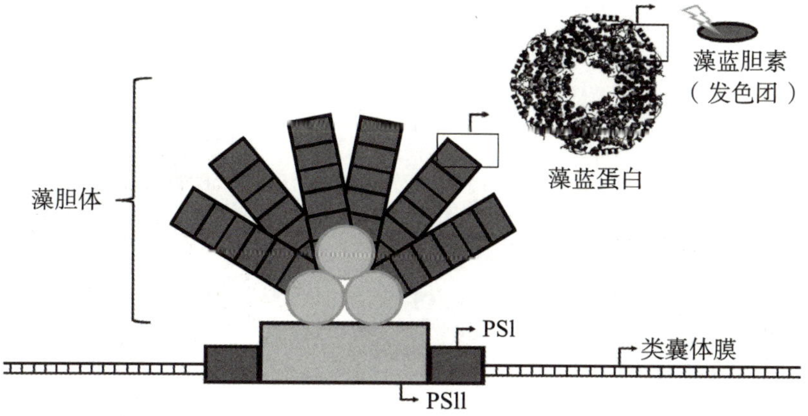

图 2–2　藻胆体结构示意图

藻蓝蛋白由 α 亚基和 β 亚基组成，是蓝藻中最丰富的藻胆蛋白，占藻胆蛋白的 50% 左右，在蓝藻光合反应中扮演着重要的承上启下作用。其 α 和 β 亚基具有相似的氨基酸序列和三维结构，均由不规则的环区连接 9 段 α 螺旋构成，分子质量分别为 18.2 u 和 20.5 u，亚基之间通过非晶体学二次轴相联系。单聚体或多聚体之间依靠 α 亚基的接触表面相互作用，2 个三聚体可面对面组合成（αβ）$_6$ 六聚体，不同藻胆蛋白依靠连接多肽连接，连接多肽的缺失会影响藻胆体的形成或者抑制藻胆体的能量传递。pH 不同会影响藻蓝蛋白的聚集状态，如 pH 为 5.0 ~ 6.0 时，藻蓝蛋白的构象是六聚体（αβ）$_6$；pH 为 7.0 时，藻蓝蛋白的构象是三聚体（αβ）$_3$。

藻蓝蛋白根据其构象、键合藻胆素的数量和种类不同，分为 C- 藻蓝蛋白（C-PC）和 R- 藻蓝蛋白（R-PC）（图 2-3）。C- 藻蓝蛋白的晶体结构显示其 α84、α84 和 α155 位置均连接着藻蓝胆素，揭示了 C- 藻蓝蛋白的发色团都是藻蓝胆素。C- 藻蓝蛋白的最大吸收波长为 620 nm（PCB），最大激发波长为 648 nm。R- 藻蓝蛋白按照光谱特征可分为 R- 藻蓝蛋白（Ⅰ）、R- 藻蓝蛋白（Ⅱ）和 R- 藻蓝蛋白（Ⅲ），它们在 α84、β84 和 β155 位置上连接 3 种藻胆素：R- 藻蓝蛋白（Ⅰ）有 α84PCB、β84PCB 和 β155PEB；R- 藻蓝蛋白（Ⅱ）有 α84PEB、β84PCB 和 β155PEB；R- 藻蓝蛋白（Ⅲ）有 α84PUB、β84PCB 和 β155PCB。R- 藻蓝蛋白的最大吸收波长为 617 nm（PCB）和 555 nm（PEB），最大激发波长为 636 nm。

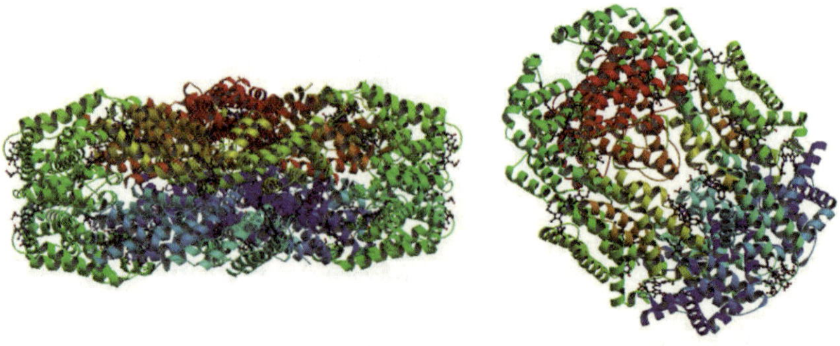

C- 藻蓝蛋白（C-PC）　　R- 藻蓝蛋白（R-PC）

图 2-3　C- 藻蓝蛋白和 R- 藻蓝蛋白的结构

藻胆蛋白是藻类所特有的色素蛋白，具有强烈的荧光特性，其与生物素、链霉亲和素或各种单克隆抗体结合制成的荧光探针已广泛应用于免疫荧光检测和液相芯片等分析检测领域。藻蓝蛋白作为荧光探针有以下优势：①在可见光谱中吸收强而广，消光系数大，因此提高了检测的灵敏度；②在广泛 pH 范围内具有高荧光量子效率；③大的 Stokes 位移；④藻蓝蛋白自身及其携带的生色团之间的荧光猝灭较少；⑤每个分子有许多表面官能团，如 $-NH_2$ 或羧基，可以使用异双功能连接剂轻松偶联到各种小的有机染料或蛋白质上。

藻蓝蛋白的藻胆素在治疗或预防由氧化应激反应引起的糖尿病、心血管疾病、炎症、癌症、退行性疾病、局部缺血和贫血等疾病方面具有一定的优势。引起氧化应激反应的主要原因是生物体内活性氧（ROS）的积累，导致生物大分子（如脂类、蛋白质和 DNA）的损伤，从而危及生物的生存。利用光合生物清除 ROS 的抗氧化系统存在两种机制，一种是酶机制，包括超氧化物歧化酶（SOD）、过氧化氢酶、谷胱甘肽（GHS）过氧化物酶和抗坏血酸过氧化物酶（Apx）；另一种是非酶机制，利用谷胱甘肽、α- 生育酚和类胡萝卜素直接淬灭 ROS。人类胆绿素（biliverdin）是人体中最有效的内源性抗氧化物质，其结构与藻蓝胆素和胆红素（bilirubin）相似。但是胆红素的天然来源有限，人工合成成本太高，水溶性差，不适合作为口服药剂用于临床。研究表明，藻蓝蛋白的藻蓝胆素具有清除氧自由基的能力，并抑制 DNA 损伤，是对动脉粥样硬化具潜在保护作用的化合物。

此外，藻胆蛋白分子能够抑制促炎信号和 NF-kB 等辅助因子，从而抑制炎症反应和细胞凋亡；藻蓝蛋白的光捕获特性使其可以作为抗癌药物输送的光敏剂，藻蓝蛋白合成的锌酞菁复合物对于癌细胞具有很好的光动力学活性和靶向作用。

二、微藻多糖的结构与功能

藻类中均具有多糖，但不同藻类多糖的组成和结构存在很大差异。例如，在海藻中，细胞壁多糖通常由线性硫酸化半乳聚糖聚合物（角叉菜胶、琼脂糖和藻酸盐）和内部刚性组分纤维素微原纤维组成；在红色微藻中缺乏这种纤维素微原纤维成分，其细胞壁多糖以凝胶形式包封在硫酸化多糖中。

藻类多糖主要作为存储物质和结构分子，具有抗炎、抗病毒、抗应激、抗氧化、免疫调节等功能，可用于医学、食品和化工方面的研究。例如：陆地上蓝藻门的念珠藻（*Nostoc flagelliforme*）是常见的淡水丝状藻类，可在潮湿的土表生长并产生一种酸性多糖（命名为 nostoflan，NSF）。NSF 的单糖组成和甲基化分析表明，其主要由→4)-D-葡萄糖残基-(1→、→6,4)-D-葡萄糖残基-(1→、→4)-D-半乳糖残基-(1→、→4)-D-木糖残基-(1→、D-葡萄糖醛酸残基-(1→、D-甘露糖残基-(1→以 1∶1∶1∶1∶0.8∶0.2 的比例组成，NSF 经部分酸水解和吡啶衍生化。基于基质辅助激光解析电离—飞行时间质谱（MALDI-TOF-MS）和核磁共振波谱法（NMR）分析，可推测 NSF 的序列为：→4）-β-D-葡萄糖残基-（1→4）-D-木糖残基-（1→和→4）-［β-D-葡萄糖醛酸残基-（1→6）-］-β-D-葡萄糖残基-（1→4）-D-半乳糖-（1→。研究显示，NSF 具有潜在的抗 1 型单纯疱疹病毒（HSV-1）活性，选择性指数（50% 的细胞毒性浓度 /50% 的病毒复制抑制浓度）为 13 000。此外，NSF 还具有抑制 HSV-2、人类巨细胞病毒和甲型流感病毒的功能。

红藻（*Porphyridium* sp.）的可溶性细胞壁多糖主要由木糖、葡萄糖和半乳糖组成，基本组成单元为醛二醛酸 3-O-（α-D-葡萄糖醛酸）-L-吡喃半乳糖，平均分子质量为（3～5）×10^6u，硫酸基占干重的 7%（图 2-4）。由于在溶液中采用有序构象，多糖采取双螺旋或三螺旋的形式，使得红藻多糖在溶液黏度大、pH 为 2～9 且温度为 30～120℃时很稳定。这一特性表明红藻多糖具有开发成优质生物润滑剂的巨大潜力。

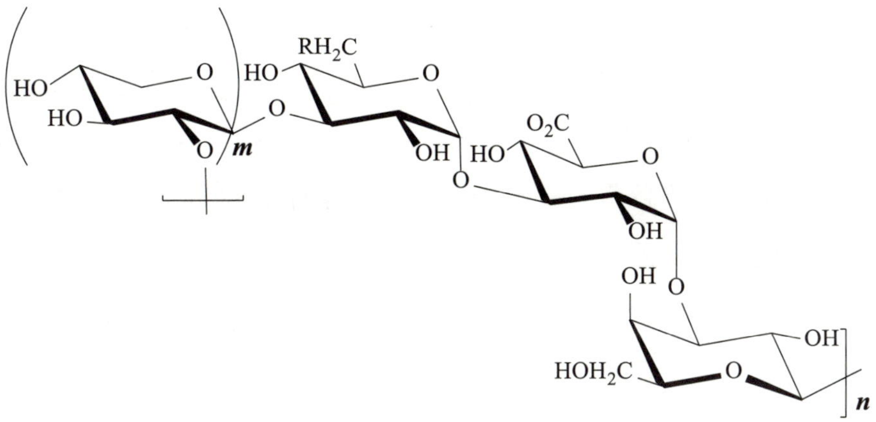

图 2-4　红藻（*Porphyridium* sp.）多糖的线性结构

在红藻（*Porphyridium* sp.）多糖的溶液中加入 $ZnCl_2$ 可形成 Zn- 多糖的复合物（Zn-PS），其对于大肠杆菌（革兰阴性菌）和枯草芽孢杆菌（革兰阳性菌）均具有很好的抑菌活性。因此，Zn-PS 在制药和化妆品行业具有开发新产品的巨大潜力。

从小球藻（*Chlorella pyrenoidosa*）中分离得到的阿拉伯半乳聚糖（AG）的平均分子质量为（47±4）ku，基本重复单元为：→2）-a-L-Araf-（1→3）-[α-L-Araf-（1→4）] -β-D-Galp-（1→。生物活性实验显示，AG 能刺激细胞内 NO 的合成。

三、微藻类胡萝卜素的结构与功能

（一）微藻类胡萝卜素的种类

类胡萝卜素是自然界中种类最多、分布最广泛的色素，目前已从不同的天然资源中分离得到 750 多种类胡萝卜素。这些类胡萝卜素及其所涉及的生物合成途径常被用于各种微藻的门分类标志。类胡萝卜素作为着色剂、抗氧化剂、营养补品和保健食品，已被广泛应用于水产养殖、化妆品、食品和观赏鱼等行业，其可持续性和天然来源变得越来越有吸引力。据统计，2017 年，类胡萝卜素的全球市场价值达到 15 亿美元。其中，β- 胡萝卜素、叶黄素和虾青素占总市场价值的 60%。微藻是这些色素重要的天然来源之一。国内外目前用于大规模培养并生产类胡萝卜素的微藻主要是杜氏盐藻（*Dunaliella*）和雨生红球藻（*Haematococcus*），杜氏盐藻主要用来提取 β- 胡萝卜素，雨生红球藻用于生产虾青素。由于人工养殖微藻的成本较高，目前全球 80% 以上的 β- 胡萝卜素产品来自化学合成，由微藻生产的 β- 胡萝卜素只有不到 10%。然而，化学合成的 β- 胡萝卜素主要是全反式结构，其生物利用度和清除活性氧的能力远低于 9- 顺式 β- 胡萝卜素，且化学合成的 β- 胡萝卜素有可能增加人类罹患肺癌和心血管疾病的风险。因此，全面认识微藻产生类胡萝卜素的生物合成途径，优化微藻培养的工艺流程，利用基因工程技术构建高产类胡萝卜素的藻种，降低微藻生产成本，是微藻产业可持续发展的关键（图 2-5）。

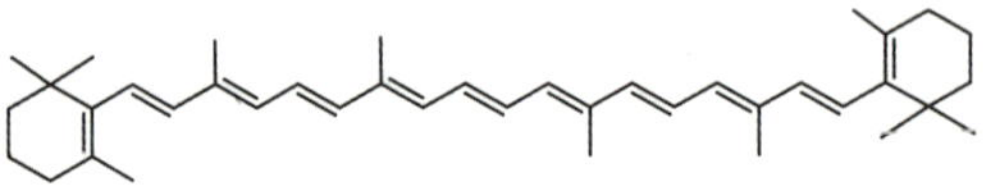

β-胡萝卜素(β-Carotene)

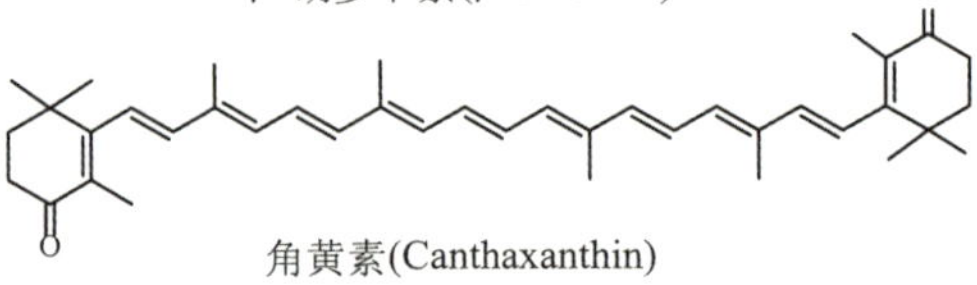

角黄素(Canthaxanthin)

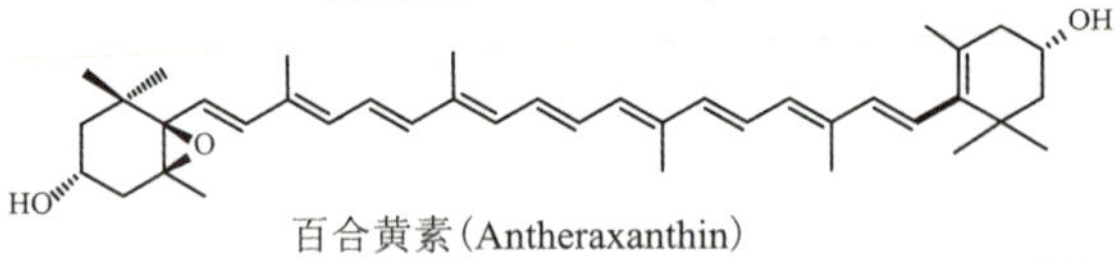

百合黄素(Antheraxanthin)

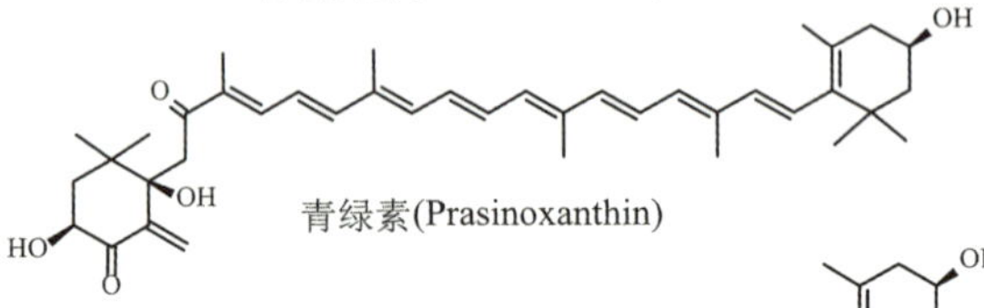

青绿素(Prasinoxanthin)

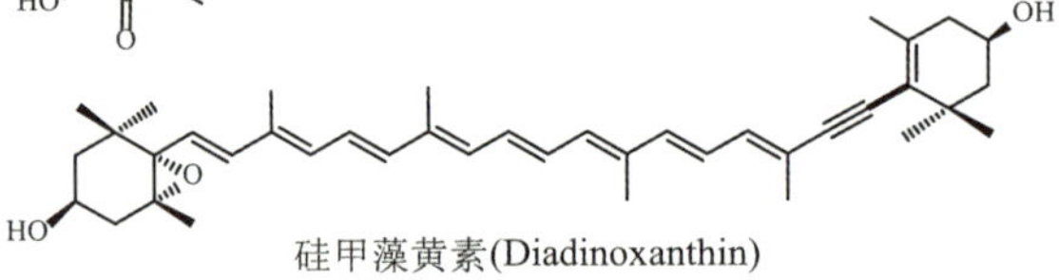

硅甲藻黄素(Diadinoxanthin)

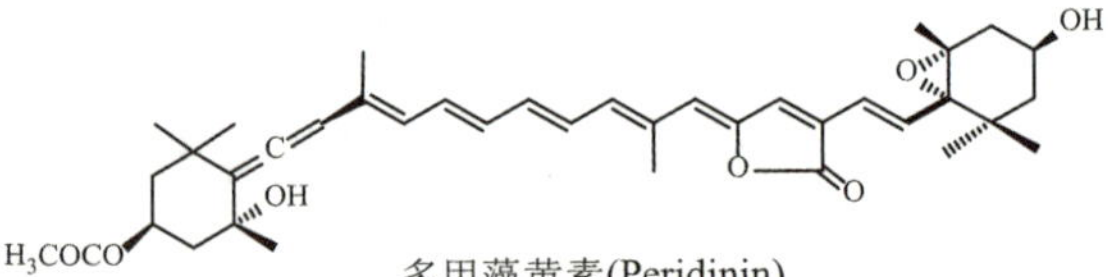

多甲藻黄素(Peridinin)

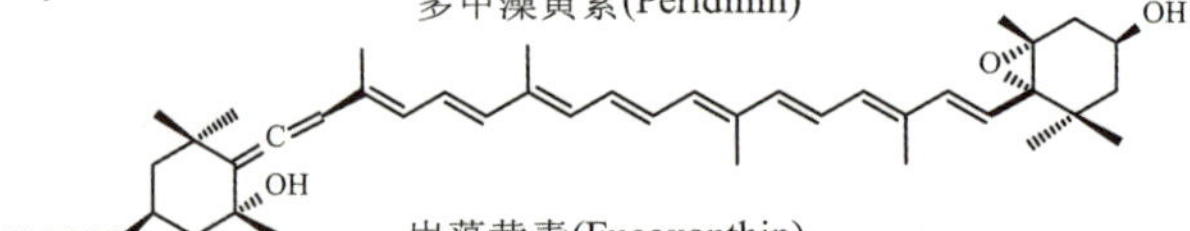

岩藻黄素(Fucoxanthin)

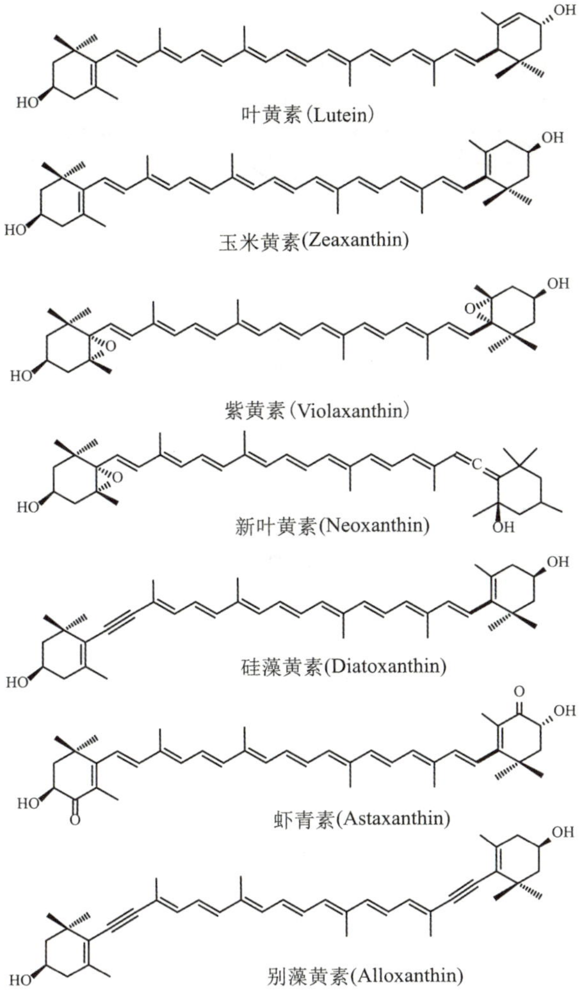

图 2-5　部分微藻来源的类胡萝卜素结构

（二）微藻类胡萝卜素的生物合成途径

类胡萝卜素是由异戊烯基焦磷酸酯（IPP）及其异构体二甲基烯丙基焦磷酸酯（DMAPP）合成的 C5 结构单元——异戊二烯（C_5H_8）形成的，是类异戊二烯中最具代表性的一种。在植物和微藻中，IPP 和 DMAPP 可通过甲羟戊酸途径（MVA）（图 2-6）或非甲羟戊酸途径（图 2-7）生物合成。

1. MVA 途径

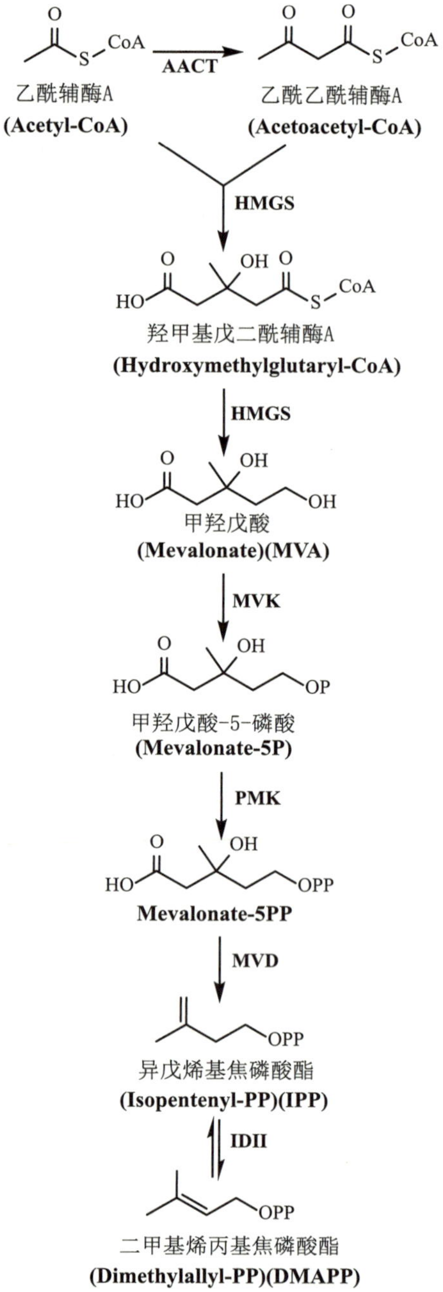

缩写：AACT（acetoacetyl-CoA thiolase），HMGS（hydroxymethylglutaryl-CoA synthase），MVK（mevalonate kinase），PMK（phosphomevalonate kinase），MVD（mevalonate pyrophosphate decarboxylase），IDI1（isopentenyl pyrophosphate isomerase type 1），IPP（isopentenyl pyrophosphate），DMAPP（dimethylallyl pyrophosphate）

图 2-6　植物和微藻类胡萝卜素生物合成前体 IPP 和 DMAPP 的 MVA 生物合成途径

20 世纪 50 年代，在植物和藻类中，IPP 生物合成的甲羟戊酸（MVA）途径被发现：首先乙酰辅酶 A 在乙酰乙酰辅酶 A 硫解酶（AACT）的催化下生成乙酰乙酰辅酶 A，进而在羟甲基戊二酰辅酶 A 合成酶（HMGS）作用下生成甲羟戊酸，然后在甲羟戊酸激酶（MVK）的参与下生成甲羟戊酸 –5– 磷酸（Mevalonate–5P），并在磷酸甲羟戊酸激酶（PMK）催化下生成高能量的甲羟戊酸焦磷酸酯（Mevalonate–5PP），最终在甲羟戊酸焦磷酸脱羧酶（MVD）的作用下生成了异戊烯基焦磷酸酯（IPP），IPP 在 1 型异戊稀基焦磷酸异构酶（IDI1）的催化下生成二甲基烯丙基焦磷酸酯（DMAPP）。

2. 非 MVA 途径

在发现 MVA 途径之后，进一步研究发现 MVA 途径并不是 IPP 生物合成的唯一途径。20 世纪 80 年代，IPP 生物合成的非 MVA 途径（MEP 或 DXP）被提出：第一步，D– 甘油醛 –3– 磷酸酯（GA3P）和丙酮酸在 1– 脱氧 –D– 木酮糖 –5– 磷酸合成酶（DXS）催化下生成 1– 脱氧 –D– 木酮糖 –5– 磷酸酯（DXP）；第二步，在 1– 脱氧 –D– 木酮糖 –5– 磷酸还原异构酶（DXR）作用下合成 2–C– 甲基 –D– 赤藓糖醇 –4– 磷酸酯（MEP）；第三步，在 4– 二磷脂酰 –2–C– 甲基 –D– 赤藓糖醇合成酶（CMT）催化下生成 4– 二磷脂酰 –2–C– 甲基 –D– 赤藓糖醇（DPME）；第四步，在 4– 二磷脂酰 –2–C– 甲基 –D– 赤藓糖醇激酶（CMK）作用下生成 4– 二磷脂酰 –2–C– 甲基 –D– 赤藓糖醇磷酸酯，第五步，在 2–C– 甲基 –D– 赤藓糖醇 2,4– 环二磷酸合成酶（MEcPS）催化下合成 2–C– 甲基 –D– 赤藓糖醇 2,4– 环二磷酸酯（MECDP）；第六步，在（E）–4– 羟基 –2– 甲基丁 –2– 烯基焦磷酸合成酶催化下生成（E）–4– 羟基 –2– 甲基丁 –2– 烯基焦磷酸酯（HMBPP）；第七步，在（E）–4– 羟基 –2– 甲基丁 –2– 烯基焦磷酸还原酶作用下生成 IPP；第八步，在异戊烯基焦磷酸异构酶（IDI）催化下生成 DMAPP；第九步，在牻牛儿基焦磷酸合成酶（GGPS）的催化下向 DMAPP 分子中依次添加 3 个 IPP 分子，从而完成八氢番茄红素（phytoene）的 C20 前体牻牛儿基焦磷酸酯（GGPP）的生物合成。

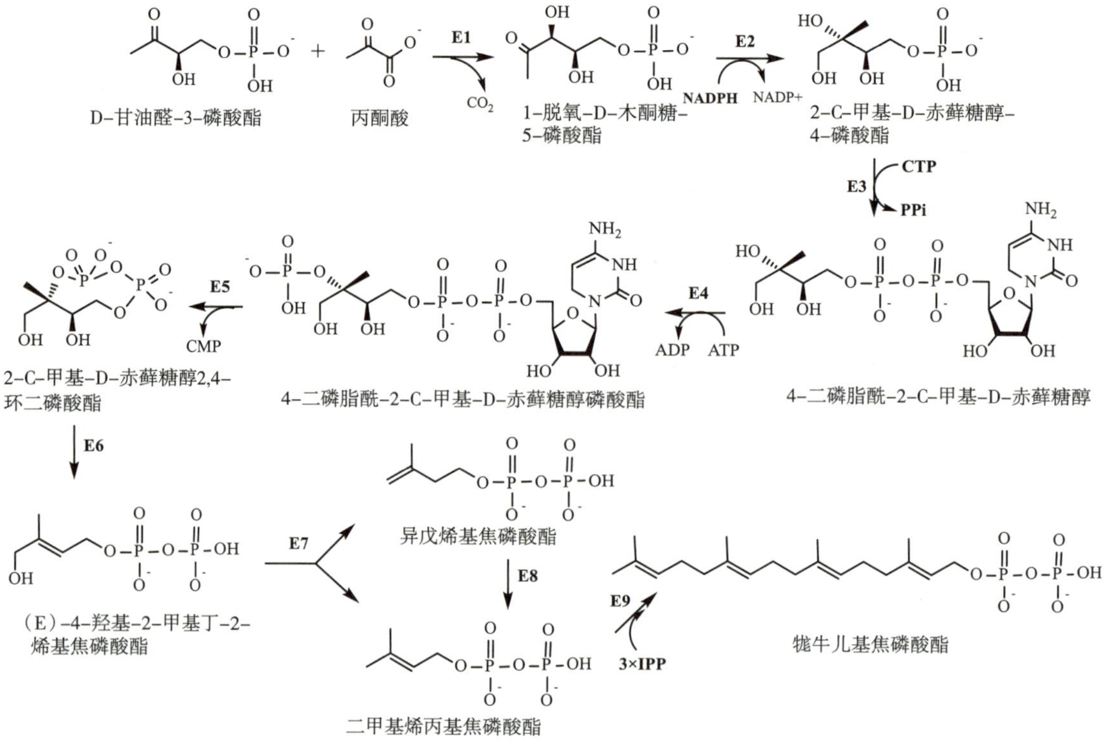

E1，1- 脱氧 -D- 木酮糖 5- 磷酸合成酶，DXS；E2，1- 脱氧 -D- 木酮糖 5- 磷酸还原异构酶，DXR；E3，4- 二磷脂酰 -2-C- 甲基 -D- 赤藓糖醇（DPME）合成酶，CMT；E4，DPME 激酶，CMK；E5，2-C- 甲基 -D- 赤藓糖醇 2,4- 环二磷酸合成酶，MEcPS；E6，（E）-4- 羟基 -2- 甲基丁 -2- 烯基焦磷酸合成酶；E7，（E）-4- 羟基 -2- 甲基丁 -2- 烯基焦磷酸还原酶；E8，异戊烯基焦磷酸（IPP）异构酶，IDI；E9，牻牛儿基焦磷酸合成酶，GGPS

图 2-7　植物和藻类牻牛儿基焦磷酸酯（GGPP）的非 MVA 生物合成途径

3. 微藻类胡萝卜素的合成途径

微藻（如杜氏盐藻）由 GGPP 合成 β- 胡萝卜素的代谢途径与植物相类似，其类胡萝卜素生成途径可以分为 3 个步骤，即 GGPP 生物合成、番茄红素（lycopene，LYC）生物合成以及带有环己烯环的类胡萝卜素的生成（图 2-8）。前面已经讨论了 GGPP 可以通过 MVA 和非 MVA（MEP/DXP）途径生物合成，生物体一旦合成了 GGPP，就会在八氢番茄红素合成酶（PSY）的催化下生成八氢番茄红素，接着在脱氢酶的作用下通过一系列脱氢步骤合成番茄红素，最后番茄红素在番茄红素环化酶（LCY）的参与下合成类胡萝卜素。从图 2-8 中

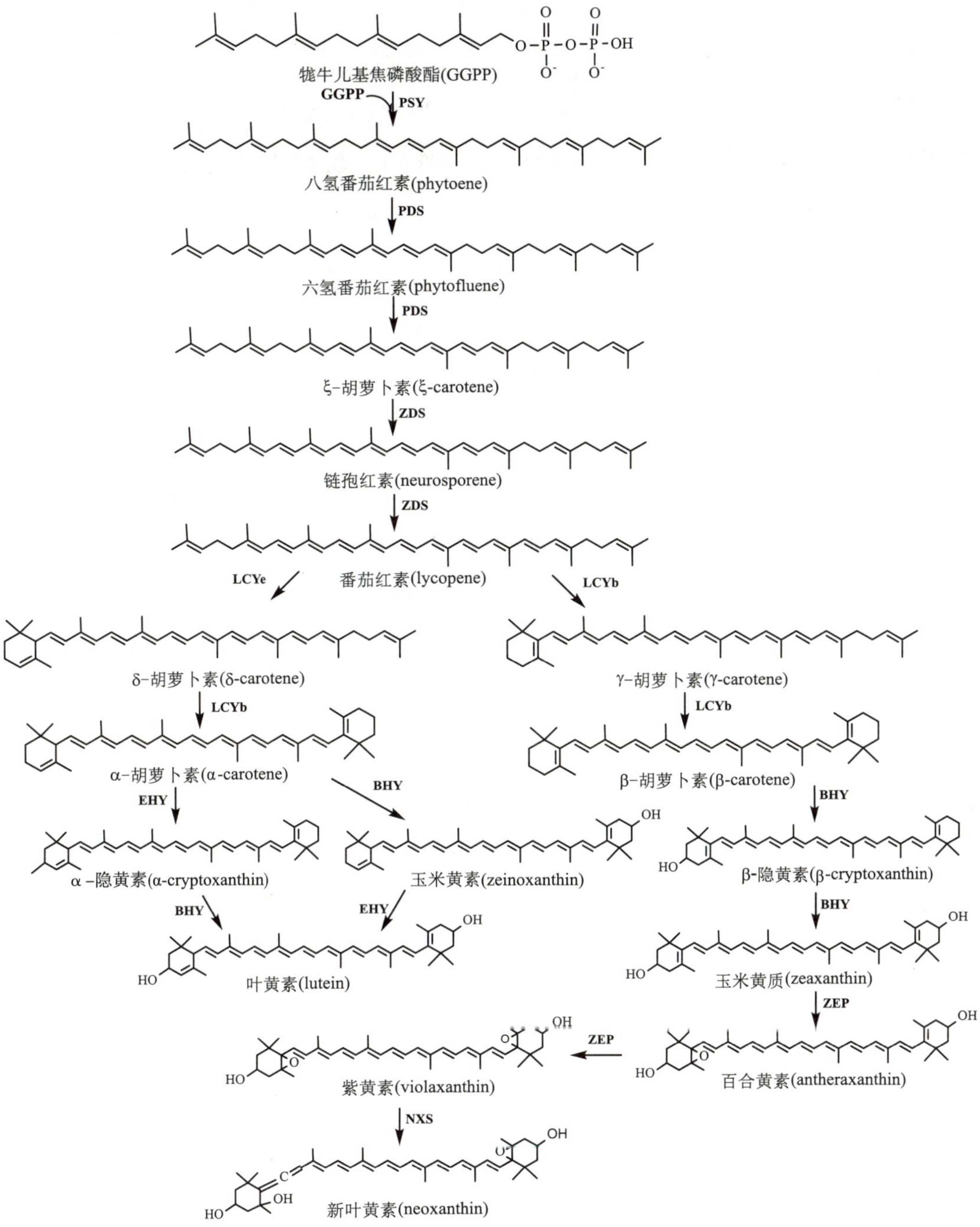

PSY，八氢番茄红素合成酶；PDS，八氢番茄红素去饱和酶；ZDS，ζ－胡萝卜素去饱和酶；LCYe，番茄红素 ε－环化酶；LCYb，番茄红素 β－环化酶；EHY，ε－胡萝卜素羟化酶；BHY，β－胡萝卜素羟化酶；ZEP，玉米黄质环氧酶；NXS，新叶黄素合成酶

图 2-8　杜氏盐藻中类胡萝卜素生物合成的可能途径

可以看出，PSY 和 LCY 是类胡萝卜素生物合成途径中的关键酶，在 PSY 催化下 2 个 GGPP 分子头对头缩合形成八氢番茄红素。杜氏盐藻的主要产物是不饱和长链两端各含有一个 β 环己烯环的 β- 胡萝卜素。换而言之，在杜氏盐藻中对于环状类胡萝卜素来说此代谢途径占主导作用。在 LCY 催化下，环己烯环加到番茄红素的一端或两端的环化过程导致了 δ-、α-、γ- 和 β- 胡萝卜素的生成。

在植物中发现有两种类型的 LCY，一种类型是番茄红素 β- 环化酶（LCYb），另一种类型是番茄红素 ε- 环化酶（LCYe）。LCYb 可以在番茄红素的末端引入 β 环，形成 γ- 胡萝卜素（单环）或 β- 胡萝卜素（双环），而 LCYe 可以在番茄红素的末端引入 ε 环，形成单环的 δ - 胡萝卜素。要生成 α- 胡萝卜素，需要分别在 LCYe 和 LCYb 催化下，将 ε 环加到番茄红素的一端，将 β 环加到另一端。后来在杜氏盐藻中也发现了 LCYb 和 LCYe，并对其进行了克隆和异源表达，进一步证明植物和微藻的类胡萝卜素生物合成途径是相似的。在多数植物中，这两种环化酶分别由单独的基因编码，而在小豆藻目（Mamiellales）的两株真核绿藻中发现含有一个融合编码蛋白的基因，该融合蛋白由 LCYb、LCYe 和 C 端光捕获蛋白复合体（LHC）结构域组成，而这个 C 端光捕获蛋白与叶绿素 a / b 结合蛋白家族的光捕获蛋白的序列高度相似（图 2-9）。基因融合的结果导致两种环化酶的化学计量比均为 1 : 1，其相对活性并不能通过差异表达进行调节。因此，这些真绿藻可能会进化出其他机制来调节两个分支的通量，以适应不断变化的需求。当然，环化酶融合蛋白是否在光合微藻中普遍存在，目前还不得而知，仍需要进一步研究。

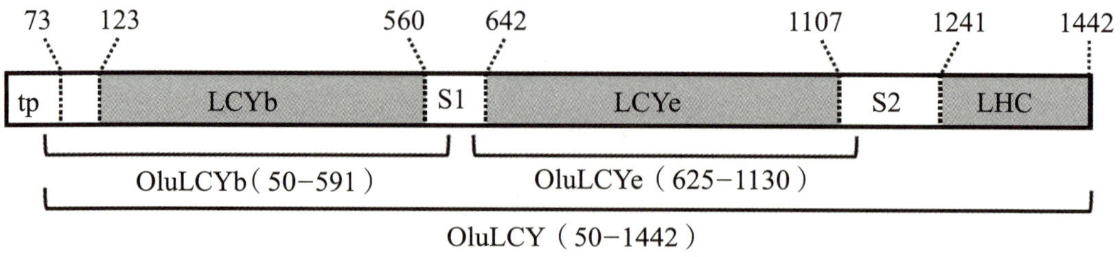

图 2-9　真绿藻的番茄红素环化酶融合蛋白结构

（三）微藻中类胡萝卜素的累积

1. 杜氏盐藻 β- 胡萝卜素的积累

作为类胡萝卜素家族的成员，β- 胡萝卜素中每个双键都可以以反式或顺式构型存在于自然界中，使得 β- 胡萝卜素呈现各种结构。目前，已从天然来源的材料中鉴定出了 β- 胡萝卜素的全反式、9- 顺式、13- 顺式和 15- 顺式立体异构体（图 2-10），其立体异构体具有多种生物动力学和生物活性。迄今为止，在自然界中，杜氏盐藻中 9- 顺式 β- 胡萝卜素的含量最高。

杜氏盐藻生物合成的 β- 胡萝卜素由 9- 顺式和全反式立体异构体组成，分别占 40% 和 50%，该比例与细胞分裂周期中的积分光强度成正比。在适宜条件下，杜氏盐藻的 β- 胡萝卜素以脂质小球的形式集中在单个叶绿体的类囊体中。该无膜脂质小球仅包含 β- 胡萝卜素（一半以上）、中性脂质（主要是三酰基甘油）和少量平均直径为 150 nm 的 38 kD 蛋白质（胡萝卜素小球蛋白，Cgp）。研究认为，Cgp 的功能是稳定含有 β- 胡萝卜素的脂质小球。

杜氏盐藻在不利的环境条件下会增加内部活性氧（ROS），而为了克服胁迫条件下 ROS 的破坏，杜氏盐藻细胞增加了 SOD 和过氧化氢酶的活性，并积累了大量的 β- 胡萝卜素。因此，可以通过改变培养微藻的环境条件刺激大量类胡萝卜素的积累。

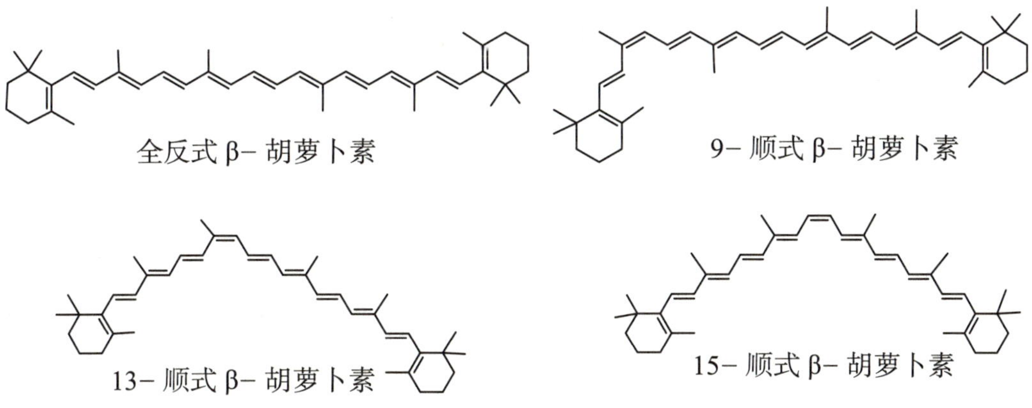

图 2-10　全反式、9- 顺式、13- 顺式和 15- 顺式 β- 胡萝卜素的结构

2. 雨生红球藻虾青素的积累

虾青素是一个高附加值的酮类胡萝卜素商品，广泛应用于水产和禽类养殖以及营养食品、医药、化妆品领域。在产虾青素的生物中，雨生红球藻（*Haematococcus pluvialis*）是最具优势的藻种，其虾青素的含量为 4.0 mg/g（以干重计）。虾青素分子的两端是极性结构，非极性区位于分子中部的长不饱和链，这种极性—非极性—极性布局使虾青素分子呈跨膜取向，从而精确地适应生物细胞膜的结构（图 2-11）。

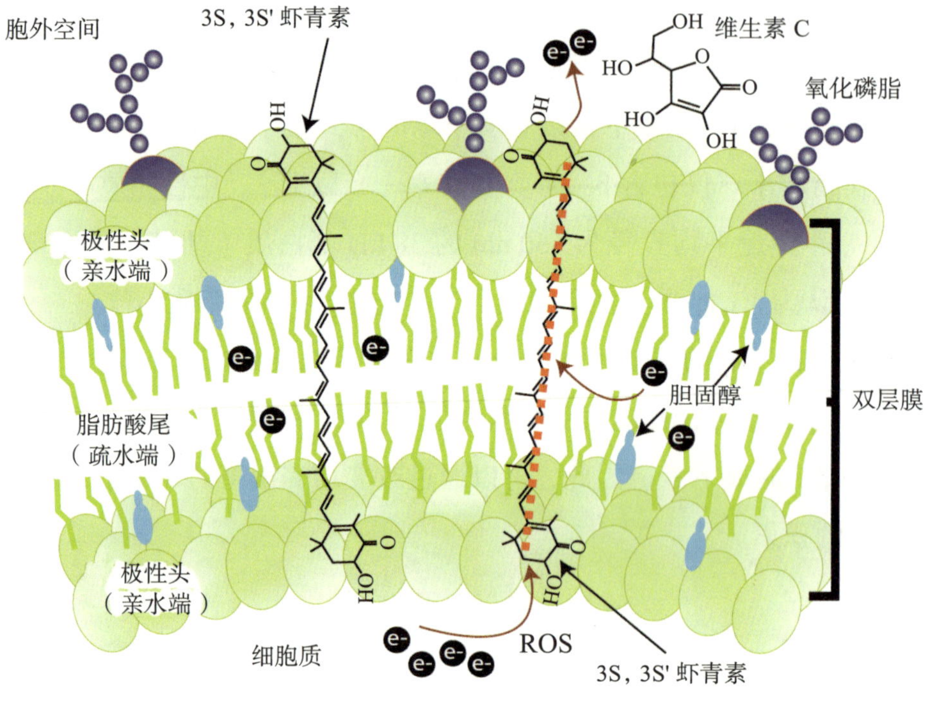

图 2-11　3S，3S'- 虾青素的横向细胞膜取向

在图 2-11 中，极性端基与膜的极性边界区域重叠，而非极性中间部分适合膜的非极性内部。红色虚线推测性地指示电子沿着虾青素分子的“避雷针”传导，可能传导到膜外的维生素 C 或其他抗氧化剂处。研究表明，在营养胁迫和高光条件下，雨生红球藻中虾青素的产量是营养丰富以及高光条件下的 3.5 倍，是营养胁迫、低光条件下的 1.5 倍。研究还发现，在营养胁迫和高光条件下，虾

青素生物合成途径（图 2–12）中所涉及的关键酶 PSY、PDS、LCY、BKT 和 BHY 的基因转录水平都得到很大提高。因此，各种胁迫条件的优化，对于提高类胡萝卜素在细胞内的积累是重要的调控手段。

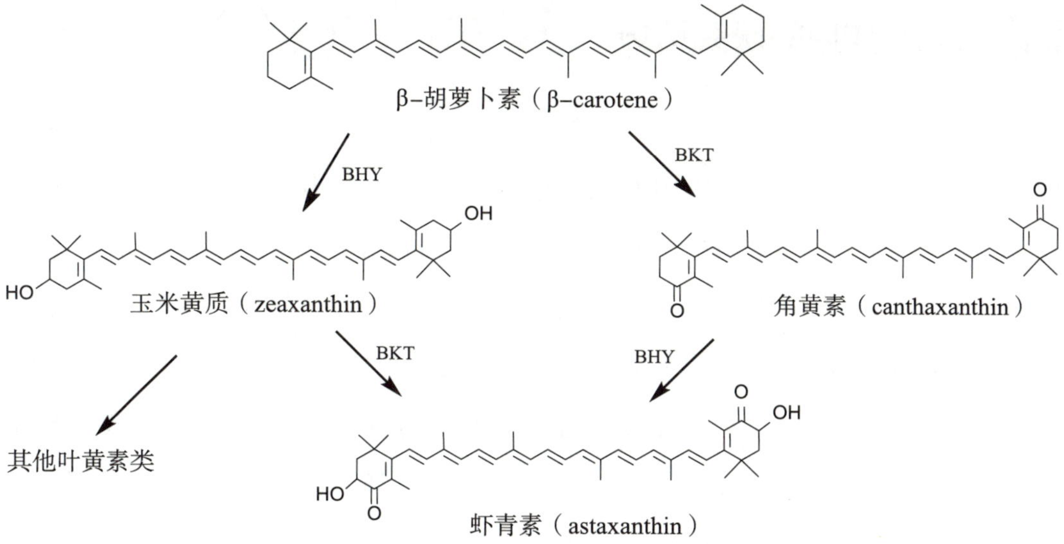

BKT，β– 胡萝卜素酮醇酶；BHY，类胡萝卜素羟化酶

图 2–12　雨生红球藻中虾青素的生物合成途径（部分）

第二节　微藻光合作用

绿色植物吸收光能，同化二氧化碳和水合成有机物质，同时释放氧气的生理过程，称为光合作用（photosynthesis）。光合作用主要包括光反应、暗反应两个阶段，涉及光吸收、电子传递、光合磷酸化（photophosphorylation）、碳同化等重要反应步骤，对实现自然界的能量转换、维持大气的碳—氧平衡具有重要意义。光合作用不仅是植物体内最重要的生命活动过程，也是地球上最重要的化学反应过程。微藻与绿色植物一样，能够进行光合作用，是地球上重要的初级生产力。本节主要从微藻光合作用的研究历史、光合色素及类囊体膜上的

色素蛋白复合体、光合作用的过程（光反应和暗反应）、光呼吸及光合作用的进化以及微藻光合作用的独特之处等进行系统阐述。

一、光合作用的研究历史

18 世纪末至 19 世纪初，人们发现了植物进行光合作用的特性，一些里程碑式的发现使人们对光合作用的认识逐渐清晰。1771 年被称为“光合作用发现年”，英国化学家约瑟夫·普里斯特利（Joseph Priestley）第一个用实验的方法证实植物可“净化”空气，即放出 O_2。1779 年，荷兰医生扬·英格豪斯（Jan Ingenhousz）在普里斯特利的基础上提出：植物只有在光下才能“净化”空气放出 O_2，在黑暗中放出 CO_2，证明光是光合作用的条件。1782 年，瑞士人让·塞纳比耶（Jean Senebier）发现：动物和黑暗中的植物产生的“有害”气体（即 CO_2）可以促进植物在光下产生“纯净”的“空气”（即 O_2），证明 CO_2 是光合作用的原料，O_2 是光合作用的产物。1804 年，法国人尼古拉·泰奥多尔·德·索绪尔（Nicolas-Théodore de Saussure）发现：植物在光合作用中吸收的 CO_2 和释放的 O_2 体积大致相等，而积累的干物质重量则大于 CO_2 和 O_2 的重量之差，他认为这部分重量来自水，证明水也是光合作用的条件。1864 年，尤利乌斯·冯·萨克斯（Julius von Sachs）观察到光合作用的产物中含有机物。

光合作用机理的深入研究在 20 世纪初才有突破性进展。20 世纪 20 年代，奥托·海因里希·瓦尔堡（Otto Warburg）测定光合作用量子产量，迈出了光合作用机理研究的第一步。20 世纪 30 年代，罗伯特·埃默森（Robert Emerson）等从闪光实验结果中提出了光合单位的概念；希尔（R. Hill）证明离体叶绿体在光下有放氧活性，这是光合作用机理探讨的突破性进展——希尔反应。20 世纪 40 年代至 50 年代末，梅尔文·卡尔文（Melvin Calvin）等用 ^{14}C 研究光合碳同化，阐明了 CO_2 转化成有机物的途径；San Pietro 等证明叶绿体光下进行希尔反应可还原辅酶Ⅱ（$NADP^+$）；埃默森的双光增益效应、布林克斯（Blinks）的光色瞬变效应等的发现，使人们认识到光合作用中存在两种光化学反应。20 世纪 60 年代至 70 年代末，彼得·丹尼斯·米切尔（Peter Dennis Mitchell）提出了化学渗透假说；安德烈·贾格道夫（André Tridon Jagendorf）等用叶绿体进行光合磷酸化分阶段研究，证明光合磷酸化的高能态就是化学渗透假说中的跨膜质子梯度；科克（B Kok）和乔利尔特（P Joliot）对光合放氧动力学的研究开始了对水氧化机理的探讨；集光色素蛋白复合体磷酸化反应的发现为两种光系统间能量分配调节机理的研究开辟了道路。20 世纪 90 年代，鲁道夫·“鲁迪”·阿瑟·马库斯（Rudolph “Rudy” Arthur Marcus）提出包括光合作用电子传递在内的生命体系的电子传递理论，催化光合作用的光合磷酸化和呼吸作用的氧化磷酸化的 ATP 合酶（CF1 和 CF0）的动态结构与反应机理的研究获得了重大进展。此后，科学家们对光系统蛋白复合体的结构分析进行了深入研究。1987 年，Osamu Nanba 和 Kimiyuki Satoh 发现从菠菜颗粒类囊体中分离出的 PSⅡ反应中心复合体由 D1 和 D2 多肽以及细胞色素 b559（Cyt b559）组成。2005 年，Roman Kouril 等人报道了拟南芥 PSⅠ和 PSⅡ的复合物的结构特征。新技术和新设备的出现也推动了光合作用研究的进展。完整叶绿体的分离纯化，使人们得以在细胞器水平上研究光合机构的运转和调节。20 世纪 80 年代，便携式光合测定系统和荧光分析仪的使用促进了光合生理的探讨与机理研究的结合，为更有力地指导农业等生产实践提供了较好的手段。

光合作用的多项研究成果获得了诺贝尔奖。1915 年，理查德·马丁·威尔斯塔特（Richard Martin Willstätter）由于纯化叶绿素并阐明其结构等工作获得诺贝尔化学奖。1930 年，汉斯·费歇尔（Hans Fischer）因研究叶绿素化学等获得诺贝尔化学奖。1961 年，卡尔文（Calvin）因用 ^{14}C 研究光合碳同化途径获得诺贝尔化学奖。1965 年，罗伯特·伯恩斯·伍德沃德（Robert Burns Woodward）因全合成叶绿素分子等工作获得诺贝尔化学奖。1978 年，米切尔因研究生物系统中的能量转移过程，即提出线粒体氧化磷酸化偶联的化学渗透学说获得诺贝尔化学奖。1988 年，约翰·戴森霍费尔（Johann Deisenhofer）

等因测定光合细菌反应中心结构的工作获得诺贝尔化学奖。1992 年，马库斯因研究包括光合作用电子传递在内的生命体系的电子传递理论获得诺贝尔化学奖。1997 年，约翰·欧内斯特·沃克（John Ernest Walker）和保罗·D·波耶尔（Paul D Boyer）因 ATP 合酶（CF1 和 CF0）的动态结构与反应机理的研究获得诺贝尔化学奖。

二、光合色素及类囊体膜上的色素蛋白复合体

（一）光合色素的结构及吸收光谱

光合色素是在光合作用中参与吸收、传递光能或引起原初光化学反应的色素。光合色素存在于叶绿体类囊体膜，包含叶绿素、类胡萝卜素和藻胆素等。

1. 叶绿素

（1）叶绿素及其特性

叶绿素（Chlorophyll，Chl）是最重要的一类光合色素。目前人们已发现五类叶绿素，按发现的先后顺序，分别被命名为叶绿素 a（Chl a）、叶绿素 b（Chl b）、叶绿素 c（Chl c）、叶绿素 d（Chl d）和叶绿素 f（Chl f）。其中，高等植物中只存在 Chl a 和 Chl b，而微藻中含有的叶绿素种类较为丰富。Chl a 是含量最高且分布最广泛的光合色素，几乎存在于所有放氧光合生物的反应中心和捕光色素复合体中。其次为 Chl b，它不能作为反应中心色素，仅作为捕光色素复合体参与捕获光能。Chl c 在藻类中广泛分布，一种 Chl c 类似色素（Mg-2, 4- 二乙烯基脱镁叶啉 a5 单甲基酯，MgDVP）作为捕光色素存在于部分蓝藻中。在与海鞘共生的一种蓝藻（*Acaryochloris marina*）中发现的 Chl d 是目前报道的唯一可以取代 Chl a 全部功能的叶绿素，既可以作为捕光色素，也可以作为反应中心色素。Chl f 是最新发现的一种叶绿素，最早是在澳大利亚西海岸层叠石中分布的一种蓝藻（*Halomicronema Hongdechloris*）中发现的，随后在其他蓝藻中也有发现。

叶绿素不溶于水，而溶于有机溶剂，如乙醇、甲醇、丙酮及氯仿等。叶绿素分子含有一个金属卟啉环的“头部”和一个叶绿醇（植醇）的“尾巴”（图 2-13）。卟啉环由 4 个吡咯环以 4 个甲烯基（—CH═）连接而成。镁原子在环的中央，与卟啉环上的 4 个氮原子相连，E 环和 D 环上的两个羧基分别被甲基和叶醇基酯化。卟啉环上的共轭双键和中央镁原子容易被光激发引起电子的得失，从而使叶绿素具有特殊的光化学性质。Chl c、Chl b、Chl d 和 Chl f 的结构与 Chl a 非常相似，仅第 7、3 或 2 位碳原子上连接的甲基、乙烯基或甲基侧链分别变成了醛基。Chl c 是含镁原子的原叶绿素酯类化合物，D 环的 C-17 和 C-18 间为不饱和双键。所有极性 Chl c 的 D 环 C-17 与反式丙烯酸相连，后者不与植醇或其他长链脂肪醇酯化，但少数 Chl c（Chl c CS-170 和［DV］-PChlide）的 C-17 与丙酸相连，也有几种 Chl c 的 C-17 处丙烯酸酯化为大的脂侧链。

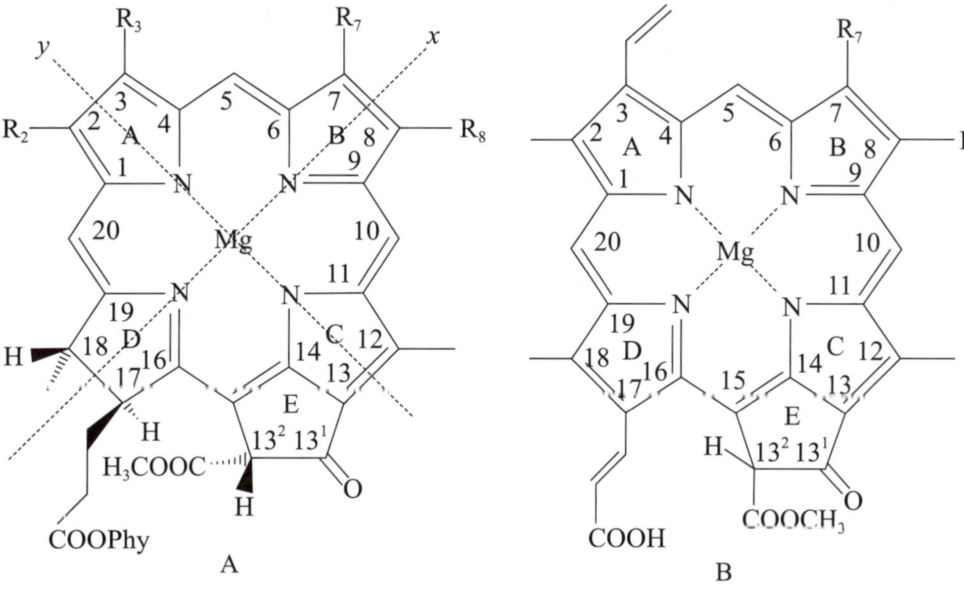

A. Chl a、Chl b、Chl d 和 Chl f 等大环化合物的化学结构式

B. Chl c 家族等含有卟啉环的化学结构式

图 2-13　叶绿素的化学结构式

所有的叶绿素都表现出两个主要的吸收带（图 2−14），在被称为绿色窗口的吸收光谱中留下相当大的间隙。甲醇分离的 Chl a 具有 665 nm 的最大红色吸收（Qy）和 436 nm 的蓝色吸收（索雷谱带）。Chl b、Chl d 和 Chl f 是 Chl a 的甲酰基取代衍生物。这些衍生物根据甲酰基位置的不同显示不同的光谱偏移，位于 Chl b C7 位置的甲酰基导致吸收峰蓝移至 Qy 652 nm，在 Chl d C3 位置和 Chl f C2 位置的甲酰基导致吸收峰分别红移至 Qy 696 nm 和 707 nm（图 2−14）。然而，在光合作用中，蛋白质环境改变光谱性质。例如，Chl a 在光系统Ⅱ（PSⅡ）中具有 680 nm 的最大 Qy 吸收和 PSⅠ中 700 nm 的最大 Qy 吸收。

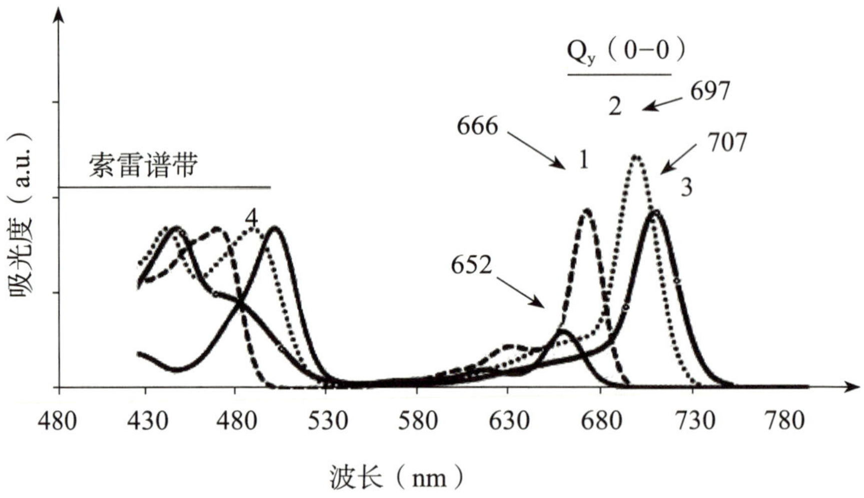

图 2−14　100% 甲醇分离得到的二氢卟酚类叶绿素 Chl a（1）、Chl d（2）、Chl f（3）、Chl b（4）的吸收光谱。以索雷谱带最大值标准化

（2）叶绿素的生物合成

高等植物的叶绿素生物合成途径研究得比较清楚，新发现的叶绿素增加了对其生物合成途径及其调节机制的了解（图 2−15）。叶绿素、血红素和维生素 B_{12} 共享四吡咯的生物合成途径，从谷氨酸（Glu）到原卟啉Ⅸ（PⅨ）的步骤是叶绿素和叶酸通用的生物合成途径（图 2−15 中的步骤 1 ~ 3）。

两种不同金属的插入是合成血红素和叶绿素两个途径的分支点（图 2−15 中的步骤 4 ~ 5）。铁（Fe）分支产生血红素，通过 Fe 螯合酶将 Fe 插入 PⅨ，

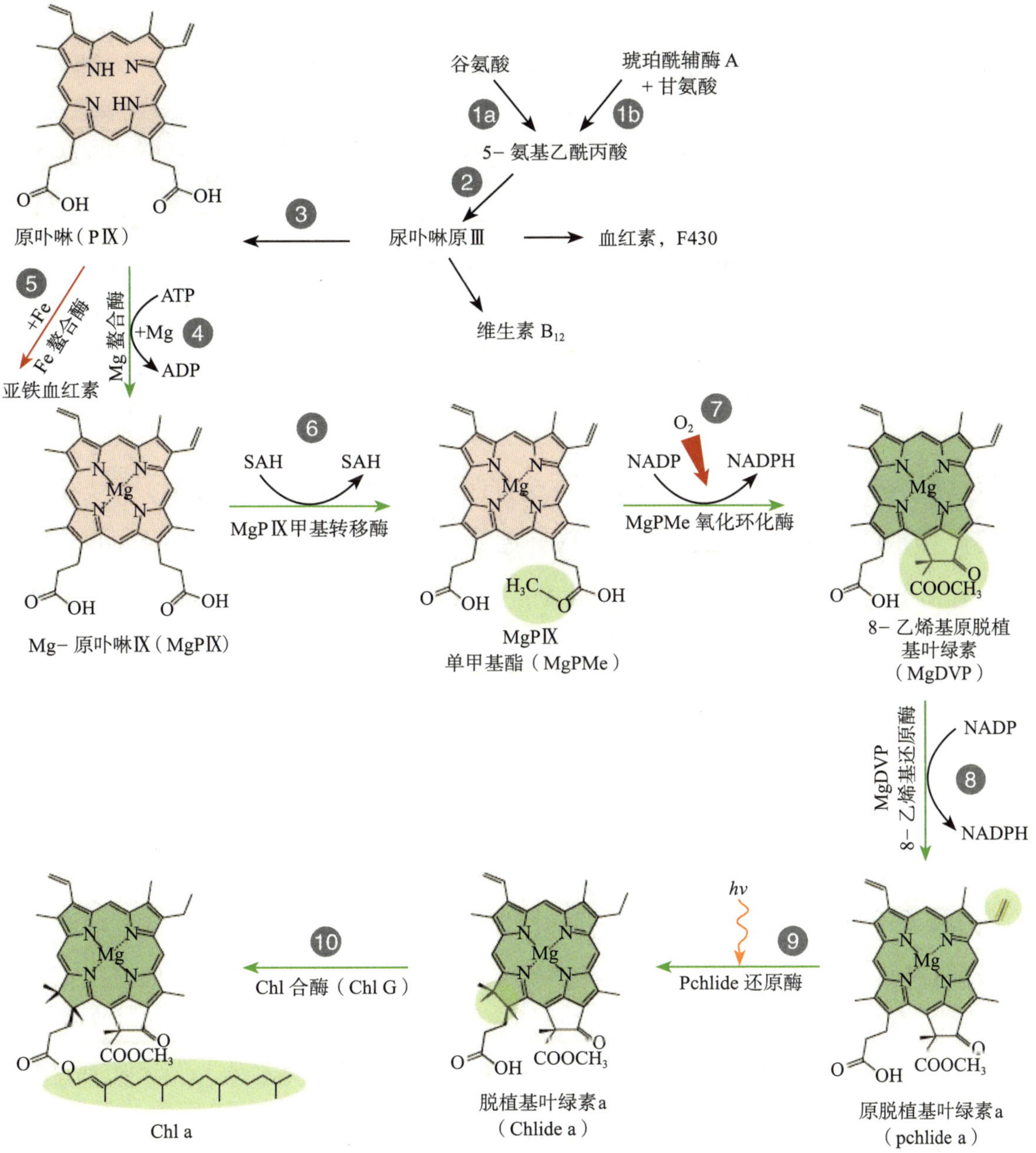

步骤 1a：从谷氨酸到 5- 氨基乙酰丙酸的酶促反应有 3 个步骤，是植物、蓝藻和古细菌的主要途径。步骤 1b：在 α- 变形细菌、动物和真菌中发现合成氨基乙酰丙酸盐的替代途径。步骤 2：从氨基乙酰丙酸合成尿卟啉原Ⅲ有 3 种酶参与：胆色素原合成酶、羟甲基硅烷合成酶和尿卟啉原Ⅲ合酶。步骤 3：3 个酶促步骤形成最后一个常见的中间产物——原卟啉Ⅸ（P Ⅸ）。3 种酶是尿卟啉原脱羧酶、cop 卟啉原Ⅲ氧化酶和原卟啉原氧化酶。步骤 4：通过 Mg 螯合酶（由 H、I 和 D 亚基组成）将镁（Mg）插入 P Ⅸ中。这个过程需要 Mg^{2+}

和 ATP，产生 MgP Ⅸ。步骤 5：Fe 螯合酶催化血红素的产生。步骤 6：通过 MgP Ⅸ甲基转移酶（ChlM）在 C13 位置发生甲基化，将甲基从 S- 腺苷 -L- 甲硫氨酸（SAM）转移到 MgP Ⅸ的羧基，并产生 MgP Ⅸ单甲基酯（MgPMe）。SAH 代表 S- 腺苷 -L- 高半胱氨酸。步骤 7：由氧化环化酶（AcsF 或 BchE）催化形成环状环（环 E）。氧气是重要的监管要素之一。红色箭头表示氧气输入。步骤 8：通过 8- 乙烯基还原酶将 8- 乙烯基还原成 8- 乙基，并产生原脱植基叶绿素 a（Pchlide a）。绿色椭圆形代表了酶反应位置的变化。步骤 9：通过 Pchlide 还原酶还原环 D，产生脱植基叶绿素 a（Chlide a）。有两种类型的 Pchlide 还原酶——光依赖反应（LPOR）和非光依赖反应（DPOR）。光是一个重要的环境因素。步骤 10：Chl a 合成的最后一步是 Chlide a 与由 Chl 合酶（ChlG）催化的植醇链（Phy）的酯化

图 2-15　叶绿素 a（Chl a）的生物合成途径

该过程不需要任何能量，ATP 的存在会抑制血红素的合成。镁（Mg）分支的最终产物是叶绿素，从 Mg^{2+} 插入 PⅨ开始，由 Mg 螯合酶催化生成 MgPⅨ，该过程需要 ATP 的参与，每插入一个 Mg^{2+} 大约需要 15 个 ATP 分子。Mg 螯合酶是调控叶绿素生物合成的关键因子，含有 3 个亚基，但彼此之间的相互作用很弱，因此 Mg 螯合酶复合体的构象相对不稳定。Mg 螯合酶的组装和分解动力学可以反映多种调控机制：游离 Mg^{2+} 浓度是 Mg 螯合酶活性的重要调节因素，较高的 Mg^{2+} 浓度有利于提高 Mg 螯合酶的活性；胞内的氧化还原状态在高等植物中 Mg 螯合酶的翻译后调控中起重要作用；可溶性氧浓度和光环境的变化也影响 Mg 螯合酶的氧化还原状态，可调控生物合成途径在血红素合成或叶绿素合成间转换。PⅨ和 MgPⅨ可以被光激发，如果它们在体内积累，将形成三重激发态，激发的 PⅨ和 MgPⅨ立即与氧相互作用产生 ROS，使 Mg 螯合酶失活并伤害细胞。

叶绿素生物合成的第 6 步是 MgPⅨ的 C13 位置发生甲基化，该过程 S- 腺苷 -L- 甲硫氨酸酶（SAM）/ChlM 催化一个甲基与 MgPⅨ的 13- 丙酸侧链反应产生 MgPⅨ单甲基酯（MgPMe）。第 7 步是 MgPMe 氧化环化酶催化氧原子结合到 MgPMe 中以形成 MgDVP，这种氧化环化产生环 E，与四吡咯相比，这种环状结构是叶绿素的独特特征。基于氧原子起源不同，环化机理可分为好氧环化酶（AcsF）和厌氧环化酶（BchE）催化。大多数放氧光合生物使用好氧

环化酶，以氧依赖的方式进行 MEGPMe 氧化环状反应；厌氧环化酶是一种自由基的 SAM 酶，广泛分布在厌氧性无氧光合生物体中，如绿色硫细菌。AcsF 和 BchE 之间缺乏序列相似性，表明它们来自不同的祖先。然而，最近的基因组序列分析显示一些光合生物同时含有 AcsF 和 BchE。例如，集胞藻 PCC6803（*Synechocystis* sp. PCC6803）基因组中存在 2 个 AcsF 基因（*sll1214* 和 *sll1874*）和 3 个 BchE 基因（*slr0905*、*sll1242* 和 *slr0309*）。好氧酶和厌氧酶共存可能是从厌氧到有氧代谢进化转变的足迹。然而，3 种 BchE 对叶绿素生物合成没有直接影响，而集胞藻 PCC6803 中编码 AcsF 的 2 个基因作为环化酶起作用，其活性对不同的氧浓度水平有反应，*sll1214* 在正常氧浓度下表达，*sll1874* 在微需氧条件下上调表达。3 种 BchE 同系物在集胞藻 PCC6803 中的功能依然不确定。几乎所有单细胞光合生物都含有两个或更多拷贝的环化酶编码基因，这些基因显然是响应不同的环境条件，如氧浓度水平和营养胁迫。

叶绿素生物合成的第 8、9 步分别是 8- 乙烯基还原和环 D 还原形成叶绿素。除一些海洋浮游植物物种中发现的叶绿素外，大部分叶绿素在 C8 位具有乙烯基，如海洋原绿藻（*Prochlorococcus*）因缺少在 C8 位乙烯基的还原酶，从而产生 8- 乙烯基 Chl a 和 8- 乙烯基 Chl b。

植物中，将乙烯基转化到叶绿素 C8 位上的乙烯基还原酶具有广泛的底物特异性，并且负责多分支叶绿素生物合成途径。目前的研究已经在 MgDVP、MgPMe、Pchlide a、Chlide a 和 8- 乙烯基 Chl a 等 5 个水平上检测到 8- 乙烯基还原酶的活性。然而，来自不同物种的 8- 乙烯基还原酶不同并且具有不同的底物偏好。在相同或不同底物上有 5 种以上不同还原活性的 8- 乙烯基还原酶。8- 乙烯基还原酶与叶绿素生物合成的各种中间分子的催化活性证实了减少 8- 乙烯基侧链的重要性，特别是对生活在低光和光限制条件下的生物而言。

Pchlide 环 D 处还原产生 Chlide（Chl a 的直接前体）。两种 Pchlide 还原酶（POD）包括非光依赖性 POR（DPOR）和光依赖性 POR（LPOR），分别催化 Pchlide C17 和 C18 之间的碳双键以及 Chlide C17 和 C18 之间的碳单键的还原（图 2-15 的步骤 9）。

叶绿素生物合成的最后一步是叶绿素合成酶（ChlG）将 Chlide a（或 Chlide b）与植物焦磷酸链连接并产生 Chl a（或 Chl b）。这个疏水侧链允许叶绿素用光合蛋白稳定并定位于类囊体膜。Nikolai Shalygo 等发现 ChlG 参与了整个叶绿素生物合成途径的反馈控制。

Chlide a 可通过脱植基叶绿素 a 加氧酶（CAO）合成 Chl b。CAO 是含有 Rieske FeS 中心的非血红素 -Fe 单加氧酶，利用 O_2 和 NADPH 在 Chlide a 的 C7 位上进行两个连续的羟基化。CAO 的编码基因位于细胞核中，成熟的 CAO 蛋白位于类囊体内膜。CAO 基因广泛存在于高等植物、蓝藻和绿藻中，且序列具高度保守性，表明 CAO 基因在原核生物中具有共同的祖先。*Acaryochloris* 的 *phCAO* 突变体中形成 7- 甲酰基 Chl d_{p672} 表明 CAO 催化活性的空间特异性，也就是说，CAO 仅在 C7 位置转化甲基形成甲酰基。

Chl d 是在 1943 年被发现的，很长一段时间内 Chl d 被认为是一种人造副产品。直到 1996 年，发现了一种主要含有 Chl d 的新型蓝藻 *Acaryochloris marina*（蓝藻中一个单独的分支，广泛分布在远红光环境），其 Chl d 含量占总叶绿素的 95%，而 Chl a 占总叶绿素的比例不到 5%，并且这种比例关系不随培养光质的变化而变化。Chl a 和 Chl d 结构的唯一区别在 C3 位置，Chl a 中的乙烯基被 Chl d 中的甲酰基取代，导致 Chl d 的吸收光谱扩展到 390 ~ 750 nm，光能输入增加 14%。2008 年，*Acaryochloris* 的完整基因组序列被公布，Chl a 生物合成途径中编码酶的所有基因被鉴定了，但是没有明确的基因被指定为 Chl d 合酶基因。

Chl f 被发现于生长在远红光的蓝藻细胞中，以 Chl a 或其前体为底物，经酶促反应合成。2016 年，Ho 等利用反向遗传学和异源表达鉴定出 Chl f 合成的酶是 PsbA4。*psbA4* 是 PSⅡ 的 D1 编码基因的同源基因，在远红光下生长的两种蓝藻细胞，*psbA4* 突变后，其 Chl f 合成消失，故将 PsbA4 命名为 chlF。*psbA4* 在 *Synechococcus* sp. PCC 7002 中异源表达，能够观察到 Chl f 的生物合成。由 Chl a 到 Chl f 的反应需要光，Chl f 合酶可能是催化 Chl a、酪氨酸 Y_Z 和 PQ 的光氧化还原酶。100% 甲醇提取的 Chl f 在 707 nm 处有最大吸收峰，扩大了蓝藻的光谱吸收范围，改善其光合效率，将 Chl f 的生物合成引入作物可以增强其捕获太阳光的能力。目前有些关于 Chl f 的问题仍需解决：Chl f 在蓝藻中的功能是不确定的；Chl f 能否作为反应中心色素；如果 Chl f 位于 LHC 系统捕获光能，在其向 PSⅡ的反应中心 Chl a 传递时，是否存在一个能量转移机制。

（3）常用的叶绿素荧光动力学参数

在最近 30 年的光合作用研究中，叶绿素荧光动力学技术已发展为一项重要的应用技术。同具备“表观性”的气体交换指标相比较，叶绿素荧光参数更加具备反映“内在性”的特征。在测定叶片光合作用过程中，叶绿素荧光动力学技术在细胞光系统对光能的传递、吸收、分配以及发散等方面的研究中更具备自身独特作用。由于叶绿素荧光动力学技术在使用上具备测量迅速、灵敏、稳定以及对测量细胞无损伤等优势，这一技术被认为是测试光合能力的迅速、高效的探针。常用的叶绿素荧光动力学参数的定义及意义如下：

① F_0：固定荧光，初始荧光，也称基础荧光，是 PSⅡ反应中心处于完全开放时的荧光产量，反映 PSⅡ捕光色素受激发后的电子密度，它与叶片叶绿素浓度有关。

② F_m：最大荧光产量，是 PSⅡ反应中心处于完全关闭时的荧光产量，反映 PSⅡ的电子传递情况。

③ F：任意时间的实际荧光产量。

④ F_m/F_0：表示通过 PSⅡ的电子传递情况。

⑤ $F_v=F_m-F_0$，为可变荧光，反映了 Q_A 的还原状况。

⑥ F_v/F_m：是 PSⅡ最大光化学量子产量，反映 PSⅡ反应中心内最大光能转换效率，也是经暗适应 15 ~ 30 min 后测得。正常生理条件下该参数的变化不大，高等植物一般为 0.80 ~ 0.85，藻类等低等植物一般为 0.65 ~ 0.75，F_v/F_m 下降代表受到胁迫。

⑦ F_v/F_0：代表 PSⅡ的潜在活性，光抑制条件下 F_v 降低主要是缘于 F_m 降低，不是 F_0 增加的结果。非光化学能量耗散易造成 F_0 的降低，而光合机构被破坏又使其升高，所以该参数的变化趋势可以反映引起这种变化的内在机制。

⑧ F_v'/F_m'：PSⅡ有效光化学量子产量，反映开放的PSⅡ反应中心原初光能捕获效率，叶片不经过暗适应在光下直接测得。

⑨（$F_m'-F$）/ F_m'：指Yield值，PSⅡ实际光能利用率，反映PSⅡ反应中心在部分关闭情况下的实际原初光能捕获效率，叶片光下直接测得。

⑩表观光合电子传递速率（ETR）以［（$F_m'-F$）/F_m'］× PFD 表示，也可写成：$Yield \times PFD \times 0.5 \times 0.84$。其中，系数0.5假设植物吸收的光能被两个光系统平均分配，而0.84表示植物的经验性吸收系数，PFD 是光子通量密度，ETR 的数值和 $Yield$ 的数值成正比。

⑪荧光淬灭分两种方式：光化学淬灭和非光化学淬灭。光化学淬灭：$qP =（F_m'-F）/（F_m'-F_0'）$；光化学淬灭反映的是PSⅡ捕光色素吸收的光能用于光化学电子传递的份额，光化学淬灭又在一定程度上反映了PSⅡ反应中心的开放程度。非光化学淬灭，有两种表示方法，$NPQ = F_m / F_m'-1$ 或 $qN = 1-（F_m'-F_0'）/（F_m-F_0）$。非光化学淬灭反映的是PSⅡ捕光色素吸收的光能不能用于光合电子传递而以热的形式耗散掉的光能部分。当PSⅡ反应中心捕光色素吸收了过量的光能时，如不能及时地耗散，将导致光合结构失活或破坏，所以非光化学淬灭是一种自我保护机制，对光合结构起一定的保护作用。

2. 类胡萝卜素（carotenoid）

植物中的类胡萝卜素主要包括两种色素：胡萝卜素和叶黄素，存在于所有光合细胞中，前者呈橙黄色，后者呈黄色。胡萝卜素是不饱和的碳氢化合物，分子式是 $C_{40}H_{56}$，有α、β、γ 3种同分异构体，在微藻中均有分布。其中，β-胡萝卜素最为常见，是由8个异戊二烯单位组成的一种四萜，含有一系列共轭双键，两头各有一个对称排列的紫罗兰酮环，不溶于水而溶于有机溶剂；叶黄素是由胡萝卜素衍生的醇，结构与胡萝卜素相似，只是末端环上含有氧原子（图2-16），分子式为 $C_{40}H_{56}O_2$。

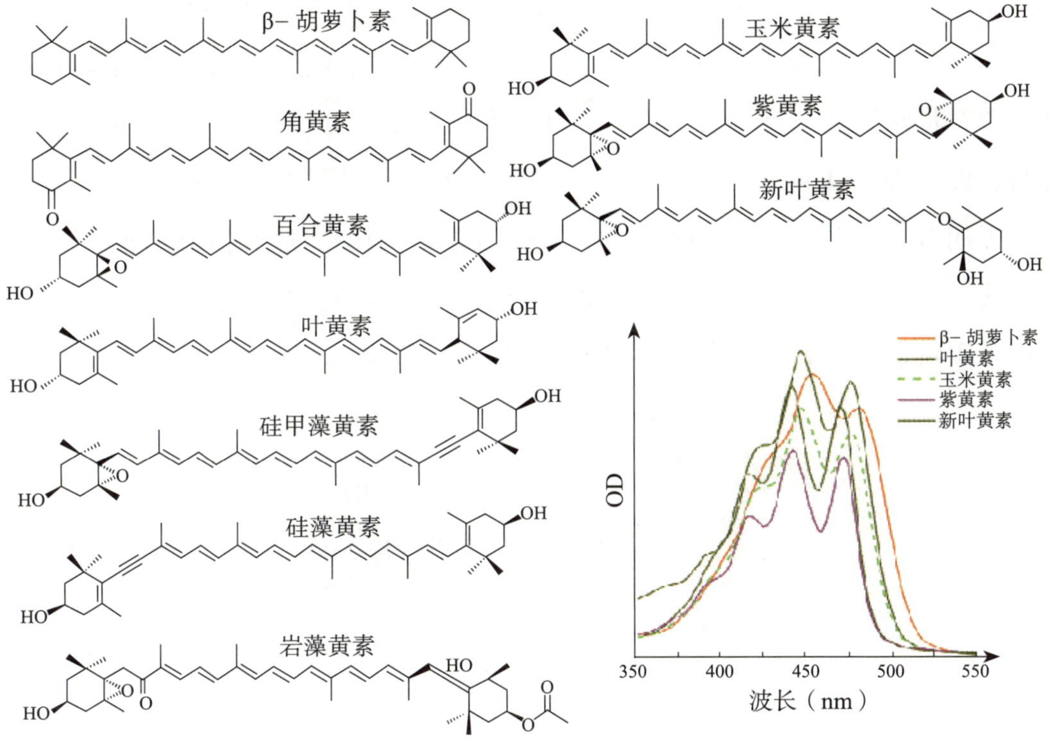

图 2-16　主要类胡萝卜素的结构式及吸收光谱

目前在自然界中发现的 750 多种结构类似的类胡萝卜素，许多都是在藻类中发现的。大约 30 种类胡萝卜素可能在藻类光合作用中起作用，其他类似物可能是胡萝卜素和积累的类胡萝卜素的中间体。许多蓝藻含有 β- 胡萝卜素（β-carotene）、玉米黄质（zeaxanthin）、海胆酮（echinenone）和蓝藻叶黄素（myxoxanthophyll），一些物种含有额外的类胡萝卜素，如念珠藻黄素（nostoxanthin）、角黄素（canthaxanthin）和颤藻叶黄素（oscillol dipentoside）。蓝藻类胡萝卜素组成与真核藻类中叶绿体的类胡萝卜素组成差异很大，因此蓝藻经过第一次内共生和第二次、第三次内共生形成真核细胞的过程中，类胡萝卜素可能发生了重组。红藻可根据类胡萝卜素的组成分为两类：一类是仅含有 β- 胡萝卜素和玉米黄质的单细胞类型；另一类是含有 α- 胡萝卜素和叶黄素的大型种类。定鞭藻门（Haptophyta）和甲藻门含有 α- 胡萝卜素及其衍生物。岩藻黄质及其衍生物只存在于异鞭藻门（Heterokontophyta）和定鞭藻门中。只有甲藻门包含多甲藻素及其衍生物。裸藻门和绿藻门的类胡萝卜素组成几乎和高等植物一样，都含有 β- 胡萝卜素、紫黄质、9′- 顺式新黄质和叶黄素。有些微藻含有特殊类别的类胡萝卜素，如叶黄素的衍生物红萝卜素、虹吸黄素和普拉西黄素（表 2-1）。

类胡萝卜素在 400 ~ 550 nm 处有 3 个吸收峰，具有吸收和传递光能的作用，能量从类胡萝卜素向叶绿素传递的效率要比叶绿素之间的低。类胡萝卜素另一个重要作用是光保护作用，即保护叶绿素免受光氧化。

表 2-1　微藻类胡萝卜素的分布

分类	胡萝卜素		叶黄素										
门	β	α	Ze	Vi	Ne	Da	Dd	Fx	Va	Lu	Lo	Sx	其他
蓝藻门	H	L	H										No，L；H；My，H
褐藻门	H		H										
红藻门单细胞型	H		H										
红藻门大型藻类	L	L	H	L						H			
隐藻门		H	L										Al，L；Cr，L；Mo，L
异鞭藻门 金藻纲	H		L			L	L	H	L				
异鞭藻门 针胞藻纲	H		H	L		L	L	L					
异鞭藻门 硅藻纲	H		L			L	L	H					
异鞭藻门 褐藻纲	H		H			H	H						
异鞭藻门 黄藻纲	H		L										Va-FA，L
异鞭藻门 真眼点藻纲	H			H					L				
定鞭藻门	H		L			L	H	H					Fx-FA，L
甲藻门	L		L			L	H						Pe，H
裸藻门	H		L			L	H				L	L	
Chlorarachniophyta	H		L	L	L					L	L		Lo-FA，L

（续表）

分类		胡萝卜素		叶黄素										
门		β	α	Ze	Vi	Ne	Da	Dd	Fx	Va	Lu	Lo	Sx	其他
绿藻门	绿枝藻纲	H	L	L	H	H					L	L	H	Pr，L；Lo-FA,L；Sx-FA，H
	绿藻纲	H	H	L	H	H					H	L	L	Sx-FA，L
	石莼纲	H	L	L	H	H					L	L	L	Sx-FA，H
	共球藻纲	H		L	H	H					H			
	轮藻纲	H		L	H	H					H			
被子植物门 裸子植物门		H	L	L	H	H					H			

注：H，大多数物种的主要类胡萝卜素；L，某些物种中的主要类胡萝卜素，在大多数物种中含量低。α，α-胡萝卜素；β，β-胡萝卜素；Al，异黄素；Cr，隐藻黄素；Da，硅藻黄质；Dd，硅甲藻黄素；Ec，海胆酮；-FA，脂肪酸质；Fx，岩藻黄素；Lo，绿藻黄素；Lu，叶黄素；Mo，蓝隐藻黄素；My，蓝藻叶黄素和颤藻叶黄素；Ne，新叶黄素；No，念珠藻黄素；Pe，多甲藻素；Pr，青绿素；Sx，管藻黄素；Va，无隔藻黄素；Vi，紫黄质；Ze，玉米黄质。

3. 藻胆素

藻胆素是藻类主要的光合色素之一，仅存在于红藻和蓝藻中，常与蛋白质结合为藻胆蛋白。藻胆蛋白是色泽鲜艳的水溶性色素蛋白家族，根据其光谱特征进行分类，主要有藻红蛋白、藻红蓝蛋白、藻蓝蛋白和别藻蓝蛋白四类。其中，藻红蓝蛋白较为少见，主要存在于某些缺乏藻红蛋白而具有异形胞的藻类中。藻胆素是由 4 个吡咯环形成的化合物，不含镁和叶绿醇链，功能为捕获光能。藻蓝蛋白呈蓝色，最大吸收峰位于 610 ~ 620 nm；藻红蛋白呈粉色，最大吸收峰位于 540 ~ 570 nm；别藻蓝蛋白呈蓝绿色，最大吸收峰位于 650 ~ 655 nm（图 2-17）。

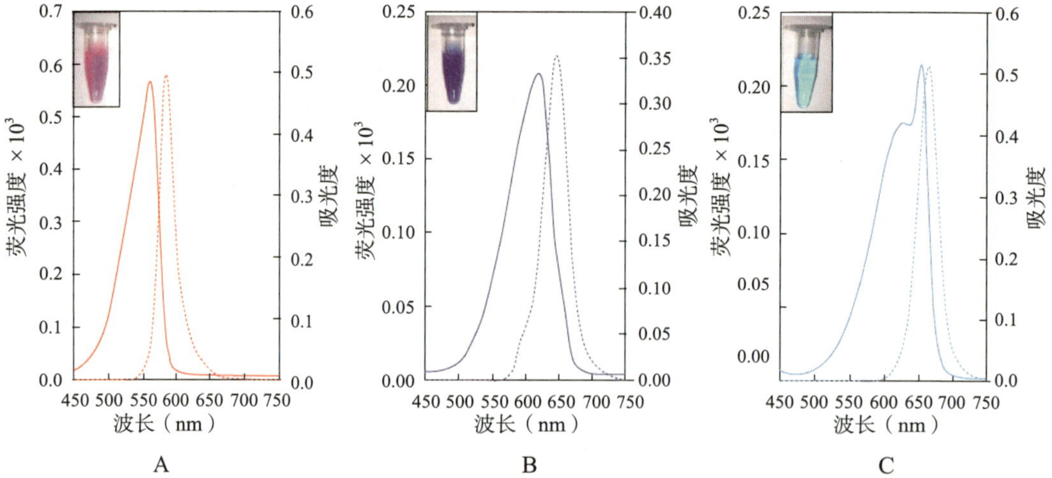

A. 藻红蛋白；B. 藻蓝蛋白；C. 别藻蓝蛋白

图 2-17　藻胆蛋白紫外光－可见光吸收光谱（实线）和荧光发射光谱（虚线）

（二）类囊体膜上的色素蛋白复合体

1. PS Ⅱ

真核藻中，PS Ⅱ 主要分布在堆叠的基粒类囊体膜上，是一种包含 P680 反应中心的光合膜蛋白，除了原初电子传递的组分外，含有 20 多种蛋白质。PS Ⅱ 复合体主要由结合叶绿素的内周天线蛋白 CP43 和 CP47、D1、D2 和细胞色素 b559、捕光天线复合体 Ⅱ（light-harvesting complex Ⅱ，LHCII）以及放氧复合体外周蛋白等组成（图 2-18 A）。放氧复合体位于 PS Ⅱ 的类囊体膜腔表面，包含 PsbO（33 kμ）、PsbP（23 kμ）、PsbQ（17 kμ）蛋白及放氧有关的锰复合物、氯和钙离子组成。水在光照下经过 PS Ⅱ 的作用，释放氧气，产生电子，释放质子到类囊体腔内，这就是水的光解和放氧。蓝藻 PS Ⅱ 囊腔侧的放氧复合体的外周蛋白除了 PsbO、PsbP、PsbQ 外，还含有 PsbV（17 kμ）和 PsbU（12 kμ）蛋白（图 2-18 B）。

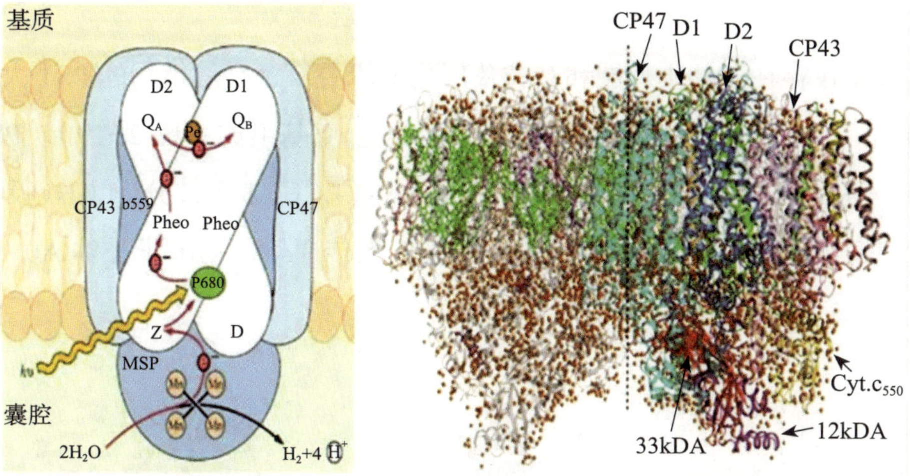

A　　　　　　　　B

A. 类囊体膜上的 PS Ⅱ蛋白复合体简图。CP43、CP47，结合叶绿素的内周天线蛋白；D1、D2，相对分子质量分别为 3.2×10^4、3.4×10^4 的两条多肽链；Cyt b559，血红素蛋白，由 α、β 两个亚基组成，与 D1、D2 构成 PS Ⅱ的反应中心；QA，与 D1 蛋白结合的质体醌；QB，与 D2 蛋白结合的质体醌；Pheo，去镁叶绿素；P680，PS Ⅱ反应中心色素分子；MSP，锰稳定蛋白，与 Mn^{2+}、Ca^{2+}、Cl^- 一起参与氧的释放，组成放氧复合体；Z，P680 的电子供体，是 D1 上的 Y161。

B. 从嗜热蓝藻 ***Thermosynechococcus. elongatus*** 中分离得到的分辨率为 1.9 Å 的 PS Ⅱ的 X 射线晶体结构。其中，右侧显示蛋白质亚基，单独着色，左侧蛋白质单体以浅灰色着色，其他颜色为辅因子。橙色代表水分子

图 2-18　PS Ⅱ 蛋白复合体的简图及 X- 晶体结构

2. 细胞色素 b_6f 复合体

细胞色素 b_6f 复合体（Cyt b_6f）包括 3 个电子载体——一个 Chl f，1 个［2Fe-2S］（Rieske）和 2 个 Chl b。Cyt b_6f 将电子从还原型质醌（PQ）传递给氧化型的质体蓝素，结果产生类囊体膜腔到间质的跨膜质子梯度，推动 ATP 的合成，每次电子传递产生 2 个质子。Cyt b_6f 也可以不把电子传递给质体蓝素，而是传递给另一个氧化态 PQ，生成半醌。此后，又从腔外接近 H^+，生成 PQH_2，这就是著名的 PQ 循环。

3. PSⅠ

PSⅠ仅存在于基质片层和基粒片层的非垛叠区，高等植物的 PSⅠ大约由 14 个蛋白亚基组成，而蓝藻的 PSⅠ大约由 12 个亚基组成（图 2-19）。PSⅠ包含反应中心 P700、电子受体和 PSⅠ捕光复合体（LCHI）3 个部分。LCHI 吸收光能，通过诱导共振传递到 P700，然后将电子依次传递给原初电子受体 A0、次级电子受体 A1，再通过铁硫中心最后交给 Fd。

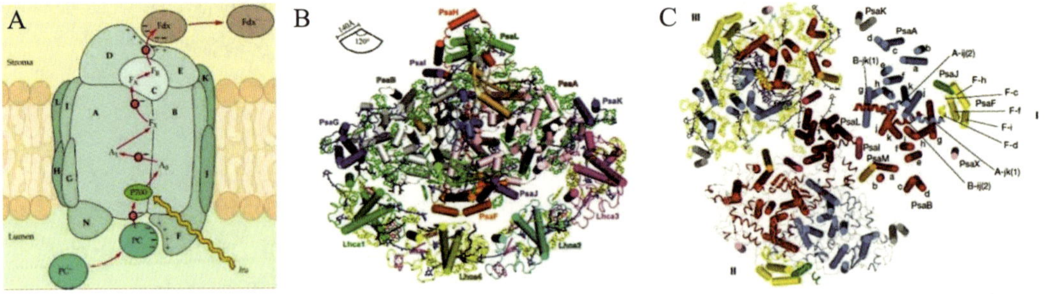

A. 类囊体膜上的 PS Ⅰ蛋白复合体。C，D，E：PS Ⅰ基质侧的外周蛋白；K，J，F，N，G，H，L，I：PS Ⅰ的膜内在蛋白；A，B：反应中心蛋白，在膜上二者结合为异二聚体状态；PC：质体蓝素；P700：反应中心色素分子；A0：PSⅠ的原初电子受体；A1：PSⅠ的次级电子受体；FX，FA，FB：PS Ⅰ铁硫蛋白；Fdx：铁氧还蛋白。

B. 来自豌豆的 PS Ⅰ -LHCI 超复合物的晶体结构（分辨率为 2.8 Å）。从膜的正面观察基质侧。PS Ⅰ核心亚单位：粉红色，PsaA；灰色，PsaB；浅蓝，PsaC；卡其色，PsaD；浅绿色，PsaE；橙色，PsaF；蓝色，PsaG 和 PsaK；红色，PsaH；紫色，PsaI 和 PsaJ；绿色，PsaL。Lhca 蛋白：绿色，Lhca1；青色，Lhca2；品红，Lhca3；黄色，Lhca4。辅因子：绿色，PS Ⅰ核心复合体的 Chls a；黄色，LHCI 的 Chls a；洋红色，LHCI 的 Chls b；蓝色，类胡萝卜素；黑色，脂质；红色，电子转移链的辅因子（Chlsa，Phylloquinones 和 Fe_4S_4 簇）。

C. 嗜热蓝藻 *S. elongatus* 分离到的 PS Ⅰ晶体结构。从膜的正面观察基质侧。在 3 种单体（Ⅰ，Ⅱ和Ⅲ）的每一种中都显示了不同的结构元素。I，跨膜 α- 螺旋的布置。PsaA（蓝色）和 PsaB（红色）的跨膜 α- 螺旋从 N 到 C 末端被命名为 A-a 到 A-k（B-a 到 B-k）。PsaA 和 PsaB 的所有环区根据它们连接的跨膜螺旋命名。对于所有其他亚基，α- 螺旋和 β- 转角按照从 N 到 C 末端的字母顺序编号。膜外循环区域中的 6 个螺旋被绘制成螺旋形。Ⅱ，膜内在亚基。除了跨膜的基质和管腔环区域的 α- 螺旋以带状显示。Ⅲ，跨膜 α- 螺旋所示的完整的辅因子组合。ETC：醌和叶绿素为蓝色，3 个 Fe_4S_4 簇中的铁和硫原子分别为橙色和黄色球体。天线系统：黄色叶绿素、黑色类胡萝卜素、松绿脂质

图 2-19　PSⅠ蛋白复合体简图及 X- 射线晶体结构

三、光合作用的过程

光合作用的过程可根据需光与否分为光反应和暗反应（图 2-20）。光反应是由光推动的光化学反应，发生在类囊体膜上，包括光能吸收与传递、光合电子传递及其偶联的光合磷酸化。暗反应是可以在暗处进行的一系列酶促反应。整个光合作用的过程大致可分为 3 个步骤：原初反应、电子传递（包括水的光解和放氧）和光合磷酸化、碳同化过程。其中，前两个步骤属于光反应，第三个步骤则属于暗反应。

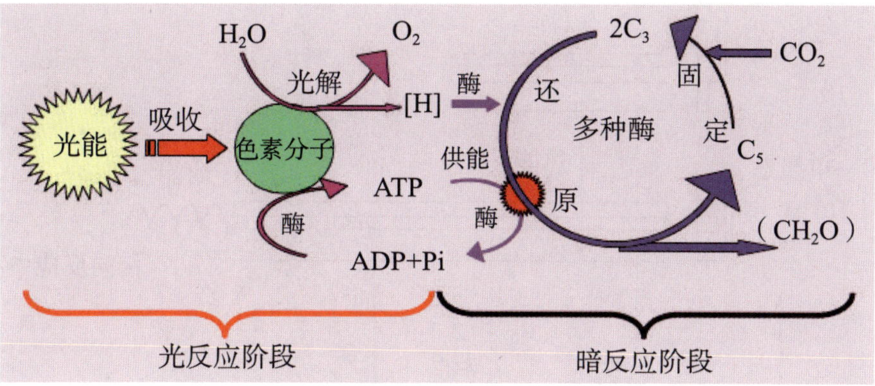

图 2-20　光合作用的过程

（一）光反应

1. 原初反应

原初反应是光合作用的第一步，光合色素分子吸收光能并将其传递与转换的过程。类囊体膜上的光合色素根据功能不同可分为两类：①反应中心色素，少数特殊状态的叶绿素 a 分子属于此类，它具有光化学活性，既能捕获光能，又能将光能转换为电能；②捕光色素，又称天线色素，没有光化学活性，能吸收光能，并将之传递到反应中心色素。大部分叶绿素 a 和全部叶绿素 b、类胡萝卜素和藻胆素都属于捕光色素。参与光合作用的色素分子完成光能传递的作用需要与功能蛋白结合形成色素蛋白复合体，而这一复合体被称为光合反应中心。每个反应中心至少包括反应中心色素、原初电子受体和原初电子供体，才能导致电荷分离，将光能转换为电能，并且积累起来。

未见光时，捕光色素分子处于最稳定最低能量的基态，吸收光子后获得能量，电子跃迁到较高能级的激发态。吸收红光后，电子跃迁到最低的激发态（第一单线态）；吸收蓝光后，电子跃迁到比吸收红光更高的能级（第二单线态）。因高能级的电子不稳定，在几百飞秒内，通过振动向周围环境辐射热能，使第二单线态跌回低能级的第一单线态，而第一单线态跌至基态或三线态，以及三线态回至基态（图 2–21）。

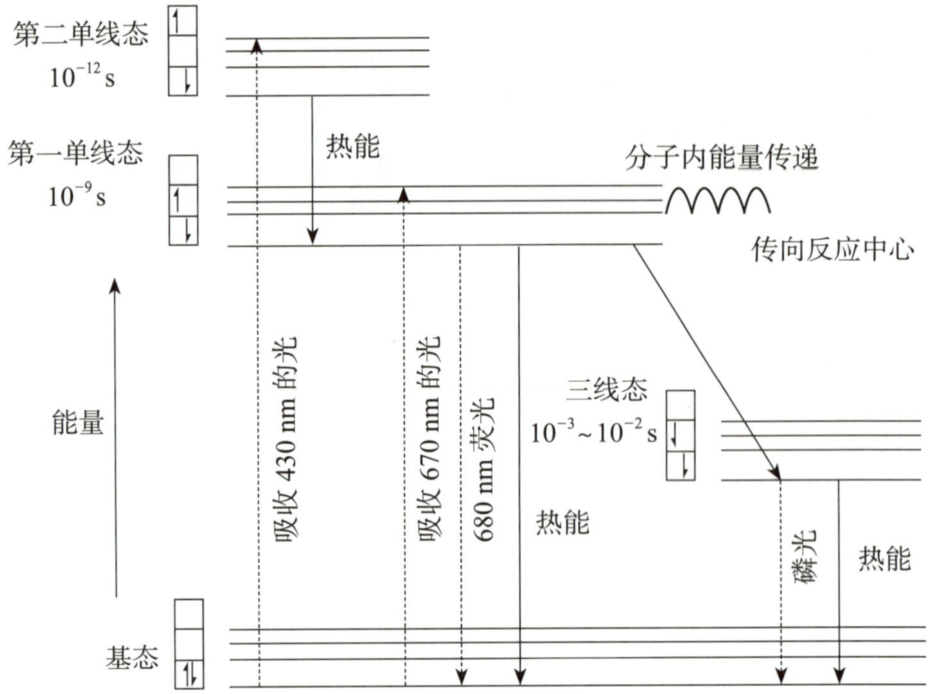

叶绿素最强吸收区有两处：640 ~ 660 nm 的红光部分和 430 ~ 450 nm 的蓝光部分。通常色素分子处于能级最低的基态状态，通过吸收光能产生向激发态的跃迁，激发态是不稳定的状态时，色素分子之间就会发生能量转变和传递，转变的形式有放热、发射荧光或磷光，叶绿素分子从第一单线态降至基态或三线态，以及从三线态回至基态时，就会释放热。叶绿素分子从第一单线态回到基态时，发出波长较长的荧光

图 2–21　叶绿素吸收光后能量转变

2. 电子传递与光合磷酸化

反应中心色素分子受光激发而发生电荷分离，将光能变成电能，产生的电子经过一系列电子传递体的传递，引起水的裂解放氧和 $NADP^+$ 的还原，并通过光合磷酸化形成 ATP，把电能转化成活跃的化学能。光合电子传递可分为非循环式电子传递和循环式电子传递，光合磷酸化也相应地分为非循环式光合磷酸化和循环式光合磷酸化。

（1）非循环式电子传递和非循环式光合磷酸化

非循环式电子传递的研究始于 20 世纪 40 年代，研究不同光波对绿藻量子产额的影响时发现，当波长大于 680 nm 时，虽然光量子依旧被叶绿素吸收，但光合效率却急剧下降，称之为“红降”现象。为解释“红降”现象的机制，1957 年埃默森等发现：在同时存在红光和远红光的情况下，小球藻的光合效率大于单独存在红光和远红光的光合效率之和，即“双光增益效应”。红光可以使电子传递链中的细胞色素还原，而远红光则可以使之氧化。Hill 和 Bendall 在 1960 年提出光合电子传递的“Z－方案”，即电子传递是在两个光系统串联下完成的，电子传递按氧化还原电位高低排列，使电子传递链呈侧写的“Z”形状（图 2－22）。

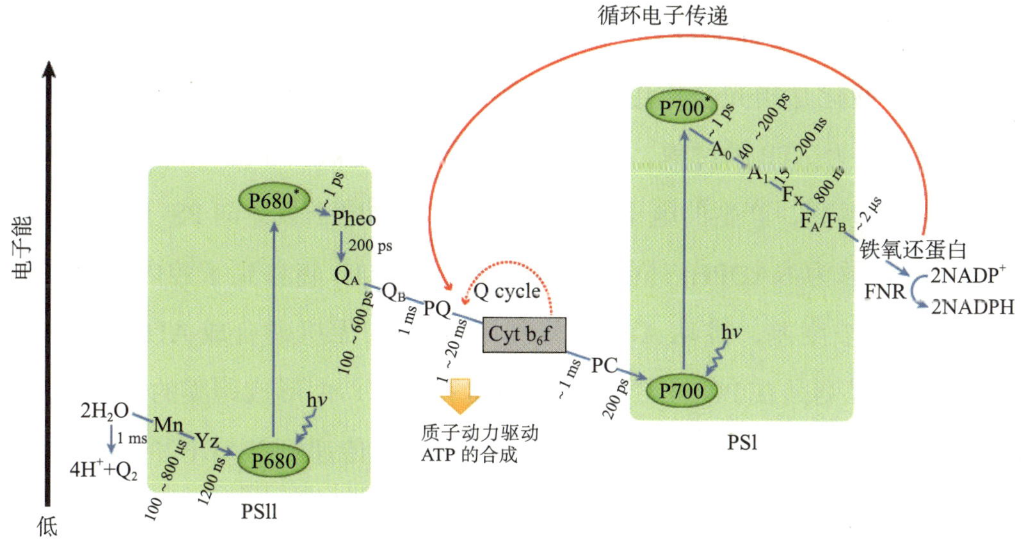

图 2－22　非循环电子传递“Z”方案（蓝色箭头所示）

整个电子传递的过程是在光系统Ⅱ反应中心色素（P680）和光系统Ⅰ反应中心色素（P700）吸收光后进行的。“Z-方案”即非循环式电子传递，质醌（PQ）被来自光系统Ⅱ的电子还原后，将电子交给细胞色素 b_6f 复合体（Cyt b_6f complex），再由移动式的电子载体质体蓝素（plastocyanin，PCN）把电子带给光系统Ⅰ，使铁氧还蛋白（ferredoxin，Fd）还原，然后这种具有强还原势的还原产物将电子传递给 $NADP^+$ 形成 NADPH。其中，PCN 是位于类囊体膜腔的小分子铜蛋白（11 kμ），是移动的电子载体。PCN 先与 Cyt b_6f 的 Cyt f 结合形成瞬时复合体，从 Cyt f 接受电子后，迅速从瞬时复合体分离，再将电子交给 PS Ⅰ反应中心 P700。该过程非常快速，PCN 被 Cyt f 还原需要 100 ~ 200 μs，而被 PS Ⅰ氧化仅需要大约 10 μs。在一些真核藻类和蓝藻中，PCN 生物合成受培养基中铜离子调控，缺铜的条件下，细胞不能积累 PCN，却能合成 c 型细胞色素（c553 或 c6）来代替 PCN 完成电子传递。Fd（12 kμ）位于类囊体膜外侧，以［2Fe-2S］为反应中心，与 PS Ⅰ的 PsaD 结合。Fd 与铁氧还蛋白 $NADP^+$ 氧化还原酶（FNR）相互作用，将 $NADP^+$ 还原为 NADPH。当电子流通过 Cyt b_6f 复合体时，产生跨膜的质子浓度差。在类囊体膜内侧进行水裂解，外侧进行 $NADP^+$ 的还原。氧化还原电势决定了电子只能从正电势（H_2O；E_0 = 0.8 V）向负电势（$NADP^+$；E_0 = −0.32 V）传递，并且电子传递的每一步都是耗能反应，所以整个过程不可逆。

光合磷酸化是指光合作用利用储存在类囊体膜的质子梯度的能量把 ADP 和无机磷转化为 ATP 的过程。非循环式光合磷酸化依赖非循环式电子传递，水在 PS Ⅱ被光解后，产生的电子沿着类囊体膜上的电子载体向 PS Ⅰ传递，最终使 $NADP^+$ 还原为 NADPH。同时，类囊体外侧的 H^+ 转移到了腔内，由此形成了跨膜的 H^+ 浓度差，推动 ATP 合酶利用 ADP 和无机磷合成 ATP。另一种合成 ATP 的途径则是在 PQ 被 Cyt b_6f 复合体氧化时，由形成跨膜的 H^+ 浓度差推动的。理论上，通过非循环式电子传递，即由水传递到 $NADP^+$ 的 4 个电子可以合成 2 分子的 ATP，而同化 1 分子 CO_2 需要 3 分子 ATP 和 2 分子 NADPH，ATP/NADPH 的比值为 1.5，但是实际上检测到比值只有 1.33，因此非循环式光合磷酸化合成的 ATP 不足以满足光合固碳的需求，不足的 ATP 则由另一条途径来补充。

（2）循环式电子传递和循环式光合磷酸化

光合电子传递存在多种途径，近年来的研究表明，循环式电子传递在高效的光合作用过程中是必不可少的。循环式电子传递是指 PSⅠ产生的电子传递给 Fd，再传递到 Cyt b_6f 复合体，然后经 PCN 返回 PSⅠ的电子传递。目前普遍认为循环式电子传递途径有两条：依赖 PGR5 和 PGRL1（proton gradient regulation like I）蛋白的主要途径和由叶绿体 NDH 复合体介导的次要途径（图 2-23）。

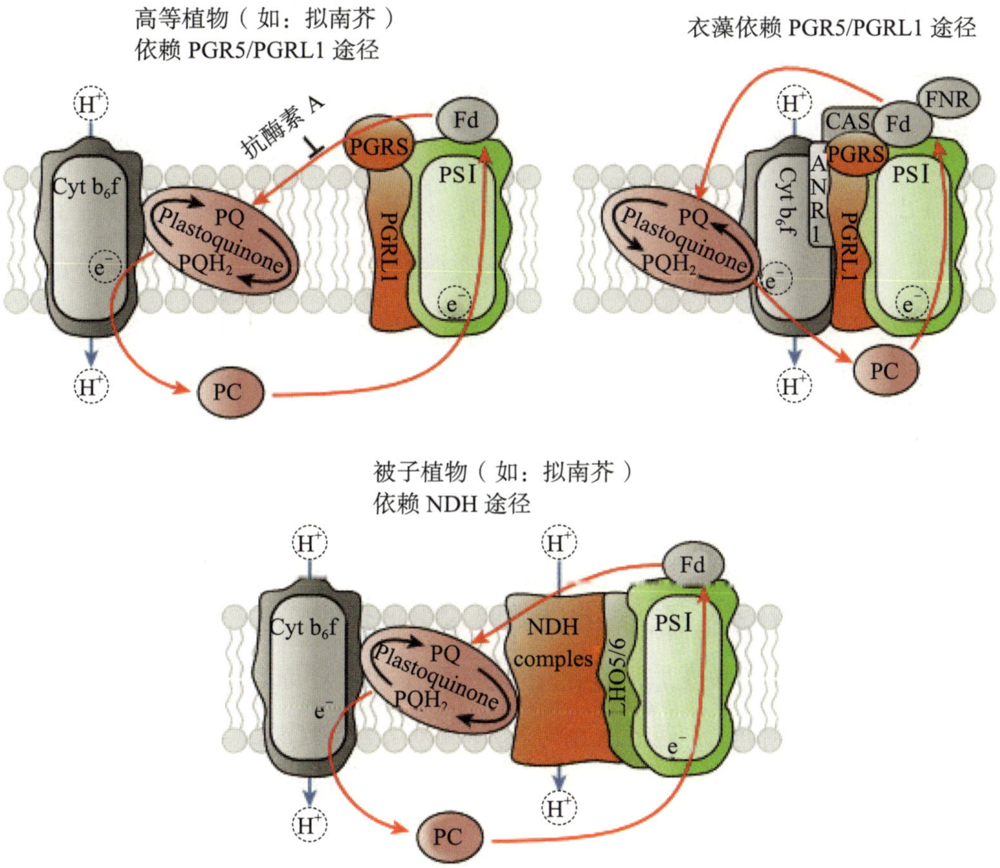

图 2-23　围绕 PSⅠ的循环电子传递模式图

NDH 复合体位于类囊体膜，主要参与叶绿体呼吸和围绕 PSⅠ的循环电子传递。NDH 复合体主要是将电子从叶绿体基质侧的 NAD（P）H 传递给 PQ，再经 Cyt b_6f 复合体、PCN 最终传递给 PSⅠ。目前在微藻里发现 11 个基因（*ndhA-ndhK*）编码 NDH 的相关亚基，这些亚基和线粒体 NADH 脱氢酶的亚基同源，蓝藻 *ndh* 基因和叶绿体 *ndh* 基因的同源性更高一些。另外，通过蛋白质组学研究，在蓝藻的 NDH-1 存在 NDH-1L、NDH-1M 和 NDH-1S 3 种类型，且在 NDH-1L 复合体中鉴定至 17 种亚基（Ndh A ~ Ndh Q）。NDH 的合成与活性是受光调控的，Mi 等于 2001 年提出了光通过诱导 NDH 的亚基表达而促进依赖 NDH 进入两个光系统之间的电子传递。Hihava 等的研究也证明了 NDH 亚基的许多基因转录受强光诱导表达上调。NDH 介导的环式电子传递对抗霉素 AA 和 DCMU 不敏感，但可以被 DBMIB（Cyt b_6f 复合体 Q 位点的抑制剂）有效抑制。

相对 NDH 途径，PGR5 参与的循环电子传递的具体机制目前还不是很清楚，可能是 Fd 经 PGR5 介导的途径传递到 PQ，再经 Cyt b_6f 复合体和 PCN 最终传递给 PSⅠ。PGR5 是一种小蛋白，定位在类囊体膜上。最初是在拟南芥的 *pgr5* 缺失突变体中发现 PSⅠ对高光特别敏感，推测 PGR5 对 PSⅠ的光保护非常重要。最近又发现，另一种小蛋白 PGRL1 也参与了 PGR5 介导的循环电子传递，其主要功能是与 PSⅠ结合。拟南芥 *pgr5* 和 *pgrl1* 的双突变体中，高光会完全抑制循环电子传递。PGR5 介导的循环式电子传递途径对 AA 敏感，可以被 AA 有效抑制。

围绕 PSⅠ的循环式电子传递也能偶联 ATP 的形成，这一过程被称为循环式光合磷酸化。PSⅠ被光激发后产生的电子传递给 Fd，还原态的 Fd 的电子经 NDH 或者 PGR 途径传递给 PQ，使之还原为 PQH_2，Cyt b_6f 从 PQH_2 接收 2 个电子的同时，将 2 个 H^+ 泵入类囊体膜腔内，产生质子动力势，驱动 ATP 合酶合成 ATP，这 2 个电子经 PCN 传递返回 PSⅠ。循环式电子传递呈闭环式，仅包括 PSⅠ，形成的产物只有 ATP，没有 NADPH，因此能够调节 ATP/NADPH 的比例，为光合固碳提供能量。

（3）假循环式电子传递

假循环式电子传递又称 Mehler 反应，是指水裂解放出的电子经 PSⅡ 和 PSⅠ 两个光系统最终传递给 O_2 分子的电子传递途径（图 2–24）。它与非循环式电子传递的区别是电子的最终受体是 O_2 而不是 $NADP^+$。因为氧的还原可被结合在类囊体膜上的 SOD 及 APX 有效地代谢为水和单抗坏血酸，所以后者又可直接被 PSⅠ 还原，产生抗坏血酸，这一代谢过程被称为水—水循环（water-water cycle）。

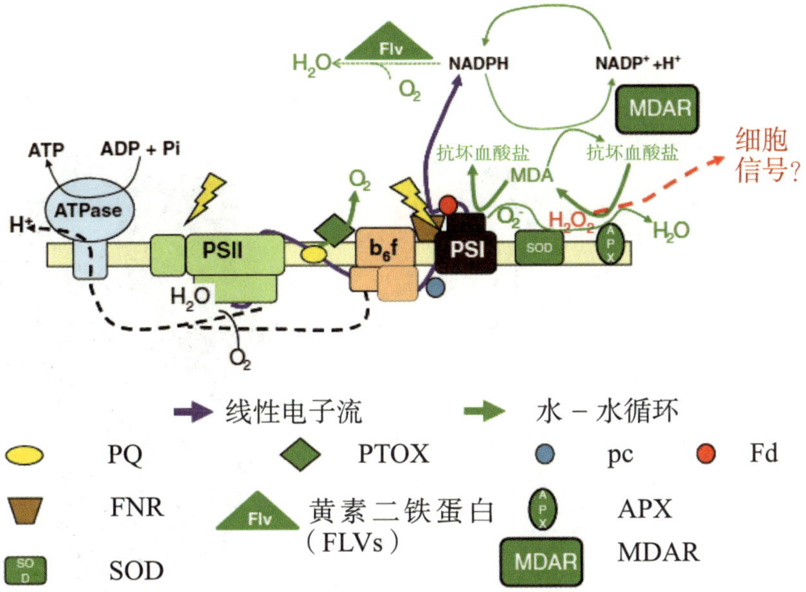

图 2–24　水—水循环

在 Mehler 反应过程中，超氧自由基阴离子（O_2^-）是通过在 PSⅠ 还原侧还原分子氧（O_2）产生的。一个类囊体膜连接的 SOD 催化该化合物歧化生成过氧化氢（H_2O_2）和 O_2。H_2O_2 被抗坏血酸还原成水和单脱氢抗坏血酸（MDA），该反应是由 APX 催化的。MDA 是一种非常有效的电子吸收体，可以吸收形成在 PSⅠ 侧的电子或由通过单脱氢抗坏血酸还原酶（MDAR）介导的反应产生的电子。在某些生物体中，当电子被由质醌末端氧化酶（PTOX）介导的反应阻止到达 PSⅠ 时，线性电子流（LEF）减少。其中，PTOX 催化通过还原质醌的电子将氧还原成水，其介导的水循环降低了 NADPH 生产的量子产率。然而，

PTOX 加 PSⅡ的活性导致质子从基质到腔内的净转移，这导致 ΔpH 的产生，从而能够维持 ATP 的合成。

（4）ATP 合酶

催化光合磷酸化末端反应的 ATP 酶又称 ATP 合酶或偶联因子。叶绿体的 ATP 酶与线粒体膜上的 ATP 酶结构相似，是一种球茎结构，由 2 个蛋白复合体构成：一个是突出于膜表面的亲水性“CF_1”复合体，另一个则是埋置于膜内的疏水性“CF_0”复合体。CF_0 负责跨膜运输质子，而 CF_1 则负责利用质子梯度所储存的能量催化 ATP 的合成。因此，叶绿体 ATP 合酶也被称为 CF_0- CF_1 复合体（图 2-25）。

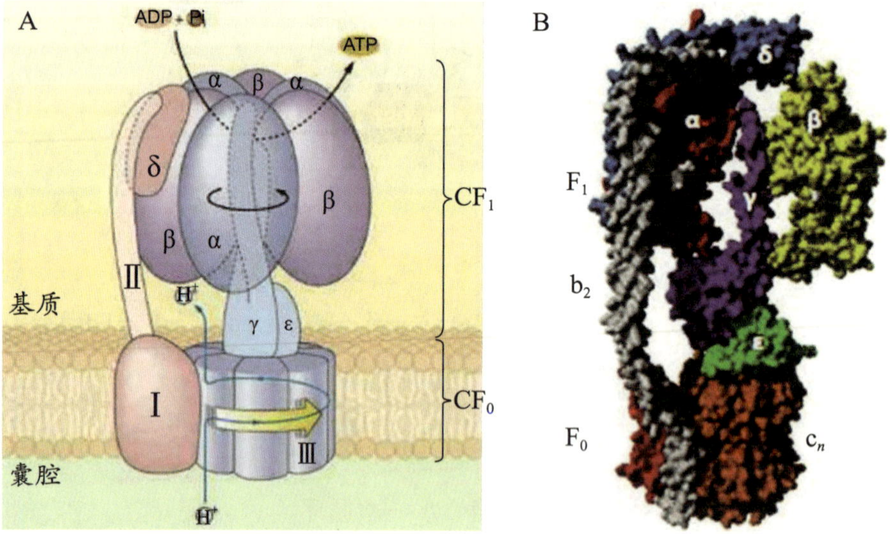

A. 类囊体膜上 ATP 合酶简图。CF_1 由 3 个 α、3 个 β 以及 1 个 γ、δ 和 ε 亚基组成，CF_0 至少由Ⅰ、Ⅱ和Ⅲ 3 种亚基组成。

B. *E.coli* 的 F_1 和 F_0 同源模型。当 4 个 H^+ 通过 CF_0 的Ⅲ亚基时，积累足够的扭力矩使 γ、ε 亚基相对于 $\alpha_3\beta_3$ 旋转 120°，同时产生 1 分子 ATP

图 2-25 类囊体膜上的 ATP 合酶的结构模式图

叶绿体和蓝藻的 ATP 合酶均由 9 种亚基组成，包括叶绿体和核基因编码的产物，分子质量约为 400 ku。CF_1 由 2 种分子质量相对大的亚基（α 和 β）以及 3 种较小的亚基（γ、δ 和 ε）组成，每个大亚基有 3 个拷贝，小亚基只有 1 个拷贝。α 和 β 亚基各有 3 个核酸结合位点，它们结合 ADP 和无机磷，催化 ADP 合成 ATP 的磷酸化反应。δ 亚基负责将 CF_1 连接在 CF_0 上；γ 亚基主要参与 CF_1 催化功能的调节，控制 ATP 合酶的质子门；ε 亚基在黑暗中阻断催化，从而阻止 ATP 的降解，并与 γ 亚基相互作用，能堵塞质子通道，也参与控制质子门的。此外，γ 亚基含有一对二硫键，在质子转移及 CF_1 的构象变化中起调节作用，参与 Fd/ 硫氧还蛋白系统介导的调控机制，在光下增强 ATP 合酶的活化，在黑暗中去活化，以防止夜间 ATP 水解造成的能量损失。相比 CF_1，CF_0 的组成还不是十分清楚，通常认为 CF_0 至少由 Ⅰ、Ⅱ、Ⅲ 3 种亚基组成，Ⅲ亚基大约有 12 个拷贝，其余亚基可能都是单拷贝，其主要作用是将 ATP 合酶起催化作用的部分连接到类囊体膜上，发挥质子通道的作用。

（5）光合磷酸化的机制

关于光合磷酸化的机制，目前大家比较认可的主要有化学渗透假说和结构变构机制。

化学渗透假说是由英国的米切尔在 1961 年提出的，该学说认为：光合电子传递会伴随跨膜电位差和质子浓度差的形成，产生的质子动力势驱动膜上的 ATP 合酶催化 ADP 与 Pi 合成 ATP。具有氧化还原电位的电子供体不均匀地镶嵌在不透离子的类囊体膜上，类囊体膜上的电子传递体 PQ 既可以传递电子又可以传递质子，而其他电子传递体只能传递电子。这一假说得到了众多的实验支持，米切尔于 1978 年获得了诺贝尔化学奖。

结构变构机制旨在解释质子动力是如何驱动 ATP 合酶合成 ATP 的，是美国科学家 Paul Boyer 在 1965 年基于 ATP 合酶结合构象变化的研究提出的。该学说认为，在 ATP 形成过程中，ATP 合酶的 3 个 β 亚基分别形成紧密（T）、松弛（L）和开放（O）状态，各自对应底物结合、产物形成和产物释放的 3 个过程。其主要论点包括 ATP 合成不需要能量，但 ATP 从 ATP 合酶上的释放及 ADP、Pi 和 ATP 合酶的结合需要能量，ATP 合成时，ATP 合酶上的多个催化位点协同作用。具体来说，ADP 和 Pi 与 O 状态的 β 亚基结合；在质子流的推动下使 γ 亚基转动，使 β 亚基转变为 L 状态并在较少能量变化情况下，ADP 和

Pi 自发形成 ATP，再进一步转变为 T 状态；β 亚基继续变构成 L 状态，使 ATP 从核苷酸催化位点上释放出来，并可以再次结合 ADP 和 Pi 进行下一轮的 ATP 合成（图 2-26）。随后，结构变构机制得到了一些实验证实，Paul Boyer 也在 1997 年获得了诺贝尔化学奖。

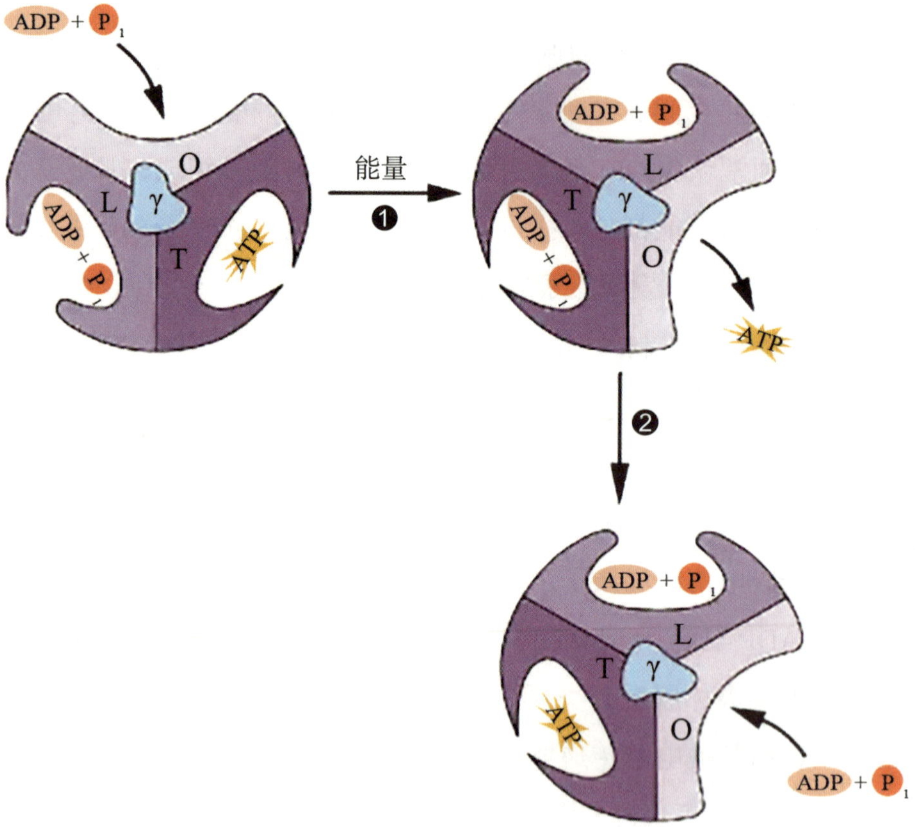

当质子顺质子电化学梯度流过 F_0，使 γ 亚基转动，引起 β 亚基的构象按照紧密（T）、松弛（L）开放（O）的顺序变化，完成 ADP 和 Pi 的结合、ATP 的形成及 ATP 的释放 3 个过程

图 2-26　ATP 合酶合成 ATP 的结合变化机制示意图

（二）暗反应

光合作用的暗反应（dark reaction）即碳同化（carbon assimilation），是利用光反应产生的 ATP 和 NADPH，通过多种酶的催化作用将 CO_2 固定并转化为糖类等有机物，并释放 ADP、Pi 和 $NADP^+$ 的过程。根据 CO_2 固定途径的不同，高等

植物的暗反应分为C_3途径（卡尔文循环）、C_4途径和景天酸代谢途径（crassulacean acid metabolism，CAM）。其中，C_3途径是最基本的暗反应类型，因CO_2固定的最初产物是三碳化合物（3-磷酸甘油酸，PGA），所以称之为C_3途径。有些起源于热带的植物（如甘蔗和玉米）对CO_2固定最初的稳定产物是四碳二羧酸化合物（苹果酸和天冬氨酸），称为C_4途径。C_4植物具有特殊的解剖特征，其叶片中有两类光合细胞，叶肉细胞和排列紧密形成“花环型”结构的维管束鞘细胞。这两类光合细胞含有不同的酶类，叶肉细胞含磷酸烯醇式丙酮酸羧化酶（PEPC）催化CO_2的固定和浓缩，CO_2转运至维管束鞘细胞，脱羧放出CO_2，参与卡尔文循环。CAM植物生存于干旱环境中，晚上气孔开放，吸收CO_2，在PEP羧化酶的作用下将CO_2固定为四碳草酰乙酸，白天气孔关闭，脱羧，放出CO_2，参与卡尔文循环。CAM植物和C_4植物固定与还原CO_2的途径基本相同，二者的差别在于：C_4植物是在同一时间（白天）和不同的空间（叶肉细胞和维管束鞘细胞）完成CO_2固定（C_4途径）和还原（C_3途径）两个过程；CAM植物则是在不同时间（黑夜和白天）和同一空间（叶肉细胞）完成上述两个过程。

只有通过C_3途径才能形成淀粉、蔗糖等有机物，C_4途径、CAM途径起CO_2固定和转运的作用，最终都要经过C_3途径合成淀粉、蔗糖等有机物。无论是哪一种光合碳同化类型，植物都具有C_3途径，因此C_3途径是植物细胞的基本碳同化途径。

1. C_3途径

C_3途径大致可分为3个阶段：羧化反应阶段、还原反应阶段和再生反应阶段（图2-27）。CO_2必须经过羧化反应阶段才能被还原。在C_3途径，核酮糖-1,5-二磷酸羧化酶/加氧酶（Rubisco）是最关键的酶，它既可以催化核酮糖-1,5-二磷酸（RuBP）接受CO_2发生羧化反应，又能催化RuBP和氧气反应生成磷酸乙醇酸，从而进入光呼吸途径。RuBP是CO_2的受体，在Rubisco的作用下，与CO_2作用形成2分子的PGA，这是卡尔文循环第一个稳定的中间产物。还原反应阶段是指PGA在3-磷酸甘油酸激酶（PGAK）催化下形成1,3-

二磷酸甘油酸（DPGA），然后在甘油酸脱氢酶（GAPDH）作用下被 NADPH 还原，变成 3- 磷酸甘油醛（PGAld）的过程。还原反应阶段是耗能过程，需要 ATP 提供能量，NADPH 提供还原力，这也是光反应和暗反应的联结点。当 CO_2 被还原成 PGAld 时，光合作用的储能过程也就结束了。再生反应阶段是指 PGAld 在醛缩酶、转酮酶、磷酸酶及异构酶的作用下生成各种含碳数目不同的糖类（C_4、C_5、C_6 和 C_7），最终形成 CO_2 受体 RuBP 的过程。卡尔文循环的详细步骤见表 2-2。

卡尔文循环的总反应式如下：

$$3CO_2+3H_2O + 9ATP + 6NADPH \rightarrow PGAld + 9ADP + 8Pi + 6NADP^+$$

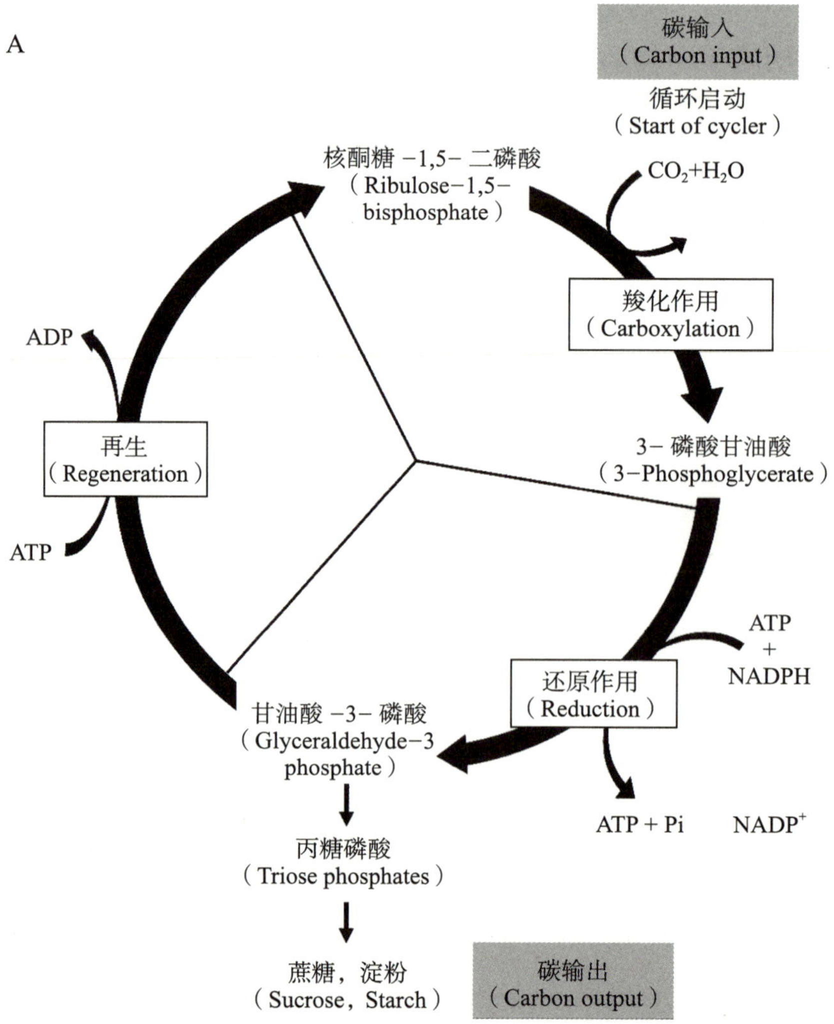

B

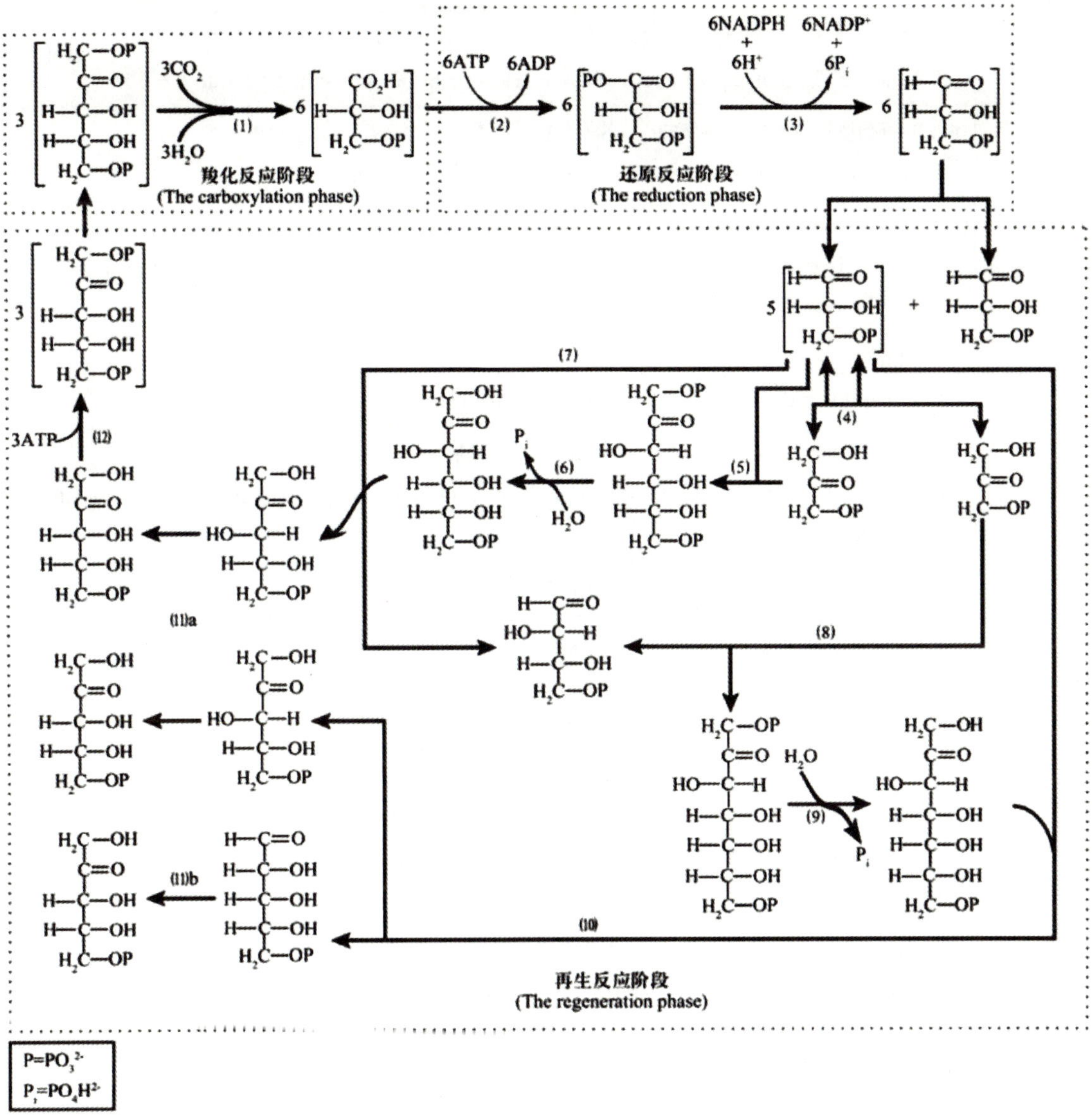

A. 卡尔文循环的 3 个阶段：羧化、还原和再生

B. 卡尔文循环的反应步骤（详细步骤见表 2.2）

图 2-27 卡尔文循环

表 2-2　卡尔文循环的详细步骤（包含 ATP 和 NADPH 被利用的步骤）

步骤		反应（reaction）
①		3 核酮糖 -1,5- 二磷酸 + 3 CO_2 + 3 H_2O → 6（3- 磷酸甘油酸）+ 6 H^+ [3 Ribulose-1,5-bisphosphate + 3CO_2 + 3H_2O → 6（3-phosphoglycerate）+ 6 H^+]
②		6（3- 磷酸甘油酸）+ 6 ATP → 6（1,3- 二磷酸甘油酸）+ 6 ADP [6（3-phosphoglycerate）+ 6 ATP → 6（1,3-bisphosphoglycerate）+ 6 ADP
③		6（1,3- 二磷酸甘油酸）+ 6 NADPH + 6 H^+ → 6 甘油醛 -3- 磷酸 + 6 NADP + 6 Pi [6（1,3- bisphosphoglycerate）+ 6 NADPH + 6 H^+ → 6 glyceraldehyde-3-phosphate + 6 NADP + 6 Pi]
④		2 甘油醛 -3- 磷酸 → 2 二羟丙酮 -3- 磷酸 [2 Glyceraldehyde -3-phosphate → 2 dihydroxyacetone -3-phosphate]
⑤		甘油醛 -3- 磷酸 + 二羟丙酮 -3- 磷酸 → 果糖 -1,6- 二磷酸 [2 Glyceraldehyde -3-phosphate + dihydroxyacetone -3-phosphate → fructose-1,6-bisphosphate]
⑥		果糖 -1,6- 二磷酸 + H_2O → 果糖 -6- 磷酸 + Pi [Fructose-1,6-bisphosphate + H_2O → fructose-6-phosphate + Pi]
⑦		果糖 -1,6- 二磷酸 + 甘油醛 -3- 磷酸 → 赤藓糖 -4- 磷酸 + 木酮糖 -5- 磷酸 [Fructose-1,6-bisphosphate + glyceraldehyde-3-phosphate → erythrose-4-phosphate + xylulose-5-phosphate]
⑧		赤藓糖 -4- 磷酸 + 二羟丙酮 -3- 磷酸 → 景天庚酮糖 -1,7- 二磷酸 [Erythrose-4-phosphate + dihydroxyacetone-3-phosphate → sedoheptulose-1,7-bisphosphate]
⑨		景天庚酮糖 -1,7- 二磷酸 + H_2O → 景天庚酮糖 -7- 磷酸 + Pi [Sedoheptulose-1,7-bisphosphate + H_2O → sedoheptulose-7-phosphate + Pi]
⑩		景天庚酮糖 -7- 磷酸 + 甘油醛 -3- 磷酸 → 核糖 -5- 磷酸 + 木酮糖 -5- 磷酸 [Sedoheptulose-7-phosphate + glyceraldehyde-3-phosphate → ribose-5-phosphate + xylulose-5-phosphate]
⑪	a	2 木酮糖 -5- 磷酸 → 2 核酮糖 -5- 磷酸 [2 Xylulose-5-phosphate → 2 ribulose-5-phosphate]
	b	核糖 -5- 磷酸 → 核酮糖 -5- 磷酸 [Ribose-5-phosphate → ribulose-5-phosphate]
⑫		3 核酮糖 -5- 磷酸 + 3 ATP → 3 核酮糖 -1,5- 二磷酸 + 3 ADP + 3 H^+ [3 Ribulose-5-phosphate + 3 ATP → 3 ribulose-1,5-bisphosphate + 3 ADP + 3 H^+]

2. 微藻的暗反应

在光合固碳中，微藻和高等植物一样，以 CO_2 为 Rubisco 的羧化底物。因微藻大部分生活在水体环境中，与陆地植物所处的环境不同，CO_2 在水中和空气中的分压虽然相同，但在水体的扩散效率明显降低。因此，微藻的光合作用更容易受到无机碳的限制。为保证光合作用顺利进行，很多藻类进化出 CO_2 浓缩机制，即主动转移无机碳，使细胞 Rubisco 碳固定位点的 CO_2 浓度增高，促进光合作用，减少光呼吸。藻类的 CO_2 固定途径一般是 C_3 途径。

与高等植物相比，藻类无根、茎、叶的分化，也就没有叶肉细胞和维管束鞘细胞，缺乏 C_4 途径需要的细胞空间，因此绝大部分藻类不具备 C_4 途径。但是研究表明，有些藻类的碳固定具备 C_4 途径的一些特征。Riebesell 在 2000 年提出了单细胞硅藻威氏海链藻（*Thalassiosira weissflogii*）进行 C_4 途径的空间分化模式，即 CO_2 羧化过程先发生在细胞质中，生成的四碳化合物进入叶绿体后再脱羧产生 CO_2，进入 C_3 途径进行碳同化。单细胞硅藻的细胞质和叶绿体存在磷酸烯醇式丙酮酸羧激酶（PEPCK），它同时具有羧化和脱羧两种功能，在细胞质内以羧化活性为主，在叶绿体中催化四碳化合物脱羧产生 CO_2。一方面，^{14}C 同位素示踪研究表明，威氏海链藻碳同化过程中同时产生 PGA（C_3 途径产物）和苹果酸（C_4 途径产物），这有别于高等植物 C_4 途径中两种细胞之间空间与时间上的分工，也说明单细胞硅藻的碳固定处于 C_3–C_4 过渡阶段（图 2–28）。另一方面，CO_2 浓缩机制（CCM）与 C_4 途径碳同化之间存在竞争关系，在低锌条件下培养威氏海链藻，其 C_4 途径活性显著增强。锌是碳酸酐酶的组成部分，缺锌导致其酶活性降低，直接影响 CO_2 的浓缩效率，此时启动 C_4 途径有利于碳同化。在水流上下搅动所引起的光强变化条件下，同时存在 CO_2 浓缩机制和 C_4 途径有利于威氏海链藻更合理有效地吸收和储存无机碳，低光下吸收、储存无机碳，高光下由 Rubisco 催化碳固定，从而使其成为较大海域的优势种。另外，绿藻钙扇藻（*Udotea flabellum*）的碳固定也具有 C_4 途径特征，但是否具有 C_3 途径还需更短时间间隔的 ^{14}C 同位素示踪实验验证。

CAM途径在藻类的报道不多。在一些褐藻的细胞质中，PEPCK的活性随昼夜变化，即夜间活性高，白天活性低，与高等植物的CAM途径有些类似。但是，该途径催化合成有机碳的量不多，只占总有机碳合成的10%。

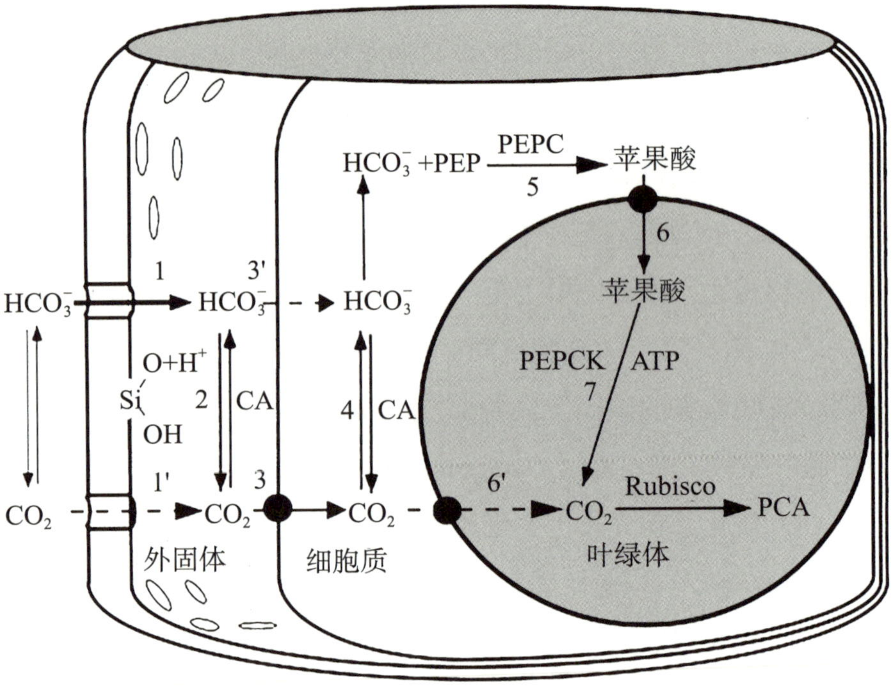

在细胞质内进行碳固定，生成苹果酸；叶绿素中进行苹果酸脱羧和C_3途径

图2-28　威氏海链藻（*Thalassiosira weissflogii*）的C_4途径

（三）光呼吸

光呼吸是指含叶绿体的细胞在光下吸收O_2释放CO_2的过程。这种呼吸仅在光下发生，且与光合作用密切相关。

1. 光呼吸的过程

光呼吸是一个氧化过程，被氧化的底物是乙醇酸，所以又称乙醇酸氧化途径（glycolic acid oxidation pathway）。光呼吸始于Rubisco对RuBP的氧化作用，产生1分子的PGA和1分子的2-磷酸乙醇酸（2-PG），后者在磷酸乙醇酸磷酸（脂）酶的作用下变成乙醇酸。实际上光呼吸是乙醇酸代谢途径，乙醇酸是

C_2 化合物，因此又称 C_2 光呼吸碳氧化循环，简称 C_2 循环。

真核微藻的光呼吸过程需要叶绿体、过氧化物酶体和线粒体的共同参与。具体过程（图 2-29）如下：在叶绿体中形成的乙醇酸转移到过氧化酶体，由乙醇酸氧化酶催化，氧化生成乙醛酸和 H_2O_2，后者经过氧化氢酶催化分解成 H_2O 和 O_2。乙醛酸经转氨酶作用变成甘氨酸，进入线粒体。2 分子的甘氨酸在线粒体发生氧化脱羧和羟甲基转移反应变成 1 分子丝氨酸，并产生 NADH、NH_3，放出 CO_2。丝氨酸转回过氧化物酶体，并与乙醛酸进行转氨作用，形成羟基丙酮酸，后者在甘油酸脱氢酶的作用下还原为甘油酸，最后甘油酸再回到叶绿体，经甘油酸激酶的磷酸化作用生成 PGA，进入 C_3 途径，再生 RuBP，重复下一次的 C_2 循环。在这一过程中，2 分子的 RuBP 产生 1 分子的 CO_2（碳素损失 25%）和 3 分子的 PGA。O_2 的吸收发生在叶绿体和过氧化物酶体中，CO_2 的释放发生在线粒体中。

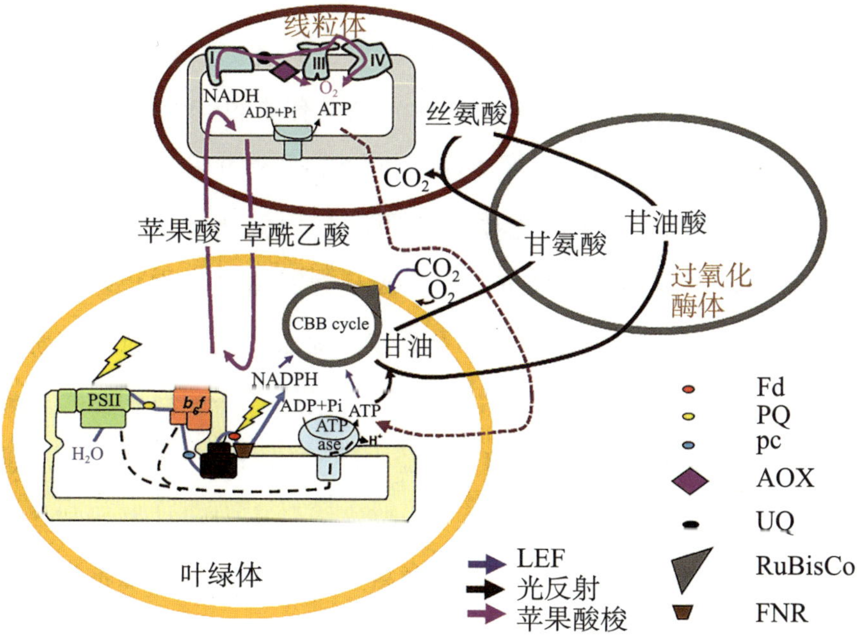

图 2-29　光呼吸和叶绿体、线粒体交换途径

2. 光呼吸的生理功能

（1）有效去除有害的中间代谢产物。光呼吸是体内唯一能够清除 2-PG 的代谢途径，2-PG 能够强烈抑制丙糖磷酸异构酶（催化 RuBP 的再生）和磷酸果糖激酶（水解叶绿体中的暂存性淀粉）的活性，影响光合作用的顺利进行。真核藻类和高等植物的光呼吸途径起源于蓝藻。蓝藻是原核细胞，没有细胞器的分化，降解 2-PG 可以使用不同的方式。以集胞藻为例，第一种途径是细胞将乙醇酸作为一种碳源，第二种途径和高等植物一样，进行 C_2 循环，第三种途径是把乙醇酸完全变成 CO_2 代谢出去。任何一种途径的缺失都会抑制藻细胞的生长，只有 3 种途径全部被打断，细胞才会出现致死效应。

（2）光保护。当细胞受到胁迫时，光反应生成的同化力会超过暗反应的需要，多余的能量或以热量形式消耗掉，或被传递到其他途径。由光激发的高能电子往往会传递到 O_2 分子，形成超氧阴离子等活性氧（ROS），ROS 对光合机构具有伤害作用，而光呼吸可消耗过剩的同化力，减少 ROS 的形成，从而保护 PSⅡ反应中心 D1 蛋白免遭破坏，维持光系统有效的电子传递。对藻类来说，CO_2 浓度升高导致海洋酸化，会促进浮游植物光呼吸作用。高 CO_2 浓度下生长的绿藻浒苔（*Enteromorpha*）的光呼吸作用明显升高，驱动高效的电子传递。

（3）基础代谢的重要组成部分。光呼吸是微藻体内基础代谢的重要组成部分，很多中间产物是其他代谢途径的一部分。例如：在一些氨基酸合成中，光呼吸在线粒体内产生的丝氨酸是蛋氨酸生物合成的必需原料。在强光和足够碳源的情况下，蔗糖和淀粉的合成及 C_3 途径中磷酸化中间产物的产生不能维持同步，最终导致光合效率下降，而光呼吸能够将能量集中到甘氨酸和丝氨酸而不是蔗糖和淀粉，有效地解决了这种不平衡。另外，光呼吸和细胞内的氮代谢有密切关系，研究表明，当 O_2 浓度低至 2% 时，光呼吸受到明显抑制，同时硝酸盐的同化力也显著降低，原因可能是光呼吸提供硝酸还原酶催化所需的还原力，当光呼吸受到抑制后，还原力供应不足，硝酸盐的同化作用也相应降低。

四、光合作用的进化

值得注意的是，光合作用的进化与光合生物的进化不是同一概念，光合作用的进化是指参与光合作用的一系列基因的进化，而光合生物的进化则是整个基因组的进化。光合作用由一系列组分构成，并且每个组分都具有明显的进化轨迹，因此了解各光合组分的进化对于正确理解光合作用的演变历程非常有用。本章节详细介绍光合色素和固碳途径的进化。

（一）光合色素的进化

1. 叶绿素的进化

叶绿素是所有光合生物的必需色素，本身就是长期进化发展的产物，了解叶绿素的进化可以帮助了解光合作用其他方面的演变。叶绿素种类繁多，所有的叶绿素都是带有中心镁原子的四吡咯环。图 2–30 显示了叶绿素和细菌叶绿素的生物合成途径以及它们在不同光合生物中的分布。关于叶绿素的进化，比较著名的是 Granick 假说，认为 Chl a 是一种非常原始的叶绿素。然而，Chl a 仅在蓝藻和真核光合生物中存在，而细菌叶绿素 a（BChl a）则存在于大多数光合细菌（绿硫细菌、紫细菌、丝状无氧光合作用细菌、酸杆菌）。因此，Granick 假说是有局限性的。

关于最早的叶绿素究竟是哪一个，有一个假说认为，BChl a 在结构上更接近早期叶绿素，至少在环的还原方面。Chls 和 BChls 生物合成中的最后一步涉及 Chl a 和 BChl a 中 C17 和 C18 之间环 D 双键的还原。在 BChl 的生物合成中，第二次双键还原发生在 C7 和 C8 之间。这些还原反应由非光依赖的原叶绿素氧化还原酶复合体 BChLNB（C17–18 还原）和 BchXYZ（用于 C7–8 还原）介导。这些酶复合体是同源的，衍生自同一祖先，通过“基因复制”进化而来。这种祖先酶复合体可能同时催化环 D 和环 B 的还原。基因复制事件允许当代生物体仅存在其中一种复合体，放氧光合生物丧失了其中的 *bchXYZ* 基因，产生的复合体只能还原环 D 中的 C17−18 双键，最终形成 Chl a。Chl d 是由 Chl a 演化产生的，但是目前还没有鉴定到此反应需要的酶。BChl g 的生物合成途径非常有趣，如嗜中温日光杆菌（*Heliobacterium modesticaldum*）的基因组同时具有 *bchLNB* 和 *bchXYZ* 基因，这表明与 BChl a 类似的化合物（可能是 C3−乙烯基 BChl a）被合成作为 BChl g 合成的中间体。然而，催化 BChl a 转化为 BChl g 的酶仍然没有确定，BChl g 容易异构化产生 Chl a。Ohashi 等于 2010 年提出，氧敏感的 BChl g 可能是在所有放氧生物中发现的 Chl 的祖先。

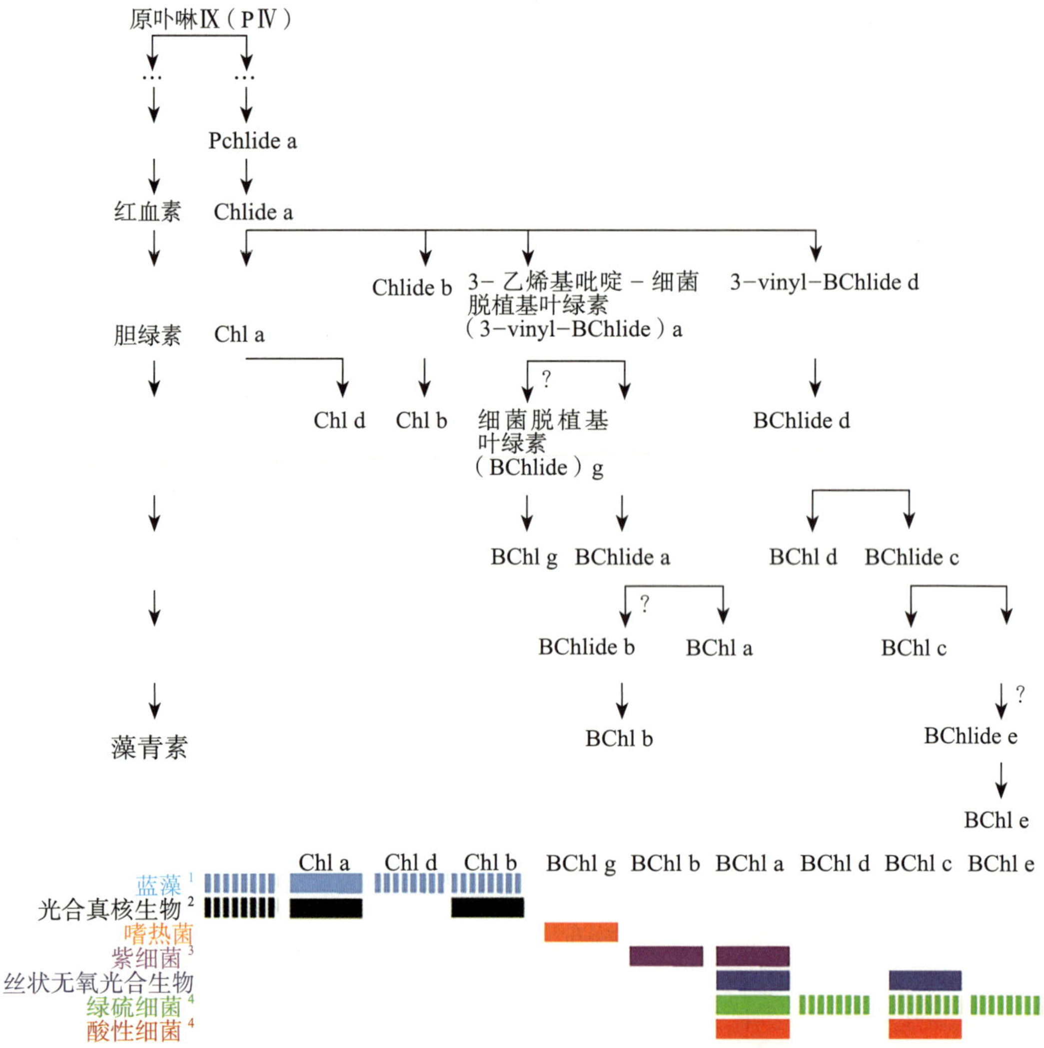

图 2−30　叶绿素（Chl）、细菌叶绿素（BChl）和藻青素的生物合成路线以及它们在不同光合生物中的分布

2. 类胡萝卜素和捕光天线系统的进化

所有的光合生物都含有类胡萝卜素，类胡萝卜素是光保护所必需的，通常也可作为辅助色素，在许多情况下是关键的调节分子。类胡萝卜素与叶绿素不同，在许多其他类型的生物体中也有发现，因此它们的进化历史可能反映出许多光合作用之外的其他功能。

所有光合生物都含有捕光天线系统，其功能是收集光能并将其传递转移到反应中心，其能量用于驱动光化学反应。虽然天线系统普遍存在，但其结构和色素类型在不同的光合生物体中显著变化，强烈表明天线复合体在进化过程中多次进化，以使生物体适应特定的光环境。因此，在某些类别的天线，如紫色细菌的 LH1 和 LH2 复合物以及真核叶绿体的 LHCI 和 LHCⅡ复合物中，进化关系是明确的，但是不可能以任何有意义的方式将这些广泛的天线系统彼此联系起来。

3. 固碳途径的进化

大多数光养生物能够进行光自养代谢，使用的无机底物，如水、H_2S、CO_2 或 H_2CO_3，利用光能产生有机碳化合物和氧化供体物质。然而，有一些生物不能进行光自养代谢，并且发现在不同类型的生物体中至少存在 3 种完全独立的自养碳固定途径。到目前为止，主要的碳固定途径是 Calvin-Benson 循环，在所有含氧光合生物体以及大多数紫色细菌中都有发现。GSB 使用反向三羧酸循环，许多 FAP 使用 3- 羟基丙酸酯循环。革兰阳性菌缺乏任何已知的自养碳固定途径。类似地，与紫色细菌密切相关的需氧无氧光合营养素没有明显的固定无机碳的能力。在后一种情况下，这个群体的祖先似乎很有可能包含了 Calvin-Benson 循环，但是由于其惯有的有氧生活方式，而遗传了这些基因。由此可见，不同类型的光养生物已经采用了几种完全独立的解决方案，最早的光养生物使用光吸收有机碳，而不是光自养，稍后进化出可溶性无机碳的代谢能力。

第三节 微藻呼吸作用

呼吸作用是微藻细胞内有机质在一系列酶的催化下被氧化分解，同时释放能量的过程，是体内代谢的枢纽，推动体内各种生命活动的进行。根据是否有氧的参与，呼吸作用可分为有氧呼吸（aerobic respiration）和无氧呼吸（anaerobic respiration）。有氧呼吸是指细胞利用氧将淀粉、葡萄糖等有机物彻底氧化分解为 CO_2，并生成水，同时释放能量的过程。一般来说，葡萄糖是细胞呼吸最常用的有机物，呼吸作用的反应式可表示为：$C_6H_{12}O_6 + 6O_2 \rightarrow 6CO_2 + 6H_2O$ + 能量；$\Delta G = -2\,870$ kJ/mol，pH 为 7.0 时标准自由能的变化。无氧呼吸一般是指在无氧条件下细胞把葡萄糖等有机物分解为不彻底的氧化产物，同时释放能量的过程。对高等植物而言这一过程称为无氧呼吸，对微生物而言称为发酵（fermentation）。高等植物无氧呼吸可产生酒精，反应式为：$C_6H_{12}O_6 \rightarrow 2C_2H_5OH + 2CO_2$ + 能量；$\Delta G = -226$ kJ/mol。胡萝卜、甜菜块根等在进行无氧呼吸的时候也产生乳酸，反应式为：$C_6H_{12}O_6 \rightarrow 2CH_3CHOHCOOH$ + 能量，$\Delta G = -197$ kJ/mol。

一、暗呼吸的途径

1. 糖酵解

糖酵解（glycolysis）是指葡萄糖在无氧条件下被分解为丙酮酸，并释放能量的过程。为纪念在研究糖酵解途径方面有突出贡献的 3 位生化学家 Embden，Meyerhof 和 Parnas，糖酵解又被称为 EMP 途径。

EMP 途径可分为 3 个阶段：已糖活化、已糖磷酸裂解和 ATP/ 丙酮酸的生成。己糖活化是指将果糖活化为果糖 -1,6- 二磷酸，为下一步反应做准备。己糖磷酸裂解包括果糖 -1,6- 二磷酸裂解成为 2 分子丙糖磷酸及丙糖磷酸之间的相互转化。ATP/ 丙酮酸的生成是指葡萄糖氧化释放能量，并形成 ATP 和 $NADPH+H^+$，最终生成丙酮酸，也称为氧化产能阶段。由于底物的 Pi 直接转到 ADP 形成 ATP，所以一般称为底物磷酸化（substrate level phosphorylation）（图 2–31）。EMP 过程是没有 O_2 参与的，因此也被称为分子内呼吸（intramolecular respiration），反应式为：$C_6H_{12}O_6 + 2NAD^+ + 2ADP + 2Pi \rightarrow 2CH_3COCOOH + 2NADH + 2H^+ + 2ATP + 2H_2O$。

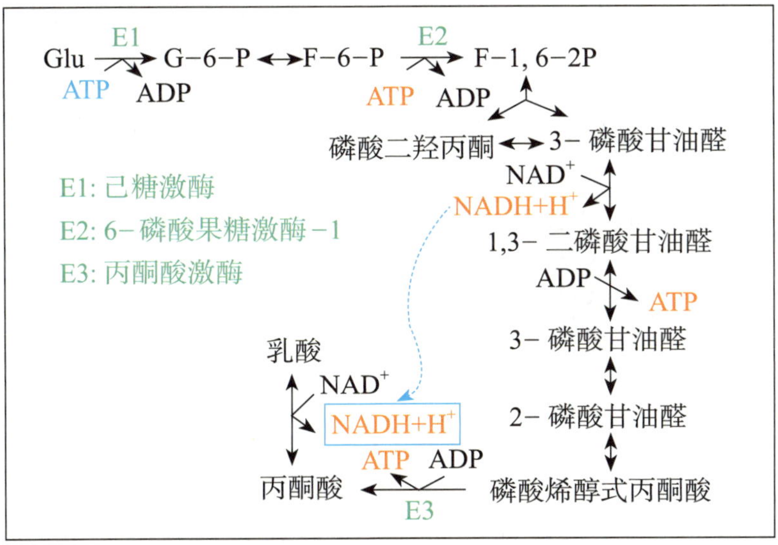

图 2–31　糖酵解途径示意图

2. 三羧酸循环

葡萄糖经糖酵解转化为丙酮酸，有氧条件下，丙酮酸进入线粒体基质，经过氧化脱羧形成乙酰辅酶 A（乙酰 CoA）。乙酰 CoA 经过一个三羧酸和二羧酸的循环，被彻底氧化分解，生成 CO_2 和 H_2O 的过程称之为三羧酸循环（tricarboxylic acid cycle，TCA 循环）。该循环最初是由英国生物化学家 Krebs 正式提出的，因此又称为 Krebs 循环（图 2–32）。

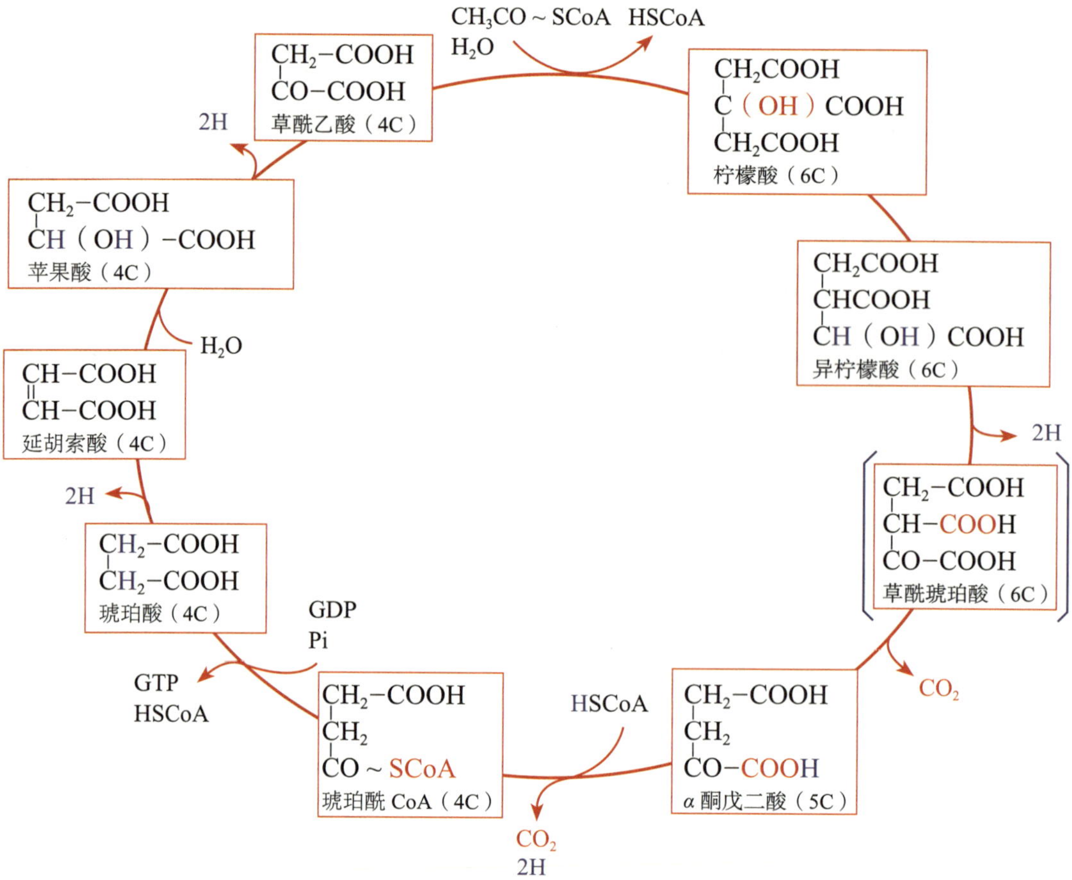

图 2-32　三羧酸（TCA）循环示意图

TCA 循环可以分为柠檬酸的生成、氧化脱羧和草酰乙酸的再生 3 个阶段。柠檬酸的生成阶段：乙酰 CoA 和草酰乙酸在柠檬酸合酶催化下形成柠檬酰 CoA，加水生成柠檬酸，放出 CoA-SH。氧化脱羧阶段包括异柠檬酸的形成、异柠檬酸的氧化脱羧、α- 酮戊二酸氧化脱羧和琥珀酸生成 4 个反应，此阶段释放 CO_2，并合成 ATP。草酰乙酸的再生阶段则是琥珀酸经过延胡索酸和苹果酸生成，最后生成草酰乙酸。TCA 循环反应式：$2CH_3COCOOH + 8NAD^+ + 2FAD + 2ADP + 2Pi + 4H_2O \rightarrow 6CO_2 + 2ATP + 8NADH + 8H^+ + 2FADH_2$。

3. 戊糖磷酸途径

戊糖磷酸途径（pentose phosphate pathway，PPP）是葡萄糖在细胞质内经一系列的酶促反应释放 CO_2、产生 NADPH 的过程。戊糖磷酸途径主要分为两个阶段：氧化阶段和非氧化阶段，前者是指葡萄糖 -6- 磷酸（G6P）经两次脱氢氧化和一次脱羧生成一个核酮糖 -5- 磷酸（Ru5P）和两个 NADPH 并释放 CO_2 的过程，该过程不可逆；后者是指 Ru5P 经过异构化、基因转移、缩合等反应，非氧化地重组为 EMP 途径的中间产物果糖 -6- 磷酸（F6P）和 3- 磷酸甘油醛（PGALd），这个过程的反应是可逆的（图 2-33）。PPP 总反应式：$G6P + 12NADP^+ + 7H_2O \rightarrow 6CO_2 + 12NADPH + 12H^+ + Pi$。

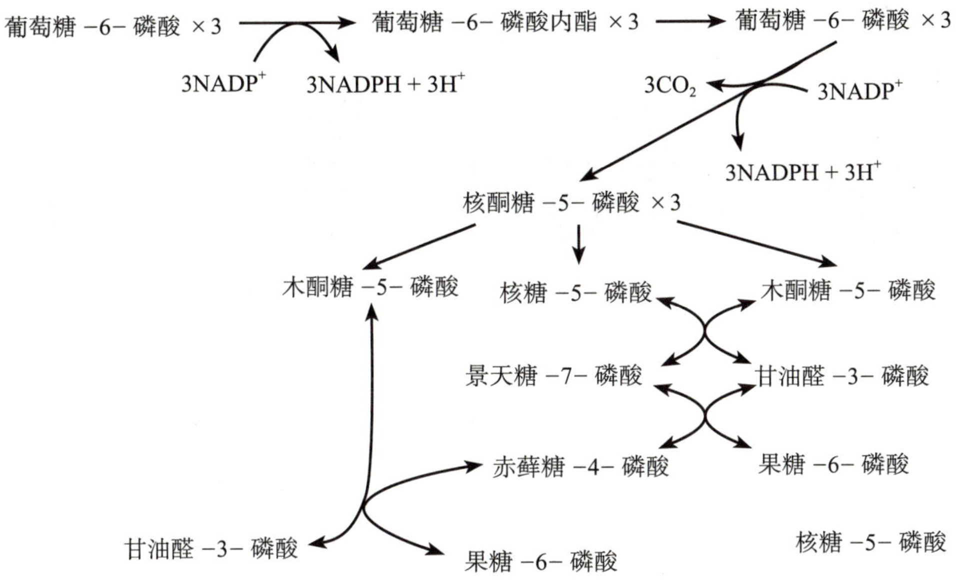

图 2-33　戊糖磷酸途径 (PPP) 示意图

二、呼吸电子传递

呼吸电子传递链（respiration chain）就是呼吸代谢中间产物的电子和质子沿着一系列有顺序的电子传递体组成的电子传递途径，传递到分子氧的总轨道。组成电子传递链的传递体可分为氢传递体和电子传递体。氢传递体包括一些脱氢酶的辅因子，主要有烟酰胺腺嘌呤二核苷酸，即辅酶 I（NAD^+）、黄素单核苷酸（FMN）、黄素腺嘌呤二核苷酸（FAD），它们既可以传递电子，也传递质子。电子传递体包括细胞色素体系和铁硫蛋白（Fe-S），它们只传递电子。

1. 高等植物的电子传递链

高等植物线粒体中的呼吸电子传递链由 5 种蛋白复合体组成，复合体 I（NADH 脱氢酶）、复合体 II（琥珀酸脱氢酶）、复合体 III（细胞色素 bc1 复合物）、复合体 IV（细胞色素氧化酶）和复合体 V（ATP 合酶）（图 2-34）。

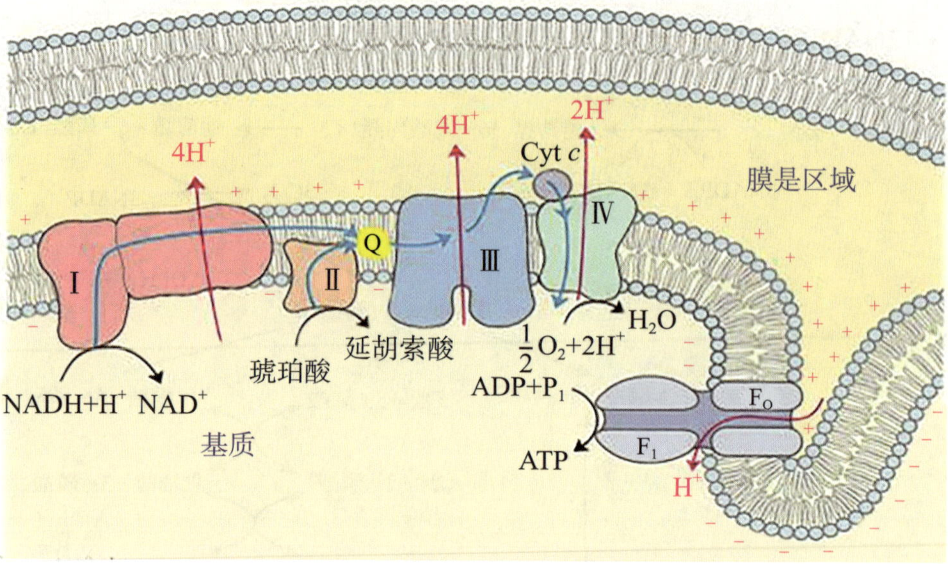

图 2-34 高等植物线粒体中的呼吸电子传递链

NADH 脱氢酶由结合紧密的辅因子 FMN 和几个 Fe-S 中心组成，作用是将线粒体基质的 NADH 和 H^+ 的 2 个质子泵到膜间间隙，同时将 2 个电子经 Fe-S 传给泛醌 UQ。NADH 脱氢酶的活性可被鱼藤酮和巴比妥酸抑制，都是抑制 Fe-S 簇的氧化和 UQ 的还原。

琥珀酸脱氢酶由 FAD 和 3 个 Fe-S 中心组成，作用是催化琥珀酸氧化为延胡索酸，并把 H 转移到 UQ 生成 UQH_2，此过程没有质子泵出，其活性可被 2- 噻吩甲酰三氟丙酮所抑制。

细胞色素 bc1 复合物，氧化还原型泛醌生成 UQH_2，UQH_2 把电子经一个 Fe-S 中心、两个 Cyt b 和一个 Cyt c1 最终传到 Cyt c，同时 2 个 UQ 从膜外侧返回膜内侧，完成 UQ 循环。Cyt c 是一个小蛋白，疏松地附在内膜的外表面，其功能是在复合体Ⅲ和复合体Ⅳ之间传递电子。该过程泵出 4 个质子到膜间间隙。抗霉素 A 抑制电子从 UQH_2 到 Cyt c 的传递。

细胞色素氧化酶含有两个铜中心——Cyt a 和 Cyt a_3。细胞色素氧化酶属于末端氧化酶，把 Cyt c 的电子传给 O_2，激发 O_2 与基质中的 H^+ 结合生成 H_2O，每传递一对电子，有两个质子泵出。CO、氰化物、叠氮化物和 O_2 竞争与 Cyt a_3 中 Fe 的结合，抑制电子从 Cyt a_3 到 O_2 的传递。

ATP 合酶由 F_0 和 F_1 两部分组成，结构和类囊体膜上的 ATP 合酶类似，催化 ADP 和 Pi 合成 ATP。

电子传递体在线粒体内膜上的分布是严格有序的，各组分的氧化还原电势（E_0'）大小决定了它们在呼吸链上的位置顺序。电子总是从低氧化还原电位流向高氧化还原电位，NADH 的 E_0' 为 −0.32V，而 O_2 的 E_0' 为 +0.8V，因此电子能从 NADH 传递到 O_2。

2. 蓝藻的呼吸电子传递链

与高等植物不同，藻类的呼吸电子传递是在类囊体膜上进行的，与光合作用共用 PQ 和 Cyt b_6 f 等组分。因此，蓝藻的呼吸电子传递链与高等植物不同。蓝藻呼吸电子传递链的主要成分包括 NAD（P）H 脱氢酶（NDH−1）、琥珀酸脱氢酶（SDH）、Cyt b_6 f 和 COX 以及其他末端氧化酶。

NDH−1 复合体优先从 Fd 得到电子，经循环电子流（CEF），被 PSⅠ还原。在过去 10 年来，关于蓝藻 NDH−1 复合物各亚基的结构—功能关系取得了很大进展（图 2−35）。利用反向遗传学和蛋白质组学方法已经表明蓝藻存在 3 种主要的 NDH−1 复合物：大（NDH−1L）、中等（NDH−1M）和小（NDH−1S）复合物。蓝藻的电子显微镜研究揭示了 7 个特殊的 NDH−1 亚基，分别为 NdhL、NdhM、NdhN、NdhO、NdhP、NdhQ 和 NdhS 含氧光合特性（OPS）结构域。除了 NdhQ，高等植物还发现了其他六个 OPS 亚基，但在 *E.coli* 中则不存在。NDH−1L 复合体参与呼吸，NDH−1M 参与 CO_2 的吸收，所有类型的 NDH−1 复合体都参与 NDH−1 依赖的围绕 PSⅠ的循环电子传递。NDH−1

依赖的循环电子传递增加质子梯度，为 CO_2 的固定提供多余的 ATP，尤其是细胞处在胁迫条件下（如高光和高温）。*Synechocystis* sp. PCC 6803 能够产生 2 型的 NDH 复合体（NDH−2），它是单亚基蛋白，可能对于跨类囊膜的质子梯度没有帮助。NDH−2 可能位于质膜中，可能是涉及喹啉氧化酶 ARTO 的电子转移反应。

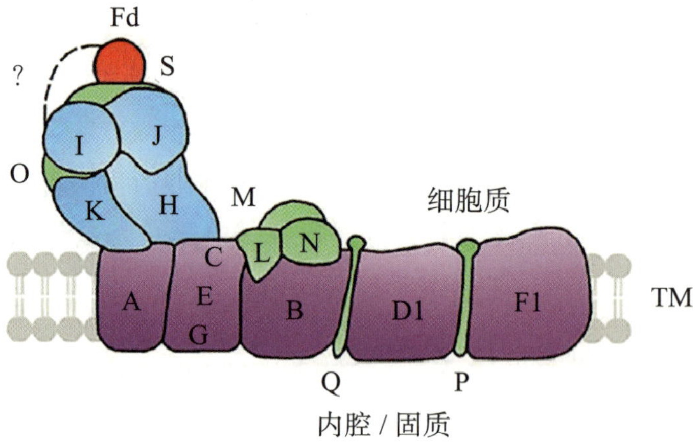

这个复合体由 3 个子复合物组成：亲水的手臂（蓝色和绿色），膜臂（紫色和绿色）和催化结构域（问号和绿色），有 7 个 OPS NDH−1 亚基（绿色）包含在所有这些子复合体中。Fd 显示在红色，可能是 NDH−1 酶的电子供体

图 2−35　蓝藻 NDH−1L 复合物示意图

蓝藻中功能性 SDH 的存在是通过鉴定琥珀酸：泛醌氧化还原酶（Succinate: quinol oxidoreductase）活性而发现的。*Synechocystis* sp. PCC 6803 中 *sll125* 和 *sll0823* 基因的敲除均导致 SDH 活性缺乏。蓝藻可以将 2− 氧戊二酸转化为琥珀酸酯，即使基因组缺失传统的 2− 氧戊二酸脱氢酶。最近的研究鉴定了在功能上取代 2− 氧戊二酸脱氢酶和琥珀酰 −CoA 合成酶（TCA 循环中将 2− 氧戊二酸转化为琥珀酸酯所需的酶）活性的两个基因。体外和体内研究已经确定了蓝藻中存在修饰的封闭的柠檬酸循环，这与 50 年来一直认为的蓝藻存在不完整的 TCA 循环的假设相反。

PQ 池是类囊体中的亲脂性膜结合载体，在光合电子传递和呼吸电子传递中将电子穿梭到 Cyt b_6 f 复合体。从水中获取的电子通过 PS Ⅱ 基质侧的初级醌受体 QA，进一步转移到 PSⅡ的次级醌受体 QB 中的 PQ 分子，形成几种较稳定的半醌，随后被还原成质醌（PQH_2）。PQH_2 通过接受质子和电子形成，并与类囊体膜中的 PQ 池平衡。因此，PQ 可以作为将单电子氧化还原反应转化为双电子反应的衔接剂，反之亦然。

Cyt b_6 f 复合体是蓝藻光合和呼吸电子传递的关键复合体。Cyt b_6 f 作为同型二聚体发挥作用，每个单体包含 8 个亚基，其中 4 个核心亚基包括含氧化还原活性成分的 Cyt b_6、Cyt f 和 Rieske 型 2Fe−2S 蛋白，以及不携带氧化还原活性辅助因子的亚基Ⅳ。Cyt b_6 f 复合物在许多方面类似于线粒体和革兰阴性细菌中的 Cyt bc_1 复合物。Cyt bc_1 复合物的 Cyt b 对应于蓝藻的 Cyt b_6 和亚基Ⅳ。当比较 Cyt b_6 f 和 Cyt bc_1 复合物时，另一个有趣的特征是 Cyt f 和 Cyt c_1 不具有共同的祖先，尽管它们具有同源功能。

PC 和 Cyt c_{553}（也称为 Cyt c_6）都是可溶性金属蛋白，作为 Cyt b_6 f 和 PSⅠ之间的替代电子载体，并且在光合作用和呼吸作用中起作用。PC 和 Cyt c_{553} 在其氧化还原中心的性质上不同，其中一种是铜蛋白，一种是血红蛋白。这些可溶性电子载体通常是可交换的，*Synechocystis* sp. PCC 6803 已经显示出铜介导的电子载体表达的调节。在缺乏 PC 或 Cyt c_{553} 的突变体中，光合电子传递速率保持正常，表明两种可溶性载体中的任一种都足够。有趣的是，在同一菌株中同时删除 PC 和 Cyt c_{553} 的基因的尝试是不成功的，表明细胞需要两种载体之一穿梭电子到 PSⅠ和 COX。

蓝藻的末端氧化酶有 3 种：aa3 型细胞色素 c 氧化酶（CtaI）、细胞色素 bo 型醌氧化酶（CtaII）和细胞色素 bd 醌氧化酶（Cyd）。近年来的研究表明，CtaI 是类囊体膜中最主要的氧化酶，Cyd 主要位于质膜，CtaII 在细胞正常生长呼吸中起的作用很小。大多数呼吸末端氧化酶属于血红蛋白超家族，其特征在于一个高自旋血红素耦合的 CuB 中心。它们将分子氧还原成水，并将电子转移与质子转运跨过膜进行 ATP 生产。

蓝藻主要以 NADPH 为呼吸基质，与线粒体 NDH 将 NADH 的电子交给 UQ 不同，蓝藻和叶绿体的 NDH 则将 NADPH 或 NADH 的电子交给 PQ。PQ

是蓝藻呼吸和光合电子传递途径共用的重要成分，并且较其他电子传递链的组分，PQ-9 的含量比较高。因此，PQ-9 可能形成一个氧化还原缓冲器。从 1970 年 Leach 和 Carr 证明多变鱼腥藻存在 NADPH- 维生素 K 氧化还原酶，PQ 参与蓝藻的呼吸电子传递开始，科学家们一步一步地证实了 PQ 是光合作用和呼吸作用共用的电子传递体。Peschek 和 Schmetterer 于 1982 年提出，在蓝藻 *Synechococcus* PCC 6301 中，光合和呼吸作用因竞争共同的电子供体而相互抑制：一方面，依赖 PSⅠ的 $NADP^+$ 的还原被 O_2 抑制；另一方面，以 NADPH 为电子供体的 O_2 消耗随 PSⅠ光的照射而减少。Nanba 和 Katoh 于 1983 年研究 Cyt c_{553} 的氧化还原的动力学，获得了 PQ 将电子传给 Cyt b_6 f 的证据，且电子传递被 DBMIB 抑制。蓝藻 *Synechococcus* 的呼吸作用和光合作用电子传递的醌库是相等的，光合作用主要是利用 PQ-9，呼吸作用可能利用叶绿醌和 PQ-9 两种形式的醌。PQ 将电子经 Cyt b_6 f 传递，最后由细胞色素氧化酶传递到 O_2，同时伴随 ATP 的生成（图 2-36）。

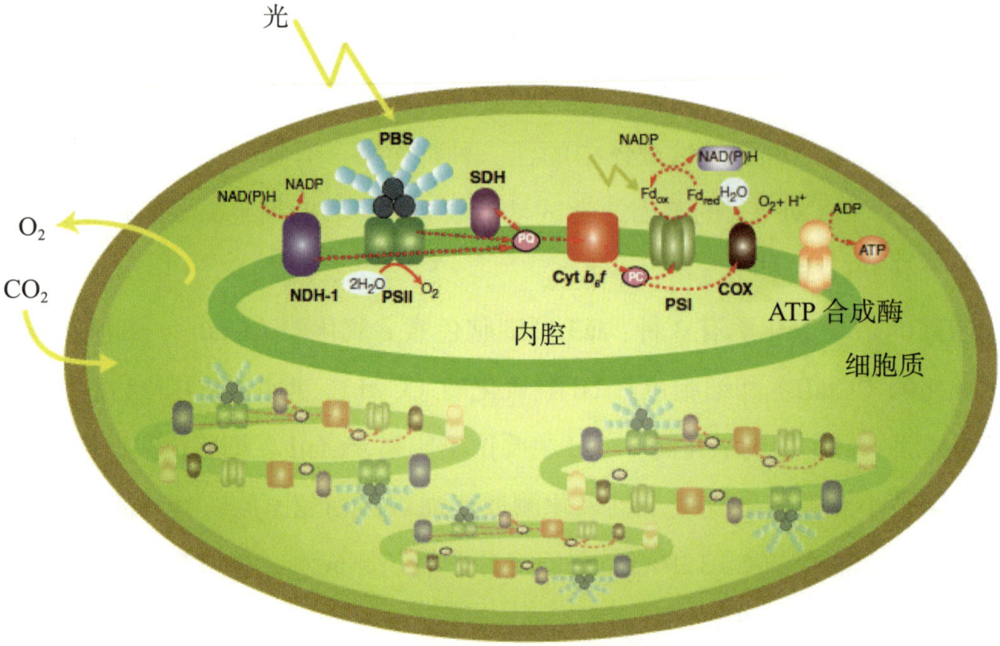

红色箭头表示电子传递路线

图 2-36　蓝藻细胞嵌入类囊体膜的光合和呼吸链的组分

3. 真核微藻的叶绿体呼吸作用

Bennoun 在 1982 年首次提出叶绿体呼吸的概念，叶绿体的呼吸作用是指叶绿体中存在像蓝藻那样的呼吸电子传递链与光合电子传递链共用 PQ，影响 PQ 的氧化和还原。叶绿体呼吸作用包括 NDH 对 PQ 的非化学还原和末端氧化酶对 PQ 的再氧化的电子传递过程。

不同微藻的叶绿体末端氧化酶是不同的，衣藻的叶绿体末端氧化酶为交替氧化酶，不存在 aa_3- 型细胞色素 c 氧化酶，而小球藻则相反。研究方法是在 PS Ⅰ缺失突变体中添加不同氧化酶的抑制剂，观察 PQ 的氧化还原状态。另外，在研究叶绿体和线粒体相互作用时，发现在线粒体呼吸还没有被抑制的低氧浓度下，PQ 仍然被还原，因此推测叶绿体存在的末端氧化酶对 O_2 的亲和力比线粒体的要低。Cournac 等人在 2000 年的实验结果支持叶绿体中存在这样的末端氧化酶。通过分光质谱仪分析，观察到短暂的饱和闪光可以抑制莱茵衣藻在黑暗中对氰化物敏感的吸氧，进一步证明了叶绿体呼吸作用的存在，对烟草叶绿体吸氧的特征研究也得到了相同的结果，进一步证实 PQ 是光合作用和呼吸作用共用的组分。但是目前还没有在莱茵衣藻叶绿体中发现 NDH。

在拟南芥中鉴定了一种参与类胡萝素合成的蛋白质，其序列与线粒体交替氧化酶（AOX）的序列具有同源性，因此认为这种蛋白质起着质体末端氧化酶（PTOX）的作用。外源表达 *ptox* 基因，发现 PTOX 对线粒体交替氧化酶的抑制剂敏感，进一步证实了 PTOX 是叶绿体交替氧化酶。Cournac 等人在 2000 年提出莱茵衣藻的叶绿体中存在着与 PTOX 同源的蛋白质。将拟南芥的 *ptox* 基因在烟草中表达，发现 PQ 的非光化学再氧化非常显著，其过程可以被 PTOX 的抑制剂所抑制，证实高等植物叶绿体中存在末端交替氧化酶。

莱茵衣藻的叶绿体中没有发现 NDH 的存在，关于叶绿体中 NDH 对 PQ 的非化学还原的电子传递过程主要是在高等植物中研究报道。当向低渗胀破的叶绿体中加入外源的 NAD（P）H 时，叶绿素荧光诱导上升，观察质醌的氧化还原状态，发现叶绿体中存在一种对鱼藤酮不敏感的 NAD（P）- 质醌氧化还原酶。

另外，利用各种 NDH 亚基缺失突变体，在活体水平观察由光下转至黑暗时叶绿素荧光瞬时上升，质醌在暗中被还原受到严重抑制。该过程简单概括：NAD（P）H 通过 NDH 还原 PQ，在黑暗条件下，PQ 被末端氧化酶氧化，最终将电子交给分子氧，并偶联着跨膜质子梯度的形成。

三、氧化磷酸化

有机物在生物体细胞内进行氧化分解，生成 CO_2、水并释放能量的过程称为生物氧化。在生物氧化中，电子从 NAD（P）H 或 $FADH_2$ 经线粒体的电子传递链传到氧，伴随着 ATP 合酶催化，使 ADP 和 Pi 合成 ATP 的过程称为氧化磷酸化作用（oxidative phosphorylation）。实验证明，呼吸链的 4 个复合体中，NDH 脱氢酶、细胞色素 bc1 复合体和细胞色素氧化酶是 3 个偶联部位，琥珀酸脱氢酶复合体不是偶联部位。NADH 经呼吸链氧化要通过上述 3 个偶联部位，可形成 3 mol ATP。$FADH_2$ 经呼吸链氧化只通过细胞色素 bc1 复合体和细胞色素氧化酶 2 个偶联部位，只生成 2 mol ATP。

四、暗呼吸的调节作用

蓝藻和真核藻细胞内 ATP 与 NADPH 的需求及形成比例受外界环境或者发育阶段的影响，光合作用和呼吸作用的调节对于微藻在不同环境条件下生存是非常重要的。通过非循环电子传递形成的 ATP 和 NADPH 的比例是固定的，不易调节，而通过光合循环电子传递与呼吸电子传递的协同作用，可使 ATP 和 NADPH 的比例发生变化。在蓝藻中，Schreiber 等人在 1995 年报道了 NDH 通过介导围绕 PSⅠ的循环电子传递参与激发能在两个光系统之间的再分配（状态转换）。NDH 失活的突变株则失去状态转换的功能。此外，NDH 介导的循环电子传递可能影响 PQ 的氧化还原状态而参与激发能的再分配。

绿藻通过叶绿体呼吸电子传递平衡氧化还原系统，使之不至于过度氧化或过度还原。细胞通过调节循环电子传递和非循环电子传递的比例来达到此目的。正常生理条件下，卡尔文循环充分活跃时，主要是非循环电子流的电子还原 PQ，而循环电子传递的比例可忽略不计。然而，在一些胁迫条件下，CO_2 同化减少，Fd 积累过多，循环电子传递就会被促进。同样，NDH 介导的电子传递也被相应促进。低 CO_2 条件下，*Synechocystis* sp. PCC 6803 的 NDH 许多亚基上调表达，并且以 NADPH 为底物专一性的 NDH 活性增加，这可能与 PQ 的氧化还原调控有关。烟草在高温胁迫下，其 *ndh-JK* 缺失突变体会出现较早的萎蔫及严重的光抑制，而在同样条件下，野生型的循环电子传递加快，NDH-K 的表达量增加，这可能是 NDH 介导的 PSⅠ 循环电子传递的结果。

第四节　微藻自养与异养

碳素营养是植物的生命基础，植物体 90% 的干物质是含有碳的有机化合物，碳原子是组成所有有机化合物的主要骨架。按照碳素营养方式的不同，植物可分为两类：自养和异养植物。绝大部分的植物是自养植物，进行光合作用合成有机物，只有极少数植物可以进行异养生长。微藻是比较特殊的类群，均可利用光能进行光合自养，也有很多微藻可以利用糖类有机物进行异养生长。

一、微藻自养

微藻的光合效率相比高等植物较高，主要有以下几个原因：①微藻普遍存在 CO_2 浓缩机制（CCM），使其能在水体 CO_2 含量较低的环境下依然进行高效的光合作用；②微藻的捕光系统——藻胆体（PBS），其结构像撑开的伞，能够有效地吸收光能，而高等植物是不具有藻胆体的；③与高等植物只含有 Chl a 和 Chl b 不同，微藻的叶绿素种类丰富，尤其是 Chl d 和 Chl f，这两种叶绿素在红光区的吸收光谱分别是 696 nm 和 707 nm，大大拓展了太阳光的吸收范围。前面已经介绍了藻胆体的结构，这里主要介绍 CO_2 浓缩机制和红移叶绿素。

（一）CO_2 浓缩机制

水体中的无机碳以 CO_2、HCO_3^- 和 CO_3^{2-} 形式存在，前两者为 CO_2 主要的存在形式。受水体 pH、温度、生物量及 CO_2 扩散效率的影响，多数水体中的 CO_2 含量较低。为有效利用水体中有限的 CO_2，微藻普遍存在 CO_2 浓缩机制。CO_2 浓缩机制需要无机碳的转运系统、羧体和羧体内的碳酸酐酶（CA）的参与（图 2-37）。CO_2 和 HCO_3^- 的有效吸收能够使胞内的无机碳水平升高，在淡水藻 *Synechococcus* PCC 7942 中，胞内的积累率可达到 1 000 倍。

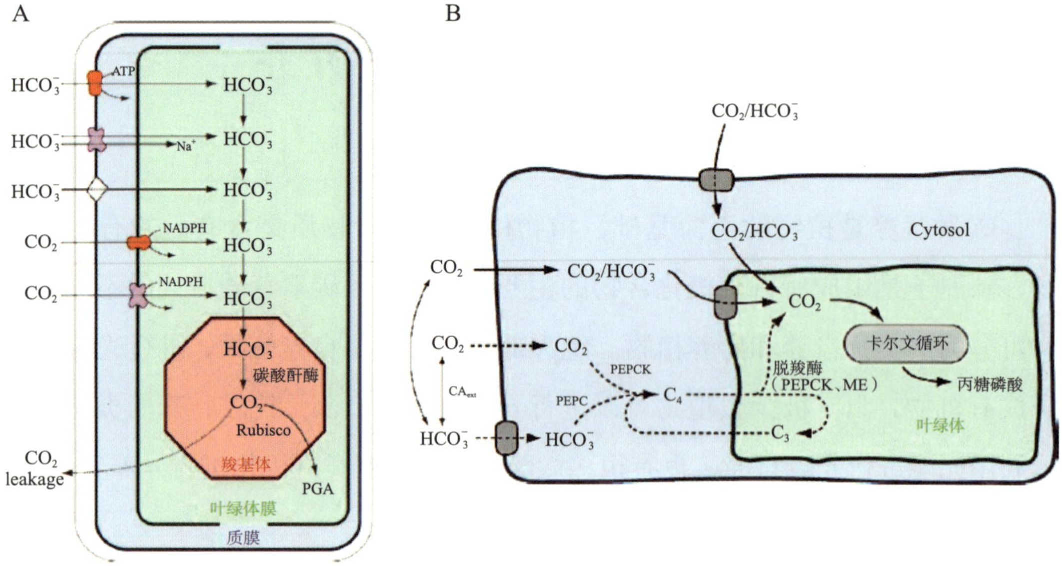

A. 蓝藻细胞无机碳转运及 CO_2 积累模式图。低亲和力运输系统（以灰色显示）和高亲和力运输系统（以黑色显示）质膜或类囊体膜。运输商的特点是未知的显示为白色。

B. 真核藻细胞无机碳转运及 CO_2 积累模式图

图 2-37　CCM 机制中无机碳转运途径

1. 无机碳转运系统

无机碳转运系统广泛地分布在微藻中，是微藻在 CO_2 限制条件下仍然能够进行高效光合作用的原因之一。目前，在蓝藻中已鉴定出 5 种独立的无机碳转运系统（图 2–37 A），包括 3 种碳酸氢盐（HCO_3^-）转运子和 2 种 CO_2 转运系统。其中，2 种 HCO_3^- 转运子由单基因编码：SbtA 为高亲和低通量的 Na^+ 依赖型 HCO_3^- 转运子；BicA 是一个低亲和高通量的依赖 Na^+ 的 HCO_3^- 转运子，属于广泛的 SulP 家族，与人类 SLC26 家族阴离子转运子相关，与 SbtA 无关。此外，BCT1 是高亲和力 HCO_3^- 转运子（单运），在无机碳限制条件下诱导表达，属于 ATP 酶转运家族，由 4 个基因编码（*cmpABCD*）以完成功能转运蛋白复合物。2 个组成型 CO_2 转运系统 NDH–I_4 和 NDH–I_3 都属于 NADPH 脱氢酶（NDH–I）复合物，位于类囊体膜上，能够在吸收过程中使用 NADPH 作为电子供体来驱动 CO_2 转化为 HCO_3^-。其中，NDH–I_3 可以在无机碳限制条件下诱导表达，较 NDH–I_4 具有更高的 CO_2 亲和力。

对于真核藻类的 CCM，无机碳的主动运输机制是基于质膜和内质体膜（图 2–37 B），在不同隔室（周质空间、叶绿体基质和类囊体腔）中 CO_2 和 HCO_3^- 之间的平衡可涉及一系列的碳酸酐酶。

2. 羧体

目前在蓝藻中发现两种类型的羧体，即 α– 羧体和 β– 羧体（图 2–38）。前者主要出现在海洋菌株和硫变形菌中（如 *Thiobacillus* spp.），后者则主要发现在淡水和河口蓝藻（β– 蓝藻）中。虽然 α– 羧体和 β– 羧体出现并行演化，但基本的功能是相同的，可以使 CO_2 在 Rubisco 周围升高。两种类型的羧体结构都是二十面体，拥有 20 个相同的面，每个面都是等同的三角形。二十面体形状与一些病毒衣壳相似，部分结构可以在某种程度上自发组装。

迄今为止，所有物种的 α– 羧体都由保守的 *cso* 操纵子编码。根据物种的不同，*cso* 操纵子也可能含有其他 CCM 基因。例如，许多 α– 蓝藻中的 CO_2 吸收操纵子 *ndhF4D4–chpX* 和推测形成 1A Rubisco 伴侣蛋白的基因。此外，许多物种的 *cso* 操纵子都含有其他似乎无关的基因。

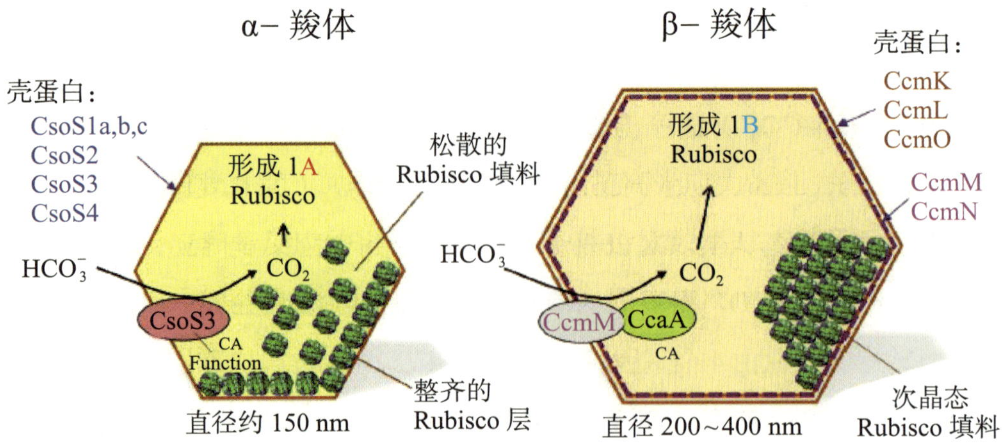

β- 羧体的结构大于 α- 羧体。β- 羧体具有由 CcmK、CcmO 和 CcmL 组成的外层，而内层密度小，Rubisco 与内层连接依赖 CcmM、CcaA 和 CcmN；内部似乎是结晶的，可能由较短的 CcmM 蛋白组成。较小的 α- 羧体可能具有主要由 CsoS1 和 CsoS4 形式组成的壳，内部 Rubisco 组织较少

图 2-38　α- 羧体和 β- 羧体的组成及 Rubisco 的比较

β- 羧体的编码基因则分布在 β- 蓝藻基因组中，其核心成分基因最常见于 *ccm* 操纵子，偶尔分布在 Rubisco 的 *rbcLS* 基因附近。在丝状蓝藻 *S. elongates* PCC 7942 中，*ccmK2–O*、*rbcLS*（*ccmK2–O* 的下游）、*ccaA* 和 *ccmK3–4* 操纵子编码羧体的已知组分（图 2–38）。然而，这些基因在不同物种间的排列度可变。β- 蓝藻中有多达 8 个 *ccmK* 同源基因，是 *csoS1A* 到 *–E* 的同源基因，并被认为编码形成 β- 羧体的外壳的 BMC 蛋白（图 2–39）。其中，*ccmO* 是 *ccmK* 同源基因，编码含有串联 BMC 域的蛋白质；*ccmL* 是 *csoS4AB* 基因的同系基因，含有 PF03319 结构域。除了已知的 *ccmK* 基因外，Cai 等在 2012 年鉴定了 *ccmP* 是 β- 蓝藻细胞 *csoS1D* 的同源基因。随着结构生物学研究，CcmP 蛋白质与 CsoS1D 具有明显的结构相似性，可据此推测蛋白质的结构特征。*ccmM* 和 *ccmN* 基因始终位于核心 *ccm* 操纵子中。

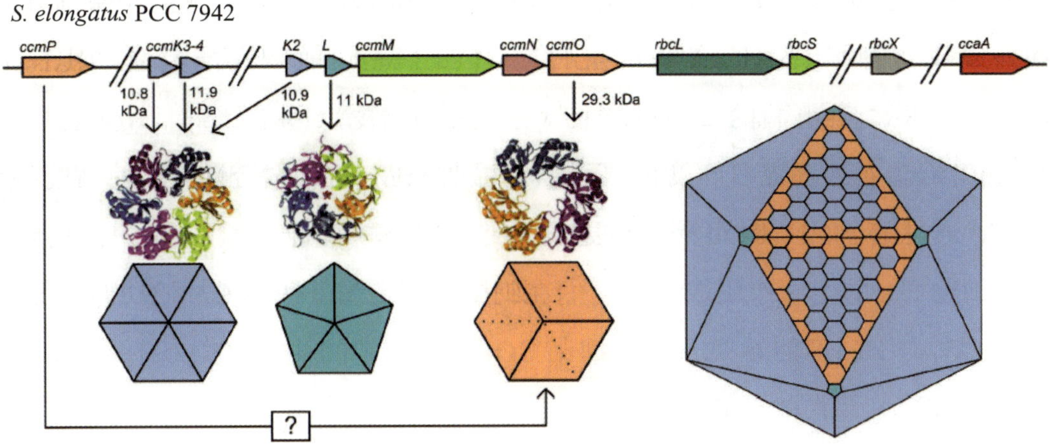

CcmK2，*-K3* 和 *-K4* 产生扁平六聚体，*CcmK2* 是迄今为止最丰富的形式。*CcmO* 可能形成与三角形面接合的扁平三聚体。较少的 *CcmL* 五聚体将封闭 5 个顶点。羧体模型没有按比例绘制

图 2-39　聚球藻 ***Synechococcus elongatus*** PCC 7942 的 β- 羧体外壳结构模型

3. 碳酸酐酶

碳酸酐酶可以快速催化 CO_2 和 HCO_3^- 的水合和脱水反应，没有酶催化的情况下反应是非常缓慢的，半衰期 >15 秒。蓝藻具备 α-CA、β-CA 和 γ-CA 三种碳酸酐酶，其活性位点均含有 Zn^{2+}。EcaA 蛋白是蓝藻中唯一的 α-CA，含有 α-CA 活性位点特有的所有氨基酸，定位在鱼腥藻外层细胞层中，但其功能活性尚未得到证实。有研究显示，*ecaA* 基因在高无机碳（Ci）水平时上调表达，意味着该 CA 在 CCM 中不起作用（图 2-40）。EcaB 蛋白与 EcaA 类似，是未确认具有催化活性的 β-CA。集胞藻 *ecaB* 突变体（*Synechocystis* sp. PCC6803）表现出与野生型相似的生长速率，其培养基中的无机碳（Ci）含量减少表明 EcaB 蛋白可能不涉及 CCM。

α- 蓝藻中的 CsoSCA 和 β- 蓝藻中的 CcaA 均属于 β-CA，其与羧体相关，涉及将 HCO_3^- 转化为 Rubisco 所需的 CO_2。其中，CcaA 与 Rubisco、CcmN 和 CcmM 蛋白组成多重蛋白复合体，连接 β- 羧体的外层与内部。CcmM 蛋白存在于所有 β- 蓝藻中，在缺乏 *ccaA* 同源基因的物种中具备 γ-CA 活性，由编

码 Rubisco 亚基的 *rbcLS* 操纵子紧邻的 *ccmKLMN* 操纵子的相关基因编码。其他 *ccm* 基因编码 β- 羧体外壳的蛋白质。CcmM 是一种双功能蛋白，其 N 末端区与嗜甲基热霉菌的 Camin 蛋白（γ-CA）同源，C 末端结构域包含 3 ~ 5 个 RuBisCO 小亚基重复。有学者认为，在 CcmM 不催化活性 CA 的情况下，CcmM 通过结合底物 HCO_3^- 调控羧体多蛋白复合体的活性。

细菌 CA 的生理作用取决于它们在细胞中的定位。羧体 CA 的功能主要是催化 CO_2 与 HCO_3^- 的转换，或者抑制 CO_2 从细胞中的泄漏，类似于 NDH-$1_{3/4}$ 系统 ChpX / Y 蛋白的功能。

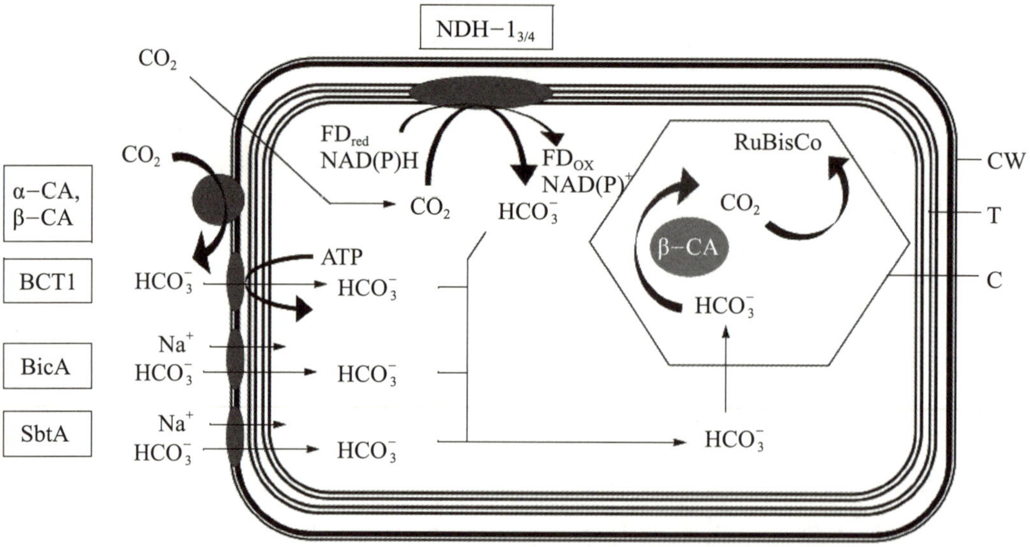

BCT1、BicA 和 SbtA，碳酸氢盐转运蛋白；NDH-$1_{3/4}$，CO_2 吸收系统；CW，细胞壁；T，类囊体 C，羧体 和 CA，碳酸酐酶

图 2-40　蓝藻 CCM 机制示意图

（二）红移叶绿素

光合作用是光量子存储的过程，驱动光化学的能量必须以光子的形式提供。任何量子过程具有可以驱动该过程的最长波长光子学特征的阈值。换句话说，波长长于阈值的光子不具有足够的能量来驱动光化学，并且通常不被系统吸收，而光合作用的阈值则取决于叶绿素的吸收波长。众所周知，细菌叶绿素的无氧（非氧发生）光合作用具有比含氧更强的波长极限，许多无氧

光营养细菌的捕光复合体可在长于 900 nm 的波长下吸收光，而一些含 Bchl b 的紫细菌（如 *Blastochloris viridis*）长期存在于波长极限超过 1 000 nm 的环境下。

微藻的叶绿素组成较高等植物丰富，除了 Chl a 和 Chl b 外，还广泛分布着 Chl c（如真核藻类）、Chl d 和 Chl f（如蓝藻）。Chl d 和 Chl f 是 Chl a 的甲酰基取代衍生物，这两种叶绿素的发现使得放氧光合作用的最小阈值能量得到重新评估。目前，蓝藻 *Acaryochloris* 中 Chl d 的光化学与蓝藻中 Chl a 的效果一样，因此 Chl d 阈值至少延伸到 740 nm。Chl d 可以替代放氧光合作用中 Chl a 的功能，其 C3 甲酰基的取代使得最大吸收 Qy 带移动到更长的波长（从 Chl a 的 665 nm 到 Chl d 的 696 nm）。Chl f 是迄今为止从放氧光合生物分离出来最红移的叶绿素，其 C2 甲酰基使得最大吸收 Qy 红移至 707 nm。现有的证据表明，Chl f 不是主要的光合色素（大约占叶绿素总量的 10% ~ 15%），而是起辅助叶绿素的功能。含 Chl f 生物体的吸收光谱表明 Chl f 将光合吸收区域延伸到了 750 nm。在有氧光合生物中发现了 Chl d 和 Chl f，表明它们可以被引入藻类或高等植物中，并允许它们利用 700 ~ 750 nm 光谱区域。这将大大拓展太阳光的吸收光谱，是进一步研究的重要领域。

二、微藻异养

大多数微藻属专性自养，但仍有部分微藻可在完全黑暗中有效地生长。Chen 于 2006 年列出了微藻用于异养培养必需的初始特征：①细胞分裂和活性代谢可以没有光；②能够通过易于无菌的有机底物在培养基中生长，异养生长所需的能量必须通过部分有机底物的氧化来提供；③环境适应能力强；④具备在发酵罐内抵抗液压机械应力的能力。

在广义上，所有生物体（包括微藻）都使用相同的呼吸代谢途径，然而，我们无法精确地预测任何给定的微藻可以使用或优选哪些特定的底物。在呼吸过程中，微藻在任何有机底物内的呼吸速率与生长都和细胞分裂密切相关，内源呼吸和氧气摄取的速率随细胞周期而变化。在微藻中，从培养基中吸收的有机底物的暗呼吸比例从 0.01/ 天变化到 0.6 / 天。暗呼吸在微藻中主要作用有两种：一是黑暗环境下维护生物合成的唯一能量来源；二是它提供任何生长条件下生物合成的必需碳骨架。在异养生长条件下，呼吸速率等于或超过生物质合成的最低成本。

目前大型微藻异养培养中的实际关键问题是：①培养期间藻株的存活良好；②其稳健性；③总体培养成本低，反映为藻株有效利用低价碳源的能力，适应环境变化，并在代谢物的数量上产生经济价值；④在工业层面，藻株要易于处理，其细胞壁必须承受大型生物反应器中的流体动力学和机械剪切，并且产生高密度生物量，所有这些都是其他微生物用于最小修饰发酵罐所必需的。因此，这些要求进一步降低了可用的微藻藻株和碳源。到目前为止，可用碳源由葡萄糖、甘油、乙酸盐和污水组成，在较小程度上由几种其他有机碳源组成。大多数异养藻类可用葡萄糖作为碳源，部分使用半乳糖和果糖，不普遍使用二糖，而多元醇中常用甘油。

1. 葡萄糖同化

葡萄糖是微藻异养培养物中最常用的碳源，与糖类（如蔗糖、果糖）、糖醇、糖磷酸盐、有机酸和一元醇等底物相比，每摩尔葡萄糖具有更多的能量含量，可使生物体获得更高的生长和呼吸速率。例如，葡萄糖产生大约 2.8 kJ/mol 的能量，而乙酸酯大约为 0.8 kJ/mol。葡萄糖促进小球藻的生理变化，这极大地影响了碳同化代谢途径，细胞大小，淀粉和脂质颗粒的体积密度，以及蛋白质、叶绿素、RNA 和维生素的含量。

葡萄糖的氧化同化开始于己糖的磷酸化，产生葡萄糖 -6- 磷酸，其容易用于储存、细胞合成和呼吸。藻类的有氧糖酵解（葡萄糖分解）途径只有两种：糖酵解途径（EMP）和戊糖磷酸途径（PPP）。在厌氧黑暗条件下，由于在葡萄糖异化过程中释放的能量不足，且乳酸脱氢酶含量较低，使得藻类无法代谢葡萄糖。微藻吸收的葡萄糖约 1% 保持游离，而超过 85% 的葡萄糖被同化并转化为低聚糖（主要是蔗糖，约占 50%）和多糖（主要是淀粉，约占 30%）。一些微藻种类，如杜氏盐藻即使具备葡萄糖代谢所必需的酶，但是仍不能同化葡萄糖。

与自养型葡萄糖代谢或其他非碳水化合物有机底物相比，微藻异养生长中葡萄糖代谢最可能的差异在于：黑暗中葡萄糖主要通过 PPP 途径代谢，而在有光条件下细胞的主要糖酵解过程为 EMP 途径。PPP 和 EMP 这两种途径都在细胞溶质中进行，并在微藻细胞中起作用。但是，PPP 途径可能具有比其他途径更高的通量，这取决于光和葡萄糖的存在。例如，小球藻（*Chlorella*）在完全黑暗且以葡萄糖作为唯一碳源的条件下，其依赖葡萄糖 -6- 磷酸脱氢酶的 PPP 途径占葡萄糖代谢通量的 90%，EMP 途径中通过葡萄糖 -6- 磷酸异构酶的催化反应完全"下移"。集胞藻 PCC1111（*Synechocystis* sp. PCC 1111）的异养培养中，依赖葡萄糖 -6- 磷酸脱氢酶和 6- 磷酸葡萄糖酸脱氢酶的 PPP 途径作为葡萄糖分解代谢的主要途径。

2. 甘油同化

甘油通常用于在低温下长期保存微生物。研究证明，有些处于高渗透压栖息地的微藻可以使用甘油作为底物进行异养生长。甘油作为渗透剂，具有提高溶液的渗透强度并保持细胞渗透平衡的能力，是能量供应和碳需求的经济碳源，以及酶和膜的相容性溶质，在高浓度下几乎没有毒性作用。

微藻可以产生甘油作为甘油酯的一部分，因为它是许多脂质的水解产物，即脂肪酸的甘油酯。一些微藻可以从培养基中吸收甘油，加快其生长速度，并诱导其光合系统的特异性生物化学性质和结构的变化，如细胞藻红蛋白含量的减少，类囊体组装的程度，每个细胞的类囊体数量以及 PSⅡ颗粒大小。一些藻类（如 *Agmenellum quadruplicatum*，*Goniotrichium elegans*，*Navicula pelliculosa*，*Nostoc* sp.）可以甘油作为碳源，在光照且无外部 CO_2 供应的条件下进行光代谢（光合作用）。

3. 乙酸盐同化

有关微藻异养培养下摄取溶解的羧酸（如乙酸、柠檬酸、富马酸、乙醇酸，乳酸、苹果酸、丙酮酸和琥珀酸）的报道已经有几十年了。乙酸是许多微生物物种最常见的碳源之一，其中就包括微藻类。在黑暗且需氧条件下，使用单羧酸 / 质子转运蛋白的真核细胞摄取乙酸盐有助于单羧基分子的跨膜运输。在微藻的细胞质中，乙酸酯同化的起始点是通过乙酰辅酶 A 合成酶乙酰化辅酶 A，从而在单步催化下形成乙酰辅酶 A（乙酰辅酶 A），该反应使用一分子的 ATP。

乙酸（由辅酶 A 携带）通常通过两种途径被代谢氧化：①在乙醛酸（乙醛酸循环中的特殊质体）中形成苹果酸的乙醛酸循环；②通过三羧酸（TCA）循环，线粒体内的柠檬酸盐为其提供碳骨架，作为 ATP 的能量和用于还原的能量（NADH）。两种循环的许多中间体是相同的代谢物。通常情况下，通过同化乙酸生长的微藻必须具有乙醛酸循环途径，从而有效地将乙酰基辅酶 A 的乙酰基并入碳骨架中。当细胞转移到含有乙酸盐的培养基中时，首先诱导（胞内）异柠檬酸裂解酶（EC 4.1.3.1）和苹果酸合成酶（EC 2.3.3.9）的合成，从而推动乙醛酸循环反应。

4. 污水和其他碳源用于异养微藻生长

微藻常被用来进行污水处理，其主要优点是收获微藻的生物量，不产生额外的污染，且可以有效地吸收水体的营养物质。迄今为止，尚未在污水条件下检测到微藻的异养生长，但在黑暗的污水和氧化池中分离得到了小球藻和栅藻。

在异养和混养的情况下，研究人员研究了 *R. sphaeroides*、*C. sorokiniana* 和 *S. platensis* 在高浓度乙酸盐和丙酸盐合成废水（乙酸盐 10 000 μg/L、丙酸盐 1 000 μg/L、硝酸盐 700 μg/L 和磷酸盐 100 μg/L）中的生长特征，发现黑暗条件下 *R. sphaeroides* 和 *C. sorokiniana* 的异养培养效果最好，而 *S. platensis* 需要光照培养。Perez-Garcia 等在 2010 年发现，在不支持微藻生长的市政废水中添加几种碳源可以使 *C. vulgaris* 进行异养生长。按生长效应由高到低排列，不同碳源的顺序为醋酸乙酯、D- 葡萄糖、D- 果糖 1/4 富鲁酸、硝酸 1/4 乳酸 1/4 乙酸、苹果酸和 L- 阿拉伯糖。

在微藻异养培养基下测试了其他碳源，如蔗糖、乳酸盐、乳糖和乙醇，发现它们对微藻的生长和代谢产物产生阴性结果。微藻似乎没有同化蔗糖的转化酶，Komor 等人在 1985 年提出二糖与碳 1（蔗糖）或碳 4（麦芽糖）不能被运输。因此，蔗糖被小球藻 *C. pyrenoidosa* 和 *C. zofingiensis* 吸收得很少。Schmidt 等在 2005 年的研究显示，仅在 pH 为 2 的条件下，*G. ulfuraria* 可在蔗糖底物上显著生长，可能是因为蔗糖被水解成葡萄糖和果糖后容易被微藻吸收。

目前的实验结果表明，仅有葡萄糖、甘油和乙酸盐支持微藻的异养生长。工业废弃物，如糖蜜、醋、药品副产品和造纸厂废水等有机碳源的利用还有待解决。它们含有微藻可以同化的低分子底物，并且可以与水混合以供微藻的生长。该方案如果可行，这些混合物可以被指定为“制备废水基质”。

三、微藻兼养

微藻在异养培养条件下为高密度获取代谢产物、饲料、食品补充剂和生物燃料生产提供了原料，但是目前异养高密度工艺尚未成熟，成本依然居高不下。虽然微藻能够在光生物反应器中自养生长积累生物量且价格低廉，但往往因为细胞自身的遮挡而导致光很难进入培养液中，从而使细胞的最大密度远低于异养培养物中的细胞密度。因此，人们通常结合二者培养模式的特点，基于经济价值高、兼养型（既能够异养又能够自养）微藻的基础建立异养—光自养耦合培养模式，即将异养培养的高密度藻细胞用自养培养基稀释后在光照条件下进行培养的方法。该培养方式能够显著促进藻细胞的目标产物（尤其是光依赖性目标产物）的合成，从而充分发挥异养培养的高效率和自养培养的低成本优势。

1997 年，Ogbonna 等利用异养—光自养耦合培养模式培养蛋白核小球藻（*Chlorella pyrenoidosa*），提高了藻细胞的蛋白质和叶绿素含量；2012 年，Zheng 等研究发现，利用此种方法培养索罗金小球藻（*Chlorella sorokiniana*）生产油脂不仅是可行的，而且适合大规模培养；2020 年，Jin 等在此基础上在异养发酵中获得索罗金小球藻（*C.sorokiniana* GT–2）生物质干重最高为 273.5 g/L，异养的藻种在高光低氮自养条件下油脂最高可达到 271.6 mg/(L·d^{-1})，比自养细胞作为藻种获得的油脂产率高 33.7%；2012 年，Han 等比较了三株小球藻（*C. pyrenoidosa*，*Chlorella ellipsoidea* 和 *Chlorella vulgaris*）分别以异养细胞和自养细胞作为藻种在光自养条件下生产油脂的指标，发现异养细胞作为种子时，三株小球藻均可以获得更高的油脂产率；2019 年，Wu 等采用随机化学诱变筛选得到的小球藻淀粉突变株（*Chlorella sorokiniana* GT–1）在异养—自养耦合条件下培养，油脂含量最终比野生型提高了 20.7%；2012 年，Zhou 等研究发现，微藻（*Auxenochlorella protothecoides* UMN280）在浓缩的城市废水中异养生长，通过补充二氧化碳（空气，分别为 1% 和 5%）（可）自发生长。通过自沉淀收获异养阶段的菌株 UMN280，上清液用不同水平的二氧化碳充气，以促进自养生长。最大生物量浓度和脂质含量分别达到 1.12 g/L（28.90%）和 1.16 g/L（33.22%）。培养结束时总磷、氨、氮的去除率和化学需氧量分别为 98.48%、100%、90.60% 和 79.10%。以上过程可用于治理富含有机物的废水（如工业和动物粪便废水），从而达到双重目的——低成本的废水处理和生物燃料原料生产。总而言之，微藻兼养培养（异养—光自养耦合模式培养）具有许多优势。

第五节　微藻逆境生理

逆境（stress）指对微藻生长和生存不利的各种因素的总称，可分为生物胁迫和非生物胁迫。其中，生物胁迫一般指其他生物体施加的胁迫伤害，非生物胁迫又包括营养胁迫和环境胁迫。微藻是微观单细胞或多细胞生物，通常最大直径为 50 μm。它们的生长环境广泛，如盐碱地或碱性栖息地、寒冷的北极地区、温泉以及干旱的土壤中都有微藻生长。因生长环境的限制，微藻很容易遭受营养胁迫和各种环境胁迫，如紫外线辐射、高温、高 / 低光照射，等等。本节主要从生理角度阐述微藻对逆境的应答机制。

一、生物胁迫

微藻一般生活在水体环境中，其生物胁迫主要包括沉水植物对微藻生长的影响及不同微藻之间的相互影响，还可能来自与微藻处于相同尺度的微生物（细菌、病毒、真菌）之间的竞争，或者浮游动物和鱼类的捕食作用。其中，以水生植物（高等植物及大型藻）对微藻的化感作用研究最为广泛。

化感作用最早是由奥地利植物生理学家 Hans 在 1937 年首次提出的，主要描述沉水植物通过分泌化感物质对微藻生长的影响。随后，生物学家又对化感作用的定义进行了修改。2003 年，Legrand 等人将化感作用严格定义为相互竞争的微藻或细菌通过分泌一种或多种化感物质，抑制与之竞争的微藻或细菌生长的化学相互作用，仅包括抑制效应。目前，国内外学者对不同生物与微藻之间的化感作用进行了大量研究，有部分化感物质被分离，这些化感物质主要作为一种生物控制手段用于处理微藻大量繁殖产生藻华的水体。表 2-3 总结了部分具有抑藻作用的水生植物及其分离出的活性物质，以及被有效抑制的主要微藻种类。

表 2-3　具有抑藻作用的水生植物及其有效抑制的微藻

生活类型	植物名称	抑藻物质	有效抑制的藻类
挺水植物	芦苇 *Phragmites australis*	未知化合物	鱼腥藻 *Anabaena* sp.， 铜绿微囊藻 *Microcystis aeruginosa*， 束丝藻 *Aphanizomenon* sp， 蛋白核小球藻 *Chlorella pyrenoidosa*，

（续表）

生活类型	植物名称	抑藻物质	有效抑制的藻类
挺水植物			近头状伪蹄形藻 *Pseudokirchneriella subcapitata*（羊角月牙藻 *Selenastrum capricornutum*）
	菖蒲 *Acorus calamus*	苯丙胺 phenylpropanes	鱼腥藻 *Anabaena* sp.， 铜绿微囊藻 *Microcystis aeruginosa*， 束丝藻 *Aphanizomenon* sp.
	芦竹 *Arundo donax*， 再力花 *Thalia dealbata*	生物碱 gramine	鱼腥藻 *Anabaena* sp.， 铜绿微囊藻 *Microcystis aeruginosa*
	水烛 *Typha angustifolia*	酚酸 phenic acids	鱼腥藻 *Anabaena* sp.， 铜绿微囊藻 *Microcystis aeruginosa*， 聚球藻 *Synechococcus leopoliensis*
浮水植物	凤眼莲 *Eichhornia crassipes*	胺 amino（N-phenyl-1-naphthylamine（NPN））	雷氏衣藻 *Chlamydomonas reinhardtii*， 栅藻 *Scenedesmus* sp.， 小席藻 *Phormidium tenu*， 铜绿微囊藻 *Microcystis aeruginosa*
	水浮莲 *Pistia stratiotes*	酚类 phenolics， 脂肪酸 fatty acids， 酮类 ketones	铜绿微囊藻 *Microcystis aeruginosa*
沉水植物	穗状狐尾藻 *Myrophyllum spicatum*	酚类 phenolics，多酚 polyphenols，脂肪酸 fatty acids	铜绿微囊藻 *Microcystis aeruginosa*， 近头状伪蹄形藻 *Pseudokirchneriella subcapitata*（羊角月牙藻 *Selenastrum capricornutum*）， 柱胞藻 *Cylindrospermopsis* sp.， 鱼腥藻 *Anabaena* sp.， 小席藻 *Phormidium tenu*， 蛋白核小球藻 *Chlorella pyrenoidosa*

（续表）

生活类型	植物名称	抑藻物质	有效抑制的藻类
沉水植物	大茨藻 *Najas marina*，金鱼藻 *Ceratophyllum demersum*	未知化合物	鱼腥藻 *Anabaena* sp.，聚球藻 *Synechococcus* sp.
沉水植物	轮藻 *Chara australis*，苦草 *Vallisneria spiralis*，轮叶黑藻 *Hydrilla verticillata*	未知化合物、酚类 phenolics	鱼腥藻 *Anabaena* sp.，铜绿微囊藻 *Microcystis aeruginosa*
	马来眼子菜 *Potamogeton malaianus*，菹草 *Potamogeton crispus*	多酚 polyphenols	栅藻 *Scenedesmus obliquus*，鱼腥藻 *Anabaena* sp.
	大叶藻 *Zostera marina*，伊乐藻 *Elodea nuttallii*	未知物质、酚类 phenolics	链状亚历山大藻 *Alexandrium catenella*，浮游藻类
红树植物	木榄 *Bruguiera gymnorrhiza*，秋茄 *Kandelia candel*	丹宁 tannins，酚酸 phenic acids	中肋骨条藻 *Skeletonema costatum*，球形棕囊藻 *Phaeocystis globosa*
陆生植物	水稻（rice straw）（秸秆）	多种可能化合物	铜绿微囊藻 *Microcystis aeruginosa*
	大麦（*Hordeum Vulgare* L.）（秸秆）	多种可能化合物	浮游藻类（主要为绿藻和蓝藻）
大型藻类	石莼 *Ulva pertusa*，裂片石莼 *Ulva fasciata*	多不饱和脂肪酸 polyunsaturated fatty acids	中肋骨条藻 *Skeletonema costatum*，卡盾氏藻 *Chattonella antiqua*，针胞藻 *Fibrocapsa japonica*，赤潮异湾藻 *Heterosigma akashiwo*
	浒苔 *Ulva prolifera*，海带 *Laminaria japonica*	不饱和脂肪酸 unsaturated fatty acid，丙烯酸 sacrylic acid	中肋骨条藻 *Skeletonema costatum*

不同生物分泌的化感物质成分多种多样，包括有机酸、脂肪酸、多酚、类萜、生物碱和黄酮等，多种物质之间往往还有协同或拮抗等联合作用，在自然界形成复杂的影响网络。值得注意的是，沉水植物释放的化感物质对微藻形成的生物胁迫具有种属特异性，一般对蓝藻水华有较强的抑制效果，而绿藻则对这些化感物质具有一定的抗性，这对于应用沉水植物通过生物操纵机理治理蓝藻水华提供了可行性。

二、非生物胁迫

（一）营养限制

1. 铁限制

铁是所有生命必需的元素，对光合自养生物而言尤为重要，因为光合作用中存在许多依赖铁的电子传递体。一条完整的线性光合电子传递链（LET）含有约 23 个铁原子（图 2-41）。

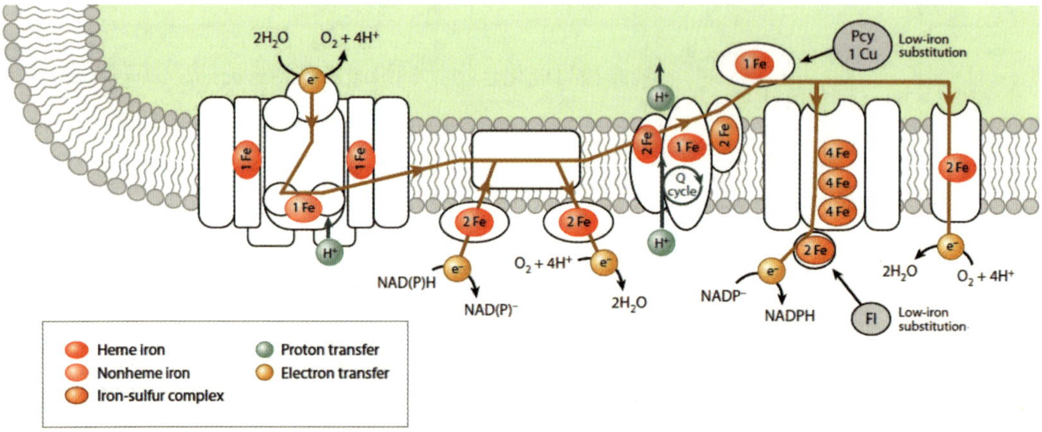

图 2-41　类囊体膜上光合电子传递链上的铁分布

PS Ⅱ 总共含有 3 ~ 4 个铁原子，QA 与 QB 之间存在传递电子的 1 个非血红素铁原子，反应中心 Cyt b_{559} 结合 2 个血红素，反应中心 Cyt c_{550} 结合 1 个血红素。Cyt b_6 f 共有 5 个 Fe 铁原子，Cyt b_6 结合 2 个血红素，Cyt f 结合 1 个血红素，1 个 2Fe−2S 中心参与将电子传递给血红素。移动的 Cyt c_6 含有 1 个血红素，它是由 *petJ* 基因编码的位于类囊体膜上的水溶性含铁蛋白，与由 *petE* 基因编码的水溶性含铜蛋白 Pcy 共同存在于蓝藻和一些真核藻类中。PSⅠ需铁量最多，共含有 12 个铁原子，有 3 个 4Fe−4S 中心。铁氧还蛋白（Fd）有 1 个 2Fe−2S 中心。

20 世纪 30 年代，铁作为浮游植物生产力的主要限制因素首次被考虑。铁胁迫对微藻光合作用的影响可以从类囊体膜结构、光合色素、PSⅠ/PSⅡ等方面进行叙述。缺铁时，类囊体膜上的光合电子传递链的电子载体会发生变化：Cyt c_6 常被 Pcy 替代，Fd 常被不含铁的黄素氧还蛋白（Fld）取代。铁胁迫条件下，叶绿素含量下降，但是其下降程度较生长下降程度轻。例如，铁胁迫的三角褐指藻，生长速率降低 80%，每单位细胞体积叶绿素仅随之降低 27%。铁胁迫时，对细胞 PSⅠ影响较大，具有较低的 PSⅠ/PSⅡ。

铁胁迫对微藻呼吸的影响较光合作用小。参与 C_3 循环的酶不需要铁，但是碳固定能力在铁胁迫下仍然下降。原因可能是缺铁影响了光合作用，使得胞内的 ATP 与 NADPH 的比例受到影响，从而影响呼吸电子传递，进一步影响碳固定能力。

微藻的氮吸收和利用是需铁量最多的代谢过程之一，并且对铁胁迫非常敏感。在全球 75% 的海域中，生物固氮受到可利用铁含量的限制。低浓度铁胁迫条件下，束毛藻 *Trichodesmium* 的生物量下降，胞内固氮酶的表达量下降 60%，其酶活性几乎丧失，固氮异形胞的数量显著下降。因此，增加可利用铁浓度可提高生物的固氮量。

铁胁迫可导致胞内 ROS 水平增加，使胞内氧化胁迫增强。Latifi 等的研究表明，在缺铁条件下，*Anabaena* sp. PCC 7120 和 *Synechocystis* sp. PCC 6803 胞内的 ROS 含量提高了 9 倍，ROS 的大量积累诱导 IsiA 蛋白的合成。

2. 氮素限制

氮是微藻细胞必需的元素，培养基中氮素的形式通常为硝酸盐、亚硝酸盐、氨或尿素。氮是藻胆蛋白的组成部分，对于藻胆体的形成和功能非常重要。

氮胁迫条件下，生长的微藻可以有效和精确地降解藻胆体。2014 年，Pancha 等的研究表明，氮胁迫和连续的氮饥饿条件显著降低光合作用活性以及生物体中的粗蛋白质含量，而细胞干重和生物量在很大程度上不受硝酸盐限制条件的影响。氮胁迫可以改善脂质的生物合成和积累，氮胁迫下脂质合成增强，三酰基甘油是胞内脂质的主要组成部分。

（二）环境胁迫

1. 光胁迫

光是光合作用必需的环境因素，为光合作用提供能量来源。然而，光合作用的效率不随着光强度线性增加，当其他反应变成限制因素时到达光饱和点。在高光或其他压力条件下，光子的吸收超过下游反应消耗所需时，反应中心饱和。波长 400 ~ 700 nm 的可见光能够被植物吸收用于光合作用，该波段的光照辐射称为光合有效辐射。

在藻类规模化养殖中，采用不同波长、不同比例的光混合培养，对藻类的快速繁殖和积累生物物质至关重要。研究表明，当以蓝、绿、红三种波长的光处理雨生红球藻细胞时，藻细胞的生长速率分别提高 31%、15% 和 74%。在雨生红球藻细胞积累虾青素的阶段，采用不同波长的光照，同样会对细胞的虾青素产量有影响。当蓝光与白光的比例为 3∶1 时，细胞的虾青素产量比纯白光培养的藻细胞高 15.8%，也比纯蓝光培养的藻细胞高。

类胡萝卜素作为光合作用系统的重要组成部分，具有光捕获和光保护双重功能，也可以直接作为单线态氧和其他有毒活性氧（ROS）的淬灭剂。经 UV-B 处理数小时后，蓝藻细胞内的类胡萝卜素与叶黄素含量显著上升 50%，当使用基因工程手段增加蓝藻 *Synechococcus* sp. 的类胡萝卜素含量时，其对 UV-B 的耐受性增强。最近，橙色类胡萝卜素蛋白（OCP）被发现参与了蓝藻细胞内各种途径的光保护过程。经过 UV-B 处理后的雨生红球藻细胞虾青素含量显著高于对照组。雨生红球藻细胞在强光下的虾青素积累被认为与细胞内的活性氧化物质的增加成正相关。在胁迫环境下，雨生红球藻的总抗氧化能力增长分为明显的两个阶段：第一阶段是 0 ~ 24 h，其抗氧化能力主要来自细胞内的各种抗氧化酶，它们的特点是响应时间较短；第二阶段是 24 ~ 60 h，其抗氧化能力主要来自虾青素等抗氧化物质，胁迫后虾青素含量在 24 ~ 48 h 极速上升，细胞的总抗氧化能力也快速提高。

UV−B 辐射处理还会使微藻细胞体积变小，类囊体排列变得紊乱，羧酶体体积变小、排列松散、数量减少等变化，进一步导致细胞 CO_2 固定量减少，光合活性下降。此外，UV−B 辐射会引起胞内 ROS 含量急剧增加，导致膜脂过氧化损伤，蛋白质的合成受抑，进而导致抗氧化酶系统的破坏和基因突变，最终抑制微藻细胞的呼吸作用、固氮作用和能量代谢等生理过程。

为了应对光抑制，微藻细胞可根据（藻细胞反应）速度的快慢采取以下措施：

（1）光化学淬灭（qP）：它是一个快速的机制（在一个毫秒的时间尺度上），被认为是正常的光合作用过程，可通过能量转移和电荷分离防止它们被有害氧化状态捕获，从而减少光照的有害影响。

（2）ROS 清除：诸如抗坏血酸、谷胱甘肽、α− 生育酚和一些叶黄素等各种分子通过与其反应而成为 ROS 的捕获物，避免对细胞组分如膜脂质或光合作用的损伤。

（3）非光化学淬火（NPQ）：这是一种可以在几秒钟内激活的机制，并以热的形式消散，这种淬火可以随着光照而逐渐降低叶绿素荧光。

（4）状态转变：在有利于激发的条件下，PSⅡ和 PSⅠ之间 LHCII 天线蛋白的运动可在几分钟内使光合器中的激发能重新平衡。

（5）非同化电子吸收剂：除了卡尔文循环以外，消耗 NADPH 和 ATP 的代谢反应可以减轻光合作用装置上的能量过载。非同化电子吸收剂包括光呼吸和水—水循环等，它们的调节速度快。

（6）叶绿体运动（qM）：在几十分钟的过度光照下，植物细胞中叶绿体迁移和自阴影可以减少能量的吸收。

（7）光避免：在微藻可以运动的情况下，整个生物可以通过游动远离光源，避免过度光照，而植物可以改变叶片的方向以减少光吸收，从而减少能量过载。这些机制可能需要几十分钟到几个小时才能有效。

（8）色素合成：在几小时内从头合成光保护色素（如参与 ROS 清除和叶黄素循环的类胡萝卜素），增加了光合生物抵抗高光应力的能力。

（9）光反应和暗反应的再平衡：高光条件持续数小时或数天后，光系统的天线系统大小一般会降低，电子传递链和 CO_2 固定依次增加，重新平衡吸收光量子与能源利用能力。

（10）植物形态的改变：应对较长时间的高光条件时，植物会发生叶面的厚度减少或增加，叶绿体变小，颗粒堆积减少和叶绿素含量降低等普遍特征。

2. 盐、碱胁迫

（1）杜氏盐藻耐盐机制

高盐胁迫是限制微藻生长和生物量积累的主要环境因素。高浓度盐会影响微藻的光合作用和光呼吸等基本生物合成过程，导致微藻死亡或生长速度下降。研究表明，蓝藻对盐胁迫的敏感性远高于绿藻，该特性可能导致绿藻和蓝藻组群的转移，即蓝藻成为优势种，在特殊时期持续发生蓝藻水华。

杜氏盐藻被认为是可以在地球上盐度最高的环境中（如以色列的死海）正常生长的真核光合生物，其耐盐浓度范围广泛（从 0.05 M 到 5.0 M）。这种显著的适应能力主要通过强大的渗透调节机制来实现，即大量合成甘油和高效 Na^+ 体内平衡机制。但是处在超盐溶液也会影响细胞表面的紧邻，即降低蛋白质水合并打乱盐桥，降低盐碱化必需矿物质如 CO_2 的可用性。因此，该适应能力取决于质膜表面的元素变化，选择转运蛋白的积累和细胞上调代谢。

事实上，早期研究表明，高盐度引起杜氏盐藻主要蛋白质在质膜中的积累及几种其他蛋白质和酶的上调。第一个确定的盐诱导蛋白质是质膜糖蛋白（150 kD），被证明是转铁蛋白。另外两种主要的质膜蛋白被鉴定为表面碳酸酐酶，这些蛋白质被证明可以介导 Fe 和 CO_2 吸收，表明这些元素是用于超高盐条件下存活的限速过程。两种质膜次级钠转运蛋白在高盐浓度下表达上调：在质膜制备中检测到活性的 Na^+/H^+ 反向转运体和钠依赖型磷酸盐转运蛋白。这些蛋白质可能利用高盐度的质膜上的 Na^+ 电化学梯度在 pH 稳定和介导磷酸盐摄取中起作用。杜氏盐藻叶绿体在高盐度诱导下存在二羟基丙酮磷酸还原酶的特殊类型，表明催化甘油合成的这种酶调控了高盐度下甘油的大量积累。此外，内质网中的脂肪酸延长酶（FAE1）在高盐度下转录上调，因此有人认为这种 FAE1 可以在高盐度下调节质膜脂质组成。

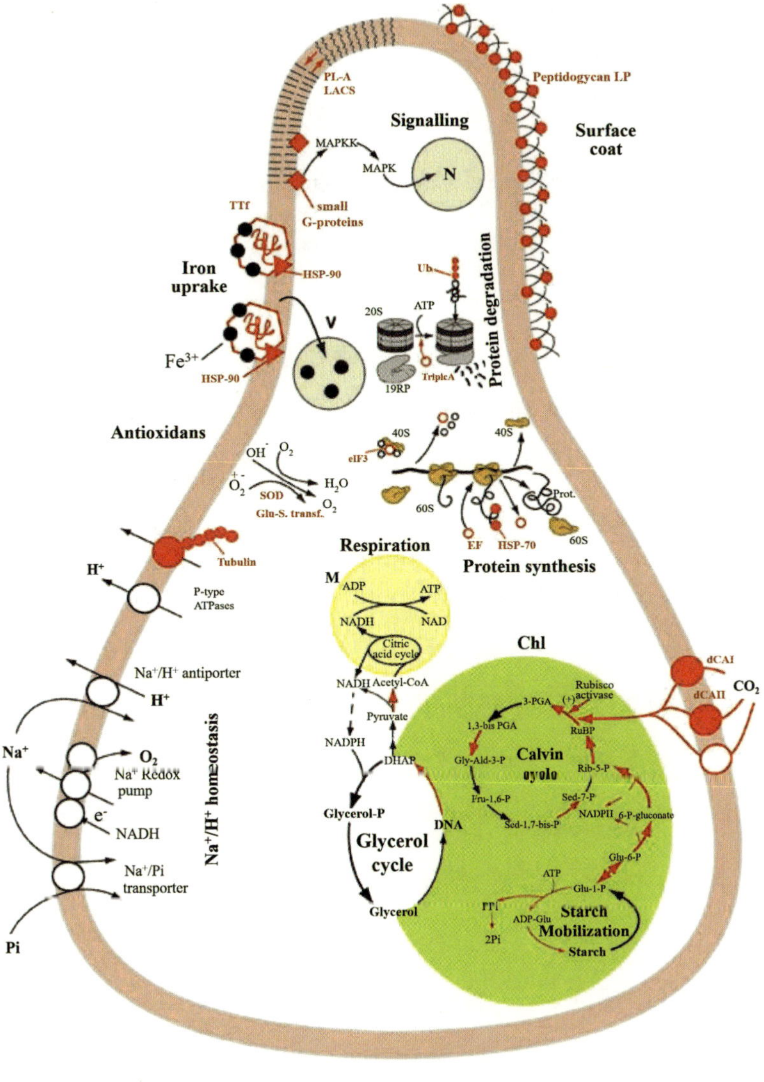

红色箭头表示在蛋白质组学分析中鉴定的盐诱导的酶或蛋白质。
Chl，叶绿体；PM，质膜；V，液泡；N，核；M，线粒体

图 2-42　杜氏盐藻高盐胁迫下上调的代谢网络示意图

差异蛋白质组学已经成为一个表征不同生物体中的应激反应的强大工具，用于补充并扩展差异基因表达分析。杜氏盐藻的蛋白质组学结果如图 2-42 所示，质膜碳酸酐酶高盐上调，介导碳酸氢盐获取、卡尔文循环中的关键酶的表达，淀粉动员和氧化还原能的产生。这些结果表明，杜氏盐藻增加光合 CO_2 同化，并转移其主要碳和能源来合成甘油。质膜蛋白的结果：①细菌型表面外壳蛋白（肽聚糖相关脂蛋白）和微管蛋白，可能起稳定膜抵抗渗透溶解作用；②小的 GTP 结合蛋白，可能参与响应盐 / 渗透胁迫的信号转导；③可能是与渗透感应相关的脂质代谢酶；④分子伴侣和蛋白水解酶可能涉及提高蛋白转换并在高盐度下稳定膜蛋白；⑤离子转运蛋白：质子、铁、硝酸盐、铵和可能的钠。总而言之，这些结果表明多途径协调变化有助于杜氏盐藻细胞抵御高盐度。

（2）螺旋藻耐碱机制

螺旋藻是嗜碱性蓝藻，研究发现螺旋藻在 pH 为 9.0 ~ 10.0 时生长良好。耐碱机制可以从以下几个方面进行描述：

高 pH 下，NH_3 能够快速进入细胞，与光合作用解偶联，甚至导致细胞死亡。然而，螺旋藻能够在 pH 为 10.0 及以上利用氨作为唯一的氮源。此外，培养基中同时存在硝酸盐和氨时，后者优先被使用。1991 年，Belkin 和 Boussiba 研究发现，螺旋藻对氨具有很高的抗性，pH 为 10.0 的 3 mM 氨浓度下，光合作用释放的 O_2 仅被抑制了 20%，在氨浓度为 20 mM 时，仍然观察到近 40% 的最大光合活性，并且在氨存在 3 h 后，活性没有发生改变。螺旋藻能够在高 pH 时快速吸收氨进入细胞，并由类囊体空间和细胞质两个室的 pH 值浓度差驱动。因此，螺旋藻能够在高 pH 值时利用氨，并且维持较高的光合作用。

高 pH 值下 CO_2 缺乏，藻细胞中的自由辐射或 ROS 水平可能增加，这导致细胞遭受氧化胁迫。细胞抗氧化剂如 Chl a、类胡萝卜素和藻胆蛋白的含量反映了藻类生长状况，酚类化合物的增加可能是 ROS 生产缓解这种压力的结果。螺旋藻在 pH 为 8.5 时，叶绿素和类胡萝卜素含量最高，分别为

10.6 mg/g DW 和 2.4 mg/g DW；在 pH 为 9.5 时，酚含量最高，为 12.1 mg 没食子酸（GAE）/g DW；在 pH 为 9.0 时，总的藻胆蛋白可达最大含量，为 159 mg/g DW。SOD、CAT 和 POD 是藻类细胞中重要的抗氧化酶，可防止过氧化反应，保护细胞的氧化还原状态。SOD（pH 值为 10.5 和 11.0）和 CAT（pH 值为 10.0）的活性增强可能表明这些酶在较高的 pH 水平下对 ROS 具有解毒作用。SOD 是细胞第一道防御体系，使超氧阴离子（O_2^-）转化为 H_2O_2 和 O_2。在细胞内，H_2O_2 通过 CAT 或 POD 催化分解成 O_2 和 H_2O，维持氢氧化物的水平。2010 年，Mizobutsi 等揭示了 POD 活性的 pH 依赖性，当 pH 为 6.5 时，POD 酶活性降低最多。Jin 等人的研究表明，在极端 pH 水平（pH 为 10.5 和 11.0），藻细胞开始塌陷，并且很多细胞过程（包括抗氧化机制）减少或衰竭。如果细胞主要依赖于 CAT 作为 H_2O_2 解毒而不是 POD，则 CAT 的活性在 pH 为 8.5 ~ 10.0 时是恒定的。然而，这 3 种抗氧化酶在 pH 为 7.5 时的刺激作用可能会抵消由于光合作用产生的 ROS。螺旋藻胞内的 SOD 活性在 pH 为 10.5 时最高，在 pH 为 8.5 时最低。然而，CAT 和 POD 活性均在 pH 为 7.5 时最高，pH 为 11.0 时最低。

总之，尽管酶活性在最佳生长条件下最高，但是在碱性条件下 SOD 酶过量合成，而中性环境有利于过氧化产物中的 CAT 和 POD 的过量产生。这些抗氧化剂使细胞能够抵抗极端 PH 胁迫，并通过保持生长、提高叶绿素和不同抗氧化剂含量，来维持细胞的稳态。在这种情况下，在较高的 pH 值下，螺旋藻的细胞密度相对减少，可以通过较高的抗氧化剂含量来补偿。因此，当 pH 值从最佳水平变为极限水平时，螺旋藻可作为天然和强力抗氧化剂生产者进一步用于药物、食品、化妆品或其他工业。

3. 温度胁迫

温度可影响微藻细胞内脂质和脂肪酸种类，是微藻培养中考虑和控制的重要参数，大多数淡水或海水微藻的最佳生长温度范围为 23 ~ 28℃。低于最佳生长范围的温度即低温胁迫，通常会导致膜中脂质的不饱和度增加，提高细胞膜尤其是类囊体膜的稳定性和流动性，从而防止光合器官在低温下遭受光抑制。低温会激活部分酶活，从而维持呼吸和光合作用，适应低温。高于细胞生长所需范围的温度即高温胁迫，高温可使胞内活性氧水平增加，使细胞受到氧化胁迫。为避免高温胁迫，微藻细胞通常合成较多的类胡萝卜素，清除活性氧，使细胞免受氧化胁迫。

4. 干旱胁迫

干旱胁迫被认为是环境压力，导致全球农作物产量下降。对于一些陆生微藻（发菜）来讲，干旱胁迫同样存在。在干旱胁迫条件下，真核藻和蓝藻在光合电子传递中表现出一些变化，导致 ROS 等自由基的形成。随后，ROS 介导的过氧化作用容易侵蚀不饱和脂肪酸，产生脂质氢过氧化物、烷氧基和过氧自由基。自由基将引发膜中的链反应，影响和破坏脂质结构和膜组织的完整性及渗透性。这种过氧化过程将导致羰基化合物如丙二醛（MDA）的产生。干旱胁迫处理引起细胞 MDA 水平显著升高后又迅速下降，该过程属于细胞对应激的短期反应。此外，不同微藻的 MDA 升高水平不同，其与微藻对干旱胁迫的耐受程度无相关性。表明细胞内 MDA 水平的变化是细胞损伤的指示，而不是对干旱胁迫的耐受性的指示。

为了应对干旱胁迫，细胞也可以通过脂质过氧化和蛋白质氧化防止敏感的细胞成分受到 ROS 诱发的损伤，这个系统依赖酶促和非酶促抗氧化剂。细胞抵御胁迫的化合物包括超氧化物歧化酶（SOD）、谷胱甘肽还原酶（GR）、过氧化氢酶（CAT）和过氧化物酶（POD）等。非酶促抗氧化剂：抗坏血酸、谷胱甘肽、α- 生育酚、类黄酮和类胡萝卜素等在保护细胞应对氧化胁迫时起着关键作用。研究显示，胞内脯氨酸水平、丙二醛和类胡萝卜素含量，以及 SOD 和 POD 的活性高低可以很好地指示细胞是否遭受干旱胁迫。

针对胁迫压力，细胞倾向于在细胞内积累相当量的脯氨酸。脯氨酸可以作为渗透调节剂、氧化还原缓冲剂、酶和蛋白的保护剂、胞质酸度调节剂、自由基清除剂以及与磷脂相互作用的膜稳定剂。2007 年，Molinari 等人的研究发现高等植物受到胁迫时胞内的脯氨酸含量升高。因此，脯氨酸积累可能是土壤藻类和蓝藻对干旱胁迫的反应，并与这种胁迫的耐受性相关。2004 年，Tripathi 和 Gaur 认为 *Scenedesmus* 胞内脯氨酸的积累是由 ROS 引发的。Molinari 等人在 2007 年的发现也证明提高脯氨酸水平可以保护细胞免受 ROS 损害。Liu 等在 2014 年的研究表明细胞内脯氨酸含量与 SOD 和 POD 水平呈正相关。这两种酶参与了 Halliwell-Asada 解毒途径，SOD 主要负责超氧阴离子的清除，POD 主要负责将 H_2O_2 转化为 H_2O 和 O_2。因此，可同时增强 SOD 和 POD 活性来应对干旱胁迫。

类胡萝卜素可作为单线态氧和叶绿素三联体的有效猝灭剂。1997 年，Osmond 等人的研究发现，类胡萝卜素可以通过以下方式来保护细胞免受活性氧损害：① 与脂质过氧化产物反应来终止连锁反应；② 清除单线态氧；③ 以热量形式消耗能量；④ 与三线态或激发态的叶绿素分子反应以防止形成单线态氧；⑤ 在叶黄素循环中消耗过量的激发能量。一些微藻和蓝藻在营养不平衡、氧化应激、强度照射和高渗透压等限制生长的条件下往往会积累类胡萝卜素。已有研究表明，类胡萝卜素在耐旱藻 *L. boryana* 和 *C. vulgaris* 中积累，但在非耐受物种 *C. reinhardtii* 和 *K. flaccidum* 中没有观察到。此外，PEG 处理期间，类胡萝卜素含量在两种耐旱藻中变化不显著，但与脱水抗性的变化一致。因此，土壤蓝藻类胡萝卜素的积累可能与耐旱相关，在干旱胁迫中起作用。

参考文献

王锋，周明，赵金梅，等，2008. 藻红蓝蛋白 β 亚基体内重组及其色谱分析 [J]. 水生生物学报，32 (01)：74-78.

A. A, F. L, 1998. Osmotic stress induced changes in lipid composition and peroxidation in leaf discs of Brassica napus L. [J]. Journal of Plant Physiology, 153(5): 754-762.

AARTI P D, TANAKA R, TANAKA A, 2006. Effects of oxidative stress on chlorophyll biosynthesis in cucumber(*Cucumis sativus*) cotyledons [J]. Physiologia Plantarum, 128(1):

186–197.

AHMAD I, HELLEBUST J A, 1990. Regulation of chloroplast development by nitrogen source and growth conditions in a *Chlorella protothecoides* strain [J]. Plant Physiol, 94(3): 944–949.

Allakhverdiev S I, Kreslavski V D, Zharmukhamedov S K, et al., 2016. Chlorophylls d and f and their role in primary photosynthetic processes of Cyanobacteria [J]. Biochemistry(Mosc), 81(3): 201–212.

AOKI M, KATOH S, 1983. Size of the plastoquinone pool functioning in photosynthetic and respiratory electron–transport of *Synechococcus* sp. [J]. Plant And Cell Physiology, 24(8): 1379–1386.

Arad S M, Levy–Ontman O, 2010. Red microalgal cell–wall polysaccharides: biotechnological aspects [J]. Curr Opin Biotechnol, 21(3): 358–364.

Arad S M, Rapoport L, Moshkovich A, et al., 2006. Superior biolubricant from a species of red microalga [J]. Langmuir, 22(17): 7313–7317.

ARORA A, SAIRAM R K, SRIVASTAVA G C, 2002. Oxidative stress and antioxidative system in plants [J]. Current Science, 82(10): 1227–1238.

ASAO M, MADIGAN M T, 2010. Taxonomy, phylogeny, and ecology of the heliobacteria [J]. Photosynth Res, 104(2–3): 103–111.

AVRON M, BEN–AMOTZ A, 1992. *Dunaliella*: physiology, biochemistry, and biotechnology [M]. London & Tokyo: CRC Press, 240?

AZACHI M, SADKA A, FISHER M, et al., 2002. Salt induction of fatty acid elongase and membrane lipid modifications in the extreme halotolerant alga *Dunaliella salina* [J]. Plant Physiol, 129(3): 1320–1329.

BARRY O, MURRAY B, 1997. Too many photons: photorespiration, photoinhibition and photooxidation [J]. Trends in Plant Science, 2(4): 119–121.

BATTCHIKOVA N, EISENHUT M, ARO E M, 2011. Cyanobacterial NDH–1 complexes: novel insights and remaining puzzles [J]. Biochim Biophys Acta, 1807(8): 935–944.

Behrendt L, Brejnrod A, Schliep M, et al., 2015. Chlorophyll f–driven photosynthesis in a cavernous cyanobacterium [J]. ISME J, 9(9): 2108–2111.

BEHRENFELD M J, MILLIGAN A J, 2013. Photophysiological expressions of iron stress in phytoplankton [J]. Ann Rev Mar Sci, 5: 217–246.

BEI–HUI L, YUAN–KUN L, 2000. Secondary carotenoids formation by the green alga Chlorococcum sp. [J]. Journal of Applied Phycology, 12(3–5).

Ben–Amotz A, Lers A, Avron M, 1988. Stereoisomers of β–carotene and phytoene in the alga *Dunaliella bardawil* [J]. Plant Physiol, 86(4): 1286–1291.

Bhat V B, Madyastha K M, 2001. Scavenging of peroxynitrite by phycocyanin and phycocyanobilin from *Spirulina platensis*: protection against oxidative damage to DNA [J]. Biochem Biophys Res Commun, 285(2): 262–266.

BILAL C, 2004. Carotenoids Handbook [J]. Plant Science, 167(2).

BOLLMAN R C, ROBINSON G, 1977. Kinetics of organic–acid uptake by 3 chlorophyta inaxenic culture [J]. Journal of Phycology, 13(1): 1–5.

Bouvier F, Backhaus R A, Camara B, 1998. Induction and control of chromoplast–specific carotenoid genes by oxidative stress [J]. J Biol Chem, 273(46): 30651–30659.

Boyer P D, 1993. The binding change mechanism for ATP synthase—some probabilities and possibilities [J]. Biochim Biophys Acta, 1140(3): 215–250.

BOYLE N R, MORGAN J A, 2009. Flux balance analysis of primary metabolism in Chlamydomonas reinhardtii [J]. BMC Syst Biol, 3: 4.

Cardol P, Forti G, Finazzi G, 2011. Regulation of electron transport in microalgae [J]. Biochim Biophys Acta, 1807(8): 912–918.

Chen M, 2014. Chlorophyll modifications and their spectral extension in oxygenic photosynthesis [J]. Annu Rev Biochem, 83: 317–340.

Chen M, Blankenship R E, 2011. Expanding the solar spectrum used by photosynthesis [J]. Trends Plant Sci, 16(8): 427–431.

Chen M, Schliep M, Willows R D, et al., 2010. A red–shifted chlorophyll [J]. Science, 329(5997): 1318–1319.

CHOO K S, SNOEIJS P, PEDERSEN M, 2004. Oxidative stress tolerance in the filamentous green algae *Cladophora glomerata* and *Enteromorpha ahlneriana* [J]. Journal of Experimental Marine Biology & Ecology, 298(1): 111–123.

COLMAN B, 1989. Photosynthetic carbon assimilation and the suppression of photorespiration in the *Cyanobacteria* [J]. Aquatic Botany, 34(1–3): 211–231.

Colyer C L, Kinkade C S, Viskari P J, et al., 2005. Analysis of cyanobacterial pigments and proteins by electrophoretic and chromatographic methods [J]. Anal Bioanal Chem, 382(3): 559–569.

COOLEY J W, HOWITT C A, VERMAAS W F, 2000. Succinate: quinol oxidoreductases in the cyanobacterium *Synechocystis* sp. strain PCC 6803: presence and function in metabolism and electron transport [J]. J Bacteriol, 182(3): 714–722.

CORNEILLE S, COURNAC L, GUEDENEY G, et al., 1998. Reduction of the plastoquinone pool by exogenous NADH and NADPH in higher plant chloroplasts. Characterization of a NAD(P)H– plastoquinone oxidoreductase activity [J]. Biochim Biophys Acta, 1363(1): 59–69.

COT S S, SO A K, ESPIE G S, 2008. A multiprotein bicarbonate dehydration complex essential to carboxysome function in cyanobacteria [J]. J Bacteriol, 190(3): 936–945.

COURNAC L, REDDING K, RAVENEL J, et al., 2000. Electron flow between photosystem Ⅱ and oxygen in chloroplasts of photosystem I–deficient algae is mediated by a quinol oxidase involved in chlororespiration [J]. J Biol Chem, 275(23): 17256–17262.

Cunningham F J, Lee H, Gantt E, 2007. Carotenoid biosynthesis in the primitive red alga *Cyanidioschyzon merolae* [J]. Eukaryot Cell, 6(3): 533–545.

Cunningham F J, Pogson B, Sun Z, et al., 1996. Functional analysis of the beta and epsilon lycopene cyclase enzymes of Arabidopsis reveals a mechanism for control of cyclic carotenoid formation[J]. Plant Cell, 8(9): 1613–1626.

DalCorso G, Pesaresi P, Masiero S, et al., 2008. A complex containing PGRL1 and PGR5 is involved in the switch between linear and cyclic electron flow in *Arabidopsis* [J]. Cell, 132(2): 273–285.

Dale R E, Teale F W, 1970. Number and distribution of chromophore types in native phycobiliproteins[J]. Photochem Photobiol, 12(2): 99–117.

DAVIS J, SIM L, BEARDALL J, et al., 2013. Allelopathic inhibition of microalgae by the freshwater stonewort, *Chara australis*, and a submerged angiosperm, Potamogeton crispus. [J]. Aquatic Botany, 110: 24–30.

DE SWAAF M E, SIJTSMA L, PRONK J T, 2003. High–cell–density fed–batch cultivation of the docosahexaenoic acid producing marine alga *Crypthecodinium cohnii* [J]. Biotechnol Bioeng, 81(6): 666–672.

DE-BASHAN L E, BASHAN Y, 2010. Immobilized microalgae for removing pollutants: review of practical aspects [J]. Bioresour Technol, 101(6): 1611–1627.

DELAUNEY A J, VERMA D P S, 1993. Proline biosynthesis and osmoregulation in plants [J]. The Plant Journal, 4(2): 215–223.

DENG Y, YE J, MI H, 2003. Effects of low CO_2 on NAD(P) H dehydrogenase, a mediator of cyclic electron transport around photosystem I in the cyanobacterium *Synechocystis* PCC6803 [J]. Plant Cell Physiol, 44(5): 534–540.

Derelle E, Ferraz C, Rombauts S, et al., 2006. Genome analysis of the smallest free-living eukaryote *Ostreococcus tauri* unveils many unique features [J]. Proc Natl Acad Sci U S A, 103(31): 11647–11652.

DROOP M R, 1974. Heterotrophy of carbon [J]. Algal Physiology & Biochemistry.

EM G, S H, 2008. Can allelopathically active submerged macrophytes stabilise clear-water states in shallow lakes [J]. Basic and Applied Ecology, 9(4): 422–432.

ENGEL N, VAN DEN DAELE K, KOLUKISAOGLU U, et al., 2007. Deletion of glycine decarboxylase in *Arabidopsis* is lethal under nonphotorespiratory conditions [J]. Plant Physiol, 144(3): 1328–1335.

ERHARD D, GROSS E M, IVANYI E, 2003. Allelopathic activity of *Ceratophyllum demersum* L. and *Najas marina* ssp. *intermedia*(Wolfgang) Casper [J]. Hydrobiologia, 506(1): 583–589.

FALKOWSKI P G, BARBER R T, SMETACEK V V, 1998. Biogeochemical controls and feedbacks on ocean primary production [J]. Science, 281(5374): 200–206.

FISHER M, GOKHMAN I, PICK U, et al., 1996. A salt-resistant plasma membrane carbonic anhydrase is induced by salt in *Dunaliella salina* [J]. J Biol Chem, 271(30): 17718–17723

FISHER M, GOKHMAN I, PICK U, et al., 1997. A structurally novel transferrin-like protein accumulates in the plasma membrane of the unicellular green alga *Dunaliella salina* grown in high salinities [J]. J Biol Chem, 272(3): 1565–1570.

FOYER C H, DESCOURVIERES P, KUNERT K J, 1994. Protection against oxygen radicals-an important defense-mechanism studied in transgenic plants [J]. Plant Cell and Environment, 17(5): 507–523.

FOYER C H, SHIGEOKA S, 2011. Understanding oxidative stress and antioxidant functions to enhance photosynthesis [J]. Plant Physiol, 155(1): 93–100.

FRYER M J, 1992. The antioxidant effects of thylakoid vitamin-e(alpha-tocopherol) [J]. Plant cell and environment, 15(4): 381-392.

G S, EM G, H M, 1996. Release and ecological impact of algicidal hydrolysable polyphenols in *Myriophyllum spicatum* [J]. Phytochemistry, 41(1): 133-138.

Gan F, Bryant D A, 2015. Adaptive and acclimative responses of cyanobacteria to far-red light [J]. Environ Microbiol, 17(10): 3450-3465.

Gantt E, Lipschultz C A, 1973. Energy transfer in phycobilisomes from phycoerythrin to allophycocyanin [J]. Biochim Biophys Acta, 292(3): 858-861.

GAO K, XU J, GAO G, et al., 2012. Rising CO_2 and increased light exposure synergistically reduce marine primary productivity [J]. Nature Climate Change, 2(7): 519-523.

GAO Y N, LIU B Y, XU D, et al., 2011. Phenolic compounds exuded from two submerged freshwater macrophytes and their allelopathic effects on *Microcystis aeruginosa* [J]. Polish Journal of Environmental Studies, 20(5): 1153-1159.

GEE R, GOYAL A, BYERRUM R U, et al., 1993. Two isoforms of dihydroxyacetone phosphate reductase from the chloroplasts of *Dunaliella tertiolecta* [J]. Plant Physiol, 103(1): 243-249.

GHOSHAL D, MACH D, AGARWAL M, et al., 2002. Osmoregulatory isoform of dihydroxyacetone phosphate reductase from *Dunaliella tertiolecta*: purification and characterization [J]. Protein Expr Purif, 24(3): 404-411.

GIORDANO M, BEARDALL J, RAVEN J A, 2005. CO_2 concentrating mechanisms in algae: mechanisms, environmental modulation, and evolution [J]. Annu Rev Plant Biol, 56: 99-131.

Glazer A N, 1988. Phycobiliproteins [J]. Methods Enzymol, 167: 291-303.

Glazer A N, 1989. Light guides. Directional energy transfer in a photosynthetic antenna [J]. J Biol Chem, 264(1): 1-4.

Glazer A N, 1994. Phycobiliproteins-a family of valuable, widely used fluorophores [J]. Journal of Applied Phycology, 6(2): 105-112.

Gonzalez R, Rodriguez S, Romay C, et al., 1999. Anti-inflammatory activity of phycocyanin extract in acetic acid-induced colitis in rats [J]. Pharmacol Res, 39(1): 55-59.

GOTZ T, WINDHOVEL U, BOGER P, et al., 1999. Protection of photosynthesis against ultraviolet-B radiation by carotenoids in transformants of the cyanobacterium *Synechococcus* PCC7942 [J]. Plant Physiol, 120(2): 599-604.

Green B R, Parson W W, 2003. Light-harvesting antennas in photosynthesis [M]. Springer Netherlands.

GRUSZECKI W I, BADER K P, SCHMID G H, 1994. Light-induced oxygen-uptake in tobacco chloroplasts explained in terms of chlororespiratory activity [J]. Biochimica Et Biophysica Acta-Bioenergetics, 1188(3): 335-338.

Guaratini T, Cardozo K H M, Pinto E, et al., 2009. Comparison of diode array and electrochemical detection in the c-30 reverse phase HPLC analysis of algae carotenoids [J]. Journal of the brazilian chemical society, 20(9): 1609-1616.

HAN F, HUANG J, LI Y, et al., 2012. Enhancement of microalgal biomass and lipid productivities by a model of photoautotrophic culture with heterotrophic cells as seed [J]. Bioresour Technol, 118: 431-437.

HARE P D, CRESS W A, 1997. Metabolic implications of stress-induced proline accumulation in plants [J]. Plant Growth Regulation, 21(2): 79-102.

HARLEY P C, SHARKEY T D, 1991. An improved model of *C3* photosynthesis at high CO2: Reversed O2 sensitivity explained by lack of glycerate reentry into the chloroplast [J]. Photosynth Res, 27(3): 169-178.

Havaux M, Niyogi K K, 1999. The violaxanthin cycle protects plants from photooxidative damage by more than one mechanism [J]. Proc Natl Acad Sci U S A, 96(15): 8762-8767.

Herranen M, Battchikova N, Zhang P, et al., 2004. Towards functional proteomics of membrane protein complexes in *Synechocystis* sp. PCC 6803 [J]. Plant Physiol, 134(1): 470-481.

Hihara Y, Kamei A, Kanehisa M, et al., 2001. DNA microarray analysis of cyanobacterial gene expression during acclimation to high light [J]. Plant Cell, 13(4): 793-806.

HIROSHI E, KEI N, RYUJI C, et al., 1974. Growth Characteristics and Cellular Components of Chlorella regularis, Heterotrophic Fast Growing Strain [J]. Hiroshi ENDO; Kei NAKAJIMA; Ryuji CHINO; Minoru SHIROTA, 38(1).

Ho M Y, Shen G Z, Canniffe D P, et al., 2016. Light-dependent chlorophyll f synthase is a highly divergent paralog of PsbA of photosystem Ⅱ [J]. Science, 353(6302): aaf9178.

HOWITT C A, VERMAAS W F, 1998. Quinol and cytochrome oxidases in the cyanobacterium

Synechocystis sp. PCC 6803 [J]. Biochemistry, 37(51): 17944−17951.

ISMAIEL M M, EL−AYOUTY Y M, PIERCEY−NORMORE M, 2016. Role of pH on antioxidants production by *Spirulina(Arthrospira) platensis* [J]. Braz J Microbiol, 47(2): 298−304.

J. P, Y. W, 2008. Growth−associated biosynthesis of astaxanthin in heterotrophic *Chlorella zofingiensis*(Chlorophyta) [J]. World Journal of Microbiology & Biotechnology, 24(9): 1915−1922.

JAMES C O, HITOSHI Y, HIDEO T, 2000. Treatment of high strength organic wastewater by a mixed culture of photosynthetic microorganisms [J]. Journal of Applied Phycology, 12(3−5): 277−284.

Jiang T, Zhang J P, Chang W R, et al., 2001. Crystal structure of R−phycocyanin and possible energy transfer pathways in the phycobilisome [J]. Biophys J, 81(2): 1171−1179.

JIN H, ZHANG H, ZHOU Z, et al., 2020. Ultrahigh−cell−density heterotrophic cultivation of the unicellular green microalga *Scenedesmus* acuminatus and application of the cells to photoautotrophic culture enhance biomass and lipid production [J]. Biotechnol Bioeng, 117(1): 96−108.

JIUNN T W, MING T H, LAI C K, 1998. Role of proline accumulation in response to toxic copper in *Chlorella* sp. (chlorophyceae) cells [J]. Journal of Phycology, 34(1).

Jordan P, Fromme P, Witt H T, et al., 2001. Three−dimensional structure of cyanobacterial photosystem I at 2. 5 Å resolution [J]. Nature, 411(6840): 909−917.

JOSSE E M, SIMKIN A J, GAFFE J, et al., 2000. A plastid terminal oxidase associated with carotenoid desaturation during chromoplast differentiation [J]. Plant Physiol, 123(4): 1427−1436.

Junge W, Nelson N, 2015. ATP synthase [J]. Annu Rev Biochem, 84: 631−657.

Kanekiyo K, Lee J B, Hayashi K, et al., 2005. Isolation of an antiviral polysaccharide, nostoflan, from a terrestrial cyanobacterium, *Nostoc flagelliforme* [J]. J Nat Prod, 68(7): 1037−1041.

Katz A, Jimenez C, Pick U, 1995. Isolation and characterization of a protein associated with carotene globules in the alga *Dunaliella bardawil* [J]. Plant Physiol, 108(4): 1657−1664.

KATZ A, KABACK H R, AVRON M, 1986. Na^+/H^+ antiport in isolated plasma membrane vesicles from the halotolerant alga *Dunaliella salina* [J]. FEBS Letters, 202(1): 141−144.

KATZ A, KLEYMAN T R, PICK U, 1994. Utilization of amiloride analogs for characterization and labeling of the plasma membrane Na^+/H^+ antiporter from *Dunaliella salina* [J]. Biochemistry, 33(9): 2389–2393.

KATZ A, PICK U, AVRON M, 1992. Modulation of Na^+/H^+ antiporter activity by extreme pH and salt in the halotolerant alga *Dunaliella salina* [J]. Plant Physiol, 100(3): 1224–1229.

Kidd P, 2011. Astaxanthin, cell membrane nutrient with diverse clinical benefits and anti–aging potential [J]. Altern Med Rev, 16(4): 355–364.

KIRILOVSKY D, KERFELD C A, 2016. Cyanobacterial photoprotection by the orange carotenoid protein [J]. Nat Plants, 2(12): 16180.

KNAFF D B, 1996. Anoxygenic photosynthetic bacteria [J]. Photosynthesis Research, 47(2): 199–200.

KOFER W, KOOP H U, WANNER G, et al., 1998. Mutagenesis of the genes encoding subunits A, C, H, I, J and K of the plastid NAD(P) H–plastoquinone–oxidoreductase in tobacco by polyethylene glycol–mediated plastome transformation [J]. Mol Gen Genet, 258(1–2): 166–173.

Kouril R, Zygadlo A, Arteni A A, et al., 2005. Structural characterization of a complex of photosystem I and light–harvesting complex Ⅱ of Arabidopsis thaliana. Biochemistry, 44(33): 10935–40.

Kronick M N, Grossman P D, 1983. Immunoassay techniques with fluorescent phycobiliprotein conjugates [J]. Clin Chem, 29(9): 1582–1586.

KUMAR A, VAJPAYEE P, ALI M B, et al., 2002. Biochemical responses of *Cassia siamea* Lamk. grown on coal combustion residue(fly–ash) [J]. Bull Environ Contam Toxicol, 68(5): 675–683.

KUPRIYANOVA E V, SAMYLINA O S, 2015. CO_2–concentrating mechanism and its traits in haloalkaliphilic cyanobacteria [J]. Mikrobiologiia, 84(2): 144–159.

LAABIR M, GRIGNON–DUBOIS M, MASSERET E, et al., 2013. Algicidal effects of *Zostera marina* L. and *Zostera noltii* Hornem. extracts on the neuro–toxic bloom–forming dinoflagellate *Alexandrium catenella* [J]. Aquatic Botany, 111: 16–25.

LEA–SMITH D J, ROSS N, ZORI M, et al., 2013. Thylakoid terminal oxidases are essential for the cyanobacterium *Synechocystis* sp. PCC 6803 to survive rapidly changing light intensities

[J]. Plant Physiol, 162(1): 484−495.

LEDFORD H K, NIYOGI K K, 2005. Singlet oxygen and photo−oxidative stress management in plants and algae [J]. Plant, Cell & Environment, 28(8): 1037−1045.

LEI Y, YIN C, LI C, 2006. Differences in some morphological, physiological, and biochemical responses to drought stress in two contrasting populations of Populus przewalskii [J]. Physiologia Plantarum, 127(2): 182−191.

LEVERENZ R L, SUTTER M, WILSON A, et al., 2015. Photosynthesis. A 12 Å carotenoid translocation in a photoswitch associated with cyanobacterial photoprotection [J]. Science, 348(6242): 1463−1466.

LEWITUS A J, CARON D A, MILLER K R, 1991. Effects of light and glycerol on the organization of the photosynthetic apparatus in the facultative heterotroph *Pyrenomonas salina*(Cryptophyceae) [J]. Journal of Phycology, 27(5): 578−587.

LI Q, GAO X, SUN Y, et al., 2006. Isolation and characterization of a sodium−dependent phosphate transporter gene in *Dunaliella viridis* [J]. Biochem Biophys Res Commun, 340(1): 95−104.

Li Y, Scales N, Blankenship R E, et al., 2012. Extinction coefficient for red−shifted chlorophylls: chlorophyll d and chlorophyll f [J]. Biochim Biophys Acta, 1817(8): 1292−1298.

LIN C S, WU J T, 2014. Tolerance of soil algae and cyanobacteria to drought stress [J]. J Phycol, 50(1): 131−139.

Liu Z, Bryant D A, 2011. Multiple types of 8−vinyl reductases for(bacterio) chlorophyll biosynthesis occur in many green sulfur bacteria [J]. J Bacteriol, 193(18): 4996−4998.

LLOYD D, 1974. Dark respiration [J].

LOHSCHEIDER J N, STRITTMATTER M, KUPPER H, et al., 2011. Vertical distribution of epibenthic freshwater cyanobacterial Synechococcus spp. strains depends on their ability for photoprotection [J]. PLoS One, 6(5): e20134.

MA J, 2005. Differential sensitivity of three cyanobacterial and five green algal species to organotins and pyrethroids pesticides [J]. Sci Total Environ, 341(1−3): 109−117.

MA W, OGAWA T, 2015. Oxygenic photosynthesis−specific subunits of cyanobacterial NADPH dehydrogenases [J]. IUBMB Life, 67(1): 3−8.

MARTíNEZ F, ASCASO C, ORúS M I, 1991. Morphometric and stereologic analysis of *Chlorella vulgaris* under Heterotrophic growth conditions [J]. Annals of Botany, 67(3): 239−245.

MATYSIK J, ALIA, BHALU B, et al., 2002. Molecular mechanisms of quenching of reactive oxygen species by proline under stress in plants [J]. Gurrent Science, 82(5): 525−532.

MILLAN D K R, STREB C, BREITER R, et al., 2006. Screening for unicellular algae as possible bioassay organisms for monitoring marine water samples [J]. Water Res, 40(14): 2695−2703.

Minamizaki K, Mizoguchi T, Goto T, et al., 2008. Identification of two homologous genes, chlAI and chlAII, that are differentially involved in isocyclic ring formation of chlorophyll a in the cyanobacterium *Synechocystis* sp. PCC 6803 [J]. J Biol Chem, 283(5): 2684−2692.

MISHRA A, MANDOLI A, JHA B, 2008. Physiological characterization and stress−induced metabolic responses of *Dunaliella salina* isolated from salt pan [J]. J Ind Microbiol Biotechnol, 35(10): 1093−1101.

Miziorko H M, 2011. Enzymes of the mevalonate pathway of isoprenoid biosynthesis [J]. Arch Biochem Biophys, 505(2): 131−143.

MIZOBUTSI G P, FINGER F L, RIBEIRO R A N, et al., 2010. Effect of pH and temperature on peroxidase and polyphenoloxidase activities of litchi pericarp [J]. Scientia Agricola, 67(2): 213−217.

MOCHAMMAD A A, SHOTARO H, FUMITO I, et al., 2008. Algicidal activity of polyunsaturated fatty acids derived from Ulva fasciata and U. pertusa (Ulvaceae, Chlorophyta) on phytoplankton [J]. Journal of Applied Phycology, 20(5): 7.

MOHAMED Z A, 2017. Macrophytes−cyanobacteria allelopathic interactions and their implications for water resources management A review [J]. Limnologica, 63: 122−132.

MOLINARI H B C, MARUR C J, DAROS E, et al., 2010. Evaluation of the stress−inducible production of proline in transgenic sugarcane(Saccharum spp.): osmotic adjustment, chlorophyll fluorescence and oxidative stress [J]. Physiologia Plantarum, 130(2): 218−229.

MOREL F, COX E H, KRAEPIEL A, et al., 2002. Acquisition of inorganic carbon by the marine diatom *Thalassiosira weissflogii* [J]. Funct Plant Biol, 29(3): 301−308.

MUNEKAGE Y, HOJO M, MEURER J, et al., 2002. PGR5 is involved in cyclic electron flow around photosystem I and is essential for photoprotection in *Arabidopsis* [J]. Cell, 110(3): 361−371.

N. C E, D. R L, 1996. The use of barley-straw to control general and blue-green algal growth in a Derbyshire reservoir [J]. Water Research, 30(2): 269-276.

NAKAI S, ZOU G, OKUDA T, et al., 2008. Anti-cyanobacterial allelopathic effects of plants used for artificial floating islands [J]. Allelopathy Journal, 26(1): 113-121.

NAKAI S, ZOU G, OKUDA T, et al., 2012. Polyphenols and fatty acids responsible for anti-cyanobacterial allelopathic effects of submerged macrophyte *Myriophyllum spicatum* [J]. Water Sci Technol, 66(5): 993-999.

Nanba O, Satoh K, 1987. Isolation of a photosystem Ⅱ reaction center consisting of D-1 and D-2 polypeptides and cytochrome b-559 [J]. Proc Natl Acad Sci U S A, 84(1): 109-12.

NEILSON A H, LEWIN R A, 1974. The uptake and utilization of organic carbon by algae: an essay in comparative biochemistry [J]. Phycologia, 13(3): 227-264.

OGBONNA J C, MASUI H, TANAKA H, 1997. Sequential heterotrophic/autotrophic cultivation - An efficient method of producing *Chlorella* biomass for health food and animal feed [J]. Journal of Applied Phycology, 9(4): 359-366.

OHASHI S, IEMURA T, OKADA N, et al., 2010. An overview on chlorophylls and quinones in the photosystem I-type reaction centers [J]. Photosynth Res, 104(2-3): 305-319.

OHKAWA H, SONODA M, SHIBATA M, et al., 2001. Localization of NAD(P) H dehydrogenase in the cyanobacterium *Synechocystis* sp. strain PCC 6803 [J]. J Bacteriol, 183(16): 4938-4939.

Ong L J, Glazer A N, 1987. R-phycocyanin Ⅱ, a new phycocyanin occurring in marine *Synechococcus* species. Identification of the terminal energy acceptor bilin in phycocyanins [J]. J Biol Chem, 262(13): 6323-6327.

OUCHANE S, STEUNOU A S, PICAUD M, et al., 2004. Aerobic and anaerobic Mg-protoporphyrin monomethyl ester cyclases in purple bacteria: a strategy adopted to bypass the repressive oxygen control system [J]. J Biol Chem, 279(8): 6385-6394.

OZKUR O, OZDEMIR F, BOR M, et al., 2009. Physiochemical and antioxidant responses of the perennial xerophyte *Capparis ovata* Desf. to drought [J]. Environmental & Experimental Botany, 66(3): 487-492.

Pagels F, Guedes A C, Amaro H M, et al., 2019. Phycobiliproteins from cyanobacteria: chemistry and biotechnological applications [J]. Biotechnol Adv, 37(3): 422-443.

Palenik B, Grimwood J, Aerts A, et al., 2007. The tiny eukaryote Ostreococcus provides genomic insights into the paradox of plankton speciation [J]. Proc Natl Acad Sci U S A, 104(18): 7705–7710.

PATEL S N, SONANI R R, JAKHARIA K, et al., 2018. Antioxidant activity and associated structural attributes of *Halomicronema* phycoerythrin [J]. Int J Biol Macromol, 111: 359–369.

Patrick L, 2000. β–carotene: the controversy continues [J]. Altern Med Rev, 5(6): 530–545.

PENA K L, CASTEL S E, DE ARAUJO C, et al., 2010. Structural basis of the oxidative activation of the carboxysomal gamma–carbonic anhydrase, CcmM [J]. Proc Natl Acad Sci U S A, 107(6): 2455–2460.

PESCHEK G A, SCHMETTERER G, 1982. Evidence for plastoquinol–cytochrome f/b–563 reductase as a common electron donor to P700 and cytochrome oxidase in cyanobacteria [J]. Biochem Biophys Res Commun, 108(3): 1188–1195.

Peter E, Salinas A, Wallner T, et al., 2009. Differential requirement of two homologous proteins encoded by sll1214 and sll1874 for the reaction of Mg protoporphyrin monomethylester oxidative cyclase under aerobic and micro–oxic growth conditions [J]. Biochim Biophys Acta, 1787(12): 1458–1467.

PICK U, 2002. Adaptation of the halotolerant alga *Dunaliella* to high salinity [M] //LÄUCHLI A, LüTTGE U. Salinity: environment–plants–molecules. Dordrecht: Springer Netherlands, 97–112.

PICK U, KARNI L, AVRON M, 1986. Determination of ion content and ion fluxes in the halotolerant alga *Dunaliella salina* [J]. Plant Physiol, 81(1): 92–96.

PISAL D S, LELE S S, 2005. Carotenoid production from microalga, Dunaliella salina [J]. Indian Journal of Biotechnology, 4(4): 476–483.

PREMKUMAR L, BAGESHWAR U K, GOKHMAN I, et al., 2003. An unusual halotolerant alpha–type carbonic anhydrase from the alga *Dunaliella salina* functionally expressed in *Escherichia* coli [J]. Protein Expr Purif, 28(1): 151–157.

PRICE G D, HOWITT S M, 2011. The cyanobacterial bicarbonate transporter BicA: its physiological role and the implications of structural similarities with human SLC26 transporters [J]. Biochem Cell Biol, 89(2): 178–188.

PRICE G D, MAEDA S I, OMATA T, et al., 2002. Modes of active inorganic carbon uptake in the cyanobacterium, *Synechococcus* sp. PCC 7942［J］. Funct Plant Biol, 29(3): 131−149.

PRICE G D, WOODGER F J, BADGER M R, et al., 2004. Identification of a SulP−type bicarbonate transporter in marine cyanobacteria［J］. Proc Natl Acad Sci U S A, 101(52): 18228−18233.

QIAN H, CHEN W, LI J, et al., 2009. The effect of exogenous nitric oxide on alleviating herbicide damage in Chlorella vulgaris［J］. Aquat Toxicol, 92(4): 250−257.

Qin X, Suga M, Kuang T, et al., 2015. Photosynthesis. Structural basis for energy transfer pathways in the plant PS Ⅰ−LHCI supercomplex［J］. Science, 348(6238): 989−995.

R L, F G, 1999. Interaction between saline stress and photoinhibition of photosynthesis in the freshwater green algae *Chlamydomonas reinhardtii*. Implications for glycerol photoproduction［J］. Plant Physiology and Biochemistry, 37(7/8): 623−628.

Rabinowitch H D, Privalle C T, Fridovich I, 1987. Effects of paraquat on the green alga *Dunaliella salina*: protection by the mimic of superoxide dismutase, desferal−Mn（Ⅳ）［J］. Free Radic Biol Med, 3(2): 125−131.

RACHMILEVITCH S, COUSINS A B, BLOOM A J, 2004. Nitrate assimilation in plant shoots depends on photorespiration［J］. Proc Natl Acad Sci U S A, 101(31): 11506−11510.

RAE B D, LONG B M, BADGER M R, et al., 2013. Functions, compositions, and evolution of the two types of carboxysomes: polyhedral microcompartments that facilitate CO_2 fixation in cyanobacteria and some proteobacteria［J］. Microbiol Mol Biol Rev, 77(3): 357−379.

RAYMOND J, BLANKENSHIP R E, 2004. Biosynthetic pathways, gene replacement and the antiquity of life［J］. Geobiology, 2(4): 199−203.

RAYMOND J, SIEFERT J L, STAPLES C R, et al., 2004. The natural history of nitrogen fixation［J］. Mol Biol Evol, 21(3): 541−554.

Reid J D, Hunter C N, 2004. Magnesium−dependent ATPase activity and cooperativity of magnesium chelatase from *Synechocystis* sp. PCC6803［J］. J Biol Chem, 279(26): 26893−26899.

REINFELDER J R, KRAEPIEL A M, MOREL F M, 2000. Unicellular C4 photosynthesis in a marine diatom［J］. Nature, 407(6807): 996−999.

REISKIND J B, BOWES G, 1991. The role of phosphoenolpyruvate carboxykinase in a marine macroalga with C4-like photosynthetic characteristics [J]. Proc Natl Acad Sci U S A, 88(7): 2883–2887.

Roberts K, Granum E, Leegood R C, et al., 2007. C3 and C4 pathways of photosynthetic carbon assimilation in marine diatoms are under genetic, not environmental, control [J]. Plant Physiol, 145(1): 230–235.

Rohmer M, Seemann M, Horbach S, et al., 1996. Glyceraldehyde 3-phosphate and pyruvate as precursors of isoprenic units in an alternative non-mevalonate pathway for terpenoid biosynthesis [J]. Journal of the american chemical society, 118(11): 2564–2566.

SADKA A, HIMMELHOCH S, ZAMIR A, 1991. A 150 kilodalton cell surface protein is induced by salt in the halotolerant green alga *Dunaliella salina* [J]. Plant Physiol, 95(3): 822–831.

SAGEHASHI M, HONG Y, HU H Y, et al., 2010. Isolation and characterization of antialgal allelochemicals from *Arundo donax* L. [J]. Allelopathy Journal, 25(2): 357–368.

SALGUERO A, DE LA MORENA B, VIGARA J, et al., 2003. Carotenoids as protective response against oxidative damage in *Dunaliella* bardawil [J]. Biomol Eng, 20(4–6): 249–253.

SANDMANN G, 2009. Evolution of carotene desaturation: the complication of a simple pathway [J]. Arch Biochem Biophys, 483(2): 169–174.

SATTLEY W M, MADIGAN M T, SWINGLEY W D, et al., 2008. The genome of Heliobacterium modesticaldum, a phototrophic representative of the Firmicutes containing the simplest photosynthetic apparatus [J]. J Bacteriol, 190(13): 4687–4696.

SAWICKI A, WILLOWS R D, 2008. Kinetic analyses of the magnesium chelatase provide insights into the mechanism, structure, and formation of the complex [J]. J Biol Chem, 283(46): 31294–31302.

SCHMIDT R A, WIEBE M G, ERIKSEN N T, 2005. Heterotrophic high cell-density fed-batch cultures of the phycocyanin-producing red alga *Galdieria sulphuraria* [J]. Biotechnol Bioeng, 90(1): 77–84.

SCHREINER M, MEWIS I, HUYSKENS-KEIL S, et al., 2012. UV-B-induced secondary plant metabolites – potential benefits for plant and human health [J]. Critical Reviews in Plant Sciences, 31(3): 229–240.

SEEMANN M, TSE S B B, WOLFF M, et al., 2006. Isoprenoid biosynthesis in plant chloroplasts via the MEP pathway: direct thylakoid/ferredoxin-dependent photoreduction of GcpE/IspG

[J]. FEBS Lett, 580(6): 1547–1552.

SEONG–JOO H, CHOUL–GYUN L, 2007. Evaluation of central metabolism based on a genomic database of *Synechocystis* PCC 6803 [J]. Biotechnology and Bioprocess Engineering, 12(2): 165–173.

Shewmaker C K, Sheehy J A, Daley M, et al., 1999. Seed–specific overexpression of phytoene synthase: increase in carotenoids and other metabolic effects [J]. Plant J, 20(4): 401–412.

SHIBATA M, OHKAWA H, KATOH H, et al., 2002. Two CO_2 uptake systems in cyanobacteria: four systems for inorganic carbon acquisition in *Synechocystis* sp. strain PCC 6803 [J]. Funct Plant Biol, 29(3): 123–129.

Shikanai T, 2007. Cyclic electron transport around photosystem I: genetic approaches [J]. Annu Rev Plant Biol, 58: 199–217.

SHIKANAI T, ENDO T, HASHIMOTO T, et al., 1998. Directed disruption of the tobacco ndhB gene impairs cyclic electron flow around photosystem I [J]. Proc Natl Acad Sci U S A, 95(16): 9705–9709.

Sidler W A, 1994. Phycobilisome and phycobiliprotein structures [M] // Bryant D A. The molecular biology of cyanobacteria. Dordrecht: Springer Netherlands, 139–216.

Sonani R R, Rastogi R P, Patel R, et al., 2016. Recent advances in production, purification and applications of phycobiliproteins [J]. World J Biol Chem, 7(1): 100–109.

SUN H, KONG Q, GENG Z, et al., 2015. Enhancement of cell biomass and cell activity of astaxanthin–rich *Haematococcus pluvialis* [J]. Bioresour Technol, 186: 67–73.

Swingley W D, Chen M, Cheung P C, et al., 2008. Niche adaptation and genome expansion in the chlorophyll d–producing cyanobacterium *Acaryochloris marina* [J]. Proc Natl Acad Sci U S A, 105(6): 2005–2010.

SWINGLEY W D, SADEKAR S, MASTRIAN S D, et al., 2007. The complete genome sequence of *Roseobacter denitrificans* reveals a mixotrophic rather than photosynthetic metabolism [J]. J Bacteriol, 189(3): 683–690.

Takaichi S, 2011. Carotenoids in algae: distributions, biosyntheses and functions [J]. Mar Drugs, 9(6): 1101–1118.

Takaichi S, 2013. Distributions, biosyntheses and functions of carotenoids in algae [J]. Marine Drugs, 9(6): 1101–1118.

Takaichi S, Mochimaru M, 2007. Carotenoids and carotenogenesis in cyanobacteria: unique ketocarotenoids and carotenoid glycosides [J]. Cell Mol Life Sci, 64(19–20): 2607–2619.

Tanaka A, Ito H, Tanaka R, et al., 1998. Chlorophyll *a* oxygenase(CAO) is involved in chlorophyll *b* formation from chlorophyll *a* [J]. Proc Natl Acad Sci U S A, 95(21): 12719–12723.

Tanaka R, Tanaka A, 2007. Tetrapyrrole biosynthesis in higher plants [J]. Annu Rev Plant Biol, 58: 321–346.

TANNER W, 2000. The Chlorella hexose/H(+) –symporters [J]. Int Rev Cytol, 200: 101–141.

THERIAULT R J, 1965. Heterotrophic growth and production of xanthophylls by *Chlorella pyrenoidosa* [J]. Appl Microbiol, 13: 402–416.

Tomitani A, Okada K, Miyashita H, et al., 1999. Chlorophyll *b* and phycobilins in the common ancestor of cyanobacteria and chloroplasts [J]. Nature, 400(6740): 159–162.

TRIPATHI B N, GAUR J P, 2004. Relationship between copper–and zinc–induced oxidative stress and proline accumulation in *Scenedesmus* sp. [J]. Planta, 219(3): 397–404.

Tsuchiya T, Mizoguchi T, Akimoto S, et al., 2012. Metabolic engineering of the Chl *d*–dominated cyanobacterium *Acaryochloris marina*: production of a novel Chl species by the introduction of the chlorophyllide a oxygenase gene [J]. Plant Cell Physiol, 53(3): 518–527.

VANDERSTUKKEN M, DECLERCK S A J, Decaestecker E, et al., 2014. Long–term allelopathic control of phytoplankton by the submerged macrophyte *Elodea nuttallii* [J]. Freshwater Biology, 59(5): 930–941.

Vidhyavathi R, Venkatachalam L, Sarada R, et al., 2008. Regulation of carotenoid biosynthetic genes expression and carotenoid accumulation in the green alga *Haematococcus pluvialis* under nutrient stress conditions [J]. J Exp Bot, 59(6): 1409–1418.

Wan D H, Zheng B Y, Ke M R, et al., 2017. C–phycocyanin as a tumour–associated macrophage–targeted photosensitiser and a vehicle of phthalocyanine for enhanced photodynamic therapy [J]. Chem Commun(Camb), 53(29): 4112–4115.

WAN M, HOU D, LI Y, et al., 2014. The effective photoinduction of *Haematococcus pluvialis* for accumulating astaxanthin with attached cultivation [J]. Bioresour Technol, 163: 26–32.

WANG J, ZHU J, LIU S, et al., 2011. Generation of reactive oxygen species in cyanobacteria and green algae induced by allelochemicals of submerged macrophytes [J]. Chemosphere,

85(6): 977–982.

Wang X Q, Li L N, Chang W R, et al., 2001. Structure of C–phycocyanin from spirulina platensis at 2. 2 Å resolution: a novel monoclinic crystal form for phycobiliproteins in phycobilisomes [J]. Acta Crystallogr D Biol Crystallogr, 57(Pt 6): 784–792.

WEISS M, HAIMOVICH G, PICK U, 2001. Phosphate and sulfate uptake in the halotolerant alga *Dunaliella* are driven by Na^+–symport mechanism [J]. Journal of Plant Physiology, 158(12): 1519–1525.

WENGUANG Z, YECONG L, MIN M, et al., 2012. Growing wastewater–born microalga *Auxenochlorella protothecoides* UMN280 on concentrated municipal wastewater for simultaneous nutrient removal and energy feedstock production [J]. Applied Energy, 98: 433–440.

WU M, ZHANG H, SUN W, et al., 2019. Metabolic plasticity of the starchless mutant of *Chlorella sorokiniana* and mechanisms underlying its enhanced lipid production revealed by comparative metabolomics analysis [J]. Algal Research–biomass Biofuels and Bioproducts, 42: 101587.

WU X, WU H, CHEN J, et al., 2013. Effects of allelochemical extracted from water lettuce(*Pistia stratiotes* Linn.) on the growth, microcystin production and release of *Microcystis aeruginosa* [J]. Environ Sci Pollut Res *Int*, 20(11): 8192–8201.

WU Z, CHEN G, CHONG S, et al., 2010. Ultraviolet–B radiation improves astaxanthin accumulation in green microalga Haematococcus pluvialis [J]. Biotechnol Lett, 32(12): 1911–1914.

XIAOHUI W, YUNNI G, PING D, et al., 2007. Allelopathic effects of the submerged macrophyte *Potamogeton malaianus* on *Scenedesmus obliquus* [J]. Hydrobiologia, 592(1): 465–474.

XU J, GAO K, 2012. Future CO_2–induced ocean acidification mediates the physiological performance of a green tide alga [J]. Plant Physiol, 160(4): 1762–1769.

Yamori W, Shikanai T, 2016. Physiological functions of cyclic electron transport around photosystem i in sustaining photosynthesis and plant growth [J]. Annu Rev Plant Biol, 67: 81–106.

YAN Z, DENG J, HUA Q, et al., 2018. Allelopathic effect of the rice straw aqueous extract on the growth of *Microcystis aeruginosa* [J]. Ecotoxicology and Environmental Safety, 148: 953–

959.

YANG C, HUA Q, SHIMIZU K, 2000. Energetics and carbon metabolism during growth of microalgal cells under photoautotrophic, mixotrophic and cyclic light−autotrophic/dark−heterotrophic conditions [J]. Biochem Eng J, 6(2): 87−102.

YANG C, HUA Q, SHIMIZU K, 2002. Integration of the information from gene expression and metabolic fluxes for the analysis of the regulatory mechanisms in *Synechocystis* [J]. Appl Microbiol Biotechnol, 58(6): 813−822.

YAO Z J, YE J Y, 2001. The role of chloroplast Ndh complex in resisting heat stress in tobacco strain [J]. PS2001, 1(3).

Ye Z W, Jiang J G, Wu G H, 2008. Biosynthesis and regulation of carotenoids in *Dunaliella*: progresses and prospects [J]. Biotechnol Adv, 26(4): 352−360.

YOU L, BERLA B, HE L, et al., 2014. 13C−MFA delineates the photomixotrophic metabolism of *Synechocystis* sp. PCC 6803 under light− and carbon−sufficient conditions [J]. Biotechnol J, 9(5): 684−692.

Zapata M, Garrido J L, Jeffrey S W. Chlorophyll c pigments: current status [M]//Grimm B, Porra R J, Rüdiger W, et al., 2006. Chlorophylls and bacteriochlorophylls: biochemistry, biophysics, functions and applications. Dordrecht: Springer Netherlands, 39−53.

ZHANG L, MCSPADDEN B, PAKRASI H B, et al., 1992. Copper−mediated regulation of cytochrome c553 and plastocyanin in the cyanobacterium *Synechocystis* 6803 [J]. J Biol Chem, 267(27): 19054−19059.

Zhang PP, Battchikova N, Jansen T, et al., 2004. Expression and functional roles of the two distinct NDH−1 complexes and the carbon acquisition complex NdhD3/NdhF3/CupA/Sll1735 in *Synechocystis* sp. PCC 6803 [J]. Plant Cell, 16(12): 3326−3340.

ZHANG S, BRYANT D A, 2011. The tricarboxylic acid cycle in cyanobacteria [J]. Science, 334(6062): 1551−1553.

ZHANG S, GUO L, CAO J, et al., 2015. Allelopathic activities of three emergent macrophytes on several monospecific cyanobacterial species and natural phytoplankton assemblages [J]. Polish Journal of Environmental Studies, 24(1): 397−402.

ZHAO M, XIAO H, SUN D, et al., 2018. Investigation of the inhibitory effects of mangrove leaves and analysis of their active components on *Phaeocystis globosa* during different stages of leaf age [J]. Int J Environ Res Public Health, 15(11) : 2434.

ZHEN A, ZHENYU W, FENGMIN L, et al., 2008. Allelopathic inhibition on red tide microalgae Skeletonema costatum by five macroalgal extracts [J]. Frontiers of Environmental Science & Engineering in China, 2(3): 297–305.

ZHENG Y, CHI Z, LUCKER B, et al., 2012. Two–stage heterotrophic and phototrophic culture strategy for algal biomass and lipid production [J]. Bioresour Technol, 103(1): 484–488.

ZHOU Z P, LIU L N, CHEN X L, et al., 2005. Factors that effect antioxidant activity of C–phycocyanins from *Spirulina platensis* [J]. Journal of Food Biochemistry, 29(3): 313–322.

Zhu J, Deng X, Wang P, et al., 2013. One divinyl reductase reduces the 8–vinyl groups in various intermediates of chlorophyll biosynthesis in a given higher plant species, but the isozyme differs between species [J]. Plant physiology, 161(1): 521–534.

ZHU J, LIU B, WANG J, et al., 2010. Study on the mechanism of allelopathic influence on cyanobacteria and chlorophytes by submerged macrophyte(*Myriophyllum spicatum*) and its secretion [J]. Aquat Toxicol, 98(2): 196–203.

第三章 微藻遗传与分子生物学

第一节 微藻的遗传特性

微藻是分布广泛的光合微生物。微藻的叶绿体结构类似，暗示着相同的内共生事件，即真核生物吞噬蓝藻形成具有双层膜包被的细胞器，但是本质上真核微藻和原核微藻具有不同的起源，其共同祖先不同。从无性细胞分裂到复杂的有性生殖，微藻表现出多样化的遗传特征。随着分子生物学和基因组技术的发展，越来越多的序列信息为我们追溯微藻的进化历程和比较不同种类微藻之间的遗传结构差异提供了基础，同时也为我们对这些光合微生物进行最佳工程设计提供所需的相关信息和工具。本章重点介绍微藻的遗传特性，分析微藻遗传及分子操作所面临的常见科学问题与技术方法。

一、原核微藻的遗传特性

作为初级生产力，原核微藻是水生生态系统中的重要组成部分。蓝藻（blue-green algae）不仅可以进行植物型光合作用，也兼具细菌的一些特性，因此被称为蓝细菌。蓝藻化石的发现证明它们出现在前寒武纪，已有 35 亿年的历史，是地球最原始的生命形式之一。蓝藻广泛分布于各种水体和陆生环境，甚至在极端的冰川和温泉环境中，已鉴定近 3 000 物种。

蓝藻的遗传特性与细菌近似：没有真正的细胞核，染色体位于细胞中央但无核膜包被，也缺乏具有膜结构的其他细胞器；蓝藻细胞壁与革兰阴性细菌类似，主要由胞壁质（murein）构成；蓝藻同细菌的核糖体都是 70S 型，而真核藻类核糖体为 80S 型。蓝藻还含有真核藻类缺少的多顺反子 mRNA。

蓝藻以分裂生殖为主。其中，单细胞类型形成分离的子代单细胞个体；群体类型可反复分裂形成大的群体，之后再分裂形成多个小群体；丝状体类型则通过藻殖段（hormogonium）进行繁殖。蓝藻可产生厚壁孢子（akinete）、内生孢子（endospore）和外生孢子（exospore）来进行无性繁殖。其中，厚壁孢子源自营养细胞，其细胞壁增厚，可长期休眠以克服不利环境，待条件适宜再萌发形成新个体。

蓝藻的物种形成和适应性一直都是研究人员关注的问题，近几十年来分子生物学和基因组学的发展为阐释蓝藻物种形成和分子进化提供了依据。水平基因转移（horizontal gene transfer）被认为是原核生物最主要的演化动力（图 3-1）。

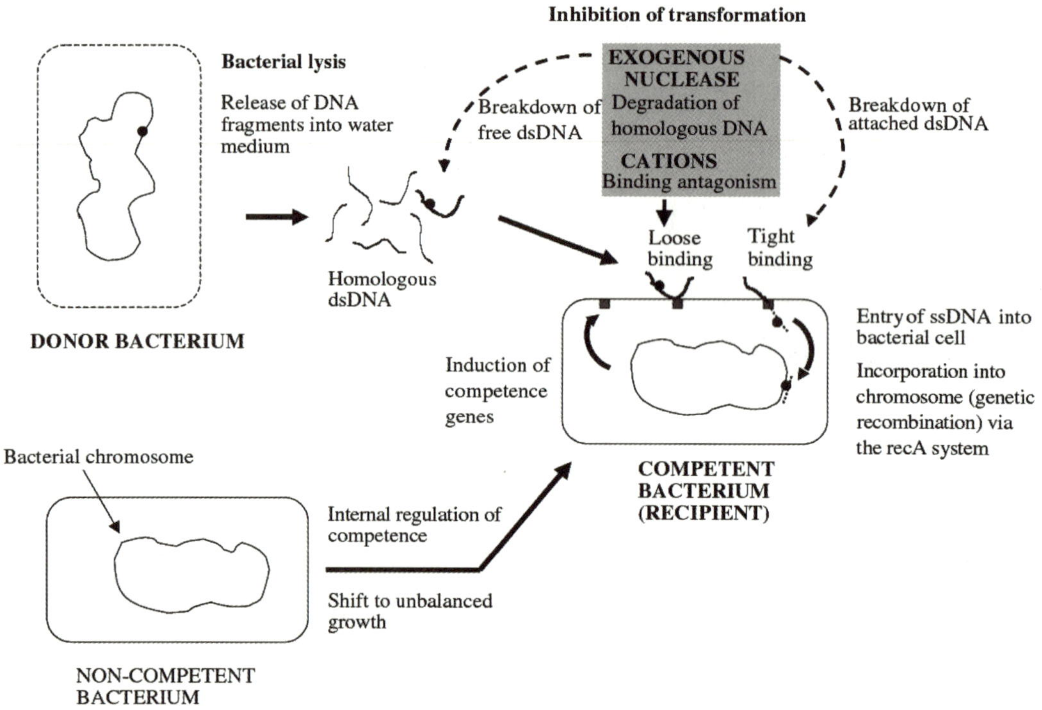

图 3-1　水平基因转移示意图

蓝藻种内基因组比较结果显示有 20% ~ 30% 的基因突变来源于水平基因转移。利用种系发生学分析，发现一些广泛分布的功能保守基因也存在水平基因转移，从而表现出“直系同源置换”特征，又称基因替代作用，它指的是遗传信息单向地从一个序列向其同源序列传递的过程。蓝藻基因组通过水平基因转移获得的核苷酸达到 9.5% ~ 16.6%。这些复杂而偶然的水平基因转移事件可能是蓝藻迅速获得适应新环境能力的来源，从而形成谱系多样性甚至形成新的物种，使得蓝藻的演化更为复杂多样。

二、真核微藻的遗传特性

真核微藻为一群没有根、茎、叶分化，能进行光合作用的低等真核植物，以衣藻为例来介绍真核微藻的遗传特性。莱茵衣藻（*Chlamydomonas reinhardtii*）是一种备受重视的模式生物，在细胞运动、趋光性、细胞识别、鞭毛运动与长度调控、矿物元素适应性等研究中广泛使用。衣藻的光敏感通道（channelrhodopsin-2）是受光脉冲调控的具有 7 次跨膜结构的非选择性阳离子通道蛋白，能快速形成光电流，使细胞产生去极化的电生理特性而广泛应用于神经系统研究，成为光遗传学的核心组成。

莱茵衣藻的藻株 CC-137 由 Smith 于 1945 年分离出。莱茵衣藻的基因组序列已测定完成。该藻株由 Sager 提供（CC-1690）。衣藻单倍型细胞具有正、负两种交配型，两种细胞皆可营养繁殖。当营养条件缺乏，尤其是缺氮环境下，莱茵衣藻开始进行有性生殖，其正、负配子融合后形成二倍体合子（图 3-2）。合子被诱导可进行减数分裂，形成 4 个单倍体子代细胞，也能形成营养分裂的二倍体细胞，但进入营养分裂状态之后的衣藻则无法再进行减数分裂。

单倍体细胞可用于诱导核基因突变体，而二倍体细胞可进行核外基因突变。衣藻中还能成功实现细胞质传导（cytoduction）研究，运用此方法可使细胞中含有一个亲本的细胞核和源自两个亲本细胞的细胞器，成为研究核质关系、线粒体与叶绿体遗传学的优良材料。

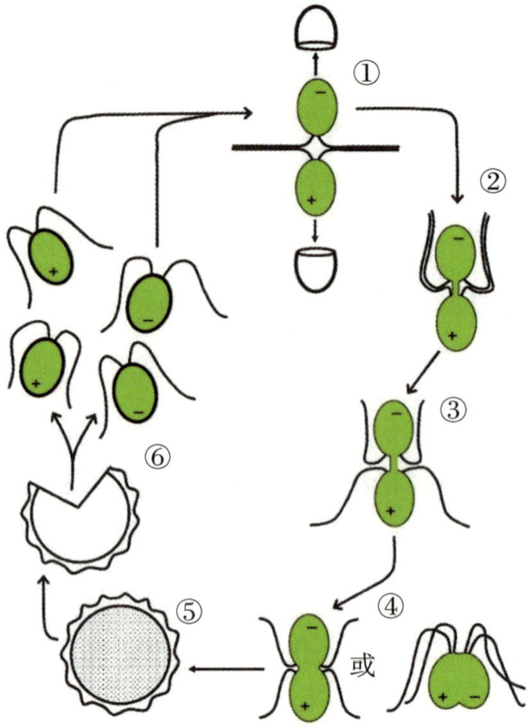

图 3-2　衣藻的有性生殖过程

（一）细胞核与核基因组

衣藻基因组富含 GC，其含量高达 62%，因此衣藻有明显的密码子使用偏好性，在密码子首位与第三位都倾向于使用 G/C。衣藻基因编码区上游常见 TATA 框，而 3′-UTR 区 polyA 尾前端常见 TGTAA 序列。衣藻核基因的特点是内含子数目多，在其热激蛋白 *hsp70* 中含有 6 个内含子，而高等植物的该基因无或仅一个内含子。在光学显微镜下，衣藻单倍体通常仅能见 8 条染色体，但遗传学研究表明衣藻有 17 个连锁群（单条染色体上的所有基因，基因连锁群在遗传的过程中会作为整体传到下一代，不实现孟德尔独立分配定律）。衣藻交配型基因群位于第六连锁群左臂，有 mt^+ 和 mt^- 两种等位基因。目前克隆得到的约 1 100 kb DNA 片段与交配型基因群相关。其中，*mt* 座位所在中心区长度为 190 kb，两端为 525 kb 的着丝粒区及 110 kb 的端部区。在中心区里，包含 4 个易位、2 个倒位、1 个大的缺失与重复，表现出明显的重组抑制。染色体重组抑制是一种常见的现象，在进化过程中，对雄性有利的基因逐渐在性别决定基因附近聚集，发展出了重组抑制机制以保护雄性特有区域，表现为同源染色体无法进行配对重组，是性染色体进化中的关键步骤。衣藻的交配型决定区（Mating-typelocus，MT）被认为具有性染色体相关特征，该基因群包含的 12 个基因中除交配型基因外还包括与性别相关的配子形成、孢子形成、减数分裂及二倍体世代的细胞器基因组传递相关基因。

交配型基因 mt^{+} 和 mt^{-} 控制配子体的辨认与融合，mt^{+}/mt^{-} 是孢子体的基因型，决定了孢子形成与减数分裂过程，被认为是性别控制与世代交替最简单模式。衣藻在合子中存在由质体基因组控制交配型基因的情况。合子特化基因（ezy1）与交配型基因紧密连锁，并在合子形成后立即转录，Ezy1 多肽能迅速转移至 mt^{+}/mt^{-} 细胞质体，与质体 DNA 互作。在合子中，Ezy1 多肽能破坏 mt^{-} 质体 DNA，但对 mt^{+} 无影响，因而能实现质体性状的单亲遗传。通常质体基因通过 mt^{+} 单亲遗传，但利用紫外线处理交配前的 mt^{+} 细胞，或使用与 mt^{+} 相关的 mat-3 突变体实现质体基因的双亲遗传。在双亲孢子的后代中，质体基因按体细胞遗传方式重组与分离。

（二）线粒体与叶绿体

衣藻的线粒体分布在细胞基质中，不同衣藻的线粒体基因组差别明显。其中，莱茵衣藻线粒体基因组（GenBank ID：U03843）为线状 DNA，大小为 15 785 bp，两端为反向重复，含有 7 个编码基因（cob，cox1，nad1，-2，-4，-5，-6）和一个类似反转录酶的开放阅读框，以及多个线粒体 rRNA 基因和 tRNA 基因（图 3-3）。真配衣藻（*C. eugametos*）与 *C. elongatum* 线粒体基因组为环状，分别为 22 897 bp 和 22 704 bp，其编码基因数目及种类与莱茵衣藻相似，但排列顺序不同。衣藻线粒体基因组中缺少细胞色素氧化酶亚基Ⅱ与Ⅲ基因和 ATP 合成酶基因，tRNA 仅有 3 个，其余 tRNA 是由核基因组编码，转录后进入线粒体。线粒体 rRNA 基因散布在半个线粒体基因组上，与 tRNA 和编码基因混合在一起。

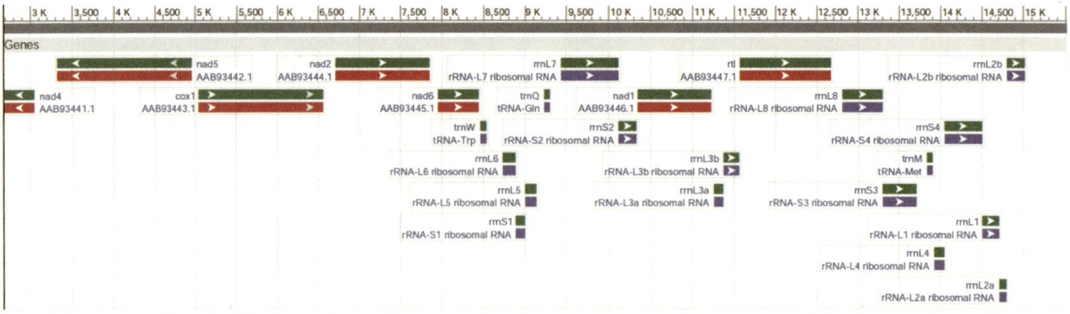

图 3-3 莱茵衣藻线粒体基因组

衣藻叶绿体呈杯状，占细胞体积的三分之二，DNA 与结合蛋白形成 8 ~ 10 个蛋白复合体。其基因组富含 AT，密码子偏好性与核基因组不同，表明两者起源不同，符合内共生理论。莱茵衣藻的叶绿体基因组为环状 DNA，全长 203 828 bp，两端各 21.2 kb 的反向重复结构将其分隔成两段均约 80 kb 的单拷贝区，已知的 99 个基因包含全套 tRNA 基因和非典型的 RNA 聚合酶基因（图 3-4）。此外，重复 DNA 占据衣藻叶绿体基因组的五分之一以上，不同种类的短散布重复（short dispersed repeats）分散在大多数基因间隔区。这种结构特性仅在小球藻中有所发现，而与其他绿藻与高等植物不同，很难用重排或倒位来解释，但衣藻叶绿体基因序列与植物叶绿体基因组相似度很高。

莱茵衣藻突变体（y-1）不能合成叶绿体，在黑暗条件下异养培养只能形成退化的前质体，但经 8 小时光照处理又能形成叶绿体结构，因此可为光复合体组装及细胞核与叶绿体基因在此过程中的作用研究提供很好的材料。衣藻中还存在着线粒体与叶绿体之间的相互作用，叶绿体 - 呼吸链在质体醌库水平上影响光合作用的电子传递。黑暗条件下，线粒体 ATP 产量可能调控叶绿体状态转换，当光系统 Ⅰ 与光系统 Ⅱ 之间激发能分布不均时，通过适应机制恢复叶绿体最佳光合状态。

呼吸作用是物质和能量代谢的中心，将有机物氧化分解转化为能量，以制造三磷酸腺苷（ATP）。交替呼吸途径是植物和真核微藻线粒体呼吸是区别于动物呼吸作用的，主要特征是通过绕开复合物 Ⅲ 和 Ⅳ 上的 ATP 形成位点，在呼吸链末端经交替氧化酶（alternative oxidase，AOX）催化氧气生成水，使能

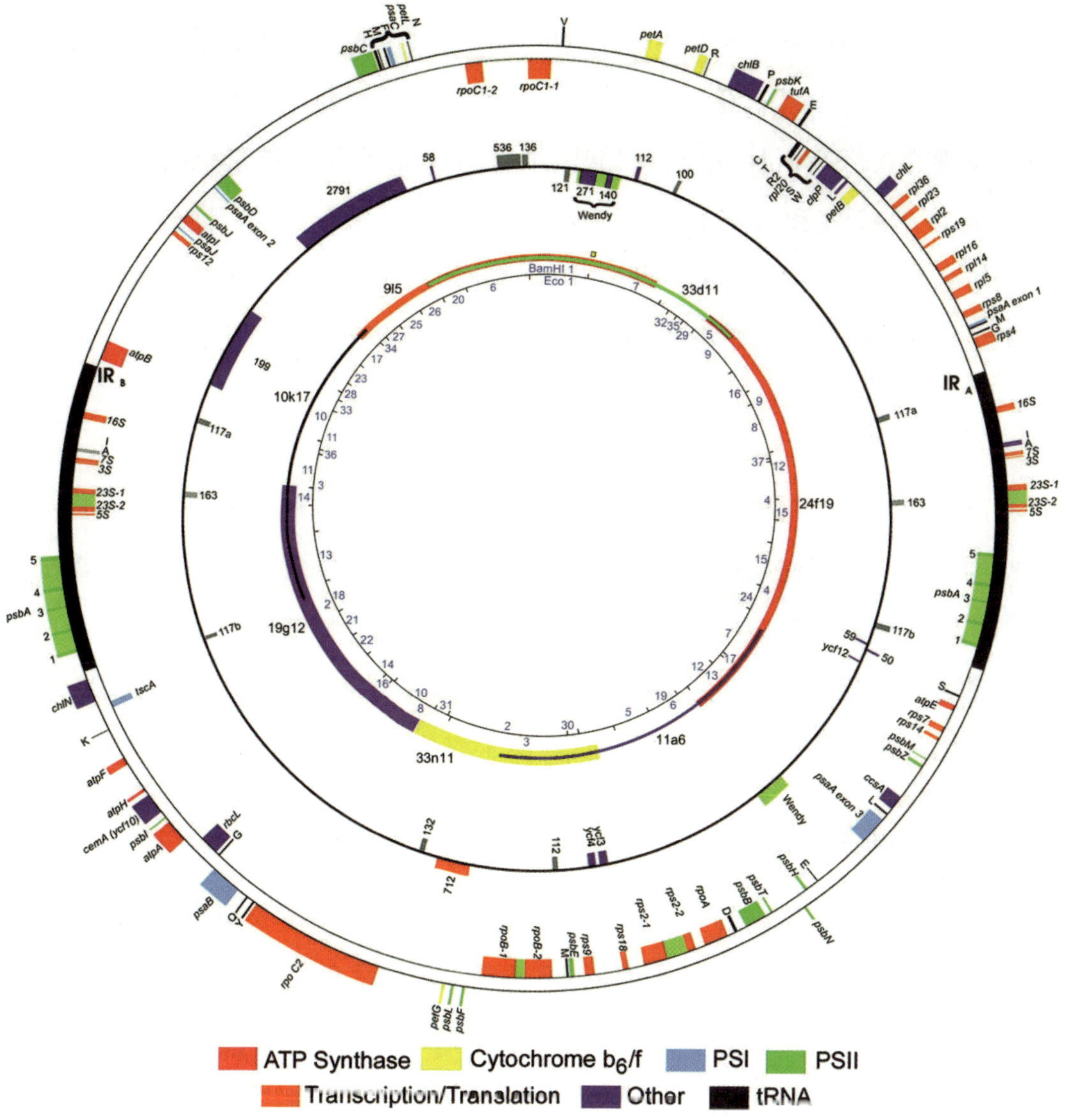

图 3-4 莱茵衣藻叶绿体基因组

量以热的形式散失。交替呼吸途径参与植物种子萌发、开花、衰老、抗逆等过程，在植物生理代谢中扮演着重要的角色。对植物呼吸作用和光合作用的关联研究发现，植物 aox 突变株可出现碳同化效率降低、光合活性减弱等代谢紊乱现象，表明交替呼吸途径（alternative oxidase pathway）在优化光合代谢方面具有重要作用。通过对原始小球藻异养—自养转换，即细胞转绿过程中交替呼吸途径活性受限时的光合系统发育和胞内氧化还原系统变化的研究发现，抑制交替呼吸活性可导致黄化原始小球藻的叶绿体重装配过程显著迟缓，具体表现为胞内叶绿素含量积累变慢、叶绿体结构发育受阻、光化学效率降低等。进一步研究发现交替呼吸活性受限可引起藻细胞内 ROS 水平和抗氧化酶活性明显升高，NAD^+/NADH 和 $NADP^+$/NADPH 比值也出现了波动，说明交替呼吸途径通过参与胞内氧化还原系统稳态维护来调控原始小球藻的叶绿体重装配过程，揭示了交替呼吸途径在原始小球藻叶绿体重装配过程中发挥的重要作用。

（三）细胞壁

高等植物的细胞壁由纤维素组成，而莱茵衣藻细胞壁是由糖蛋白组成的三层结构。目前，研究人员已克隆到部分与细胞壁组分相关的基因，也分离出许多细胞壁合成缺陷型突变体。从这些突变体中发现，构成细胞壁的前体蛋白可以正常合成，但突变使其不能正常组装。细胞壁缺陷株更利于实现外源 DNA 遗传转化，这种高效转化方式已广泛应用于衣藻基因工程。

（四）鞭毛与眼点

鞭毛着生于细胞内的基体，位于衣藻细胞前端。莱茵衣藻是研究鞭毛组装与生物学功能的模式生物，通过研究其运动功能缺失的突变体，已知有超过 75 个遗传基因座和鞭毛组装与功能相关。其中，部分基因与纤毛和动物精子的运动相关蛋白有同源性。通过不同交配型突变体的互补交配实验，可研究其非等位突变基因座的功能，因而成为理想的遗传分析系统。

眼点是衣藻细胞中部的细胞器，因富含类胡萝卜素而呈亮橙色，被认为可将光引导至光感受器而起到定向天线功能，使游动的藻细胞产生趋光性。通过对眼点组装缺陷型突变体的研究，发现突变体的趋光性显著降低，而且许多突变位点可定位到紧密连锁的基因簇。

含 WD40 重复（WDR）结构域的蛋白质是多蛋白 E3 亚基连接酶复合物，在真核生物调控各种细胞和发育活性。莱茵衣藻鞭毛具有许多功能，如控制运动性、细胞周期和环境感测。CrFAP89是一个含有WDR结构域的鞭毛相关蛋白，实时定量PCR表明，CrFAP89的转录水平在包括氮、硫或铁在内的营养缺乏时，可能是莱茵衣藻中的脂质积累调节器，促进微藻甘油三酯（TAG）显著积累。

三、几种真核微藻的遗传研究

（一）硅藻分子遗传研究

硅藻是海洋浮游植物的重要组成部分，是除被子植物外生物多样性最丰富的光合作用类群，大气中约20%的氧气由其光合作用产生，也是地球初级生产力的重要来源。此外，硅藻在碳、硅元素的生物地球化学循环中起着重要作用，因此成为了解海洋生态环境健康程度的关键生物。硅藻具有将无定型氧化硅组成高度有序图案并沉积形成细胞壁的能力，且能遗传给子代，证明其具有严格的遗传调控机制。探索这一遗传特性可能为新型纳米硅质材料生产开辟新方法。根据硅质壳的对称方式，硅藻可分为羽纹硅藻与中心硅藻两大类群。其中，羽纹硅藻是细胞延长而左右对称，主要是底栖类群；中心硅藻细胞辐射对称，主要是浮游微藻。化石证据表明，中心硅藻起源早于羽纹硅藻。

硅藻基因组中GC含量较低，为42%～50%，且甲基化程度也比绿藻和甲藻低。其中，羽纹硅藻中的三角褐指藻（*Phaeodactylum tricornutum*）基因组为27.4 Mb，比中心硅藻中的假微型海链藻（*Thalassiosira pseudonana*）的略小，且硅藻与细菌之间发生过双向基因转移，硅藻从细菌获得数百个基因。基因转移在硅藻演化中可能是普遍存在的，产生了基因的非正规组合，可能在代谢调控和识别环境信号过程中起重要作用。鉴于细胞壁硅化程度低，三角褐指藻也是硅藻遗传转化系统最成熟的一个，为硅藻的应用研究提供了有力基础。中心硅藻具有重要的生态学意义，但其分子生物学研究较少，目前中心硅藻中的隐匿小环藻（*Cyclotella cryptica*）和假微型海链藻能实现稳定遗传转化。

（二）裸藻分子遗传研究

裸藻多数生活在淡水中，无细胞壁，植物体除个别种类为树状群体外都是具鞭毛的游动单细胞体，色素类似绿藻，但光合产物不是淀粉，而是类似淀粉的副淀粉（paramylon）与脂肪，部分种类无色素而成为无色种类。裸藻门因具有感光作用的红色眼点，亦称为“眼虫”，细胞膜特化为质地坚硬的周皮，使细胞有固定形状或具有弹性。

裸藻兼具动物与植物的特性，对裸藻鞭毛器超微结构的研究揭示吞噬性的无色裸藻与原生动物中的动基类（kinetoplastida）有同源性，表明绿色裸藻由吞噬性的无色裸藻与绿藻共生演化形成，而腐生性无色裸藻则由绿色裸藻失去色素体后分化形成。

（三）甲藻分子遗传研究

甲藻是海洋生态系统中的重要初级生产者，许多甲藻在近海形成赤潮并产生毒素。约一半甲藻是光合自养型，其余为异养类型，很多物种为兼养型。长期以来，植物学家与动物学家都将甲藻纳入自身研究领域，分别称之为“甲藻”“双鞭毛虫”。甲藻形态丰富，从具甲壳类群、甲壳不发达类群到无甲壳的裸甲藻，超过 18 种甲藻具有生物发光特性，大多为蓝绿光，当感受到机械刺激时，其含有的荧光素被激发。这种生物发光特性也由生物钟和 pH 值调控，可能是一种防御机制。这些特性和甲藻对不同环境的强适应能力背后的分子遗传机制还有待更深入研究。

在进化上，甲藻与纤毛虫、顶复门（*Apicomplexa*）亲缘关系较近，它们的线粒体基因组非常精简，顶复门仅含有 3 个编码基因（*cob*，*cox1*，*cox3*）及 2 个 rRNA 基因组成的 6 kb 线粒体基因组，而甲藻经历了许多演化事件，包括基因组放大、重组，导致单基因的大量拷贝和基因片段化组合，而且许多编码基因失去了标准终止子。许多基因具有大量 RNA 编辑记录，其形成的原因仍未知。

光合甲藻的叶绿体具有 3 层膜结构，暗示其进化中的次级内共生事件可能是吞噬某些藻类而获得了光合作用相关基因。甲藻除了叶绿素 a/c 外，还含有多甲藻黄素（peridinin）、甲藻黄素（dinoxanthin）等色素。甲藻叶绿体基因组亦非常精简，异帽藻（*Heterocapsa triquetra*）叶绿体基因组中发现叶绿体中核糖体基因 16S rRNA 和 23S rRNA 以及 7 个叶绿体编码基因分别独立分布在微环染色体上，形成“一环一基因”，而 9 个环都有高度保守的三分的非编码区。系统发育分析表明甲藻叶绿体与假菌界（chromistan）和红藻密切相关，也侧面证明其次级内共生起源。

甲藻基因组的 DNA 含量异常巨大，通常真核藻类单细胞平均含有 0.54 pg DNA，而甲藻的范围可达到 3 ~ 250 pg，相应的基因组大小约 3 000 ~ 215 000 Mb。多倍性或多线性（polyteny）或许能解释这种大量细胞 DNA 的现象，但 DNA 复性动力学并不支持这种假说。除了不成比例的大型基因组，甲藻细胞核的形态、调控和组成也是独特的。近年来已系统完整地测定珊瑚必需的共生甲藻——虫黄藻的基因组结构特征，分析出珊瑚虫与之共生过程中相互作用的分子机制。

第二节　微藻细胞核遗传

一、微藻基因组

随着 DNA 测序技术的快速发展，越来越多的微藻基因组得到测定，极大地推进了微藻遗传学的发展。目前，具备成熟遗传操作体系的微藻包括蓝藻门集胞藻 *Synechocystis* sp. PCC 6803，聚球藻 *Synechococcos* sp. PCC 7002，鱼腥藻 *Anabaena* sp. PCC 7120；绿藻门莱茵衣藻 *Chlamydomonas reinhardtii* CC 849，

小球藻 *Chlorella variabilis* NC64A；褐藻门拟微绿球藻 *Nannochloropsis gaditana* CCMP526，硅藻门假微型海链藻 *Thalassiosira pseudonana* CCMP 1335，三角褐指藻 *Phaeodactylum tricornutum* CCAP 1055/1 等。

（一）蓝藻

蓝藻是地球上出现最早的一类能够进行光合作用的生物，这类原核自养生物被认为是真核藻类和植物叶绿体的祖先。经过漫长的进化历程，蓝藻形成广泛的环境适应性，能够在多种环境中生长，包括淡水、海洋（甚至深海）、极地、温泉、土壤等。截至 2017 年 4 月，已有 417 株蓝藻的全基因组得到测定。蓝藻基因组的测定为蓝藻遗传操作、基因组定向改造等奠定了基础。

1. 集胞藻 *Synechocystis* sp. PCC 6803

集胞藻 *Synechocystis* sp. PCC 6803 是一种具有天然的遗传转化系统的单细胞球状蓝藻，是蓝藻生物学研究的重要模式物种之一。作为第一个完成全基因组测序的光合生物，其基因组由日本 Kazusa 研究所于 1996 年测定。后来，其基因组信息经过了多次校正，根据 JGI 数据库收录的最新版本，该藻的基因组全长 3 947 kb，包括 1 个环状染色体（3 573 kb）和 4 个质粒——pSYSA（103 kb）、pSYSG（44 kb）、pSYSM（120 kb）、pSYSX（106 kb），GC 含量为 47.37%。基因组上共预测到 3 628 个基因，包括 3 569 个潜在的蛋白编码基因和 59 个 RNA 基因。功能注释了 1 971 个编码基因，占全部编码基因的 54.33%。RNA 基因包含 6 个 rRNA 基因，具有两套 5S、16S 和 23SrRNA 基因，具有 43 个 tRNA 基因，代表 40 个 tRNA 种类。此外，还检测到 10 个非编码 RNA。每个集胞藻 PCC 6803 细胞中共有 12 个基因组拷贝。

2. 鱼腥藻 *Anabaena* sp. PCC 7120

鱼腥藻 *Anabaena* sp. PCC 7120 是丝状蓝藻的一种，含有异形胞（heterocyst）可进行固氮作用，是研究蓝藻固氮机制的模式生物之一，具有成熟的遗传体系，主要是通过基于细菌结合转移的方式向胞内转入外源 DNA。鱼腥藻 PCC 7120 的全基因组最早于 2001 年在日本 Kazusa 研究所测定，包括一条单个染色体（6 414 kb）和 6 个质粒——pCC 7120α（408 kb）、pCC 7120β（187 kb）、pCC 7120γ（102 kb）、pCC 7120δ（55 kb）、pCC 7120ε（40 kb） 和 pCC 7120 ζ（6 kb），GC 含量为 41.27%。根据 JGI 数据库收录的最新版本，鱼腥藻 pCC 7120 基因组中共预测得到 6 222 个基因，包括 6 130 个潜存蛋白编码基因，45.03% 的编码基因有功能注释，染色体上发现了 60 多个与异形胞形成和生物固氮相关的基因。鱼腥藻基因组中检测到了 195 个双组分信号转导系统相关的基因，约是集胞藻 *Synechocystis* sp. PCC 6803 的 2.5 倍。RNA 方面，集胞藻 PCC 6803 基因组上共检测到 92 个 RNA 基因，包括 12 个 rRNA 基因，均含 4 个 5S、16S 和 23 SrRNA 基因；基因组上排列 70 个 tRNA 基因，包含 44 种 tRNA，70 个 tRNA 中，有 48 个在染色体上，剩下 22 个在质粒 pCC 7120δ 上，其他 5 个质粒中未检测出 tRNA 基因。鱼腥藻 PCC 7120 染色体上还检测到 10 个非编码 RNA。

3. 聚球藻 *Synechococcus* sp. pCC 7002

聚球藻 *Synechococcus* sp. PCC 7002 是一种单细胞球状广盐性蓝藻，能适应不同盐分的培养环境。聚球藻 PCC 7002 由于其广盐性的特点而被作为研究微藻高盐适应机制的重要模式生物。研究表明，蓝藻应对不同盐度的主要产物不同：低盐耐受性蓝藻主要合成蔗糖与海藻糖，中等耐盐性或嗜盐性蓝藻主要合成葡萄糖甘油，极度嗜盐蓝藻中甜菜碱发挥了重要作用，聚球藻 PCC 7002 利用蔗糖和葡萄糖甘油来应对环境中的盐度变化。

聚球藻 PCC 7002 具有成熟的遗传体系，可通过转化的方式直接将 DNA 导入其细胞内，进而对基因组进行编辑。聚球藻 PCC 7002 的全基因组于 2008 年由宾夕法尼亚州立大学研究人员测定，并直接上传至 GenBank 数据库。聚球藻 PCC 7002 的基因组大小为 3 410kb，包括 1 条染色体（3 009 kb）和 6 个质粒——pAQ1（4.8 kb）、pAQ3（16 kb）、pAQ4（32 kb）、pAQ5（39 kb）、pAQ6（124 kb）

和 pAQ7（186 kb）。

聚球藻 PCC 7002 的全基因组分析预测得到 3 237 个基因，包括 3 186 个潜在的蛋白编码基因和 51 个 RNA 基因。蛋白编码基因中有 2 061 个基因有功能注释，占全部编码蛋白基因的 63.67%。聚球藻 PCC 7002 同集胞藻 PCC 6803 类似，基因组上含有 2 套 5S、16S 和 23S rRNA 基因，一共检测到 44 个 tRNA 基因，归类为 21 种 tRNA 基因；基因组中检测出 1 个非编码 RNA。

（二）绿藻

绿藻是海洋、淡水和陆地环境中的常见种，是最普遍的光合微藻种类之一。几乎所有的绿藻都含有叶绿体，使藻细胞呈亮绿色，可以进行光合作用。绿藻中的莱茵衣藻与小球藻等生长迅速，繁殖力强，而且遗传操作成熟，常被作为微藻生物学及经济代谢物生产等领域的模式物种。

1. 莱茵衣藻 *Chlamydomonas reinhardtii* CC 849

莱茵衣藻 *Chlamydomonas reinhardtii* 是一种单细胞真核绿藻，它不仅有能进行光合作用的叶绿体，还有具运动能力的鞭毛。莱茵衣藻细胞个体小，一般约为 10 ~ 50 μm，培养基配方简单，易于培养，并且生长周期短，繁殖能力强，具有单倍体及二倍体世代，遗传背景清晰。莱茵衣藻是一种重要的模式生物，广泛应用于光合微藻代谢过程、鞭毛功能及生物合成、体内营养平衡及有性生殖等研究之中。莱茵衣藻的细胞核与叶绿体基因组序列都已经完成测定，使得基因组学与表观遗传学分析能顺利进行。目前，phytozome 数据库中有较为完整的莱茵衣藻全基因组信息，其基因组大小为 111 101 kb，组装得较完整，得到 54 个片段，包括 17 条染色体和 37 个短序列，注释得到 17 741 个蛋白编码基因，其中已注释功能基因有 17 383 个，占全部基因的 97.98%。环状叶绿体基因组大小为 204 kb，GC 含量为 45.2%，包含 109 个基因，其中蛋白编码基因 69 个，rRNA 10 个，tRNA 29 个，非编码基因 1 个。一个莱茵衣藻细胞中仅含一个叶绿体，但是有 80 ~ 100 个叶绿体基因组拷贝。莱茵衣藻线粒体基因组的大小为 16 kb，GC 含量占 34.5%，包含 25 个基因，其中蛋白编码基因 8 个，rRNA 基因 14 个，tRNA 基因 3 个。

2. 小球藻 *Chlorella variabilis* NC64A

小球藻 *Chlorella variabilis* 是一种单细胞光合绿藻，是研究草履虫胞内共生光合作用以及微藻—病毒交互作用的模式生物。小球藻 *Chlorella variabilis* NC64A 的基因组全长为 46 160 kb，GC 含量为 61.4%，共注释出 9 791 个蛋白编码基因，其中的 7 037 个完成功能注释，占全部基因的 71.87%。虽然小球藻不能在水体中游动，且为无性分裂生殖，但是其基因组中检测到大量已知的减数分裂特异性蛋白以及鞭毛形成相关基因。

（三）褐藻

褐藻门为较高等的多细胞真核藻类，多为大型海藻，如海带属、水云属等。藻体颜色因其所含不种色素的比例差异而变化较大，表现为黄褐色、深褐色。细胞中常有白色颗粒，称为墨角藻聚糖小泡。光合作用的产物是海带多糖和甘露醇。褐藻门中常用来进行遗传编辑的藻种为拟微绿球藻。

拟微绿球藻 *Nannochloropsis gaditana* CCMP526

拟微绿球藻 *Nannochloropsis gaditana* 是一种环境适应性较强的光合绿藻，广泛分布于海洋、淡水以及半咸水水体中。拟微绿球藻能够积累高水平的多不饱和脂肪酸，因而在工业上被广泛应用。据报道，其可以利用同源重组、RNA 干扰及 CRISPR/Cas9 法进行遗传编辑，具有广泛的应用前景。拟微绿球藻 *Nannochloropsis gaditana* CCMP526 基因组的大小为 33 987 kb，GC 含量为 54.4%，注释得到了 9 052 个编码基因，其中核基因组含有 8 892 个，叶绿体基因组为 124 个（全长 115 kb），线粒体基因组为 36 个（全长 42 kb）。

（四）硅藻

硅藻起源于 2.4 亿年前，在海洋与淡水水体中都有广泛分布，且在碳循环中起关键作用，约占世界年度初级生产量的20%，在生态学上具有重要作用。硅藻被认为经历了次级内共生过程，被认为与红藻内共生。可进行遗传编辑的硅藻门藻株主要包括以下几个种类：

1. 假微型海链藻 *Thalassiosira pseudonana* CCMP 1335

假微型海链藻 *Thalassiosira pseudonana* CCMP 1335 是一种海洋硅藻，是第一个完成全基因组测序的光合海洋微藻。假微型海链藻是研究硅藻二氧化硅外壳形成、油脂代谢以及光合作用等生理机制的重要模式生物之一，在全球海洋环境中广泛分布。假微型海链藻的遗传转化体系相对较为完善，主要为细菌结合的方式与基因枪方法，RNA 干扰及 CRISPR/Cas9 技术也已成功对假微型海链藻进行遗传编辑。假微型海链藻基因组全长 32 438 365 kb，组装到染色体水平，得到24条染色体与40个短片段。基因组具有较高的GC含量，为 60.54%，全基因组注释得到 11 673 个蛋白编码基因，其中 3 939 个基因有功能注释，占全部基因的 33.74%，还检测到 131 个 tRNA 基因。叶绿体基因组序列全长 129 kb，GC 含量占 31.0%，含 177 个基因，其中蛋白编码基因 144 个，tRNA 基因 33 个。线粒体基因组序列全长 44 kb，GC 含量占 30.5%，包含 62 个基因，其中 40 个为蛋白编码基因，tRNA 基因 22 个。

2. 三角褐指藻 *Phaeodactylum tricornutum*

三角褐指藻 *Phaeodactylum tricornutum* 是第二种进行全基因组测定的海洋硅藻，它在环境胁迫下可以改变细胞的形态，可以纺锤形、三方向辐射形和椭圆形三种形态进行生长与繁殖，常被用来研究有关细胞形态变化的分子机理。此外，与其他硅藻不同，三角褐指藻可以存活在无硅培养基中，藻细胞不产生硅质鞘，因此是研究微藻硅代谢的重要模式生物。三角褐脂藻可以通过 TALENs 与 CRISPR/Cas9 技术进行遗传编辑工作。三角褐指藻 *Phaeodactylum tricornutum* CCAP 1055/1 的全基因组于 2008 年得到测定，全长 27 451 kb，GC 含量为 48.06%，组装一共得到 33 个染色体序列与 55 条短片段。全基因组预测得到蛋白编码基因 10 408 个，功能注释基因有 3 570 个，占全部基因数量的 34.30%。研究者认为三角褐指藻经历了多次内共生过程，基因组中检测到 300 多种细菌起源的基因，基因从细菌转移到硅藻基因组上在海洋环境中可能是一种普遍现象，这种现象可能是硅藻进化的主要驱动力。

二、微藻核遗传

基因工程是改变微藻性状的重要手段，利用基因工程手段提高微藻生长速度、改变微藻代谢途径、增加微藻高价值产品产量等的研究已经非常广泛。到目前为止，人类已经能对多种微藻进行细胞核的遗传转化，这些微藻主要集中于绿藻、红藻、蓝藻和不等鞭毛藻等类。表 3–1 列举了常见的可进行细胞核遗传改造的微藻。

表 3–1　34 种可进行细胞核遗传改造的微藻

绿藻类		绿藻类	
Chlamydomonas reinhardtii	稳定	*Thalassiosira weissflogii*	瞬时
Volvox carteri	稳定	*Nannochloropsis* sp.	
Dunaliella salina	稳定	Dinoflagellate	
Dunaliella viridis	稳定	*Amphidinium* sp.	
Haematococcus pluvialis	稳定	*Symbiodinium microadriaticum*	
Chlorella kessleri	稳定	Rhodophyta	
Chlorella ellipsoidea	稳定	*Cyanidioschyzon merolae*	
Chlorella vulgaris	瞬时、稳定	*Porphyra yezoensis*	瞬时、稳定
Chlorella protothecoides	稳定	*Porphyra miniata*	瞬时
Chlorella zofingiensis	稳定	*Kappaphycus alvarezii*	瞬时
Ulva lactuca	瞬时	*Gracilaria changii*	瞬时
Ostreococcus tauri	稳定	*Porphyridium* sp.	稳定

（续表）

绿藻类		绿藻类	
Heterokontophyta		*Gracilaria*	稳定
Laminaria japonica		cyanobacteria	
Undaria pinnatifida		*Spirulina platensis*	稳定
Phaeodactylum tricornutum		*Anabaena* sp.	稳定
Navicula saprophila		*Synechocystis* sp.	稳定
Cylindrotheca fusiformis		*Synechococcus*	稳定
Cyclotella cryptic		*Nosctoc muscorum*	稳定

* 瞬时表示瞬时转染表达，稳定表示改造后整合到细胞核中稳定表达。

（一）微藻细胞核遗传改造的类型

细胞核的遗传重组是生物界普遍存在的现象，通过重组，细胞获得了遗传上的多样性，增强对环境的适应能力。从广义角度讲，遗传重组包括任何导致基因型变化的基因交流过程，而细胞核遗传改造是其中一类重要类型。微藻细胞核遗传改造的本质是双链 DNA 的断裂和重接修复。因此，依照双链 DNA 断裂的修复方式划分，微藻的细胞核遗传改造大致可分为基于同源重组（homologous recombination，HR）的改造和基于非同源重组末端连接（non-homologousend-joining，NHEJ）的改造。

基于 HR 的细胞核遗传改造的最大特点在于它严格依赖于序列同源性，只有同源序列之间才发生遗传物质的改变。该修复过程需要同源序列模板，需要 MRN（MRE11–RAD50–NBS1）复合体，RAD51、RAD51 同源异构体（b，c，d）、RAD52、RAD54 等多种修复蛋白的参与，涉及 BRCA1、CtIP（CtBP interacting protein）、ATM、ATR、PALB2（partner and localizer of BRCA2）、BRIP1（BRCA1 interacting protein C-terminal helicase1）等因子。这些因子失活或步骤中断都会对 HR 修复的最终效应产生影响。值得注意的是，基于 HR 的遗传改造所实现的最终效果是基因组 DNA 的定向编辑。利用这种方式能够对细胞核中的特定 DNA 区域进行插入、敲除和替换。基因复杂度较低的原核微藻多青睐此种修复方式，大部分蓝藻都能以 HR 的方式实现基因组的定向改造。

基于 NHEJ 的细胞核遗传改造则不依赖 DNA 同源性，完全不需要任何模板的帮助。在重组修复过程中两个 DNA 断裂端需先被甲基化沉默，再与 DNA 结合蛋白结合，进而被具有 DNA 酶活性的蛋白复合体加工处理，以形成匹配的“黏性末端”，最后通过 DNA 连接酶强行把两者彼此相连。NHEJ 的作用机制决定了它不是一种忠实于 DNA 双链断裂的修复手段。NHEJ 修复机制既简单又不依靠模板，基因组复杂度较高的真核微藻大多倾向于采用此种修复方式。正是由于此原因，大部分真核微藻的细胞核遗传改造均为非定向的随机选择，定向改造难以实现。外源基因均通过随机方式整合进入基因组，这种方式导致整合位点不一致，同时也容易造成多次整合，最终导致外源基因的表达水平有非常大的差异。以莱茵衣藻为例，不同转化子间的荧光素酶报告基因表达水平差异可达 200 倍以上。

近年来，基因编辑技术发展突飞猛进。这些技术主要依赖于含有 DNA 识别结构的核酸酶在特定位置识别并切割 DNA，导致双链 DNA 断裂，然后由 NHEJ 修复，造成部分碱基的缺失、插入或改变，最终引起内源基因的缺失或外源基因的插入等结果，从而实现对基因组的定点编辑。

目前，锌指核酸酶（zinc finger nuclease，ZFN）、转录激活子样效应因子核酸酶（transcription activator-like effector nuclease，TALEN）和成簇的规律间隔的短回文重复序列 /Cas9 核酸酶系统（clustered regularly interspaced short palindromic repeats/Cas9，CRISPR/CAS9）已经在微藻细胞核遗传改造中获得了应用。

（1）ZFN 由 Fok I 核酸内切酶的 DNA 剪切域与锌指蛋白的 DNA 结合域组合而成。改变锌指蛋白 DNA 结合域中 α 螺旋的结构就可以改变其识别序列的特异性，从而实现基因组定向编辑。该技术在莱茵衣藻中被初步应用，衣藻基因组中所有潜在 ZFN 靶向位点已经被识别并建库，并且该技术已经成功定向敲除了光敏一型视紫红质离子通道蛋白编码基因 *COP3*。

（2）TALEN 则由转录激活子样效应因子蛋白的 DNA 识别结构域与 Fok I

内切酶融合而成，该融合蛋白的中部区域含 14 ~ 20 个串联重复单元，专门负责识别 DNA 序列。与 ZFN 相比，TALEN 的设计更简单，且特异性更高。该技术在三角褐指藻中获得了成功应用。TALEN 质粒与抗性基因等共同转化，通过 NHEJ 修复定向改变了基因组序列，定向突变和基因插入的效率分别可达 56% 和 27%。用此方法敲除了二磷酸尿苷—葡萄糖焦磷酸化酶基因 UGP，使三角褐指藻的甘油酯含量提高了 45 倍。当 TALEN 质粒与两端含有同源序列的抗性基因共转化后，通过同源重组修复成功替换了尿素酶编码基因 *UREABC*，获得了稳定遗传的工程藻。

（3）与 ZFN 和 TALEN 不同的是 CRISPR/Cas9 由 RNA 负责识别基因组中特定的 DNA，前二者则由蛋白质识别 DNA。经过优化后，该系统最终简化为 sgRNA 和 Cas9 内切核酸酶两部分，切割效率高，能同时编辑多个位点。从应用角度看，CRISPR/Cas9 系统更简便，只需通过简单化学合成改变 sgRNA 中的 20 ~ 30 个碱基就能改变编辑位点，而 TALEN 技术则需要通过复杂的分子克隆才能建出多个重复单元，改变切割位点。因此，CRISPR/Cas9 技术自其诞生之日起就受到巨大关注，得以广泛应用和推广。CRISPR/Cas9 系统在微藻中的应用已经初现端倪，在三角褐指藻中已经成功表达了 Cas9 蛋白，并定向改造了 *CpSRP54* 等基因，编辑的效率达 25% ~ 63%。CRISPR/Cas9 在莱茵衣藻也获得应用，通过瞬时表达 Cas9 成功改造了 *FKB12* 基因，但效率非常低。

由于 Cas9 蛋白本身对莱茵衣藻有毒性作用，到目前为止通过稳定表达 Cas9 来改造细胞核基因的研究尚未成功。但是通过直接电转化 Cas9 蛋白—sgRNA 复合物（RNPs）这种方法却实现了细胞核基因的改造。使用这种方法，莱茵衣藻的 MAA7、CpSRP43、ChlM、CpFTSY 和 ZEP 基因已经被定点敲除。值得注意的是，上述基因均与衣藻的某种表型相关，可借由表型的改变而进行筛选，从而获得阳性克隆，提高 RNPs 的效率。然而对于与表型无关基因的敲除，RNPs 方法似乎无法实现，归根到底还是这种方法的编辑效率过低，因此难以直接从众多转化子中筛选出阳性克隆。

（二）微藻细胞核遗传改造的方法

微藻细胞核改造的过程实际上是外源 DNA 穿过各层生物膜进入细胞核的过程。常见的外源 DNA 导入细胞核的方法有玻璃珠法、基因枪法、电穿孔法、农杆菌法等。

玻璃珠法适用于去壁的微藻原生质体或细胞壁缺陷微藻。此种方法操作简便且使用成本低，只需将玻璃珠、藻细胞、外源 DNA 和聚乙二醇按照一定比例混合并涡旋振荡就能有效转化 DNA。玻璃珠法在莱茵衣藻中获得了广泛应用，但在其他微藻中的应用尚未报道。此外，一种类似于玻璃珠法的方法能够转化带细胞壁的微藻，该方法使用碳化硅晶须替代玻璃珠，在莱茵衣藻、前沟藻和虫黄藻等微藻都有应用。但是碳化硅晶须价格昂贵并且有潜在的生物安全危险，并没有被广泛使用。

基因枪也被称为基因打靶法、基因轰击法。这种方法通过高压的惰性气体将包被有外源 DNA 的金 / 钨颗粒直接轰击进入细胞中。这种方法既适用于植物细胞和组织的转化，也适用于微藻细胞核、细胞器的转化。该方法的适用性非常广，大部分玻璃珠法无法转化的微藻都能用此种方法进行转化，但设备仪器的购置成本高，耗材金 / 钨颗粒的使用成本也大。

电穿孔法是另一种具有广泛适用性的转化方法。通过高强度的电场作用，电穿孔能瞬时提高细胞膜的通透性，从而吸收外源 DNA。电穿孔方法的转化效率较高，效果稳定，在多种微藻中均有成功应用。值得一提的是，除 DNA 外，电穿孔法还能把 RNA、蛋白、糖类、病毒颗粒及染料等外源分子导入细胞内。利用这种特性，直接将 Cas9 蛋白 -sgRNA 复合物或者 DNA 重组酶等导入莱茵衣藻细胞内，能实现其基因组的定向改造。

农杆菌经过侵染后，可将含外源 DNA 的 T-DNA 区域插入细胞基因组中，实现外源基因向细胞的转移与整合。这种方法起初只用于植物中，后来在衣藻、小球藻、红球藻和硅藻等真核微藻细胞核基因改造中也逐步获得了应用。

除上述常见方法之外，还有部分方法只能针对某种或者某类微藻进行细胞核基因改造。与动物细胞感染病毒类似，某些能感染小球藻或者褐藻的病毒也被用来开发细胞核基因改造体系。这些病毒的双链 DNA 基因组一般为 150 ~ 330 Kbp，能够携带大段外源 DNA 进入藻细胞内。但直到目前为止，仍然有许多问题制约这种方法的应用。转座酶—人造转座子法是另外一种具有推广潜力的转化方法。该方法最初被设计应用于体外诱变，随后才被用于遗传转化。人工转座子是从天然转移体获得的，只包含转座所必需的元素。把足量的转座酶和人工转座子混合孵育，再将混合物转移到靶细胞，就能使转座子整合到靶细胞的基因组中。使用这种方法成功实现了螺旋藻的细胞核基因改造。由于转座不需要宿主因子的参与，研究者认为转座酶方法也可能适用于真核微藻，但迄今为止还未见报道。

（三）常见的微藻细胞核遗传改造工具

在转化过程中，外源 DNA 进入并整合到微藻的细胞核基因组中，但由于效率的原因，绝大多数微藻细胞仍旧是未被改造的野生型，如何从数以万计的细胞中筛选出基因组被改造过的细胞，是微藻细胞核遗传改造过程中的一个关键问题。为了便于筛选，人们开发各种工具来辅助筛选，常见的工具有营养缺陷型（auxotroph）、抗生素 / 农药抗性基因和表型标记等。

1. 营养缺陷型

营养缺陷型是指因丧失合成某些生存必需物质的能力，不能在无机盐类和碳源组成的基本培养基上生存，必须补充一种或一种以上的营养物质才能生长的突变株。这种突变株与含有能合成相对应营养物质的基因相配合，进行营养互补。只有转入了对应基因的细胞才能在基础培养基上生长，实现对转化细胞的筛选。营养缺陷型是最早使用的筛选标记之一，在微藻遗传学研究中有重要应用。微藻的营养缺陷型大致可以划分为氨基酸缺陷型、硝酸盐利用缺陷型和维生素缺陷型等。

精氨酸缺陷型是最常见的氨基酸缺陷型。到目前为止，在莱茵衣藻中已经报道了 4 种精氨酸缺陷型，它们分别是 arg−1、arg−2、arg−4 和 arg−7。其中，arg−1、arg−2 和 arg−7 位于莱茵衣藻 1 号连锁群，arg−4 位于 7 号连锁群。突变株 arg−2 和 arg−7 均缺乏精氨琥珀酸裂解酶，显示为专一的精氨酸缺陷表型。突变株 arg−4 则是鸟氨酸转氨酶的缺失藻，需额外添加精氨酸才能正常生长。突变株 arg−1 缺乏内源谷氨酰磷酸还原酶基因，该藻株能在添加精氨酸、瓜氨酸或者鸟氨酸的基础培养基中生存。上述突变藻株中，arg−7 缺陷型被应用得最广泛，并由此引出了多种以基因组 arg7 基因为筛选标记的表达质粒，如 pJD67、pH11 和 p−389 arg7 等。精氨酸缺陷型在其他微藻中的应用相对较少。

硝酸盐同化是微藻氮元素代谢的第一步，硝酸盐先通过硝酸盐还原酶转化为亚硝酸盐，进而被亚硝酸盐还原酶还原为铵盐。野生型微藻大都既能利用硝酸盐又能利用铵盐作为氮源，当硝酸盐还原酶失活后，微藻不能再以硝酸盐作为唯一氮源继续生长。这种突变藻株能利用硝酸盐还原酶基因作为筛选标记。目前，硝酸盐利用缺陷在莱茵衣藻、椭圆小球藻、杜氏盐藻、念珠藻和绿色杜氏藻的细胞核基因改造中均有重要应用。

维生素缺陷型突变株在莱茵衣藻中发现得最多，到目前为止烟酰胺、对氨基苯甲酸和维生素 B_1 的缺陷突变株已经被成功分离，并且已经证实这些突变株都是由细胞核中的单基因突变而导致的。虽然维生素 B_6 和 B_{12} 的缺陷突变株也有报道，但是它们的基因型尚未被研究清楚。这些由单基因失活而导致的维生素缺陷突变株为建立以维生素基因为筛选标记的新遗传改造工具提供可能。

2. 抗生素 / 农药抗性基因

营养缺陷型的筛选方法并不适用于野生型微藻，因此抗生素 / 农药抗性基因在微藻的细胞核遗传改造中的应用更为广泛。表 3−2 列举了在微藻中常见的抗生素 / 农药抗性基因，AphV Ⅲ、NptII 和 Ble 是应用最广泛的抗生素抗性基因。

表 3−2　微藻中常见的抗生素 / 农药抗性基因

基因简写	描述	来源	应用物种
AphV Ⅲ	氨基糖苷 3′− 磷酸转移酶，对巴龙霉素、卡那霉素和新霉素有抗性	土霉素链霉菌	莱茵衣藻

（续表）

基因简写	描述	来源	应用物种
Ble	博来霉素抗性蛋白，提供博来霉素抗性	印度斯坦链异壁菌	莱茵衣藻
Npt II	新霉素磷酸转移酶Ⅱ，提供 G418 抗性	大肠杆菌	三角褐指藻、小球藻、莱茵衣藻等
Cat	氯霉素乙酰转移酶，提供氯霉素抗性	转座子 Tn9	莱茵衣藻
Hpt	潮霉素 B 磷酸转移酶，提供潮霉素抗性	大肠杆菌	三角褐指藻、小球藻、前沟藻、莱茵衣藻等
AadA	腺苷酰转移酶，提供壮观霉素抗性	细菌	莱茵衣藻
Nat	诺尔丝菌素抗性	诺尔斯链霉菌	三角褐指藻
Sat-1	诺尔丝菌素抗性	大肠杆菌	三角褐指藻
Als	乙酰乳酸合酶，提供农药磺脲的抗性	莱茵衣藻	莱茵衣藻
GAT	草甘膦乙酰转移酶，提供农药草甘膦抗性	土壤农杆菌	莱茵衣藻
mPDS	点突变的八氢番茄红素去饱和酶，提供农药哒草伏抗性	微藻	莱茵衣藻、小球藻、红球藻、集胞藻等

3. 表型标记

微藻的部分表型能被用来筛选细胞核基因发生改变的转化子。以莱茵衣藻为例，色氨酸合酶β亚基基因（MAA7）就是一个被广泛使用的表型标记。MAA7 基因能将 5- 氟吲哚（5-FI）转化为对细胞有毒的 5- 氟色氨酸，野生型微藻并不耐受 5-FI，只有 MAA7 失活或被敲除的转化子才能对 5-FI 有抗性。因此，MAA7 常被用作失活或被敲除内源基因的筛选标记，其他与 MAA7 类似的用以筛选内源基因失活或被敲除的标记基因多为一些与叶绿素合成有关的基因，比较常见的有 CpSRP43、ChlM、CpFTSY 等。其中，CpSRP43 负责编码叶绿体中的光合天线组合蛋白，ChlM 编码镁原卟啉Ⅸ S-

腺苷甲硫氨酸的甲基转移酶（该酶是叶绿素合成关键基因），CpFTSY 则与叶绿素光合天线的大小有关。上述基因失活或被敲除后都会导致藻细胞的叶绿素含量显著降低，从而使莱茵衣藻颜色由绿色转变为黄色，成为表型筛选标记。

第三节　微藻线粒体遗传

莱茵衣藻是目前光合生物中唯一能够利用线粒体遗传系统实现外源功能基因有效表达的物种。本节介绍莱茵衣藻的线粒体基因组结构，mtDNA 复制、转录及其翻译特性；讨论莱茵衣藻的线粒体遗传转化方法、有关转化株筛选标记基因以及外源基因表达等相关研究进展；分析外源基因在线粒体基因组中的同质化过程、表达效率和影响因素等常见问题。对后续开展与莱茵衣藻的线粒体基因表达调控及其反向遗传学等相关研究具有重要意义。

莱茵衣藻的特点是具有细胞核基因组、线粒体基因组和叶绿体基因组三套遗传系统，核基因组和叶绿体基因组已经可以方便有效地进行遗传转化，其表达调控机理也得到较为深入的研究。由于其培养条件简单、生长周期短、光合效率高、遗传背景清楚等特点，莱茵衣藻被认为是具有应用前景的转基因生物反应器，至今已有多种外源基因在莱茵衣藻的细胞核和叶绿体实现成功表达。然而，自 Randolph-Anderson 等报道利用基因枪将野生莱茵衣藻完整的线粒体 DNA 转化到莱茵衣藻呼吸作用缺陷型突变株 *dum1* 获得具有正常呼吸特性的转基因藻株以来，关于莱茵衣藻线粒体基因组遗传转化的研究报道很少，而线粒体遗传转化是研究线粒体基因功能、基因表达调控、线粒体与核质间相互作用等生物学过程的重要途径。深圳大学胡章立课题组自 2005 年开始进行莱茵衣藻线粒体遗传转化方面的研究，成功地利用莱茵衣藻线粒体

遗传系统表达 *egfp* 基因。结合该课题组结果，本节将对莱茵衣藻线粒体遗传转化系统及其外源基因表达的研究进展进行评述。

一、莱茵衣藻线粒体基因组的结构

Ryan 等从莱茵衣藻线粒体中分离纯化出线粒体 DNA，其在氯化铯溶液中的浮力密度是 1.706 g/mL，在标准柠檬酸盐溶液中的溶解温度为 87.9℃，动力学复杂度为 9.78×10^6 Da。电子显微镜观察结果显示，99% 的分子为线性的，仅少于 1% 的分子是闭环或开环。线状或环状的分子大小均为 4.0 ~ 5.4 μm。各细胞内线粒体基因的拷贝数目约为 50 个，占细胞内总 DNA 含量的 0.6% 左右。

在 1993 年已完成莱茵衣藻线粒体基因组全测序（GenBank 序列号：U03843）。测序结果显示，这个线性 DNA 分子全长 15 758 bp，由 13 个基因组成（GC 含量 45%），分别编码细胞色素氧化酶 c 亚基 Ⅰ（复合体Ⅵ）、细胞色素 b（复合体Ⅲ）和 NADH：辅酶 Q 还原酶的 5 个亚基（复合体 Ⅰ），一个反转录蛋白，3 个 tRNA 及大小核糖体亚基的 rRNA 组成。其中，rRNA 基因的组成是不连续的，它被间隔成为 4 个 rrnS 分子和 8 个 rrnL 分子分散在线粒体基因组中（图 3-5）。研究表明，正常 rRNA 是由这些小 RNA 分子通过广泛的分子间的相互作用而形成的。莱茵衣藻的线粒体 DNA 也存在着非编码序列，但其非编码序列很短且不含内含子。Ma 和 Vahrenholz 等对莱茵衣藻线粒体基因组的末端进行了深入研究，发现了长度为 531 bp 和 532 bp 的末端反向重复序列，而且还发现左右两边的 3′ 端有向外延伸的一段序列相同的单链核苷酸（序列长度为 39 ~ 41 个核苷酸）。末端重复序列每边最外端的 86 个核苷酸都与中间的一段 86 个核苷酸的序列相同，这段序列位于 *L2b* 基因的 3′ 端，距离基因组的右端 674 bp。

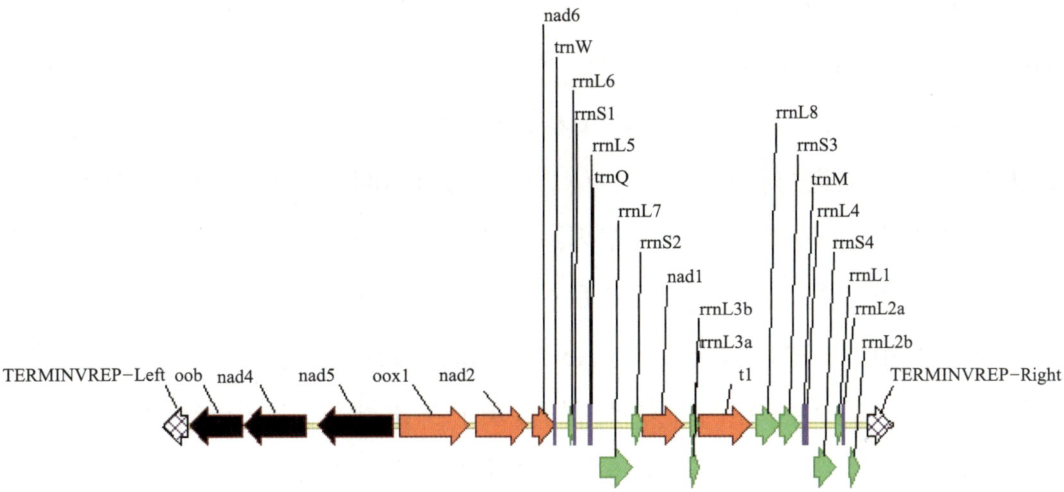

注：箭头方向是基因的转录方向；rrnL1、rrnL2a、rrnL2b、rrnL3a、rrnL3b、rrnL4、rrnL5、rrnL6、rrnL7、rrnL8 为核糖体大亚基的片段；rrnS1、rrnS2、rrnS3、rrnS4 为核糖体小亚基的片段；TERMINVREP-Left，TERMINVREP-Right 分别表示左端和右端的方向重复序列

图 3-5　莱茵衣藻线粒体基因组的基因分布

二、莱茵衣藻线粒体的遗传转化系统

（一）莱茵衣藻线粒体 DNA 的复制、转录与翻译

莱茵衣藻线粒体是具有半自主特性的细胞器，能单独完成 DNA 复制的、转录与蛋白质合成。与细胞核 DNA 复制一样，线粒体 DNA 是以半保留方式进行复制的，但两条链的复制不是同步的，这与细胞核 DNA 准确地在每个细胞分裂期仅复制一次是不同的。根据 Grant 等的研究报道，莱茵衣藻线粒体基因组上 2 条长而非互补的单链末端避免了 mtDNA 自连成环状，而且 mtDNA 的 5′ 末端可被 T4 多核苷酸激酶有效标记，这也排除了复制相关蛋白通过与这些末端共价结合从而进行复制的可能性。Vahrenholz 等人提出了两种莱茵衣藻线粒体 DNA 的复制模型，这两种复制模型都以线粒体基因组中 86 bp 的内部重复序列的存在为前提。

在莱茵衣藻线粒体基因组中，13 个功能基因分两组排列在线性 DNA 分子的两侧，cob、nd4 和 nd5 基因位于左侧，其转录方向是从 3′ 端至 5′ 端；cox1、nd2、nd6、nd1、rtl、rRNA 和 tRNA 基因位于线粒体 DNA 右侧，其转录方向是从 5′ 端向 3′ 端进行。在 nd5 和 cox1 基因之间的间隔区有一小段序列起双向启动子的作用，同一转录方向的基因可组成一个操纵子，经公共双向启动子共同启动它们的转录。但也有相反的观点，因为对转录图谱的研究发现，有低水平的 nd5 基因前体 RNA 的 5′ 端与 cox1 基因的起始位点相重叠。线粒体基因进行转录时，包括 rRNA 在内许多基因的转录子 3′ 末端与另一个转录子的 5′ 末端紧密相连。在 3′ 末端非翻译区中包含能折叠成发夹结构的反向重复序列，这些序列可能含有转录终止、RNA 剪切加工、RNA 稳定等信息。

在莱茵衣藻线粒体中，与核基因组一样利用通用密码子编码基因，但对密码子具有很强的偏爱性。在莱茵衣藻线粒体基因表达过程中，有 9 种密码子根本没有用到，有 4 种密码子也只在 rtl 基因中出现。在莱茵衣藻线粒体中缺失某些密码子，但翻译线粒体基因组信息至少需要 23 个 tRNA，然而在莱茵衣藻 mtDNA 中却只发现 3 个线粒体的 tRNA 基因，这说明线粒体内大部分的 tRNA 很可能是从线粒体外（细胞质）运输进来的。

（二）莱茵衣藻线粒体遗传转化方法

Johnson 利用基因枪法成功实现了酵母（*Saccharomyces cerevisiae*）线粒体遗传转化，将野生株的 *oxi3* 导入呼吸缺陷株（947/PA5），整合到线粒体基因组的同源位点，获得具有细胞色素氧化酶活性的转化株。Randolph-Anderson 等在 1993 年将基因枪转化技术应用到莱茵衣藻线粒体遗传转化中，成功地将野生株 CC-125 中包含 CYB 基因的线粒体 DNA 左侧片段导入呼吸缺陷突变株 CC-2654 中，获得具有完整的呼吸代谢功能的转基因藻。目前莱茵衣藻的线粒体遗传转化方法均采用基因枪法，转化效率提高至每微克 DNA 可得 100 ~ 250 个转化子。

（三）莱茵衣藻线粒体遗传转化的筛选标记基因

利用线粒体基因缺陷突变株进行莱茵衣藻线粒体基因组遗传转化，是目前最主要的遗传转化筛选途径。早期利用化学诱变的方法（吖啶黄和溴已啶染料等）筛选到一系列呼吸缺陷型突变株。异养条件下，突变株细胞生长停滞，不能分裂；在兼养条件下（光照且有醋酸盐），突变株细胞的总呼吸仅为野生型的 20% ~ 50%，生长速率明显下降；在光合自养条件下（光照但无醋酸盐），突变株的生长与野生型的总呼吸率非常相近，生长速率也几乎没有差别。进一步分子生物学分析发现，这些突变株的基因突变位点来自线粒体，根据基因缺失或突变特性分为 24 种突变株，有 7 种突变株（*dum*1、2、3、4、11、14 和 16）是莱茵衣藻线粒体 DNA 左端不同长度片段缺失导致 cob 基因部分或全部缺失，使复合体Ⅲ活性丧失。目前可应用于线粒体遗传转化的突变株是莱茵衣藻呼吸缺陷型 *dum-1 mt*$^{-}$CC-2654，其线粒体 DNA 左端缺失了 1.5 kb 片段（包括左端 *TERMINVREP-Left*、*cob*），因此在黑暗条件下，该缺陷株不能用醋酸钠作为碳源进行异养生长。Randolph-Anderson 等在 1993 年将野生型莱茵衣藻和史密斯衣藻（*Chlamydomonas smithii*）mtDNA 转入呼吸缺陷型 *dum-1 mt*$^{-}$ CC-2654，在黑暗条件下，分别得到了修复缺失突变的转化子。随后报道的莱茵衣藻线粒体转化的研究均使用可导致藻细胞呼吸缺陷的 cob 基因作为筛选标记。

Mireau 等利用 Barstar 基因作为筛选标记，成功地进行了酵母（*Saccharomyces cerevisiae*）线粒体基因组遗传转化工作。线粒体基因的表达受芽孢杆菌 RNA 酶干扰，当利用带有 Barnase 基因的质粒在酵母细胞中表达芽孢杆菌 RNA 酶时，导入线粒体内的芽孢杆菌 RNA 酶能够抑制细胞的呼吸代谢，导致酵母细胞无法在培养基上生长。Barstar 是芽孢杆菌 RNA 酶的抑制剂，将 Barstar 基因（BARSTM）整合到 mtDNA，在酵母培养基上可得到转化子，这说明 BARSTM 能够作为酵母线粒体转化的筛选标记。这一筛选标记不需要使用呼吸缺陷突变株，为多细胞生物线粒体转化提供了可能的筛选途径，但芽孢杆菌 RNA 酶作为一种细胞毒素，如何控制其表达量以免对受体生物产生影响是需要解决的问题，这也大大限制了 BARSTM 作为线粒体转化筛选标记的应用。

2006 年，Remacle 等尝试利用基因枪将两个质粒进行共转化，一个质粒携带核选择标记，而另一个质粒携带线粒体目的基因。随后经过核转化筛选标记在光照下进行转化子筛选后，再转入黑暗条件进行线粒体转化子筛选，但这一途径没有得到预期的效果。胡章立课题组成功地将 *egfp* 基因整合到莱茵衣藻线粒体基因组 TERMINVREP-Left 和 *cob* gene 之间，转基因藻在实验室保持培养两年后，在激光共聚焦显微镜下能够检测到藻细胞线粒体中稳定表达的绿色荧光蛋白。尽管 *egfp* 基因的表达量仍需提高，但该研究结果为莱茵衣藻线粒体基因组的遗传转化研究提供了一种新的筛选标记。

三、外源基因在莱茵衣藻线粒体中的表达

外源基因遗传转化是在活体内评估体外进行的 DNA 改造结果及分析基因组内由于新基因的出现造成的显型改变的唯一方法。利用线粒体遗传转化系统进行外源基因表达具有重要的理论和应用价值：一是研究线粒体基因表达调控、线粒体与核质间相互作用等生物学过程的重要途径；二是进行线粒体基因工程操作的前提条件。例如，许多人类疾病与线粒体 DNA 的突变有关，基因治疗是治疗线粒体疾病的有效措施。植物细胞质雄性不育与 mtDNA 密切相关，针对 CMS 相关基因进行 mtDNA 转基因操作，可以培育出杂交育种所需要的大量细胞质雄性不育系、保持系和恢复系，从根本上改变目前在建立细胞质雄性不育系时烦琐地使用回交育种的方法。然而，至今仅有酵母线粒体遗传系统能够进行稳定的外源基因表达，在高等动物和植物线粒体遗传转化中，只有体外离体线粒体转化的相关报告。

光合生物仅有莱茵衣藻可进行细胞线粒体遗传转化。尽管莱茵衣藻的核基因组和叶绿体基因组已经可以方便有效地进行外源基因稳定表达，并发现了很多用于筛选转化株的标记基因，但是线粒体中异源功能基因表达研究进展缓慢。Randolph-Anderson 等在 1993 年最早报道了在莱茵衣藻中的线粒体遗传转

化工作，他们用野生型莱茵衣藻和野生型史密斯衣藻的完整 mtDNA 成功转化了呼吸缺陷型莱茵衣藻 *dum1* 突变株，得到能够完全修复突变株呼吸缺陷的转基因藻。在线粒体转化过程中通过同源重组方式进行 DNA 的整合。与叶绿体（每个处理细胞获得 1×10^{-4} 个转化株）或核（每个处理细胞获得 1×10^{-3} 个转化株）转化相比，线粒体的转化效率是很低的（$0.8\times10^{-7}\sim12.5\times10^{-7}$）。Yamasaki 等分别构建了 4 种莱茵衣藻 mtDNA 片段，包括 5.0 kb（包含左端反向重复序列、cob、nd4 的 C 端 67 bp 序列、nd5 的 N 端 180 bp 序列、双向启动子序列、cox1、rRNA 基因、ori 和右端重复序列）、3.8 kb（与 5.0 kb 片段相比，cox1 基因 N 端缺失 1.2 kb）、1.8 kb（包含左端反向重复序列、cob、nd4 的 C 端 67bp 序列）和 3.2 kb PCR 产物（包含 cob 和 nd4）。将 4 种 mtDNA 片段分别转化 5 个莱茵衣藻呼吸缺陷突变株品系（dum−1，−14，−15，−16 和 −19），结果表明：因 mtDNA 左端反向重复序列和 cob 部分或全部缺失导致的呼吸缺陷突变株（dum−1、−14、16）均得到转化子（每个平板 9 ~ 14 左右），而突变株 dum−15（cob 的 140 密码子突变）和 dum−19（cox1 的 152 密码子突变）则无法通过同源重组获得转化子。后续分析发现，莱茵衣藻的 mtDNA 左侧末端及反向重复序列缺失可能有利于同源重组的发生，从而提高线粒体遗传转化的效率。

Remacle 等利用高效基因枪转化法构建了莱茵衣藻线粒体基因插入突变株。利用缺失 1.2 kb 片段（包括左端重复序列和 cob 基因）的呼吸缺陷突变株 dum11 作为受体藻株，将包含左端重复序列和 cob 基因的不同长度线粒体 DNA 片段导入衣藻线粒体，得到了较高的转化效率（每微克 DNA 获得 100 ~ 250 个转化株）。进一步分析发现：mtDNA 的线性化有利于提高转化效率；mtDNA 的端粒区能够提高线粒体遗传转化效率，但并不是必需的因素；当 mtDNA 的左侧端粒区缺失时，右侧端粒区序列能够通过拷贝来构建左侧端粒序列。另外，经由莱茵衣藻线粒体转化，有害突变和无害突变能够被引入，如通过 cob 基因的单核苷酸替换筛选到粘噻唑抗性的突变株，含缺失 23 密码子 nd4 基因突变株构建等，这些结果为进一步开展线粒体起源、定点突变和反向遗传学提供了重要基础。

将编码绿色荧光蛋白的 *egfp* 基因插入莱茵衣藻 mtDNA 的 TERMINVREP-Left 和 cob 基因之间，构建包含 TERMINVREP-Left、*ble*、cob 和 nd4 部分片段的表达载体 pBsLPNCB。利用基因枪将 pBsLPNCB 导入莱茵衣藻 *dum1* 突变株 cc-2654 线粒体中，获得能够有效表达绿色荧光蛋白的转基因藻。将该藻株在实验室保持培养 2 年后，藻细胞在激光共聚焦显微镜下仍然能在线粒体中观察到稳定表达的绿色荧光蛋白。到目前为止，这是第一例利用光合生物线粒体遗传系统成功表达外源功能基因的报道。

四、问题与展望

莱茵衣藻线粒体遗传系统的基因组结构已经非常清楚，但线粒体基因的表达调控及其与细胞核和叶绿体基因组的协同关系等是将来一段时间要解决的重要问题。外源基因在莱茵衣藻线粒体遗传系统中的稳定表达是研究这些问题的基础，近几年虽然已经取得了重要进展，但还有以下几方面的问题：

（1）遗传转化株的异质性问题。由于在莱茵衣藻细胞中线粒体基因组包含 30 ~ 50 个拷贝，进行转基因操作时并不是每个线粒体基因组中都导入了外源基因，这就出现同一藻细胞不同基因组拷贝中出现含有外源基因和没有整合外源基因的异质体转化株，随着转基因藻的亚克隆筛选，使异质体的基因组分离，最后得到全部含外源基因的同质化转化株。在莱茵衣藻叶绿体遗传转化过程中，这种同质化过程是非常快的，但依赖呼吸缺陷突变株进行遗传转化得到转化子的线粒体同质化转化过程是非常慢的，经过 2 ~ 3 个月黑暗条件下的培养后，还能检测到异质化的转化子亚克隆株。由此可见，研究更为有效的筛选遗传转化株方法能够在短时间内获得全部包含外源基因的同质化转化株，将是莱茵衣藻线粒体遗传转化研究的重要任务。

（2）遗传转化株的高效筛选途径问题。采用呼吸缺陷突变株作为转基因受体，该藻株转化子线粒体基因组由于整合了突变株缺失的 *cob* 片段，能够在黑暗条件下生长而得以筛选出来。这种转化子筛选途径在高等多细胞生物中是不容易实现的，因为这些生物呼吸缺陷后不可能存活。到目前为止，还没能找到高效抗生素抗性基因可在线粒体中稳定表达，大大制约了线粒体遗传转化系统的发展。

（3）莱茵衣藻线粒体基因的表达调控问题。尽管莱茵衣藻线粒体遗传系统已经成功表达外源基因，然而外源基因在转基因藻中的表达水平仍较低，可能的原因包括：①在线粒体表达载体中，缺少额外的启动子和其他增强序列，*egfp* 基因只能利用 mtDNA 中的双向启动子来跟随 *cob* 基因进行本底水平的转录表达。②莱茵衣藻线粒体具有很强的密码子偏爱性，虽然编码 *egfp* 基因的密码子大部分都符合莱茵衣藻线粒体的偏爱密码子，但是也有少数几个密码子较罕见，可能影响 *egfp* 基因的表达水平。③缺少莱茵衣藻线粒体基因 *5′UTR* 和 *3′UTR* 可能导致 *egfp* 基因缺乏适当的表达调控。*5′UTR* 和 *3′UTR* 被认为与基因转录后水平的调控过程有密切关系，可能具有翻译起始、维持 mRNA 的稳定性、mRNA 的转录后修饰、保证翻译效率等功能。④在莱茵衣藻 mtDNA 基因中，公共的序列区段（5′AAAUUUAU 3′）被确定能与核糖体小亚基末端序列互补，这段序列一般位于 ATG 起始密码子上游 3 ~ 7 bp 处，缺少这些非编码序列有可能影响 *ble* 的表达水平。由于基因的表达调控是非常复杂的，莱茵衣藻线粒体外源基因表达调控涉及整合位点、转录活性、核质互作、翻译转运等方面的调控，这将是今后相当一段时间内需要解决的重点难题。

第四节　微藻表观遗传学

表观遗传学拓展了人们对遗传学的认识，不仅基因组序列包含了遗传信息，而且其修饰也可以记载遗传信息。表观遗传学相对于遗传改造研究而言，是基于非基因序列改变的基因表达水平变化，如 DNA 甲基化和染色质构象变化等，是基因功能可逆、可遗传的改变。在分子水平上，表观遗传学包括针对 DNA 和周围组蛋白的可遗传或可逆化学修饰，从而改变 DNA 三级和四级结构，影响转录因子的接触和基因表达。由于环境条件的变化，藻细胞必须通过基因表达改变来不断转换其生物学途径，表观遗传学在微藻的适应过程中起着重要作用。迄今为止，关于微藻应激适应和代谢产物产生的表观遗传机制还所知甚少，有关微藻特殊表观遗传调控类型的研究仍在不断进行。

一、适应性实验室进化

在环境发生变化时，在一个群体中生物可以通过固定对繁殖有利的突变体来适应环境。早在 100 多年前，英国威廉・达林格博士就开展了适应性实验室进化（adaptive laboratory evolution）研究，最著名的实验室适应性实验进化研究则由密歇根州立大学的伦斯基教授和他的团队完成，他们以大肠杆菌为研究对象进行了 5 万多次传代适应性实验室进化研究。生物在适应性进化的过程中，基因组往往会产生不同类型的变异。例如，单核苷酸多肽性，小规模的插入和缺失，转座元件的转座，基因组大范围的缺失和重复等。在这些变异中，不同类型的变异发生的频率并不相同：首先，在所有变异中单核苷酸多态性变化所占比例最高，61% 的基因组变异均为单核苷酸多态性变化；其次是缺失突变，缺失突变约占所有基因组变异的 29%；再次是插入突变，插入突变约占基因组变异的 7%；最后是所占比例最少的转座元件转座，转座元件转座仅仅占所有基因组变异的 3%。

对微生物细胞来说，DNA 复制的错误率非常低，每轮复制的错误率大约只有 $1/10^{-10}$，因此需要对一个很大的群体进行选择，才有可能筛选到突变体。微生物作为研究适应性进化的材料存在诸多优点，如微生物营养需求简单、在实验室内易于培养、微生物生长快等。微藻在食品、饲料、药品、生物能源等领域是很有潜力的原材料，同时微藻也具有微生物上述所有的优点，因此很多研究者以微藻作为实验材料进行适应性进化研究，从而获得人们所需要的藻株。

目前，作为适应性实验室进化材料的真核微藻主要包括小球藻 *Chlorella*、杜氏藻 *Dunaliella*、衣藻 *Chlamydomonas*、绿球藻 *Chlorococcum*、褐指藻 *Phaeodactylum*、球石藻 *Emiliania* 等。

（1）小球藻 *Chlorella*：研究者通过将小球藻 *Chlorella vulgaris* 置于配备高效 LED 灯的光生物反应器中进行适应性实验室进化，成功获得了能够在 660 nm 波长 LED（光）照射下长势良好的小球藻藻株，从此不需要再用相对昂贵的 680 nm 波长 LED（光）来培养藻细胞。微藻可以吸收 CO_2，从而控制温室气体的排放，有研究者将小球藻置于高浓度 CO_2（10%）条件下进行适应性进化，获得了在 30% CO_2 浓度下长势良好的小球藻藻株，该藻株的叶绿素含量比原始藻株高，并且该藻株的最大生物量可达到原始藻株的 2.94 倍。酚类物质是典型的环境污染物，微藻对高浓度的酚耐受性很低，因此很难被用于降解酚类污染物，研究者通过将小球藻置于含酚的工业废水中进行适应性进化研究，成功获得对酚有较高耐受性的小球藻藻株，该小球藻不光能够耐受高浓度的酚，还能有效降解酚。

（2）杜氏藻 *Dunaliella*：研究者将杜氏藻 *Dunaliella salina* 置于蓝光与红光组合的 LED 光照（总光照强度为 170 μE/m²/s，蓝光与红光比例为 1∶3）下进行适应性进化研究，得到了富含类胡萝卜素的杜氏藻藻株，该藻株的平均生长速率比原始藻株高 20%，反式 β 胡萝卜素与叶黄素的含量分别是原始藻株的

3.3 倍和 2.3 倍。

（3）衣藻 *Chlamydomonas*：研究者对 3 株莱茵衣藻 *Chlamydomonas reinhardtii*（CC 4324、CC 4326 和 CC 4334，CC 4326 和 CC 4334 为低淀粉突变株）进行了 28 轮总共 84 天的适应性进化研究，发现经过适应性进化的 3 株藻株的生长速率均较进化前有所提高。另外，研究发现适应性进化对脂含量也有影响，如 CC 4326 的脂含量由进化前的 32% 提高到进化后的 36.67%，对 CC 4334 的进化株进行缺氮胁迫，脂含量能够从 24.27% 迅速上升到 44.67%。还有研究者将莱茵衣藻置于含高盐（200 nM NaCl）的培养基中进行适应性进化，经过 1 255 传代后获得了在高盐条件下生长良好的衣藻藻株。该研究者同时还对进化株和短期（48 h）高盐适应株的转录组进行了研究，发现进化株和短期适应株的转录组差异很大。例如，在进化株中，涉及胁迫应激反应相关基因与涉及转录 / 翻译的相关基因表达下调，而在短期适应株中，光合作用相关基因表达下调，而甘油磷脂信号相关基因与转录 / 翻译相关基因表达上调。经过 1 880 传代，研究者还获得了生长速率提高的衣藻藻株，对该藻株进行基因组重测序和转录组测序，基因组重测序结果表明进化株的基因组中存在 1 937 种多态性变化。其中，149 个单核苷酸多态性变化会导致氨基酸替换，转录组结果表明蛋白质合成相关的基因、细胞周期相关的基因和胞内呼吸相关的基因表达上调，DNA 修复相关基因和光合作用相关基因表达下调。

（4）绿球藻 *Chlorococcum*：研究者研究了反复的缺氮胁迫对绿球藻 *Chlorococcum littorale* 生物量和油脂积累的影响，发现反复的短时间缺氮胁迫不会影响绿球藻的油脂产量，认为绿球藻非常稳定，适用于半连续培养。

（5）褐指藻 *Phaeodactylum*：研究者将三角褐指藻 *Phaeodactylum tricornutum* 置于半连续培养系统中进行适应性进化，获得了生物量大、褐藻素含量高的三角褐指藻。

（6）球石藻 *Emiliania*：球石藻 *Emiliania* 是一种单细胞海洋微藻，它能用来生物合成方解石。研究者以球石藻 *Emiliania huxleyi* 为实验材料研究了球石藻在海水酸化条件下发生的适应性进化，发现球石藻经过适应性进化后 pH 相关基因和碳转运相关基因表达上调。

目前作为适应性实验室进化材料的原核微藻主要是集胞藻 *Synechocystis*。丁醇被认为是一种能够替代或补充汽油的下一代生物燃料，很多研究者希望用微藻作为细胞工厂来生产丁醇，然而由于丁醇具有生物毒性，因此阻碍了细胞工厂的应用，为了提高微藻对丁醇的耐受性，研究者将集胞藻 *Synechocystis* sp. PCC 6803 置于含丁醇的培养基中进行适应性进化，经过 395 天的适应性进化后成功获得了能够耐受 5% 丁醇的集胞藻藻株。还有研究者利用随机诱变结合高温适应性进化的策略，成功获得耐受高温的集胞藻藻株。

二、微藻 DNA 的甲基化修饰

真核生物和原核生物的 DNA 均可被甲基化修饰，DNA 甲基化修饰是由 DNA 特异的甲基化转移酶来完成的，它将通用底物 S- 腺苷甲硫胺酸中的甲基基团转移到特异的 DNA 上，根据甲基基团转移的位置，DNA 甲基化转移酶可以分为三大家族——N6 腺苷酸甲基转移酶家族、C5 胞嘧啶甲基化转移酶家族、C4 胞嘧啶甲基化转移酶家族，分别产生 N6- 甲基腺苷酸、C5- 甲基胞嘧啶和 C4- 甲基胞嘧啶。其中，C5 胞嘧啶甲基化转移酶家族又包括 6 个亚族。

不同生物中 DNA 甲基化修饰的方式不尽相同，并且对不同生物的影响也不相同。启动子区域附近的甲基化修饰与基因表达相关，启动子被甲基化修饰，基因的转录通常会受到抑制，基因体（gene body）上有时也存在高度保守的甲基化修饰。在陆生植物与哺乳动物中，基因组中胞嘧啶甲基化修饰通常抑制转座因子转座、沉默 DNA 重复序列或编码基因的转录等，并且还在基因组印记、X 染色体失活、染色体稳定性中起重要作用。在原核生物中，DNA 甲基化通常与限制 / 修饰系统相关。

（一）真核微藻中 DNA 甲基化修饰

绿色植物中的 DNA 胞嘧啶甲基化主要以 CG、CHG、CHH（H=A，T 或 C）

的形式存在，维持 CG 形式的甲基化修饰由 DNA 甲基化转移酶 Dnmt1/MET1 亚族催化，CHG 形式的甲基化修饰由植物特异的染色体甲基化酶亚族（plant-specific chromomethylases，CMTs）来催化，CHH 形式的甲基化修饰的引入则由 Dnmt3/DRM（domains rearranged methyltransferase）亚族催化。有学者曾分别用人和拟南芥的 Dnmt1/MET1、CMT 和 Dnmt3/DRM 的序列在 14 个真核微藻的基因组中进行了比对，发现 Dnmt3/DRM 只存在于红藻 *Galdieria sulphuraria* 与蓝藻 *Cyanidioschyzon merolae* 中，CMT 只存在于小球藻中，Dnmt1/MET1 存在于四胞藻纲中的 *Chlorella sorokiniana* 和 *Chlorella variabilis* 及绿藻纲中的 *Chlamydomonas reinhardtii* 和 *Volvox*、*carteri* 中。

在小球藻 *Chlorella variabilis* 中，基因主要以 CG 甲基化的形式被修饰，甲基化位点主要分布在基因体内部，启动子分布较少。同时，CHG 形式修饰的甲基化也很多，CHG 形式的甲基化修饰主要集中在重复序列中，很少出现在基因中。

莱茵衣藻中 DNA 胞嘧啶甲基化修饰最开始只在配子发生过程中的叶绿体 DNA 中发现，叶绿体 DNA 的甲基化在配子型和叶绿体 DNA 的单性遗传中起重要作用。近期研究发现，在莱茵衣藻的核基因组中也存在低水平的甲基化修饰，莱茵衣藻核基因组中甲基化修饰与团藻 *Volvox carteri* 类似，CG 甲基化修饰在转座子序列上有富集，而在基因体内较少。莱茵衣藻中也发现过 CHG 和 CHH 甲基化，它们均出现在染色体上，在转座子和重复序列几乎没有富集，尽管如此，在莱茵衣藻基因组中没有发现甲基化转移酶 CMT 与 Dnmt3/DRM 的相似蛋白，因此推测莱茵衣藻中可能存在还没有被鉴定的甲基化转移酶。莱茵衣藻中 DNA 甲基化修饰涉及转基因特别是串联重复序列的转录沉默。

团藻 *Volvox carteri* 基因组的甲基化修饰程度较低，并且排他的以 CG 形式存在，*Volvox carteri* 中转座子与重复序列更易被甲基化修饰。团藻中 DNA 甲基化修饰也与转基因的转录沉默相关，研究表明，一个类似 MET1 的甲基化转移酶对转基因与转座子甲基化的维持起作用。

骨球藻 *Ostreococcus lucimarinus*、小单胞藻 *Micromonas pusilla* 和深海球藻 *Bathycoccus prasinos* 中核小体连接处存在密集成簇的 CG 甲基化，推测这些甲基化修饰对核小体的正确定位和染色质的压缩起重要作用。

总的来说，微藻与陆生植物和脊椎动物类似，倾向于对转座因子和基因体进行 DNA 胞嘧啶甲基化修饰，转座因子的甲基化修饰很可能抑制转录和转座子的复制来确保整个基因组的完整性。类似地，一些微藻中发现启动子的甲基化修饰也与基因表达呈负相关，但还没有足够案例证明微藻通过 DNA 甲基化修饰来调控蛋白编码基因的表达。

（二）原核微藻中 DNA 甲基化修饰

细菌典型的限制 / 修饰系统包含 2 种酶活性，分别为限制性内切酶活性和甲基化转移酶活性，编码 2 种酶的基因通常存在于同一个操纵子中。原核生物除含有涉及限制 / 修饰系统的 DNA 甲基化转移酶外，有的基因组中还存在一些孤立的 DNA 甲基化转移酶。例如，在大肠杆菌 *Escherichia coli* 中就存在 3 种 DNA 甲基化转移酶：① Dam（DNA adenine methyltransferase），这种酶催化序列 5′-G^{m}ATC-3′ 中产生 N6- 甲基腺苷酸；② Dcm（DNA cytosine methyltransferase），在序列 5′-C^{m}C（A/T）GG-3′ 中产生 C5- 甲基胞嘧啶；③ 1 个限制 / 修饰系统的甲基化转移酶 M·EcoK，它能修饰序列 A^{m}AC（N_6）GTCG 中的第 2 个腺嘌呤。

鱼腥藻 *Anabaena* sp. PCC 7120 基因组中有 9 个 DNA 甲基化转移酶，有 4 个可能为孤立的 DNA 甲基化转移酶。

Nostoc punctiforme ATCC 29133 的基因组中可能含有 2 个属于限制 / 修饰系统的 DNA 甲基化转移酶，分别为 M · *Bgl* Ⅱ和 M · *Acy* Ⅰ，M · *Acy* Ⅰ可能没有活性，这 2 个 DNA 甲基化转移酶在其他蓝藻的基因组中没发现相似度高的蛋白，因此推测这两个涉及限制 / 修饰系统的甲基化转移酶很可能是从其他细菌水平转移而来的。该物种基因组还存在孤立的 4 种 DNA 甲基化转

移酶，这 4 种甲基化转移酶的识别位点分别为 GATC、GGCC、CGATCG 和 rCCGGy。

Synechocystis sp. PCC 6803 的基因组中可能含有 3 个孤立的甲基化转移酶，分别为 MbpA、Sll0729、SynMI，这三个酶的识别位点分别为 GATC、GGCC 和 CGATCG。另外，在 *Synechocystis* sp. PCC 6803 的蛋白抽提物中检测不到限制性内切酶活性，因此推测 *Synechocystis* sp. PCC 6803 很可能没有涉及限制 / 修饰系统的甲基化转移酶。

原核微藻中涉及限制 / 修饰的 DNA 甲基化转移酶的作用与细菌类似，即通过这类甲基化酶对基因组 DNA 进行甲基化修饰可以防止细菌被其自身的限制性内切酶消化。尽管如此，研究者对原核微藻中孤立的 DNA 甲基化转移酶的作用还知之甚少，但是 *E. coli* 中的孤立的甲基化转移酶 Dam 能使 GATC 腺嘌呤甲基化，已有研究证明 *E. Coli* 利用该酶来区分新合成的 DNA（新合成的 DNA 被半甲基化）与旧的 DNA（旧的 DNA 被完全甲基化），推测原核微藻中的孤立的甲基化转移酶也可能起到类似作用。

三、微藻的 miRNA 调控

（一）miRNA 的发现

1. miRNA 的发现

miRNAs（MicroRNAs）是一类长约 21 ~ 22 nt 的内源性非编码小 RNA，于 1993 年首次在线虫中被发现，此后，在拟南芥、线虫、果蝇、小鼠以及人类等各种生物和病毒中都相继有报道。成熟的 miRNA 由较长的初级转录物 pri-miRNA 经过一系列核酸酶的剪切加工而产生，随后组装进以 AGO 为核心的 RNA 诱导的沉默复合体 RISC，通过碱基互补配对的方式识别靶 mRNA，指导 RISC 降解靶 mRNA 或者阻遏靶 mRNA 的翻译，从而进行转录后基因表达调控。许多研究表明真核生物 miRNAs 起着重要调控作用，包括调控真核生物的生长发育和生理，调控寄主—病原菌互作，调控细胞分化、细胞增殖、细胞凋亡及肿瘤发生等几乎各项生命活动。Lee 于 1993 年首先发现线虫的异时性（heterochronic）基因 *lin-4* 并不编码蛋白质，它的转录物中有个长度为 22 nt 的产物，在幼虫的 L1 后期表达，与 lin−14 mRNA 3′ 端非翻译区（UTR）序列互补，从而短暂下调 LIN−14 蛋白质的表达水平，使线虫由 L1 期向 L2 期转化。随后，促进幼虫向成虫转变的基因 *let−7* 也被发现，其转录产物为 21 nt RNA 分子，它在线虫的 L3 期表达量较少，在 L4 早期和成虫期表达量较高。*let−7* 转录产物能与线虫其他异时性基因 *lin−14*、*lin−28*、*lin−41*、*lin−42* 和 *daf−12* 转录产物的 3′ UTR 序列互补。这类小分子 RNA 当时被称为 stRNA（small temporal RNA）。此后，拟南芥、线虫、果蝇、小鼠以及人类等各种生物和病毒中相继有 miRNA 的报道，且主要以模式生物为主。miRNA 种类的普遍性和多样性预示着它在生物界中具有广泛的功能。

2. 单细胞微藻 miRNA 的发现

人们曾一度认为 miRNAs 只存在于多细胞高等真核生物中，是为了增加生物复杂度而产生的一种基因表达调控系统。直到 2007 年，以 Zhao 和 Molnar 等为首的两个独立的研究小组同时在低等单细胞生物莱茵衣藻中发现了大量 miRNAs 的存在。

Zhao 等发现莱茵衣藻 miRNA 能在体内和体外介导剪切其靶 mRNA，且 miRNA 假定的进化前体和高等植物类似。进一步研究表明，在莱茵衣藻配子形成的过程中某些 miRNA（或候选 miRNA）的表达或提高或降低。此外，他们还发现莱茵衣藻存在其他类型的小 RNA 分子，包括类似植物 *trans*−acting siRNAs 的小分子干扰 RNA（siRNAs），以及来源于蛋白编码基因和转座子的一些 siRNA。研究者发现衣藻 miRNA 和高等植物 miRNA 的很多共同特征表明复杂的 RNA 沉默系统比多细胞进化早，是原始真核细胞的特征之一。人们这才意识到 miRNAs 可能是一种古老的调节机制，早在多细胞生物出现前就已经存在了。

胡章立等利用高通量测序的方法对富硫和缺硫处理的莱茵衣藻进行 miRNA 测序，总共预测获得了 310 个 miRNA，包括已知的 85 个 miRNA，以及 225 个新的 miRNA。其中，13 个 miRNA 是缺硫条件下特异表达的，47 个 miRNA 对缺硫显示重要的差异表达（大部分表达上调），说明缺硫对莱茵衣藻 miRNA 的表达有重要影响。最新的研究表明，通过对野生型盐生杜氏藻高光与高盐度处理组的比较研究，发现 miRNA 也参与了杜氏盐藻的 β- 胡萝卜素的积累机制。

目前，已经可以通过合成人工 miRNA 的方法操纵莱茵衣藻代谢途径来增加脂肪酸含量。利用过量表达内源 miRNA（miR1166.1）和人工 miRNA 操纵莱茵衣藻代谢途径来提高氢气的光生物合成。

（二）微藻 miRNA 的生物合成

1. 高等生物 miRNA 的生物合成

动植物 miRNA 的合成都涉及“两步”切，即从初级转录物（primary miRNA，pri-miRNA）切割成 miRNA 前体（pre-miRNA）及 pre-miRNA 进一步切割形成成熟 miRNA（图 3-6）。二者的合成仍然存在 3 种差异：①植物 miRNA 的合成完全在细胞核内完成，“两步”切全由核内的类 Dicer 1（Dicer-like 1，DCL1）完成。动物 miRNA 后半段的合成在胞浆内完成。在核内完成由 Drosha 介导的第一切后，pre-miRNA 移出细胞核，在胞浆内遇到 Dicer，完成第二切。②可能是由于第一切用的酶不同（植物用 DCL1，动物用 Drosha），植物 miRNA 长度多为 21 个核苷酸，相比之下，动物 miRNA 则稍长些，为 22 ~ 23 个核苷酸。③合成过程中，植物 miRNA 还有其特殊性，在完成“两步”切后，植物 miRNA 会在 3′ 末端进行甲基化修饰，能预防被降解。相反，动物 miRNA 则很少有这种修饰。

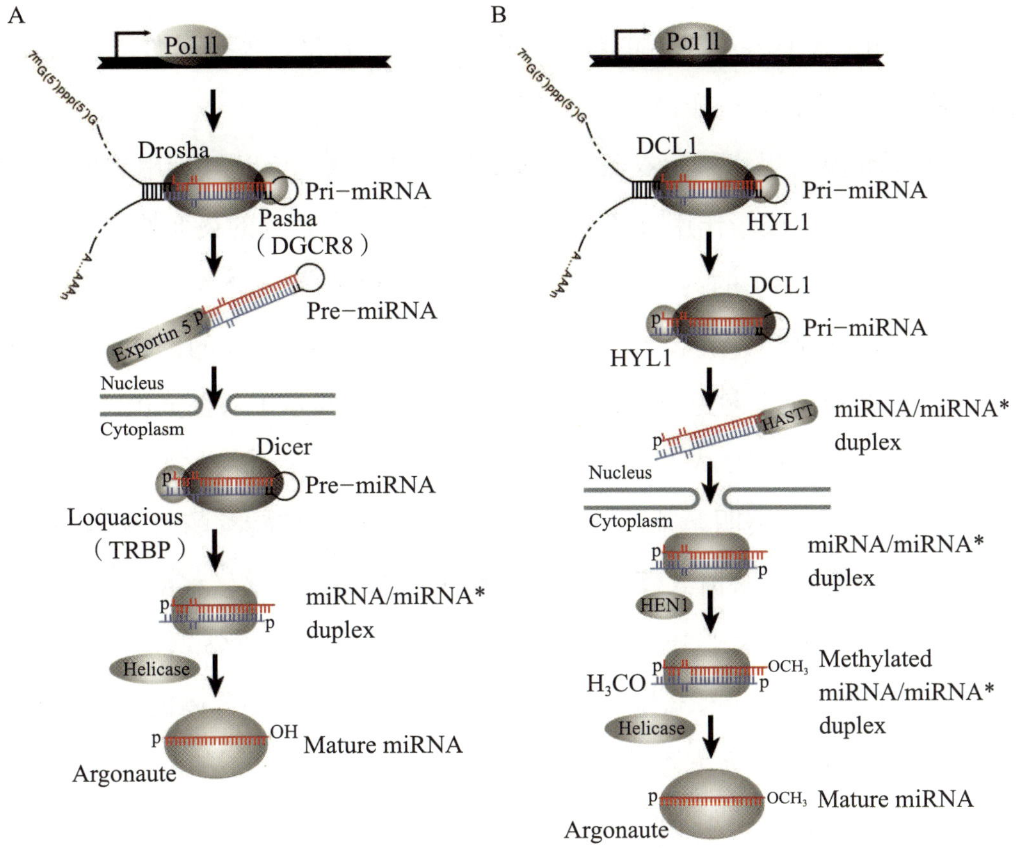

A、B 图分别为动物和植物 miRNA 生物合成途径。成熟 miRNA 为红色标记，miRNA* 为蓝色标记。

图 3–6　miRNA 生物合成途径

2. 微藻 miRNA 的生物合成

Voshall 等通过亲和纯化和深度测序的方法分离得到 39 个 pre–miRNAs，产生了 45 个独立、AGO3 相关的 miRNA 序列，包含 13 个先前报道的 miRNAs 和 32 个新发现的 miRNAs。潜在的 miRNA 靶基因的挖掘是基于 miRNA 和转录本候选结合位点的互补性，通过剪切或抑制翻译来调节。有 74 个候选剪切的靶基因被鉴定，但在完全没有小 RNA 的突变株中只有 6 个 mRNA 表达水平有上调。寻找翻译抑制的靶基因，大多数预测翻译抑制的靶基因在缺乏小 RNA 的突变株中，蛋白表达水平并未发生改变。此外，在蛋白水平检测的 3 个候选靶基因中，只有其中的一个多肽在突变株中有改变。这些结果都表明在莱茵衣藻中鉴定 miRNA 真实靶基因的难度，也暗示了在标准的实验条件下，miRNA 很可能在内源基因调控方面起着主要作用。

为了研究模式生物莱茵衣藻 miRNA 介导的沉默，Valli 等利用遗传筛选的方法研究其生物合成、作用方式和生物学功能等。在筛选的突变株中，有 3 个 DCL3（Dicer-like 3）的突变株几乎不能产生 miRNA 和 siRNA。依赖 DCL3 的 miRNA 和高等植物的不同，许多是从 mRNA 或 pre-mRNA 的内含子产生的。通过对野生型和 *dcl3* 突变株的转录组分析，进一步揭示了衣藻 miRNA 和高等植物的差别，衣藻 miRNA 很少负调控 mRNA 的积累。

Ibrahim 的研究表明，莱茵衣藻通过 MUT68 核苷酸转移酶对成熟 miRNA 的尿苷酸化从而促进莱茵衣藻 miRNA 的降解。末端核苷酸转移酶基因 *MUT68* 缺失，导致 miRNA 水平升高。进一步的研究显示，*MUT68* 起着重要作用，在体内对小 RNA 的 3′ 末端尿苷化，在体外通过 RRP6 复合体的亚基刺激小 RNA 的降解，推测作为剔除功能失调和受损伤小 RNA 分子的一种量控机制，MUT68 和 RRP6 协同降解成熟 miRNAs 和 siRNAs。

（三）微藻 miRNA 的作用机制

miRNA 介导的转录后调控在真核生物中起着重要作用，这一调控途径在多细胞模式生物中研究较透彻。但在微藻中的这一类研究较少，miRNA 生物合成的特点、靶 mRNA 的识别及沉默都不清楚。Tomohito Yamasaki 报道了莱茵衣藻中一个由发夹 RNA 加工而成的 miRNA-cre-miR1174.2。利用荧光素酶报告基因，他们证明了 cre-miR1174.2 在莱茵衣藻是有功能的，并能在一个完美匹配的靶基因序列的中间引起位置特异性剪切。进一步的错配耐受实验揭示，miRNA 5′ 末端的种子序列和靶基因互补配对，就足以引起表达的抑制。相反，miRNA 3′ 区域的匹配对沉默不是关键的。他们认为，相比陆生植物 miRNA 需要较高的匹配度，莱茵衣藻 miRNA 介导的抑制需要较宽松的碱基互补配对，这跟多细胞动物比较相似。

Valli 等通过对野生型和 *dcl3* 突变株的转录组分析，发现少数转录本在 *dcl3* 突变株的表达量比野生型高，并不是因为 miRNA 介导靶 mRNA 降解，而是指导 DCL3 剪切 miRNA 前体结构嵌入在 mRNA 的非翻译区（和翻译区），揭示了莱茵衣藻 miRNA 介导的 RNA 沉默和高等植物不同。Valli 等推测莱茵衣藻 miRNA 的沉默机制不具有高等植物的特征。

典型的 miRNA 存在于前导转录本的双链茎环中，由 DICER 核酸酶及一类双链 RNA 结合蛋白（DRB）协助精确剪切而成。在动植物中，DRB 在 miRNA 的生物合成中起着重要作用，而在莱茵衣藻中鲜有研究。Tomohito Yamasaki 首次报道了莱茵衣藻中的第一个 DRB 蛋白——DUS16。研究发现，DUS16 在单细胞模式生物莱茵衣藻初级 miRNA 的加工过程中起着重要作用。在动植物中，miRNA 生物合成相关的 DRB 蛋白具有 2 ~ 3 个双链 RNA 结合结构域（dsRBD），而莱茵衣藻的 DUS16 只包含了 1 个 dsRBD 和一个单链 RNA 结合结构域（RRM）。DUS16 功能缺失突变株的 miRNA 大量下降，但在突变体互补表达了 DUS16 后，这些 miRNA 可以正常生成，但只表达 DUS16 的部分结构域（RRM- 或 dsRBD）不能恢复 miRNA 的生成。DUS16 主要定位在细胞核，与 pri-miRNAs 和 DCL3 蛋白有关。研究结果表明，DUS16 作为微加工复合体的一成员，促进 pri-miRNAs 加工成为成熟的 miRNA。他们推测，DUS16 是莱茵衣藻 miRNA 生成的一个关键因子，因为它在功能上类似于动植物 miRNA 生物合成的 DRB 蛋白。

（四）微藻人工 miRNA 系统

莱茵衣藻 miRNA 被大量发现后，Attila Molnar 开发了一种高特异性和高通量的新型人工 miRNA 系统，将较长的前导 miRNA 片段组装于 HSP70A-RBCS2 串联启动子的 pChlamiRNA2 载体，该系统可以有效地运用于特异的绿藻高通量基因沉默。

几个利用反义或反向重复序列的 RNA 沉默策略已在莱茵衣藻中得到应用，但脱靶效应无法避免。Stefan Schmollinger 在莱茵衣藻建立了一种可诱导型的人工 miRNA 表达系统。利用受氨抑制而被硝酸盐激活的 *NIT1* 启动子，以及热休克因子作为靶标检测该人工 miRNA 载体，转化子在从铵盐培养基转移到硝酸盐培养基 2 小时后，*HSF1* 转录本就已经开始下降，而 HSF1 蛋白在转变 8 小时后水平才开始下降，并在 24 小时时达到最大值。

通过微藻缺硫培养进行光合产氢已获得成功，但不适合工业化应用。李辉和胡章立等利用人工 miRNA 技术沉默光合系统 Ⅱ 相关的 OEE2（oxygen evolving enhancer）基因实现莱茵衣藻持续光合产氢，具有重要经济价值。

四、微藻中的长链非编码 RNA（lncRNA）

（一）lncRNA 的定义

生物体内普遍存在两种不同的 RNA：一种是可编码蛋白的 RNA（mRNA），另一种为非编码蛋白的 RNA。非编码蛋白的 RNA 种类繁多，通常按长度大小可分为短链非编码 RNA，如 miRNA、siRNA，以及长链非编码 RNA。长链非编码 RNA 指长度大于 200 个核苷酸，并且不具有编码蛋白质功能的 RNA。但是也有研究表明，在特定条件下，部分非编码 RNA 能编码寡肽。lncRNA 的生成过程类似于 mRNA，其主要通过 RNA 聚合酶 Ⅱ 的转录作用，5′ 端加帽、3′ 加尾产生，主要定位于细胞核。

（二）lncRNA 的发现

在很长一段时间里，人们都对 lncRNA 的功能一无所知，认为 lncRNA 是转录的副产物，不具有生物学功能，但 HOTAIR 这一非编码 RNA 的发现让 lncRNA 的研究进入了新的阶段。HOTAIR 是长度为 2.2 kb 的长链非编码 RNA，它抑制了距离它 40 kb 远的 *HOXD* 基因的转录，而 *HOXD* 基因簇在胚胎发育过程中起着重要作用。HOTAIR 发现后，人们认识到了 lncRNA 虽然不编码蛋白，但不是无用的基因组转录垃圾，lncRNA 的功能研究开始成为热点。现在，lncRNA 在细胞分化和发育方面的重要作用已经广为人知，lncRNA 的特异性表达还与很多疾病的发生发展有关，如神经系统疾病的发生（阿尔茨海默病、精神分裂症、孤独症等）、癌细胞的扩散（乳腺癌、肺癌、子宫癌、胰腺癌、宫颈癌、前列腺癌、结直肠癌、肝癌、神经胶质瘤、骨肉瘤等）、免疫应答基因的调控等。

（三）lncRNA 的种类

lncRNA 种类繁多，一般依据其在基因组上的位置可分为四大类（图 3-7）：①基因间区 lncRNAs（Intergenic lncRNA），lncRNA 位于 2 个基因之间，在

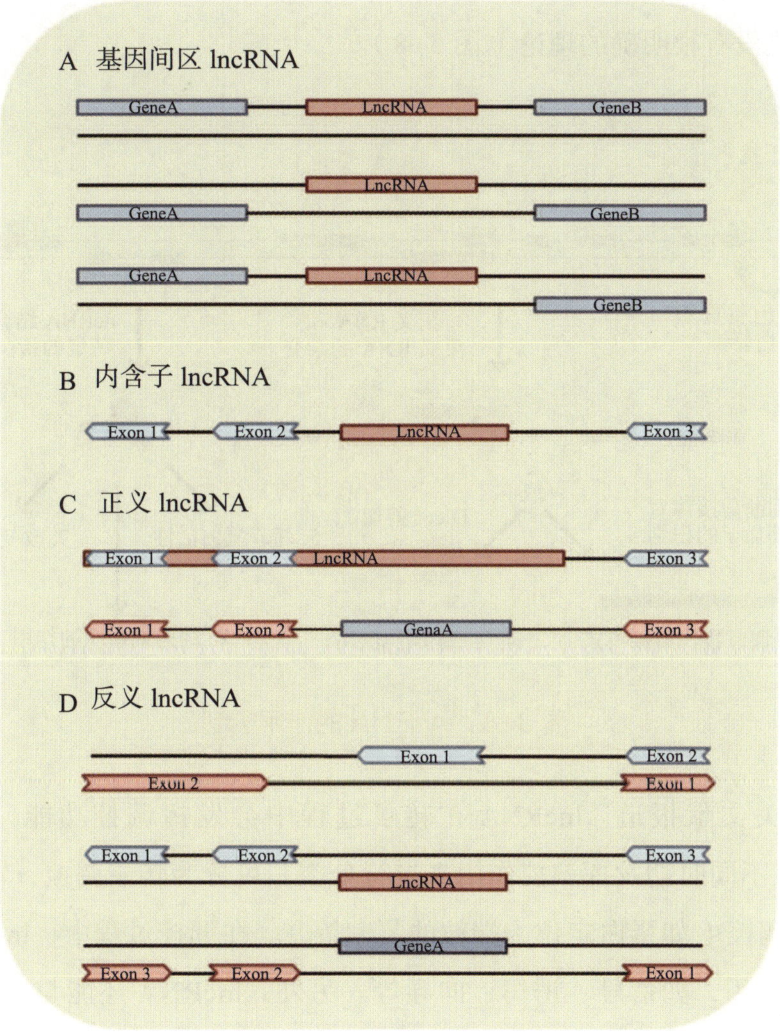

图 3-7　lncRNA 的分类

生物体内数量最多且最常见；②内含子 lncRNAs（Intronic lncRNA），lncRNA 来源于另一个转录物的内含子；③正义 lncRNAs（Sense lncRNA），与正义链上另一个转录物的外显子重叠；④反义 lncRNAs（Antisense lncRNA），与反义链的转录物外显子重叠。

（四）lncRNA 的作用机制

lncRNA 的功能主要是调控基因的表达，这与 miRNA 相似，不同的是 miRNA 的作用机理已很清楚，miRNA 主要通过结合 mRNA 靶位点达到沉默靶基因的目的，而 lncRNA 的调控机理尚未清楚。关于 lncRNA 的作用机理已有报道，但是没有很明确的理论（图 3-8）。

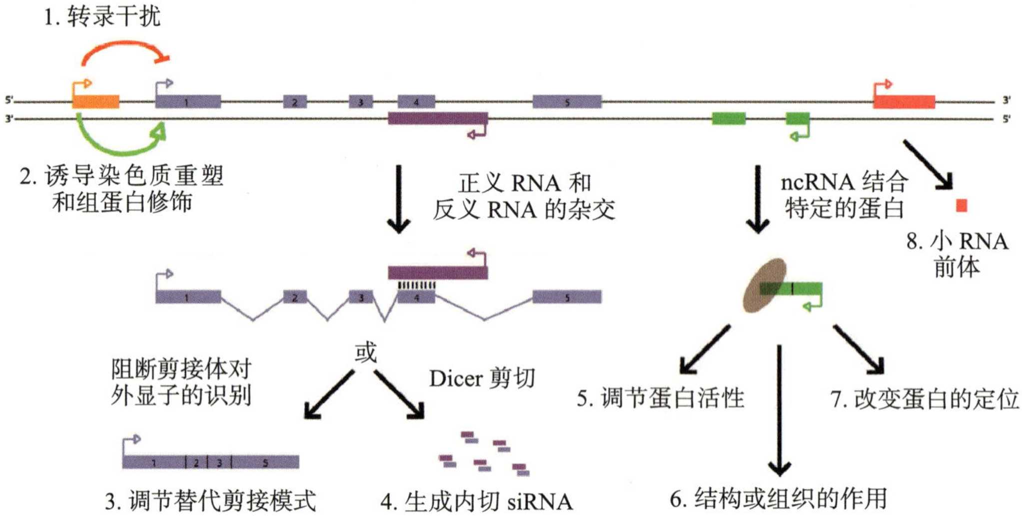

图 3-8　lncRNA 的作用机制

据相关文献报道，lncRNA 在转录过程中会发挥调控功能，因此若按 lncRNA 在不同时期发挥调控作用来进行分类，可分为转录调控、转录后调控以及其他调控（如蛋白定位、端粒的复制等）。在调控过程中，lncRNA 会发挥不同的作用，如信号、诱饵、向导等。另外，lncRNA 还能与 miRNA 结合来发挥作用。例如，利用生物信息学的方法预测到胰腺癌存在两种分子调控的机制：TF−miRNA−mRNA 和 lncRNA−miRNA−mRNA。与线粒体动态相关的 lncRNA（MDRL）可以与 miR−361 直接结合，抑制 miR−361 的表达，从而加快 pri−miR−484 的进程。除了以上情况以外，lncRNA 可能还存在其他调控方式。

（五）衣藻的 lncRNA

植物的生长很容易受到外界环境的影响，如温度、盐浓度、干旱、病原菌侵染等。应对不同的胁迫条件，植物能通过不同的 lncRNA 来调控或沉默基因，启动自身的抗逆机制。lncRNA 对植物生长发育也具有调节作用，能通过参与基因沉默调控高等植物春化和开花等生理活动。

微藻 lncRNA 相关的研究才刚刚起步，目前只有单细胞模式生物莱茵衣藻的长链非编码 RNA 的数据库已经建立，蓝藻及其他绿藻的 lncRNA 都未见报道。通过莱茵衣藻 RNA−Seq 的测序，得到了 3 574 个可能存在的 lncRNAs，最终筛选到 1 440 个 lncRNA，包括 936 个基因区间 lncRNA（lincRNA）、310 个内含子 lncRNA 和 194 个反义 lncRNA。这三种常见的 lncRNA 特性相近，在长度、外显子个数及外显子长度等方面差异不明显，莱茵衣藻的 lncRNA 平均长度为 509 nt，外显子长度多数≤ 300 bp，外显子个数多为 1 ~ 2 个。莱茵衣藻 lncRNA 在基因组中均匀分布，在染色体上分布没有显现出偏好性（图 3−9）。

与 mRNA 相比（图 3−10），莱茵衣藻的 lncRNA 在表达水平及转录本长度、ORF 长度、外显子个数上都存在较大差别。莱茵衣藻的 lncRNA 表达水平低于 mRNA，85% 的 lncRNA 的 FPKM（reads per kilobase of exon model per million mapped reads）值小于 10，长度短于 mRNA，外显子数目和 ORF 长度显著少于 mRNA。

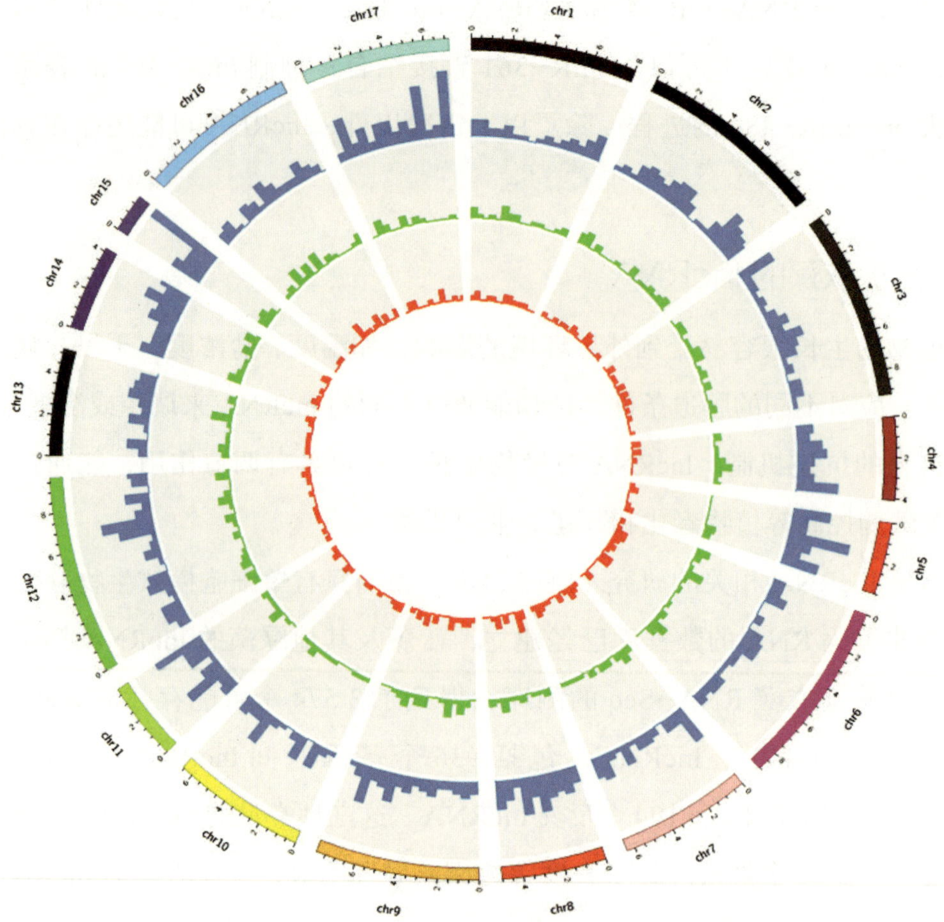

外圈蓝色示意基因间区 lncRNA，中圈绿色示意内含子 lncRNA，内圈红色示意反义 lncRNA

图 3-9　衣藻的 lncRNA 在染色体上的分布

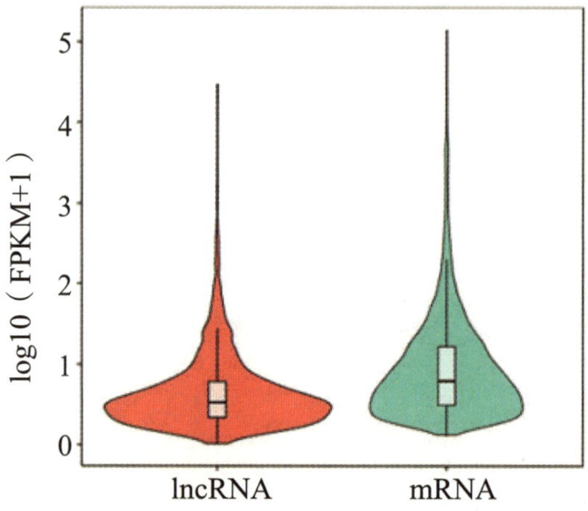

图 3-10　衣藻的 lncRNA 和 mRNA 表达丰度不同

lncRNA 在不同物种间具有一定的保守性，分析数据表明莱茵衣藻 lncRNA 与拟南芥、胶球藻、人类、水稻、高粱和团藻的基因组比对，具有同源性的个数分别为 38、64、1 040、82、80 和 169。与人类的 lncRNA 不同的是，人类的 lncRNA 有 98% 都是经过剪切的，而莱茵衣藻 lncRNA 的剪切比例仅为 48.1%。这表明单细胞微藻的 lncRNA 具有一定的独特性，其特性与高等生物存在差异（图 3−11）。

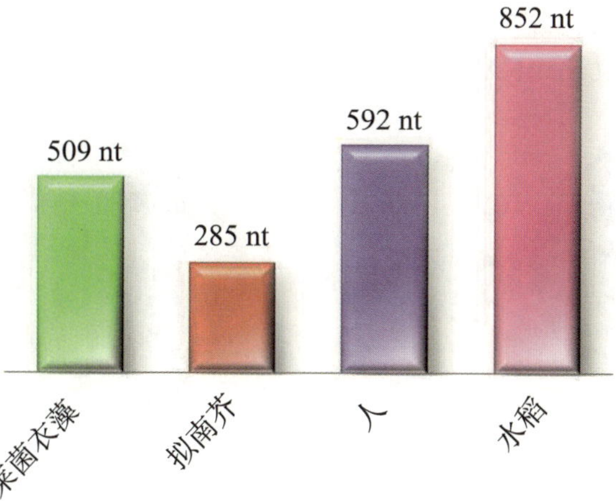

图 3−11　莱茵衣藻 lncRNA 与拟南芥、人类、水稻 lncRNA 的平均长度比较

在 lncRNA 库中，有 367 个 lncRNA 响应了缺硫胁迫（图 3−12），表明 lncRNA 在莱茵衣藻中也参与了胁迫应答和代谢调控。靶基因预测的结果表明，lncRNA 对众多代谢途径中的基因都有调控作用。例如，对光合反应中心Ⅱ（PSⅡ）基因的调控，主要集中于以 *LHCBM1*、*LHCBM2* 和 *LHCBM7* 等靶基因为代表的捕光复合体，lncRNA 可能通过调控靶基因的表达实现对莱茵衣藻光合效率的调控。

莱茵衣藻 lncRNA 的研究结果指出了微藻研究可能的新方向，同时为以后进一步研究非编码 RNA 的调控机理奠定了基础。上述研究对莱茵衣藻的 lncRNA 进行了初步筛选和确定，并对其基本特性进行了分析，但微藻 lncRNA 的生理功能、作用机制及 lncRNA 与 miRNA 的关系等还有待探索。

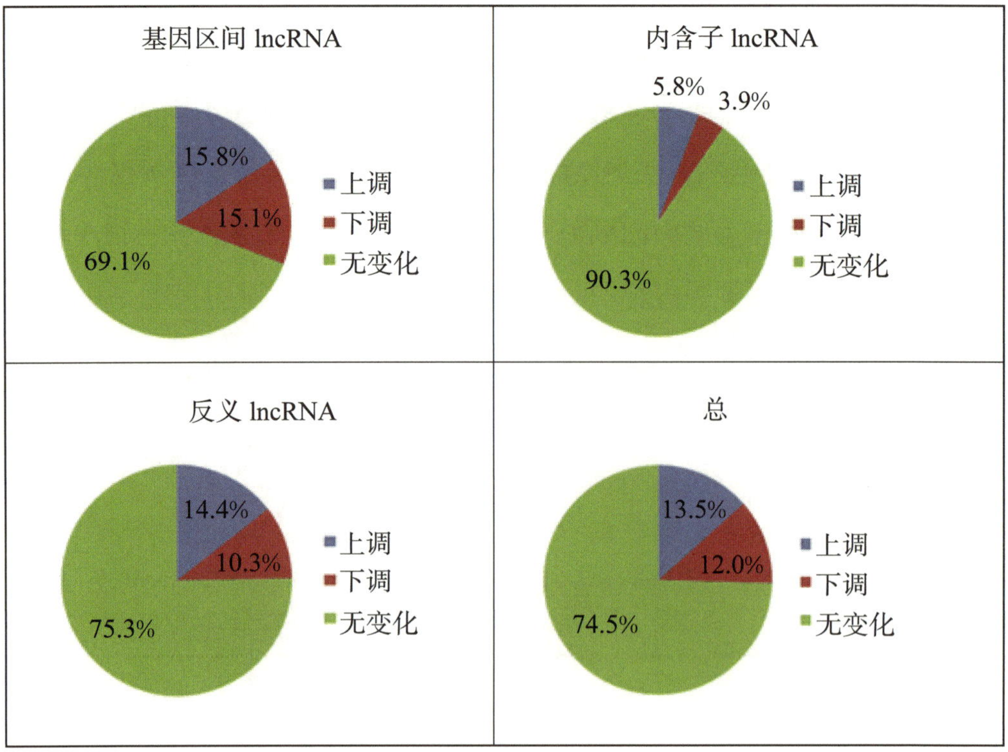

图 3-12　衣藻 lncRNA 在缺硫胁迫下表达水平的变化情况

第五节　微藻基因工程

一、蓝藻基因工程

很多蓝藻都可以进行遗传改造。在常用的模式藻株中，有些种类可以通过将外源 DNA 与藻液简单混合而发生自然转化，有些种类则需要通过大肠杆菌（*E.coli*）接合转移或电转化的方式来进行转化。导入藻细胞的外源 DNA 可以整合到基因组上，也可以整合到能够自我复制的质粒上。这些转基因技术可以用来敲除或修饰蓝藻内源性基因，也可以用来导入或表达异源基因。对不同技术的详细描述可以参考 Heidon，et al. 的成果。

（一）转化载体

作为将遗传性片段导入细胞的载体，质粒是设计蓝藻基因工程改造策略必须要考虑的基本部件。对于构建的基因片段是要整合到自主复制的载体，还是要整合进入宿主基因组，必须提前做好设计。如果需要高稳定性、长期遗传的基因设计或对宿主基因组进行修饰，就需要将载体或构件整合进宿主的基因组，而且将构件插入宿主基因组可以潜在地降低质粒复制数量变化导致的基因量的变化。由于不同质粒间的平均拷贝数和变化趋势及水平会有差异，蓝藻经常含有多套基因组，如发现 *Synechocystis* PCC 6803 每个细胞大概含有 12 套基因组，因此将构件整合进基因组并不总是意味着基因含量变化较低。由于蓝藻染色体存在多个拷贝，为确保整合的构件存在于所有拷贝中需筛选一个自主复制的质粒，这往往比把构件整合进入蓝藻基因组更容易。

尽管复制型和整合型载体都有其各自的特征，但它们也共有一些重要的功能特点，如抗生素抗性表达框架、移动元件和克隆位点。移动基因和转移起始位点能使质粒进行接合转移。克隆位点种类数很多，也存在标准化的克隆位点，如 BioBrick 系统，这个系统用于标准的 BioBrick 形式的 DNA 部件的模块化组装。

1. 自主复制型载体

如前所述，为蓝藻引入新的功能，多数情况下用复制型载体比利用基因组整合更容易。然而，使用的便利也带来了一些问题，如质粒可能扩散、宿主范围、与其他质粒的相容性，以及可能的转移方式、稳定性、拷贝数等。由于分子克隆一般是在 *E. coli* 中操作的，有必要构建穿梭载体，可以同时在 *E. coli* 和蓝藻中复制。

蓝藻中有两种穿梭载体：一种是含有蓝藻特异的复制子和 *E.coli* 克隆质粒的复制子；另一种是含有宽宿主范围的复制子，可以同时在蓝藻和 *E.coli* 起效。pSCR119 质粒是具有 *E.coli* 和蓝藻两种不同复制子的穿梭载体之一，含有 *E.coli* pMB1 复制子和来源于 *Nostoc* MAC 的 pDC1 质粒复制子，允许 DNA 构件在 *E.coli* 和 *Nostoc* 中穿梭。依赖于蓝藻来源穿松载体复制子的，这些质粒可能比单一来源的宽宿主范围质粒更具有宿主特异性。不相容性质粒 IncQ 是一类宽宿主范围的质粒，如 RSF1010 和其他含有来源于 RSF1010 复制子的质粒，pPMQAK1 是一个相容性质粒。IncQ 质粒的复制起始不依赖于宿主，其具有宽宿主范围质粒的性质，这种质粒可以使 DNA 构件在构建宿主和一个宽范围的目标蓝藻之间穿梭。具有相同不兼容性的质粒不能在同一宿主中稳定复制，这是因为它们具有相似的复制调控系统，相互干扰导致不稳定。用来自不同的不兼容类群的质粒组合可以避免不兼容的问题，或者可以将部分构件整合进基因组（如下文的整合型载体）。质粒拷贝数也是转基因必须考虑的重要因素，因为拷贝数的变化会影响从复制型载体转录的构件的基因含量。这对构建包括转录过程在内的生物系统精确的计算机模型是重要的。较高拷贝数的质粒预期可以在宿主细胞之间比低拷贝数质粒具有更大的拷贝数变化，因为依赖于较大数量的质粒稳定性会导致转移到子代细胞的质粒数目发生更大变化。在 *Synechocystis* PCC 6803 中，每个细胞中 RSF1010 具有 10 ~ 30 个拷贝，而在 *E.coli* 中具有 10 个拷贝。

2. 整合型载体

整合型质粒在多数情况下都是自杀载体，也就是说，这种载体在目的宿主内是不能自我复制的，必须整合或消失，因此任何能够有效带入受体的质粒都可以使用。应用蓝藻内源性重组酶进行单个或两个的重组，经常被用来将构件定向插入蓝藻基因组，如在基因中引入突变或将一个构件插入中性位点。一个单一的重组将使整个质粒整合到靶位点，双重组会导致两个重组位点间的野生型 DNA 被构件替换掉。重组位点是由构件两侧的宿主同源 DNA 决定的，这些序列所需要的长度在不同蓝藻间是有差异的。在 *Synechocystis* PCC 6803 中，最短的侧翼同源靶序列至少需要 300 bp 或 200 bp，在 *Nostoc punctiforme*

ATCC29133 中是 700 bp；在 *Nostoc* PCC 7120 中需要 400 bp 或 200 bp，但仅能用于二次重组；在 *Synechococcus elongatus* PCC 7942 中需要 300 bp。一般情况下，较长的宿主同源靶序列有利于提高重组效率，并且单个或两个重组事件的频率在蓝藻藻株间也会有变化。为了消除不需要的事件，需要用到抗性基因，为了获得双位点重组，可以利用 *sacB* 基因等负选择方法。*sacB* 基因编码果聚糖蔗糖酶，会导致蔗糖在许多革兰阴性细菌中产生潜在的有毒产物，在多种蓝藻藻株中用于筛选双重组子。

转座子是一种宽宿主范围移动 DNA 元件，能够插入新的位点，在以随机插入为基础的功能基因组研究中应用广泛。将目的基因置于自杀载体所携带的转座子中，并将载体导入受体宿主，有助于目的基因整合到基因组。转座子的大小和功能可以通过剔除非必需的元件进行优化，如剔除额外的抗性基因。为了提高突变体的稳定性，转座酶基因可以移动到自杀载体中转座子外的区域来限制次级转座。转座子在蓝藻研究中应用广泛，如 *N. punctiforme* ATCC 29133、*Nostoc* PCC 7120 和 *S. elongatus* PCC 7942 的功能基因组学研究。

（二）蓝藻的转化方法

1. 自然转化

一些蓝藻可以从培养基中摄取质粒或者线性 DNA，这种能力可以用于向藻株中快速简单地导入外源 DNA。外源 DNA 可以构建于用标准方法制备的质粒上，或者直接使用线性 DNA。模式藻株 *Synechocystis* PCC 6803、*Synechococcus* PCC 7942、*Synechococcus* PCC 7002、*Thermosynechococcus elongatus* BP-1 都可以自然转化。至少在某些藻株细胞生长期对转化有很大影响，当细胞进入稳定期后转化效率显著降低。自然转化有利于双交换导致基因替换，而不是单交换导致整个质粒整合进基因组，这可能是转化过程中 DNA 片段化的结果。如果要求单一位点重组或者转入完整复制的质粒，结合转移或者电穿孔可能是更好的 DNA 转化方式。

2. 结合转移

与 *E.coli* 的接合作用可以用于很多蓝藻的转化。这项技术已经被广泛应用于丝状藻株 *Nostoc* PCC 7120、*N.unctiforme* ATCC 29133 和 *Anabaena variabilis* ATCC 29413，以及其他单细胞菌株 *Synechococcus* PCC 7942、PCC 6301 和 *Synechocystis* PCC 6803。简单说来，这项技术基于大肠杆菌可以携带接合质粒，如 RP4 及其他相关质粒，通过接合作用来转移 DNA。当蓝藻和这样的大肠杆菌菌株混合时，蓝藻细胞将可以接收从 *E.coli* 细胞转移来的质粒。用于转化的 DNA，即运载质粒必须是复制型质粒或者是包含可以通过重组或转座整合进基因组的 DNA 片段。同时，载体也必须携带一个 bom 位点，也称作 oriT 区域，以及一个编码切口酶的 mob 基因，该酶可以识别 bom 位点并帮助实现质粒转移。Mob 基因也可以置于一个辅助质粒上反式提供。同时，也必须保护 DNA 以免被受体蓝藻中可能存在的限制性内切酶降解。可以通过甲基化酶来实现这种保护作用，甲基化酶可以修饰限制性内切酶的识别位点，从而保护 DNA 不受酶切，通常由辅助质粒携带编码甲基化酶的基因。一般使用两种 *E.coli* 菌株，一个携带接合质粒，另一个携带辅助质粒和需要转入蓝藻的运载质粒。辅助质粒编码的甲基化酶也有可能导致 DNA 被宿主 *E.coli* 所限制，因此在选择菌株的时候必须考虑这个问题。HB101 菌株可以用来克隆用于接合 *Synechocystis* PCC 6803 和 *Nostoc* 藻株的质粒。将 *E.coli* 和蓝藻细胞混合后涂布于平板上，随后将会发生接合作用，接合后个体的克隆将会在平板上生长。对于丝状蓝藻，如 *Nostoc* PCC 7120，在接合之前，可以用超声处理，先将长的丝状体打散成只有少量细胞的藻段，这会促进筛选后克隆的形成。然而，打散丝状体并不是接合作用所必需的。对于不同的藻株，质粒选择、用于接合作用的细胞的状况和数量都需要优化。

作为同源 DNA 接合转移的结果，单个或两个重组事件出现的频率在藻株间是不一致的。对于 *Nostoc* PCC 7120，双重组极少发生，即便是用了很长的侧翼序列，然而，这个问题可通过利用条件性致死的 *sacB* 基因的二次筛选步骤来解决。这个基因包含在运载质粒上，因此会在一次重组事件之后整合到基因组上。为了筛选双重组转化藻，可以将分离到的接合后个体涂布在含有蔗糖的平板上，一般浓度为 5%（w/v），同时添加合适的抗生素。蔗糖会杀死所有携带 *sacB* 基因的藻细胞，因此会促进经历了二次重组的细胞生长，得到二次重组子的克隆。由于 *sacB* 基因可能会因为突变失去活性，在转化蓝藻之前对其在 *E.coli* 中的效率进行测试是非常重要的。

3. 电转化

电转化也可将质粒转入蓝藻细胞。电转化最初用于 *Anabaena* 的转化，随后也被开发用于很多其他藻株。对于不同藻株，需要优化实验步骤。对于 *N. punctiforme* ATCC29133，可以用电转化导入自主复制的质粒，但是还没有通过电转化将外源片段整合进入基因组的报道。对于 *Nostoc* PCC 7120，已经有文献报道通过电转化导入自杀性质粒并整合到基因组上。

（三）蓝藻的限制酶

有些蓝藻含有可降解外源 DNA 的限制性酶，为了提高此类蓝藻的转化效率，可采用限制性酶失活的菌株，或者更常见的是，在转入蓝藻细胞前，用特定的甲基化酶对外源 DNA 进行甲基化处理来保护其不被降解。例如，*Nostoc* PCC 7120，辅助性质粒 pRL623 携带有甲基化酶来保护 DNA，避免被这个藻株中所有已知的限制性酶攻击。在 *N. punctiforme* ATCC 29133 中，目前尚未发现有限制性活动。

（四）蓝藻转化子的筛选方法

转化子或接合子的筛选可以通过在引入的外源 DNA 上添加抗性基因来进行，并在培养基中加入相应抗生素。然而，需要注意的是，有些抗生素，不同抗性基因的不同启动子，或者携带的基因，或者质粒的拷贝数，都会影响抗生素的抗性。使用不同的菌株及抗生素基因，都要先对抗生素的工作浓度进行摸索。通常用于 *E. coli* 的氨苄西林很少被用于蓝藻细胞，因为蓝藻细胞的繁殖周期较长，氨苄西林不够稳定。同样，光敏感的四环素和利福平也很少用于蓝藻，因为蓝藻的正常生长是需要光的。应用不依赖抗生素的筛选方法，先将对 *Synechococcus* PCC 7002 的 PSⅡ活性至关重要的 *psbEF* 基因失活，再将该基因构建到质粒载体，转化子的筛选可通过在光合自养的条件下培养完成，只有在质粒载体存在时转化子才能生长，因此这种情况下就没有必要用抗生素筛选。由于蓝藻全部的基因组中含有多拷贝的染色体和质粒，同源重组将 DNA 整合到基因组起初产生的是杂合的细胞，需要延长筛选周期来将修饰的等位基因从所有野生型中分离出来。对于修饰的位点损伤了细胞活性的情况，完全的分离几乎不可能。

二、杜氏盐藻基因工程

杜氏盐藻也称盐藻，是一种生长于海水或高盐环境的光合自养单细胞绿藻，隶属于杜氏藻属。杜氏藻属于极端生物，可适应各种极端环境，包括高盐、高光、低温、低 pH 等。其中，盐藻 *D. salina* 是真核生物已知最耐盐的物种，可以在 0.05 mol/L 到饱和浓度 NaCl 条件下生存，成为研究植物耐高盐分子机制的重要模式生物。盐藻细胞长约 14 ~ 22 μm，宽约 3 ~ 14 μm，缺少细胞壁，有两条鞭毛可游动。盐藻细胞形态可随环境变化而改变，形状有梨形、椭圆形、圆形等。盐藻细胞营养丰富，含有大量类胡萝卜素和甘油，具有极高的商业价值。近年来盐藻作为一种新型生物反应器，已成为微藻基因工程的研究热点之一。利用基因工程手段对盐藻进行遗传重组改造以获得优良种质或生产外源性物质是目前研究的重要领域。

（一）杜氏盐藻遗传转化方法

1. 玻璃珠法

玻璃珠转化法原理是利用微小玻璃珠在高速旋转振荡体系中对宿主细胞的

研磨作用，使得在细胞表面形成小而短暂的孔隙，便于外源基因进入细胞并得以表达。由于盐藻细胞无细胞壁，仅由一层糖蛋白包裹，遗传转化时无须纤维素酶等裂解细胞壁，故适合玻璃珠转化法。

转化前玻璃珠先用酒精浸泡洗干净后高温烘干，确保玻璃珠表面的无菌洁净，也可直接购买处理好的进口玻璃珠，直接灭菌备用。一般选择直径为 0.5 mm 的玻璃珠，玻璃珠量取占转化体积 30% 左右的转化效率较高。薛乐勋等研究发现在 800 μL 盐藻（10^6 个细胞 /mL）中加入 150 μL $PEG_{6\,000}$ 和 90 μL 质粒，在 300 mg 玻璃珠存在的条件下，转速 2 400 r/min 涡旋 12 s 能够得到较为理想的转化结果。

玻璃珠法不仅具有较佳的转化效率，对宿主细胞的损伤作用小，还具有较高的经济性、重复性及可控性好等优点，最为适合盐藻细胞的遗传转化研究。

2. 电击转化法

Brown 等首次将电击法引入微藻遗传转化，由于操作简便、成本低廉、人为影响因素较低，电击法适于建立标准的转化程序。耿德贵、孙煜等先后报道了采用电击法成功转化杜氏盐藻细胞的实验。薛乐勋课题组也多次利用电击法成功转化盐藻细胞，他们还针对盐藻细胞结构特点系统分析了盐藻细胞生长状态、电击相关参数、电击缓冲液成分以及质粒 DNA 用量对杜氏盐藻电击转化效率的影响，建立了适用于杜氏盐藻的高效电击转化体系，为杜氏盐藻基因工程研究提供能获得较稳定转化效率的电击转化程序。同时向培养基添加玉米淀粉作为支持物，可显著提高植板率。针对盐藻独特的渗透调节机制，在普通电击缓冲液中加入终浓度为 0.4 mol/L 的甘油可以减少由于渗透压变化造成的盐藻细胞大量死亡，从而显著提高转化率。研究表明对数前期的盐藻种细胞存活率普遍要高于中期和后期的藻种，但中期（7 d）的藻种可获得最高的转化率。在电容 25 μF、电压 0.8 kV 时，盐藻细胞转化效率最高。在一定范围内提高质粒 DNA 浓度可以提高转化效率，但质粒浓度超过 10 μg/mL 时，转化率反而急剧下降。

3. 基因枪法

基因枪法又叫微粒轰击技术，是用高压气体加速将包裹了 DNA 的球状金粉直接送入完整的组织或者细胞中的一种技术。自基因枪转化技术发明以来，已被广泛应用于各类基因工程研究中，在转基因藻类的研究中亦有一些报道。如一些报告中利用基因枪法转化小球藻、褐藻和海带等，得到了稳定或瞬时表达的转化藻株。而杜氏盐藻的有关转化研究报道不多。Jiang 和 Tan 等利用 PDS1000/He 基因枪系统用报告基因 *GUS* 转化盐藻细胞，48 小时后通过组织化学染色，在盐藻细胞中观察到了 GUS 的瞬时表达，而空白对照和阴性对照未见。此外，国内学者耿德贵等也报道了基因枪转化法在杜氏盐藻的成功应用。

4. 农杆菌转化法

根癌农杆菌的细胞中有一段 T-DNA，农杆菌通过侵染植物伤口进入细胞后，可将 T-DNA 插入植物基因组中。利用该原理，人们将目的基因插入经过改造的 T-DNA 区，借助农杆菌的感染实现外源基因向植物细胞的转移和整合。农杆菌介导的遗传转化方法具有宿主范围广、可插入大片段 DNA、可整合在宿主染色体基因组上等优势。目前，该方法在实验室条件下已实现对非农杆菌寄主生物的转化，如真菌、单子叶植物、裸子植物以及动物细胞等。

近年来，农杆菌介导的遗传转化体系在一些微藻中逐渐建立起来，但当前的转化体系还存在稳定性和转化效率不高等问题。与植物相比，真核微藻作为农杆菌遗传转化的宿主具有以下几个特点：首先，微藻和农杆菌都是微生物，两者的接触更加全面，预示藻与菌的比例对转化效率有重要影响；其次，微藻没有组织、器官上的分化和差异性表达，不需要考虑不同部位的愈伤组织对转化效率的影响；最后，微藻种类繁多，种属特异性强，对农杆菌的亲和性不一。

近年来 Simon 等利用农杆菌介导的方法在杜氏盐藻遗传转化中获得成功。在含 1% NaCl 的 TAP 培养基中，盐藻细胞和农杆菌共同生长，暗培养 48 小时后，用抗生素洗去多余的农杆菌，之后在抗性平板筛选获得盐藻转化子。

（二）杜氏盐藻基因工程报告基因

目前，很多报告基因系统均被证明可应用在盐藻中。例如，Tan 等尝试用 β- 半乳糖苷酶基因 *lac* Z 作为报告基因，但没有成功。他认为 *EGFP* 报告基因不是盐藻中较好的报告基因，因为在显微镜下观察盐藻细胞时，发现盐藻细胞的自发绿色荧光会对阳性克隆造成背景干扰。Geng 和 Tan 等利用 β- 葡糖苷酸酶 *GUS* 报告基因系统证明盐藻细胞中外源基因可瞬时表达。Li 等将能表达绿色荧光蛋白的 *EGFP* 报告基因链 CaMV 35S 启动子，可以在盐藻细胞正常表达，如图 3-13 所示。*GUS* 基因的稳定性分析发现，转化子传代到第五代时，GUS 活性丢失，推测可能是基因沉默或丢失。

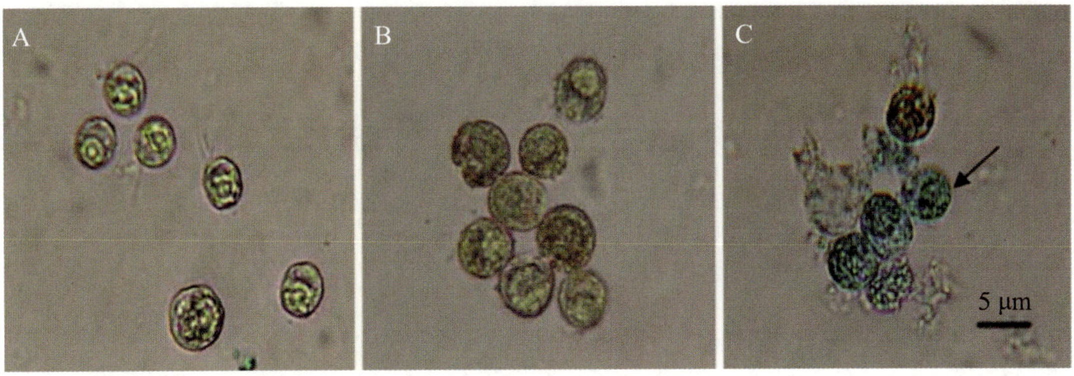

A. 空白对照：未处理的盐藻细胞；B. 阴性对照：不含质粒 pBI221-bar 的盐藻转化后细胞；
C. 质粒 pBI221-bar 的盐藻转化后细胞，箭头所示蓝色细胞为阳性转化子

图 3-13　表达 ***GUS*** 基因的杜氏盐藻细胞的组织切片染色

（三）基因工程筛选标记

1. 抗生素抗性

在基因工程操作中，有效的遗传筛选标记选择是获得阳性重组子的前提。很多实验室均使用来源于细菌的抗生素抗性基因作为盐藻基因工程的筛选标记。其中，使用最多的是载体 pSP124S，它携带 *ble* 抗性基因，博来霉素可作为转

化子的筛选标记。Walker 等利用 *D. tertiolecta* 内源的 RbcS1 5′ 和 3′ UTR 启动 *ble* 基因，也可以正常表达。此外，另一种抗生素筛选标记是氯霉素，氯霉素乙酰转移酶基因在盐藻表达获得成功，但李杰等指出在含 1.5 mol/L NaCl 的盐藻培养基中，氯霉素不具备杀死盐藻细胞的能力。

2. 除草剂抗性

除了抗生素抗性标记，从链霉菌属 *Streptomyces hygroscopicus* 分离的除草剂抗性基因 *bar* 成功应用于盐藻转化，Jiang 和 Tan 等利用除草剂 Basta 作为盐藻转化子鉴定的筛选标记均取得成功，这也是目前盐藻转化最常用的有效筛选试剂。

（四）启动子的选择

启动子的选择是决定外源基因在转基因宿主中能否表达和控制表达量的关键因素，因此选择合适的启动子是转基因研究中优先要解决的问题。在转基因盐藻研究中，一些学者使用转基因植物中较常用的几种启动子进行了筛选研究，如耿等比较了 CaMV35S（花椰菜花叶病毒 35S）、Ubil（泛素）、Ubil−Ω（泛素 −Ω 序列）、CaMV35S−Ubil 和 CaMV35S−Ubil−Ω 5 种启动子的转化效率，发现 Ubil−Ω 启动子的转化效率最高，适合作为外源基因在盐藻细胞中高效表达的启动子。Ω 序列为 TMV 基因组 RNA 的 5′ 末端前导序列，能与原核 70S 和真核 80S 核糖体结合，顺式调节下游的外源基因表达，起到翻译增强子作用。

Li 等将表达绿色荧光蛋白的 *EGFP* 报告基因分别连 CaMV 35S 启动子和 atpA 启动子，用基因枪法转化盐藻，发现 CaMV 35S 启动子能正常启动 *EGFP* 报告基因的表达，而 atpA 启动子不能。

（五）杜氏盐藻转化效率

近年来，盐藻成功转化外源基因的案例很多，但很多论文基本不提供转化效率这一数据。Sun 等在利用电击方法转化盐藻时计算过转化效率，大约平板

上每 10^7 个细胞中有 0 ~ 2 个阳性克隆。Geng 等在 2003 和 2004 年利用电击方法转化盐藻，3 μg DNA 转化盐藻细胞后，转化效率可以达到每 0.4×10^6 个细胞中有 10 ~ 60 个阳性克隆。相比莱茵衣藻，盐藻的转化效率还是不够高。此外，转化效率还和藻细胞的生长状态和时期有关。

三、雨生红球藻基因工程

雨生红球藻是一种单细胞真核微藻，隶属绿藻门、团藻目、衣藻科、红球藻属。雨生红球藻已进行基因组序列测定。雨生红球藻在胁迫（高温、高盐、强光胁迫和营养缺乏等）条件下能大量累积天然虾青素，从游动细胞转化为厚壁孢子并大量合成虾青素，其含量可达细胞干重的 4%，是世界上最理想的天然虾青素来源。雨生红球藻的规模化养殖目前仍面临诸多瓶颈：培养周期长、低生长率、易污染和相对较低的虾青素得率等。因此，需要通过育种途径筛选出生长迅速、高光能利用率、富含虾青素的藻株。传统筛选方法工作量大，耗时很长，并且筛选的藻种优势性状单一，无法满足生产需要。随着微藻生物技术的快速发展，利用基因工程人工制造工程藻株可以快速获得理想的工程藻株来满足生产需求。当前雨生红球藻基因工程的发展主要集中于功能基因的选择和遗传转化体系的建立。

（一）功能基因的选择

通过基因工程技术对生物体内的代谢途径进行调控，可以实现目标产物的大量表达。目前，雨生红球藻合成虾青素的代谢途径早已被揭示（图 3–14）。

β– 胡萝卜素酮化酶（BKT）和 β– 胡萝卜素羟化酶（CrtR–B）是虾青素合成的关键限速酶。Mann. V 等早在 2000 年将雨生红球藻 *CRTO*（*BKT*）基因转化烟草，让其在西红柿的八氢番茄红素脱氢酶（*PDS*）基因启动子的驱动下成功表达，催化 β– 胡萝卜素生成了虾青素，但这个反应主要集中在转基因植株的花蜜腺中。S. Kathiresan 等在雨生红球藻中过量表达 *BKT* 基因后，同样证实

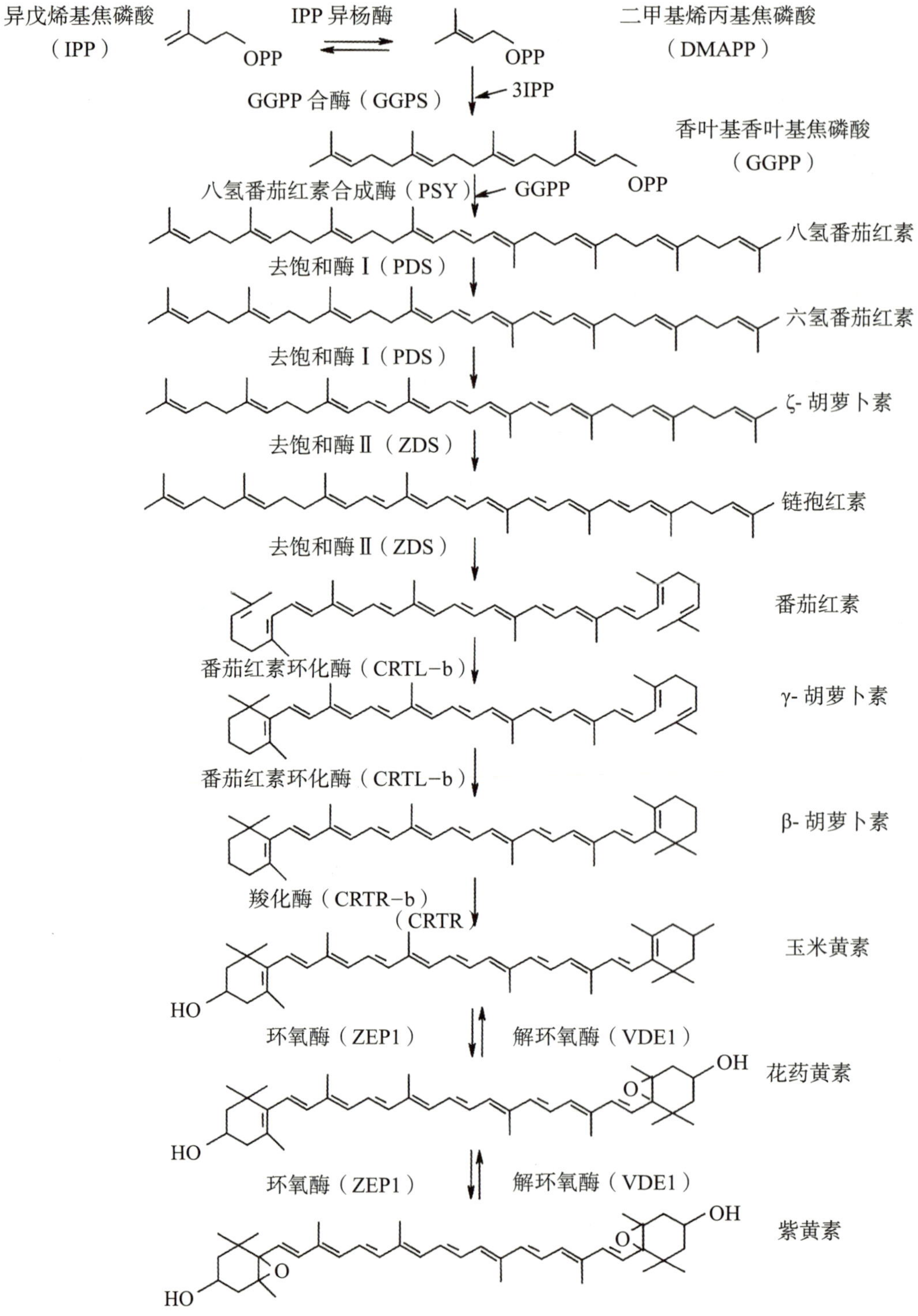

图 3-14 虾青素合成途径

了 *BKT* 基因的重要性。*BKT* 基因的转基因雨生红球藻藻株在逆境条件下可以更多地合成并积累虾青素，尤其是经 4.4 mM 醋酸钠处理后，bkt 转基因藻株虾青素含量比野生型高出了 4 倍之多，同时促进了虾青素合成底物——类胡萝卜素的合成相关催化酶基因的表达。此外，β- 胡萝卜素合成途径中的关键催化酶也可作为雨生红球藻基因工程的功能基因，这是由于增加虾青素合成底物的积累有利于虾青素产量的提高。Steinbrenner. J 发现在雨生红球藻中过量表达八氢番茄红素脱氢酶基因（PDS），加速了强光诱导下虾青素合成过程，但只有少数转基因藻株的虾青素含量提高了。选择合适的功能基因是利用基因工程改造获得高产虾青素雨生红球藻藻株至关重要的一步。这些功能基因可能是单个基因，也可能是一个或多个基因家族，甚至是多个基因簇。随着分子生物学的深入发展，越来越多的基因功能得到解析，为雨生红球藻功能基因的选择提供了更多依据。

（二）遗传转化体系的建立

制约雨生红球藻基因工程发展的一个重要因素是其遗传转化体系的不成熟。雨生红球藻具有特定的生活习性，环境适宜时，雨生红球藻进行有丝分裂，长出游动的双鞭毛，进入绿色游动期，当环境不适宜时，停止细胞分裂，形成厚壁的红色胞囊母细胞，进入红色不动胞囊期。充分了解雨生红球藻细胞的生活特性，才能更好地建立它的遗传转化体系。

1. 筛选标记

藻类基因工程研究中的重要环节是确立合适的选择标记。外源基因在藻类细胞中稳定整合的频率低，选择适当的筛选标记可以准确、有效地区分转化与非转化细胞，产生选择压力，使未转化细胞不能生长，且不干扰转化细胞的正常生长与再生是转化成功的重要环节之一。雨生红球藻遗传转化使用的细胞一般是处于对数生长期的绿色游动细胞，然而它们对高等植物基因工程常用的抗生素——卡那霉素、氨苄西林、潮霉素、G418、硫酸链霉素等表现出极低的敏感性，仅对腐草霉素家族中的 Zeomycin 具有很强的敏感性。高浓度的 Zeomycin 对雨生红球藻具有极强的致死效应，而低浓度的 Zeomycin 又会使游动细胞全部转变为不动细胞，且这种毒害作用会随着处理时间延长逐渐减弱甚至消失。很长一段时间里雨生红球藻被当作一种普通的单细胞绿藻进行遗传转化，导致它的基因工程发展停滞不前。幸运的是，研究发现雨生红球藻对除草剂草丁磷（Glufosinate-ammonium）、氟草敏（norflurazon）非常敏感，将它们作为筛选标记，已经成功获得了带有 norflurazon 抗性的转基因雨生红球藻藻株。研究发现，当 504 位亮氨酸突变为精氨酸时，雨生红球藻的 PDS 酶具有除草剂 norflurazon 抗性，使得这种突变的 PDS 基因正好作为雨生红球藻的内源筛选标记基因，实现了雨生红球藻的遗传转化体系优化。

2. 启动子的选择

适合的启动子直接关系到外源或者内源基因是否表达，也是遗传转化体系中的关键因子。组成型启动子 CaMV35S 是 *Chamydomonas* 和 *Chlorella* 等单细胞绿藻遗传转化中常见的异源启动子，在雨生红球藻的遗传转化时也被成功应用，如 Kathiresan 等将 Hpbkt 基因构建入植物双元表达载体 pCAMBIA 1304，在 CaMV35S 启动子的驱动下，成功获得了使虾青素含量提高的藻株。另外，SV40 启动子和增强子也能够作为异源调控元件在雨生红球藻中启动外源基因的表达。但是这些异源启动子在雨生红球藻转录系统中的识别有效性不高，导致他们表达效率较低。最近，Sharon-Gojman. R 等采用 PDS 基因的内源启动子来驱动突变后 PDS 基因的表达，发现不管是长片段（2 000 bp）或短片段（1 000 bp）启动子都可以极大地提高质粒对雨生红球藻的转化率。可见挖掘更多有效的雨生红球藻内源启动子将促进其基因工程的快速发展。

3. 转化方法

模式真核微藻莱茵衣藻转化最常用的方法是玻璃珠法，但是这个方法并不适用于雨生红球藻，这是由于雨生红球藻没有很好的细胞壁缺失突变体。尽管雨生红球藻中农杆菌介导的遗传转化方法也成功实现转化，但是基因枪转化法仍然应用最广。该方法对材料适应性广，可一次处理大量细胞，是真核微藻遗传转化常用的方法，更是雨生红球藻这种具有厚细胞壁微藻的有效转化方法之一。目前报道的雨生红球藻转化成功的例子基本应用此方法。此外，电击转化这种利用高压电脉冲使细胞膜产生瞬间可逆通道，从而使游离的外源 DNA 穿过细胞膜转移到细胞内的方法也逐渐应用于带细胞壁的单细胞绿藻，也可以借鉴到雨生红球藻的转化体系中。雨生红球藻的遗传转化体系一直在不断地完善中。

雨生红球藻基因工程的发展对充分利用雨生红球藻资源、研究虾青素等重要次生代谢产物的生物合成与基因调控、构建新型的雨生红球藻转基因生物反应器等具有重要的理论和实践意义。

四、硅藻基因工程

（一）硅藻种类及其进化方式

硅藻（Diatom）是一类光合自养的单细胞真核藻类，常由几个或多个细胞连接成形状各异的群体，种类繁多，有 200 多个属，约 200 000 多种，分布在几乎所有水系，甚至是陆生环境中，是海洋微藻中数量最多的。硅藻在生物地化循环尤其是硅循环代谢中起着重要作用，它们作为海洋浮游植物的重要组成部分，为海洋提供了约 40% 的净初级生产力，对大气 CO_2 的固定和 O_2 的释放起着主要作用。硅藻可以在一个很宽的光强度范围内生长，并且可以进行 C4 光合作用或具有碳浓缩机制，这可能是它们广泛存在于所有水生生境中的原因之一。

硅藻的另外一个独特之处就是它们的进化方式。高等植物和一些单细胞藻类（红藻、绿藻、灰胞藻）的质体，称为一次内共生质体或初级内共生质体，它源于被吞噬的蓝藻细胞，进化为真核细胞内的细胞器。这种“驯化”的一个必然结果就是大部分内共生生物的基因向宿主细胞的细胞核转移。一些含一次内共生质体的生物还会进一步被其他真核细胞吞噬，被吞噬的细胞变成宿主细胞内的质体，形成二次内共生质体。硅藻就是起源于异养的宿主细胞吞噬某种光合自养的真核生物（主要是红藻），在这一过程中，大量的基因从自养生物的核基因转移到异养宿主细胞核基因中，最后内共生体变成宿主细胞内由 4 层膜包裹的二次质体。硅藻的最外层质体膜有一些核糖体结合并且与细胞质的内质网相连，因此它们的质体本质上是位于内质网的一个囊中。近年来，随着部分硅藻基因组的测序完成及遗传转化方法的建立，大大提高了硅藻对于科学研究的适用性，本文将对硅藻的分子生物学方法研究现状进行简要阐述。

（二）硅藻的基因组

目前已经完成基因组测序的硅藻有羽纹硅藻纲的三角褐指藻（*Phaeodactylum tricornutum*）、太阳管状藻（*Fistulifera solaris*）、圆柱拟脆杆藻（*Fragilariopsis cylindrus*）和多列拟菱形藻（*Pseudo-nitzschia multiseries*，http://genome.jgi.doe.gov/Psemu1/Psemu1.home.html），以及中心硅藻纲的假微型海链藻（*Thalassiosira pseudonana*）和隐秘小环藻（*Cyclotella cryptica*）。海链藻属的种类广泛分布于海洋环境中，作为第一个完成全基因组测序的真核海洋浮游植物，假微型海链藻的基因组小（约 32.4 Mb），是硅藻生理生态学研究的良好模式。三角褐指藻是第二个全基因测序的硅藻，它作为优良的遗传资源形成了完善的遗传转化体系，有 130 000 多条表达序列标签（expressed sequence tags，ESTs）可用，数十年来被作为实验室模式物种用于硅藻生物学研究。中心硅藻纲与羽纹硅藻纲在进化上相差 9 000 万年，它们的基因结构也有显著差异。例如，三角褐指藻每个基因约 0.79 个内含子，而假微型海链藻每个基因约 1.52 个内含子，表明内含子在中心硅藻基因组中广泛存在。中心硅藻与羽纹硅藻之间的遗传距离分析显示硅藻比其他真核生物（如鱼和人类的遗传距离）基因进化的速度更快。两个硅藻基因组的信息还显示基因从红藻叶绿体基因组到红藻核基因组再到宿主细胞核基因组的动态转移过程。另外，在三角褐指藻基因组中至少有 587 个基因与细菌的基因相似性很高，超过了三角褐指藻蛋白质的 5%，这表明硅藻基因的水平转移频率远远高于其他真核生物，这点更类似于细菌，这可能是海洋硅藻进化的主要驱动力。

在硅藻基因组中，研究人员还发现了完整的尿素循环，这是动物体典型特征之一，在其他真核自养生物中未被发现。高产油硅藻太阳管状藻的中性脂含量可以高达 40% ~ 60%（w/w），并且它的生长速率非常适合生物柴油的生产，更重要的是它可以在对数期同步实现油脂积累和细胞增殖，而许多传统的产油微藻如微拟球藻（*Nannochloropsis* sp.）和富油新绿藻（*Neochloris oleoabundans*）等则不具备此特点，它们都是在稳定期才会积累油脂。因此，太阳管状藻是最有潜力的生物柴油生产原料，它适用于重复分批培养技术，可以通过重复培养稀释使细胞维持在对数生长期，从而提高生物量。太阳管状藻的基因组约 24.9 Mb，预测有 11 448 个蛋白质编码基因，其中有 1 381 个基因是太阳管状藻与其他已测序硅藻相比特有的。隐秘小环藻是美国能源部通过“水生生物种计划（Aquatic Species Program，ASP）”筛选得到的一种具有大规模培养潜力的产油及高附加值产物的硅藻，基因组为 161.7 Mb，其两个显著特征是：含有大量高度甲基化的重复序列，细胞中丙酮酸的代谢效率高。

圆柱拟脆杆藻是典型的冷水物种，分布在北极和南极的海水和海冰中，在此之前嗜冷生物中仅有原核生物完成了全基因组测序。该藻的基因组约 61.1 Mb，其中 15.1 Mb（约 24.7%）为差异较大的等位基因，这些等位基因在不同的环境（包括黑暗、低铁、冷冻、高温和高 CO_2）条件下呈现出差异表达，有大比率非同义核苷酸、同义核苷酸交替的等位基因也表现出明显的条件依赖性表达，表明多样化选择和等位基因分化之间的相关性。不同的等位基因可能对于圆柱拟脆杆藻适应多变的南极海洋环境有重要作用。

拟菱形藻属（*Pseudo-nitzschia*）是广泛分布于世界各地的潜在产毒赤潮藻，30 种已被描述的拟菱形藻中至少有 12 种可以产生神经 毒素多莫酸

（domoic acid，DA），这种毒素通过食物链逐级放大。贝类、鱼类食用了可以产生多莫酸的拟菱形藻，会使毒素在其组织中积累，食用含有高浓度多莫酸的海产品对鸟类、海洋哺乳动物和人类都是致命的。目前多列拟菱形藻的全基因组装的大小是 218.7 Mb，总共是 4 890 个 scaffolds。

以最早测序的两种硅藻（假微型海链藻和三角褐指藻）为例，它们的叶绿体基因组大小相当，分别为 128 Kb 和 117 Kb，基因间隔区很小并且都没有内含子，基因组成也相似：有 127 ~ 130 个蛋白质编码基因、27 个 tRNA 基因、3 个核糖体 RNA 和 2 个小 RNA（tRNA 和信号识别颗粒 RNA）。这些基因的顺序不是严格保守的，但有一些保守的基因簇显示残余的红藻起源。假微型海链藻的线粒体基因组是一个 43 Kb 的小圆形染色体，含有约 42 个蛋白质编码基因和 22 个 tRNA 基因。

（三）硅藻的质体蛋白质转运

质体蛋白质转运是一个十分复杂的过程，不仅需要蛋白质本身的转运肽，还需要膜上的结合蛋白、膜孔通道以及胞质中因子等的协助作用。绝大多数二次内共生质体的蛋白质由核基因编码，它们需要进化出一整套蛋白质转运系统，使在细胞质中合成的核编码的蛋白质穿过质体外包裹的额外两层膜。硅藻的质体前体蛋白 N 端具有双向拓扑信号，包括信号肽和转运肽，信号肽介导蛋白质通过 Sec61 转运通道跨过最外层膜，由于最外层质体膜镶满了 80S 核糖体，并与寄主的内质网相连，所以前体蛋白以共翻译方式进入内质网腔从而通过第一层质体膜，转运肽介导前体蛋白由 Der1 蛋白协助跨过第二层质体膜。定位到质体基质的前体蛋白的转运肽 +1 位有一个芳香族的氨基酸，前体蛋白通过第三层膜的 Omp85（Toc75）和第四层膜的 Tic20 介导从而跨越这两层膜。三角褐指藻质体四层膜的标志蛋白已通过实验被证实，将它们分别与绿色荧光蛋白融合表达后，利用激光共聚焦显微镜可以清楚地观察到它们的定位情况。

（四）硅藻的遗传转化

硅藻几乎是藻类中仅有的二倍体生物，有性繁殖是大多数硅藻生命周期中必要的阶段。但是大多数硅藻通常表现为无性繁殖，有性繁殖往往只发生在特定的环境条件下或当细胞达到一定的临界大小时。然而，硅藻遗传杂交的证据至今未有文献报道，从而限制了这种遗传手段的应用。因此，将遗传物质转化并整合到硅藻含有 DNA 的细胞器（细胞核、叶绿体或线粒体）中成为一种重要的手段。真核藻类遗传转化系统的重大进展帮助人们获得了可以产生具有商业价值的藻株，通过分别关闭、下调或过量表达一些内源或外源基因，人们更加了解细胞的生理生化机制。

1. 细胞核遗传转化

目前，许多硅藻都建立了成熟的遗传转化体系，包括三角褐指藻、假微型海链藻、梭形筒柱藻（*Cylindrotheca fusiformis*）、隐秘小环藻、腐生舟形藻（*Navicula saprophila*）、太阳管状藻、角毛藻（*Chaetoceros* sp.）、纤细角毛藻（*Chaetoceros gracilis*）、多列拟菱形藻和 *Pseudo-nitzschia arenysensis*。这些已报道的藻类的遗传转化方法大多基于基因枪法。以模式硅藻三角褐指藻为例，Apt 等早在 1996 年就成功实现了细胞核遗传转化，以内源的 *fcp* 启动子驱动细菌的 *sh ble* 基因表达，以腐草霉素（phleomycin）或博来霉素（zeocin）作为抗性筛选标记，但是转化效率较低，仅为 $10/10^8 \sim 100/10^8$ 个细胞。随后的研究对此方法进行不断优化：在 1999 年，Falciatore 等实现了无抗性筛选标记报告基因的转化，他们将两个不同的质粒共转化，其中一个质粒可以表达抗性基因 *sh ble*，另一个质粒表达报告基因；2000 年，Zaslavskaia 等实现了多种抗性筛选标记（诺尔丝菌素 nourseothricin 或 G418）的可靠筛选和多种报告基因（GFP 或 GUS）的稳定表达；2009 年，Miyagawa 等利用梭形筒柱藻的 *fcp* 启动子、终止子，或者硝酸还原酶基因（*nitrate reductase*，*NR*）的启动子、终止子将转化效率提高到 $650 \pm 58/10^8$ 个细胞；2015 年，Seo 等利用内源延伸因子 2 基因（*elongation factor 2*，*EF2*）的启动子实现了目的基因的高效、组成性表达，而之前已报道的 *fcp* 启动子为光诱导型启动子，受光暗周期调控，*NR* 启动子则受营养盐条件的调控；2016 年，Kira 等将 PCR 扩增的 DNA 片段成功导入三角褐指藻中。上述转化方法都是利用基因枪将外源质粒导入三角褐指藻核基因组中。

电击转化法在三角褐指藻的细胞核遗传转化中的应用也有报道。电击转化法是使用瞬时高压电处理细胞悬液，细胞膜在高压电的作用下发生去极化，产生微孔，悬液中溶解的核酸即可通过细胞膜上的孔洞进入细胞内部，因其具有转化效率高、成本低廉、操作简单、适用范围广等优点，在蓝藻、细菌、真菌和一些真核藻类［如微拟球藻和斜生栅藻（*Scenedesmus obliquus*）等］中都已得到广泛应用。2012 年，Niu 等首次利用电击转化方法成功实现三角褐指藻的遗传转化，但是其转化效率与基因枪法相比并无显著提高；2013 年，Miyahara 等利用多脉冲电击转化方法将三角褐指藻的转化效率提高到 4 500/10^8 个细胞，但是这种方法需要一种特殊的电转仪来实现多脉冲电击；2015 年，Ifuku 等首次应用多脉冲电击转化法实现了中心硅藻纤细角毛藻的遗传转化，转化效率约为 400/10^8 个细胞；2014 年，Zhang 和 Hu 报道了利用通用电转程序实现三角褐指藻高效遗传转化（2 800/10^8 个细胞）的方法，并且不含抗性筛选标记的 GUS 报告基因与抗性基因 *sh ble* 共转化的效率达到 60% 以上，与其他方法相比，这一转化方法具有程序简单、成本低廉、易于操作等优点，因而在三角褐指藻基因功能研究领域有更广阔的前景。通用电转程序方法的流程可简单概括为：将生长至对数期的藻细胞离心收集后用 375 mM 山梨醇重悬洗涤 3 次，将线性化处理的待转化质粒 DNA、鲑鱼精 DNA 和山梨醇混匀，冰上放置 10 min 后转入 2 mm 的电击杯，在 500 V 电压、25 μF 电容和 400 Ω 电阻条件下进行短暂电击处理，之后，立即将细胞转入 f/2 液体培养基中在弱光条件下复苏过夜，最后离心收集细胞，将其涂布在含有抗性筛选标记的 f/2 固体平板上，在持续光照下培养，直至长出转化子单克隆。

2. 质体遗传转化

由于质体含有许多参与光合作用的蛋白质编码基因，人们在部分微藻和陆生植物中成功建立了质体转化系统，该系统已被成功用于不同生物聚合物、治疗性蛋白和工业酶的生产中。虽然质体转化系统中外源蛋白质的产量主要取决于外源基因的转录及转录后调控，但由于每个植物细胞中都有多个叶绿体基因组拷贝，因而可将外源蛋白质的产量提高数倍至数百倍。质体的基因组很小，基因的整合和交换主要基于同源重组，因而可以避免插入位点效应，这是质体转化系统与细胞核转化相比的优点之一，除此之外，由于每个细胞中有多个质体基因组并且缺乏基因沉默机制，从而可以实现外源基因稳定高效地表达。随着三角褐指藻叶绿体基因组的测序完成，Materna 等在 2009 年首次在三角褐指藻中实现了二次共生质体的基因突变——*psbA* 基因突变，所有突变体的点突变都在不同程度上导致了 PSⅡ电子转移的组成性损伤，从而影响了三角褐指藻的光合作用。目前研究较多的小球藻叶绿体基因组没有反向重复序列，而三角褐指藻的叶绿体基因组却含有反向重复序列，利用这一特点，Xie 等在 2014 年构建了质体表达载体，通过引入一个专门设计的 TA 盒从质体载体的反向重复区域克隆两同源重组片段 *trnA* 和 *trnI* 之间的异源基因，建立了外源基因在质体中过量表达的高效转化系统。

（五）硅藻的核基因沉默

除了外源基因的表达外，分子遗传学另一个强大的优势就是可以实现核基因的敲除或表达沉默（敲降）。已有研究表明，由双链 RNA（dsRNA）前体产生的 20 ~ 30 nt 的 RNA 分子可以作为基因表达的调控因子参与到不同的 RNA 沉默过程，被统称为 RNA 介导的基因沉默（RNAi）。这种调控可以极大地影响基因组功能，如可以通过影响染色体结构、转录、RNA 的转录后加工、RNA 的稳定以及翻译。RNAi 随后也成为许多生物功能基因组分析的一个非常强大的工具。长期以来，干扰目的基因的表达主要是通过转入一个表达目的基因反义 RNA 的基因或基因片段来实现，随着人们对基因沉默分子机理认识的深入，可以通过同时表达一个正义链和一个反义链或者通过构建反向重复序列的载体直接产生大量的 dsRNA，从而提高基因沉默的效率。随后的研究使这种基因沉默的方法不断完善，并在动物、植物和藻类中建立了稳定、高效、高通量的基因沉默载体。De Riso 等在 2009 年首次在模式硅藻三角褐指藻中实现了基因沉默，他们首先构建了可以表达 *GUS* 报告基因的转基因藻株，构建了 *GUS* 基因的反义 RNA 表达载体和反向重复序列的载体，分别转化该转基因藻株，都实现了 *GUS* 基因表达沉默。此外，利用相似的手段，还实现了三角褐指藻内源基因 *Dph1* 和 *CPF1* 的沉默。基因沉默成为近年来硅藻基因遗传操作最常用的手段。例如，2013 年 Trentacoste 等在假微型海链藻中利用 RNAi 和反义 RNA 手段得到了高产油硅藻。

（六）硅藻的核基因敲除

除了敲降目的基因的表达外，通过在目的基因内插入一个基因片段或将目的基因替换成一个无功能的拷贝，可以阻断目的基因的正确表达。营养生长期的硅藻是二倍体生物，并且它们可能不存在有性生殖周期，所以对一个基因进行敲除往往被另一个等位基因的效应弥补，从而很难获得功能缺失性突变体。最早的基因敲除手段主要依赖于同源重组，这在硅藻中发生的概率极低，至今没有成功的案例被报道。筛选发生同源重组的转化子又依赖于很高的遗传转化效率，因此硅藻的核基因敲除方法发展比较滞后。

在过去的 10 年里，锌指核酸酶（Zinc-finger nucleases，ZFN）、转录激活因子样效应物核酸酶（transcription activator-like effector nucleases，TALENs）和 CRISPR/Cas9 在许多生物中成为有效的基因组编辑工具。这些分子剪刀能够诱发目的 DNA 双链断裂修复，这种修复主要有两大机制：一为非同源末端连接，可在断裂位点引入突变导致基因表达受阻，这种 DNA 修复可以发生在整个细胞周期；二为同源重组，利用与靶位点同源的外源 DNA 模板在靶位点处实现基因插入或替换，同源重组主要发生在晚 S 期和 G2 期。序列特异性核酸酶的使用可以使同源重组的效率提高 1 000 倍以上。

2014 年，Daboussi 等首次在模式硅藻三角褐指藻中用 TALEN 技术实现了基因敲除。TALEN 的核酸识别单位为重复的 34 个恒定氨基酸序列。其中，12、13 位点双连氨基酸与 A、G、C、T 有恒定的对应关系，在目标基因的编码区或外显子和内显子的交界处选择两处相邻（间隔 13 ~ 22 碱基）的靶序列（一般 16 ~ 20 个碱基）分别进行 TAL 识别模块构建，将这两个相邻靶点识别模块分别融合克隆到 FokI 的 N- 末端，形成真核表达载体，将得到的 TALEN 质粒共转入细胞中可实现靶基因敲除。非同源末端连接引入的突变具有不确定性，需要通过表型分析和大量的基因型筛选得到无功能的突变体。2015 年，Weyman 等将 TALEN 技术与同源重组结合，在靶位点处实现插入突变，利用 PCR 方法即可简单快速地鉴定突变体。2017 年，Serif 等对三角褐指藻的 TALEN 基因敲除系统进行优化，通过选择合适的 TALEN 识别位点避免了 TALEN 敲除的无效或脱靶效应，使用两种筛选标记实现了两个 TALEN 质粒在三角褐指藻中的有效转化和筛选，从而使 TALEN 基因敲除的经济成本更加合理，耗时更短。CRISPR/Cas9 系统的 Cas9 蛋白含有两个核酸酶结构域，可以分别切割 DNA 两条单链，Cas9 先与 crRNA 及 tracrRNA 结合成复合物，然后通过 PAM 序列结合并侵入 DNA，形成 RNA-DNA 复合结构，进而对目的 DNA 双链进行切割，使 DNA 双链断裂。由于 PAM 序列结构简单（5′-NGG-3′），几乎可以在所有的基因中找到大量靶点，与 TALEN 技术相比具有简单低廉的优点，近年来的发展非常迅猛。2016 年，Nymark 等将 CRISPR/Cas9 系统成功运用到模式硅藻三角褐指藻中，实现了基因突变。他们将 Cas9 核酸酶和目的 DNA 特异的导向 RNA 在同一个载体上表达，经过密码子优化的 Cas9 基因由 LHCF2 基因的启动子驱动表达，单链导向 RNA（single guide RNA，sgRNA）则由 U6 启动子驱动表达。利用基于 PCR 的高分辨率溶解法对突变体进行筛选，并通过靶位点附近的 DNA 片段测序和转化子表型分析确定突变体。

参考文献

冯书营，贾岩龙，刘红涛，等，2007. 杜氏盐藻玻璃珠新型转化方法的建立［J］. 生物工程学报，02：358-362.

耿德贵，王义琴，李文彬，等，2002. GUS 基因在杜氏盐藻细胞中的瞬间表达［J］. 高技术通讯，02：35-39.

胡鸿钧，2011. 水华蓝藻生物学［M］. 北京：科学出版社.

李建成，彭世清，胡章立，2012. SEC2 在莱茵衣藻中的表达及免疫学活性分析［J］. 深圳大学学报（理工版），29（2）：159-164.

吕朋举，闫红霞，李杰，等，2009. 杜氏盐藻电击转化方法的系统优化［J］. 生物工程学报，25（04）：520-525.

滕长英，梁成伟，秦松，等，2005. 雨生红球藻（Haematococcus pluvialis）基因工程选择试剂的筛选［J］. 海洋与湖沼，（04）：302-306.

ALLEN A E, DUPONT C L, OBORNIK M, et al., 2011. Evolution and metabolic significance of the urea cycle in photosynthetic diatoms［J］. Nature, 473(7346): 203-207.

ALLEN A E, VARDI A, BOWLER C, 2006. An ecological and evolutionary context for integrated nitrogen metabolism and related signaling pathways in marine diatoms［J］. Curr Opin Plant Biol, 9(3): 264-273.

ALLEN M D, KROPAT J, TOTTEY S, et al., 2007. Manganese deficiency in *Chlamydomonas* results in loss of photosystem Ⅱ and MnSOD function, sensitivity to peroxides, and secondary phosphorus and iron deficiency［J］. Plant Physiol, 143(1): 263-277.

APT K E, KROTH-PANCIC P G, GROSSMAN A R, 1996. Stable nuclear transformation of the diatom *Phaeodactylum tricornutum*［J］. Mol Gen Genet, 252(5): 572-579.

ARMBRUST E V, 2009. The life of diatoms in the world's oceans［J］. Nature, 459(7244): 185-192.

ARMBRUST E V, BERGES J A, BOWLER C, et al., 2004. The genome of the diatom *Thalassiosira pseudonana*: ecology, evolution, and metabolism［J］. Science, 306(5693): 79-86.

BABINGER P, VOLKL R, CAKSTINA I, et al., 2007. Maintenance DNA methyltransferase(Met1) and silencing of CpG-methylated foreign DNA in *Volvox carteri* [J]. Plant Mol Biol, 63(3): 325-336.

BABU M M, ARAVIND L, 2006. Adaptive evolution by optimizing expression levels in different environments [J]. Trends Microbiol, 14(1): 11-14.

BATEMAN J M, PURTON S, 2000. Tools for chloroplast transformation in *Chlamydomonas*: expression vectors and a new dominant selectable marker [J]. Mol Gen Genet, 263(3): 404-410.

BATES S S, BIRD C J, DE FREITAS A S W, et al., 1989. Pennate diatom *Nitzschia pungens* as the primary source of domoic acid, a toxin in shellfish from eastern Prince Edward Island, Canada [J]. Journal Canadien Des Sciences Halieutiques Et Aquatiques, 46(7): 1203-1215.

BAULCOMBE D, 2004. RNA silencing in plants [J]. Nature, 431(7006): 356-363.

BENNETT A F, HUGHES B S, 2009. Microbial experimental evolution [J]. Am J Physiol Regul Integr Comp Physiol, 297(1): R17-R25.

BLABY I K, GLAESENER A G, METTLER T, et al., 2013. Systems-level analysis of nitrogen starvation-induced modifications of carbon metabolism in a *Chlamydomonas reinhardtii* starchless mutant [J]. Plant Cell, 25(11): 4305-4323.

BLANC G, DUNCAN G, AGARKOVA I, et al., 2010. The *Chlorella* variabilis NC64A genome reveals adaptation to photosymbiosis, coevolution with viruses, and cryptic sex [J]. Plant Cell, 22(9): 2943-2955.

BOER P H, GRAY M W, 1988. Genes encoding a subunit of respiratory NADH dehydrogenase(ND1)and a reverse transcriptase-like protein(RTL)are linked to ribosomal RNA gene pieces in *Chlamydomonas reinhardtii* mitochondrial DNA [J]. EMBO J, 7(11): 3501-3508.

BOER P H, GRAY M W, 1988. Scrambled ribosomal RNA gene pieces in *Chlamydomonas reinhardtii* mitochondrial DNA [J]. Cell, 55(3): 399-411.

BOGORAD L, 2000. Engineering chloroplasts: an alternative site for foreign genes, proteins, reactions and products [J]. Trends Biotechnol, 18(6): 257-263.

BOUSSIBA S, 2010. Carotenogenesis in the green alga *Haematococcus pluvialis*: cellular physiology and stress response [J]. Physiologia Plantarum, 108(2): 111-117.

BOWLER C, ALLEN A E, BADGER J H, et al., 2008. The *Phaeodactylum* genome reveals the evolutionary history of diatom genomes [J]. Nature, 456(7219): 239−244.

BOYNTON J E, GILLHAM N W, 1993. Chloroplast transformation in *Chlamydomonas* [J]. Methods Enzymol, 217: 510−536.

BRODERSEN P, VOINNET O, 2006. The diversity of RNA silencing pathways in plants [J]. Trends Genet, 22(5): 268−280.

BULLMANN L, HAARMANN R, MIRUS O, et al., 2010. Filling the gap, evolutionarily conserved Omp85 in plastids of chromalveolates [J]. J Biol Chem, 285(9): 6848−6856.

CABANELAS I, KLEINEGRIS D, WIJFFELS R H, et al., 2016. Repeated nitrogen starvation doesn't affect lipid productivity of *Chlorococcum littorale* [J]. Bioresour Technol, 219: 576−582.

CAI Y P, WOLK C P, 1990. Use of a conditionally lethal gene in *Anabaena* sp. strain PCC 7120 to select for double recombinants and to entrap insertion sequences [J]. J Bacteriol, 172(6): 3138−3145.

CARTHEW R W, SONTHEIMER E J, 2009. Origins and mechanisms of miRNAs and siRNAs [J]. Cell, 136(4): 642−655.

CEDAR H, 1988. DNA methylation and gene activity [J]. Cell, 53(1): 3−4.

CERUTTI H, JOHNSON A M, GILLHAM N W, et al., 1997. Epigenetic silencing of a foreign gene in nuclear transformants of *Chlamydomonas* [J]. Plant Cell, 9(6): 925−945.

CHAPMAN E J, CARRINGTON J C, 2007. Specialization and evolution of endogenous small RNA pathways [J]. Nat Rev Genet, 8(11): 884−896.

CHAURASIA A K, PARASNIS A, APTE S K, 2008. An integrative expression vector for strain improvement and environmental applications of the nitrogen fixing cyanobacterium, *Anabaena* sp. strain PCC 7120 [J]. J Microbiol Methods, 73(2): 133−141.

CHEPURNOV V A, MANN D G, Sabbe K, et al., 2004. Experimental studies on sexual reproduction in diatoms [J]. Int Rev Cytol, 237: 91−154.

CLERICO E M, DITTY J L, GOLDEN S S, 2007. Specialized techniques for site−directed mutagenesis in cyanobacteria [J]. Methods Mol Biol, 362: 155−171.

COHEN J S, FOX T D, 2001. Expression of green fluorescent protein from a recoded gene inserted into *Saccharomyces cerevisiae* mitochondrial DNA [J]. Mitochondrion, 1(2): 181−189.

COHEN M F, MEEKS J C, CAI Y A, et al., 1998. Transposon mutagenesis of heterocyst−forming filamentous cyanobacteria [J] . Methods in Enzymology, 297: 3−17.

COHEN M F, WALLIS J G, CAMPBELL E L, et al., 1994. Transposon mutagenesis of *Nostoc* sp. strain ATCC 29133, a filamentous cyanobacterium with multiple cellular differentiation alternatives [J]. Microbiology(Reading), 140(Pt 12): 3233−3240.

COLLEAUX L, MICHEL−WOLWERTZ M R, MATAGNE R F, et al., 1990. The apocytochrome b gene of *Chlamydomonas smithii* contains a mobile intron related to both *Saccharomyces* and *Neurospora* introns [J]. Mol Gen Genet, 223(2): 288−296.

CONRAD T M, LEWIS N E, PALSSON B O, 2011. Microbial laboratory evolution in the era of genome−scale science [J]. Molecular Systems Biology, 7(509).

COOPER V S, LENSKI R E, 2000. The population genetics of ecological specialization in evolving *Escherichia coli* populations [J]. NATURE, 407(6805): 736−739.

DABOUSSI F, LEDUC S, MARECHAL A, et al., 2014. Genome engineering empowers the diatom *Phaeodactylum tricornutum* for biotechnology [J]. Nat Commun, 5: 3831.

DANIELL H, DATTA R, VARMA S, et al., 1998. Containment of herbicide resistance through genetic engineering of the chloroplast genome [J]. Nat Biotechnol, 16(4): 345−348.

DAVISON J, 2002. Genetic tools for pseudomonads, rhizobia, and other gram−negative bacteria [J]. Biotechniques, 32(2): 386−388, 390, 392−394.

DE MARTINO A, MEICHENIN A, SHI J, et al., 2007. Genetic and phenotypic characterization of *Phaeodactylum tricornutum*(Bacillariophyceae)accessions [J]. Journal of Phycology, 43(5): 992−1009.

DE RISO V, RANIELLO R, MAUMUS F, et al., 2009. Gene silencing in the marine diatom *Phaeodactylum tricornutum* [J]. Nucleic Acids Res, 37(14): e96.

DEGUI G, YIQIN W, PENG W, et al., 2003. Stable expression of hepatitis B surface antigen gene in *Dunaliella salina*(Chlorophyta) [J]. Journal of Applied Phycology, 15(6).

DELALAT B, SHEPPARD V C, RASI G S, et al., 2015. Targeted drug delivery using genetically engineered diatom biosilica [J]. Nat Commun, 6: 8791.

DOETSCH N A, FAVREAU M R, KUSCUOGLU N, et al., 2001. Chloroplast transformation in *Euglena gracilis*: splicing of a group Ⅲ twintron transcribed from a transgenic *psbK* operon [J]. Curr Genet, 39(1): 49−60.

DOMAIN F, HOUOT L, CHAUVAT F, et al., 2004. Function and regulation of the cyanobacterial genes *lexA*, *recA* and *ruvB*: *LexA* is critical to the survival of cells facing inorganic carbon starvation [J]. Mol Microbiol, 53(1): 65–80.

DONOHO G, JASIN M, BERG P, 1998. Analysis of gene targeting and intrachromosomal homologous recombination stimulated by genomic double–strand breaks in mouse embryonic stem cells [J]. Mol Cell Biol, 18(7): 4070–4078.

DORTHU M P, REMY S, MICHEL–WOLWERTZ M R, et al., 1992. Biochemical, genetic and molecular characterization of new respiratory–deficient mutants in *Chlamydomonas reinhardtii* [J]. Plant Mol Biol, 18(4): 759–772.

DRAGOSITS M, MATTANOVICH D, 2013. Adaptive laboratory evolution – principles and applications for biotechnology [J]. Microbial Cell Factories, 12(64).

DRAKE J W, 1991. A constant rate of spontaneous mutation in DNA–based microbes [J]. Proc Natl Acad Sci U S A, 88(16): 7160–7164.

DU T, ZAMORE P D, 2005. microPrimer: the biogenesis and function of microRNA [J]. Development, 132(21): 4645–4652.

DUNAHAY T G, JARVIS E E, ROESSLER P G, 1995. Genetic transformation of the diatoms *Cyclotella cryptica* and *Navicula saprophila* [J]. Journal of Phycology, 31(6): 1004–1012.

DYALL S D, BROWN M T, JOHNSON P J, 2004. Ancient invasions: from endosymbionts to organelles [J]. Science, 304(5668): 253–257.

DYKXHOORN D M, NOVINA C D, SHARP P A, 2003. Killing the messenger: short RNAs that silence gene expression [J]. Nat Rev Mol Cell Biol, 4(6): 457–467.

EDLUND M B, STOERMER E F, 1997. Ecological, evolutionary, and systematic significance of diatom life histories1 [J]. Journal of Phycology, 33(6).

ELHAI J, VEPRITSKIY A, MURO–PASTOR A M, et al., 1997. Reduction of conjugal transfer efficiency by three restriction activities of *Anabaena* sp. strain PCC 7120 [J]. J Bacteriol, 179(6): 1998–2005.

ELHAI J, WOLK C P, 1988. Conjugal transfer of DNA to cyanobacteria [J]. Methods Enzymol, 167: 747–754.

ERNST A, BLACK T, CAI Y, et al., 1992. Synthesis of nitrogenase in mutants of the cyanobacterium *Anabaena* sp. strain PCC 7120 affected in heterocyst development or metabolism [J]. J Bacteriol, 174(19): 6025–6032.

FALCIATORE A, CASOTTI R, LEBLANC C, et al., 1999. Transformation of nonselectable reporter genes in marine diatoms [J]. Mar Biotechnol(NY), 1(3): 239–251.

FALKOWSKI P G, BARBER R T, SMETACEK V V, 1998. Biogeochemical controls and feedbacks on ocean primary production [J]. Science, 281(5374): 200–207.

FALKOWSKI P, 2007. How the evolution of oceanic photosynthesis shaped the biogeochemistry of Earth [J]. Photosynthesis Research, 91(2–3): 135.

FARRE J C, CHOURY D, ARAYA A, 2007. In organello gene expression and RNA editing studies by electroporation–mediated transformation of isolated plant mitochondria [J]. Methods Enzymol, 424: 483–500.

FENG S, COKUS S J, ZHANG X, et al., 2010. Conservation and divergence of methylation patterning in plants and animals [J]. Proc Natl Acad Sci U S A, 107(19): 8689–8694.

FENG S, XUE L, LIU H, et al., 2009. Improvement of efficiency of genetic transformation for *Dunaliella salina* by glass beads method [J]. Mol Biol Rep, 36(6): 1433–1439.

FERNANDEZ–SAN M A, MINGO–CASTEL A, MILLER M, et al., 2003. A chloroplast transgenic approach to hyper–express and purify human serum albumin, a protein highly susceptible to proteolytic degradation [J]. Plant Biotechnol J, 1(2): 71–79.

FISCHER H, ROBL I, SUMPER M, et al., 1999. Targeting and covalent modification of cell wall and membrane proteins heterologously expressed in the diatom *Cylindrotheca fusiformis*(Bacillariophyceae) [J]. Journal of Phycology, 35(1): 113–120.

FLORES E, WOLK C P, 1985. Identification of facultatively heterotrophic, N2–fixing cyanobacteria able to receive plasmid vectors from *Escherichia coli* by conjugation [J]. J Bacteriol, 162(3): 1339–1341

FOGG G E, 1996. Algae: an introduction to phycology–vandenHoek, C, Mann, DC, Jahns, HJ[J]. NATURE, 381(6584): 660.

FRANKLIN S, NGO B, EFUET E, et al., 2002. Development of a GFP reporter gene for *Chlamydomonas reinhardtii* chloroplast [J]. Plant J, 30(6): 733–744.

FU W, GUDMUNDSSON O, FEIST A M, et al., 2012. Maximizing biomass productivity and cell density of *Chlorella vulgaris* by using light–emitting diode–based photobioreactor [J]. J Biotechnol, 161(3): 242–249.

FU W, GUETHMUNDSSON O, PAGLIA G, et al., 2013. Enhancement of carotenoid biosynthesis in the green microalga *Dunaliella salina* with light–emitting diodes and adaptive laboratory evolution [J]. Appl Microbiol Biotechnol, 97(6): 2395–2403.

GAJ T, GERSBACH C A, BARBAS C R, 2013. ZFN, TALEN, and CRISPR/Cas–based methods for genome engineering [J]. Trends Biotechnol, 31(7): 397–405.

GAY P, LE COQ D, STEINMETZ M, et al., 1985. Positive selection procedure for entrapment of insertion sequence elements in gram–negative bacteria [J]. J Bacteriol, 164(2): 918–921.

GENG D G, HAN Y, WANG Y Q, et al., 2004. Construction of a system for the stable expression of foreign genes in *Dunaliella salina* [J]. Acta Botanica Sinica, 46(3): 342–346.

GIBBS S P, 1981. The chloroplast endoplasmic reticulum: structure, function, and evolutionary significance [J]. International Review of Cytology, 72: 49–99.

GLAESENER A G, MERCHANT S S, BLABY–HAAS C E, 2013. Iron economy in *Chlamydomonas reinhardtii* [J]. Front Plant Sci, 4: 337.

GOLDSCHMIDT–CLERMONT M, 1991. Transgenic expression of aminoglycoside adenine transferase in the chloroplast: a selectable marker of site–directed transformation of chlamydomonas [J]. Nucleic Acids Res, 19(15): 4083–4089.

GOLL M G, BESTOR T H, 2005. Eukaryotic cytosine methyltransferases [J]. Annu Rev Biochem, 74: 481–514.

GOODENOUGH U, LIN H, LEE J H, 2007. Sex determination in *Chlamydomonas* [J]. Semin Cell Dev Biol, 18(3): 350–361.

GRANT D, CHIANG K S, 1980. Physical mapping and characterization of *Chlamydomonas mitochondrial* DNA molecules: their unique ends, sequence homogeneity, and conservation [J]. Plasmid, 4(1): 82–96.

GRIGORIEVA G, SHESTAKOV S, 1982. Transformation in the cyanobacterium *Synechocystis* sp 6803 [J]. Fems Microbiology Letters, 13(4): 367–370.

GROSSMAN A R, 2000. *Chlamydomonas reinhardtii* and photosynthesis: genetics to genomics [J]. Curr Opin Plant Biol, 3(2): 132–137.

GROSSMAN A, 2000. Acclimation of *Chlamydomonas reinhardtii* to its nutrient environment [J]. Protist, 151(3): 201–224.

GUO S L, ZHAO X Q, TANG Y, et al., 2013. Establishment of an efficient genetic transformation system in *Scenedesmus obliquus* [J]. J Biotechnol, 163(1): 61–68.

HAGEMANN M, 2011. Molecular biology of cyanobacterial salt acclimation [J]. FEMS Microbiol Rev, 35(1): 87–123.

HARRIS, 1989. The *Chlamydomonas* sourcebook [M]. Academic Press.

HAYES F, 2003. Transposon–based strategies for microbial functional genomics and proteomics [J]. Annu Rev Genet, 37: 3–29.

HEIDORN T, CAMSUND D, HUANG H H, et al., 2011. Synthetic biology in cyanobacteria engineering and analyzing novel functions [J]. Methods Enzymol, 497: 539–579.

HEMPEL F, BULLMANN L, LAU J, et al., 2009. ERAD–derived preprotein transport across the second outermost plastid membrane of diatoms [J]. Mol Biol Evol, 26(8): 1781–1790.

HOLTMAN C K, CHEN Y, SANDOVAL P, et al., 2005. High–throughput functional analysis of the *Synechococcus elongatus* PCC 7942 genome [J]. DNA Res, 12(2): 103–115.

HOPE I A, 2001. Broadcast interference–functional genomics [J]. Trends Genet, 17(6): 297–299.

HOPES A, NEKRASOV V, KAMOUN S, et al., 2016. Editing of the urease gene by CRISPR–Cas in the diatom *Thalassiosira pseudonana* [J]. Plant Methods, 12: 49.

HU Z, FAN Z, ZHAO Z, et al., 2012. Stable expression of antibiotic–resistant gene ble from *Streptoalloteichus hindustanus* in the mitochondria of *Chlamydomonas reinhardtii* [J]. PLoS One, 7(4): e35542.

HUANG H H, CAMSUND D, LINDBLAD P, et al., 2010. Design and characterization of molecular tools for a synthetic biology approach towards developing cyanobacterial biotechnology [J]. Nucleic Acids Res, 38(8): 2577–2593.

HUFF J T, ZILBERMAN D, 2014. Dnmt1–independent CG methylation contributes to nucleosome positioning in diverse eukaryotes [J]. Cell, 156(6): 1286–1297.

HUTVAGNER G, SIMARD M J, 2008. Argonaute proteins: key players in RNA silencing [J]. Nat Rev Mol Cell Biol, 9(1): 22–32.

Ibrahim F, Rymarquis L A, Kim E J, et al., 2010. Uridylation of mature miRNAs and siRNAs by the MUT68 nucleotidyltransferase promotes their degradation in Chlamydomonas. Proceedings of the National Academy of Sciences, 107(8): 3906–3911.

IFUKU K, YAN D, MIYAHARA M, et al., 2015. A stable and efficient nuclear transformation system for the diatom *Chaetoceros gracilis* [J]. Photosynth Res, 123(2): 203–211.

ISHIKURA K, TAKAOKA Y, KATO K, et al., 1999. Expression of a foreign gene in *Chlamydomonas reinhardtii* chloroplast [J]. J Biosci Bioeng, 87(3): 307–314.

IWAI M, KATOH H, KATAYAMA M, et al., 2004. Improved genetic transformation of the thermophilic cyanobacterium, *Thermosynechococcus elongatus* BP–1 [J]. Plant Cell Physiol, 45(2): 171–175.

JIANG G Z, LU Y M, NIU X L, et al., 2005. The actin gene promoter–driven bar as a dominant selectable marker for nuclear transformation of *Dunaliella salina* [J]. Yi Chuan Xue Bao, 32(4): 424–433.

JOHNSTON S A, ANZIANO P Q, SHARK K, et al., 1988. Mitochondrial transformation in yeast by bombardment with microprojectiles [J]. Science, 240(4858): 1538–1541.

KANEKO T, NAKAMURA Y, WOLK C P, et al., 2001. Complete genomic sequence of the filamentous nitrogen–fixing cyanobacterium *Anabaena* sp. strain PCC 7120 [J]. DNA Res, 8(5): 205–213, 227–253.

KANEKO T, SATO S, KOTANI H, et al., 1996. Sequence analysis of the genome of the unicellular cyanobacterium *Synechocystis* sp. strain PCC6803. Ⅱ. Sequence determination of the entire genome and assignment of potential protein–coding regions(supplement) [J]. DNA Res, 3(3): 185–209.

KARAS B J, DINER R E, LEFEBVRE S C, et al., 2015. Designer diatom episomes delivered by bacterial conjugation [J]. Nat Commun, 6: 6925.

KATHIRESAN S, CHANDRASHEKAR A, RAVISHANKAR G A, et al., 2015. Regulation of astaxanthin and its intermediates through cloning and genetic transformation of beta–carotene ketolase in *Haematococcus pluvialis* [J]. J Biotechnol, 196–197: 33–41.

KIICK U, NEUHAUS H, 1986. Universal genetic code evidenced in mitochondria of *Chlamydomonas reinhardii* [J]. Applied Microbiology & Biotechnology, 23(6): 462–469.

KILIAN O, BENEMANN C S, NIYOGI K K, et al., 2011. High–efficiency homologous recombination in the oil–producing alga *Nannochloropsis* sp. [J]. Proc Natl Acad Sci U S A, 108(52): 21265–21269.

KIM E J, MA X, CERUTTI H, 2015. Gene silencing in microalgae: mechanisms and biological roles [J]. Bioresour Technol, 184: 23–32.

KINDLE K L, 1990. High–frequency nuclear transformation of *Chlamydomonas reinhardtii* [J].

Proc Natl Acad Sci U S A, 87(3): 1228−1232.

KIRA N, OHNISHI K, MIYAGAWA−YAMAGUCHI A, et al., 2016. Nuclear transformation of the diatom *Phaeodactylum tricornutum* using PCR−amplified DNA fragments by microparticle bombardment [J]. Mar Genomics, 25: 49−56.

KNIGHT T, 2003. Idempotent vector design for standard assembly of biobricks [J].

KOOISTRA W H, MEDLIN L K, 1996. Evolution of the diatoms(Bacillariophyta): Ⅳ. A reconstruction of their age from small subunit rRNA coding regions and the fossil record [J]. Mol Phylogenet Evol, 6(3): 391−407.

KROTH P, 2007. Molecular biology and the biotechnological potential of diatoms [J]. Adv Exp Med Biol, 616: 23−33.

KROYMANN J, ZETSCHE K, 1998. The mitochondrial genome of *Chlorogonium elongatum* inferred from the complete sequence [J]. J Mol Evol, 47(4): 431−440.

LABARRE J, CHAUVAT F, THURIAUX P, 1989. Insertional mutagenesis by random cloning of antibiotic resistance genes into the genome of the cyanobacterium *Synechocystis strain* PCC 6803 [J]. J Bacteriol, 171(6): 3449−3457.

LAMITINA T, 2006. Functional genomic approaches in *C. elegans* [J]. Methods Mol Biol, 351: 127−138.

LAPIDOT M, RAVEH D, SIVAN A, et al., 2002. Stable chloroplast transformation of the unicellular red alga *Porphyridium* species [J]. Plant Physiol, 129(1): 7−12.

LAW J A, JACOBSEN S E, 2010. Establishing, maintaining and modifying DNA methylation patterns in plants and animals [J]. Nat Rev Genet, 11(3): 204−220.

LEE J H, WAFFENSCHMIDT S, SMALL L, et al., 2007. Between−species analysis of short−repeat modules in cell wall and sex−related hydroxyproline−rich glycoproteins of *Chlamydomonas* [J]. Plant Physiol, 144(4): 1813−1826.

LELIAERT F, SMITH D R, MOREAU H, et al., 2012. Phylogeny and molecular evolution of the green algae [J]. Critical Reviews in Plant Sciences, 31(1): 1−46.

LEMOINE Y, SCHOEFS B, 2010. Secondary ketocarotenoid astaxanthin biosynthesis in algae: a multifunctional response to stress [J]. Photosynth Res, 106(1−2): 155−177.

LEVINGS C R, PRING D R, 1976. Restriction endonuclease analysis of mitochondrial DNA from normal and Texas cytoplasmic male−sterile maize [J]. Science, 193(4248): 158−160.

LI D, WANG L, ZHAO Q, et al., 2015. Improving high carbon dioxide tolerance and carbon dioxide fixation capability of *Chlorella* sp. by adaptive laboratory evolution [J]. Bioresour Technol, 185: 269–275.

LI F, GAO D, HU H, 2014. High-efficiency nuclear transformation of the oleaginous marine *Nannochloropsis* species using PCR product [J]. Biosci Biotechnol Biochem, 78(5): 812–817.

LI H, LIU Y, WANG Y, et al., 2018. Improved photobio-H_2 production regulated by artificial miRNA targeting *psbA* in green microalga *Chlamydomonas reinhardtii* [J]. Biotechnol Biofuels, 11: 36.

LI H, WANG Y, CHEN M, et al., 2016. Genome-wide long non-coding RNA screening, identification and characterization in a model microorganism *Chlamydomonas reinhardtii* [J]. Sci Rep, 6: 34109.

LI H, ZHANG L, SHU L, et al., 2015. Sustainable photosynthetic H_2-production mediated by artificial miRNA silencing of *OEE2* gene in green alga *Chlamydomonas reinhardtii* [J]. International Journal of Hydrogen Energy, 40(16): 5609–5616.

LI J, PENG S, HU Z, 2012. Expression and immunological activity of enterotoxin C2 from *Staphylococcus aureus* in *Chlamydomonas reinhardtii* [J]. Journal of Shenzhen University Science & Engineering, 29(2): 159–164.

LI L, LIN X, KHVOROVA A, et al., 2007. Defining the optimal parameters for hairpin-based knockdown constructs [J]. RNA, 13(10): 1765–1774.

LIEBER M R, 2010. The mechanism of double-strand DNA break repair by the nonhomologous DNA end-joining pathway [J]. Annu Rev Biochem, 79: 181–211.

LIN H, GOODENOUGH U W, 2007. Gametogenesis in the *Chlamydomonas reinhardtii* minus mating type is controlled by two genes, MID and MTD1 [J]. Genetics, 176(2): 913–925.

LIN S, CHENG S, SONG B, et al., 2015. The *Symbiodinium kawagutii* genome illuminates dinoflagellate gene expression and coral symbiosis [J]. Science, 350(6261): 691–694.

LINDBERG P, SCHUTZ K, HAPPE T, et al., 2002. A hydrogen-producing, hydrogenase-free mutant strain of *Nostoc punctiforme* ATCC 29133 [J]. International Journal of Hydrogen Energy, 27(PII S0360-3199(02)00121-011-12): 1291–1296.

LIU X, HEMPEL F, STORK S, et al., 2016. Addressing various compartments of the diatom model organism *Phaeodactylum tricornutum* via sub-cellular marker proteins [J]. Algal Research-Biomass Biofuels and Bioproducts, 20: 249-257.

LIU Y, ZHANG H, CUI Y, et al., 2021. Distinct roles of alternative oxidase pathway during the greening process of etiolated algae [J]. Sci China Life Sci, 64(5): 816-827.

LOHBECK K T, RIEBESELL U, REUSCH T B, 2014. Gene expression changes in the coccolithophore *Emiliania huxleyi* after 500 generations of selection to ocean acidification [J]. Proc Biol Sci, 281(1786).

LOPEZ D, HAMAJI T, KROPAT J, et al., 2015. Dynamic Changes in the Transcriptome and Methylome of *Chlamydomonas reinhardtii* throughout Its Life Cycle [J]. Plant Physiol, 169(4): 2730-2743.

LOU S, SUN T, LI H, et al., 2018. Mechanisms of microRNA-mediated gene regulation in unicellular model alga *Chlamydomonas reinhardtii* [J]. Biotechnol Biofuels, 11: 244.

LOU S, ZHU X, ZENG Z, et al., 2020. Identification of microRNAs response to high light and salinity that involved in beta-carotene accumulation in microalga *Dunaliella salina* [J]. Algal Research-Biomass Biofuels And Bioproducts, 48: 101925.

LUO Q, BIAN C, TAO M, et al., 2019. Genome and transcriptome sequencing of the astaxanthin-producing green microalga, *Haematococcus pluvialis* [J]. Genome Biol Evol, 11(1): 166-173.

LUO Q, SONG W, LI Y, et al., 2018. Flagella-associated WDR-containing protein CrFAP89 regulates growth and lipid accumulation in *Chlamydomonas reinhardtii* [J]. Front Plant Sci, 9: 691.

MA L, BAJIC V B, ZHANG Z, 2013. On the classification of long non-coding RNAs [J]. RNA Biol, 10(6): 925-933.

MANN V, HARKER M, PECKER I, et al., 2000. Metabolic engineering of astaxanthin production in tobacco flowers [J]. Nat Biotechnol, 18(8): 888-892.

MARKOWITZ V M, CHEN I M, CHU K, et al., 2012. IMG/M: the integrated metagenome data management and comparative analysis system [J]. Nucleic Acids Res, 40(Database issue): D123-D129.

MARRACCINI P, BULTEAU S, CASSIER-CHAUVAT C, et al., 1993. A conjugative plasmid vector for promoter analysis in several cyanobacteria of the genera *Synechococcus* and

Synechocystis [J]. Plant Mol Biol, 23(4): 905–909.

MATAGNE R F, MICHEL–WOLWERTZ M R, MUNAUT C, et al., 1989. Induction and characterization of mitochondrial DNA mutants in *Chlamydomonas reinhardtii* [J]. J Cell Biol, 108(4): 1221–1226.

MATERNA A C, STURM S, KROTH P G, et al., 2009. First induced plastid genome mutations in an alga with secondary plastids: psba mutations in the diatom *Phaeodactylum tricornutum* (bacillariophyceae) reveal consequences on the regulation of photosynthesis(1) [J]. J Phycol, 45(4): 838–846.

MATSUMOTO M, SUGIYAMA H, MAEDA Y, et al., 2010. Marine diatom, *Navicula* sp. strain JPCC DA0580 and marine green alga, *Chlorella* sp. strain NKG400014 as potential sources for biodiesel production [J]. Appl Biochem Biotechnol, 161(1–8): 483–490.

MATVEYEV A V, YOUNG K T, MENG A, et al., 2001. DNA methyltransferases of the cyanobacterium *Anabaena* PCC 7120 [J]. Nucleic Acids Res, 29(7): 1491–1506.

MAUL J E, LILLY J W, CUI L, et al., 2002. The *Chlamydomonas reinhardtii* plastid chromosome: islands of genes in a sea of repeats [J]. Plant Cell, 14(11): 2659–2679.

MCBRIDE K E, SVAB Z, SCHAAF D J, et al., 1995. Amplification of a chimeric *Bacillus* gene in chloroplasts leads to an extraordinary level of an insecticidal protein in tobacco [J]. Biotechnology(N Y), 13(4): 362–365.

MEEKS J C, ELHAI J, THIEL T, et al., 2001. An overview of the genome of *Nostoc punctiforme*, a multicellular, symbiotic cyanobacterium [J]. Photosynth Res, 70(1): 85–106.

MERCHANT S S, ALLEN M D, KROPAT J, et al., 2006. Between a rock and a hard place: trace element nutrition in *Chlamydomonas* [J]. Biochim Biophys Acta, 1763(7): 578–594.

MERCHANT S S, PROCHNIK S E, VALLON O, et al., 2007. The *Chlamydomonas* genome reveals the evolution of key animal and plant functions [J]. Science, 318(5848): 245–250.

MEYER R, 2009. Replication and conjugative mobilization of broad host–range IncQ plasmids [J]. Plasmid, 62(2): 57–70.

MIREAU H, ARNAL N, FOX T D, 2003. Expression of Barstar as a selectable marker in yeast mitochondria [J]. Mol Genet Genomics, 270(1): 1–8.

MIYAGAWA A, OKAMI T, KIRA N, et al., 2009. Research note: high efficiency transformation of the diatom *Phaeodactylum tricornutum* with a promoter from the diatom Cylindrotheca fusiformis [J]. Phycological Research, 57(2): 142−146.

MIYAGAWA−YAMAGUCHI A, OKAMI T, KIRA N, et al., 2011. Stable nuclear transformation of the diatom *Chaetoceros* sp. [J]. Phycological Research, 59(2): 113−119.

MIYAHARA M, AOI M, INOUE−KASHINO N, et al., 2013. Highly efficient transformation of the diatom *Phaeodactylum tricornutum* by multi−pulse electroporation [J]. Biosci Biotechnol Biochem, 77(4): 874−876.

MOCK T, OTILLAR R P, STRAUSS J, et al., 2017. Evolutionary genomics of the cold−adapted diatom *Fragilariopsis cylindrus* [J]. Nature, 541(7638): 536−540.

MOLNAR A, BASSETT A, THUENEMANN E, et al., 2009. Highly specific gene silencing by artificial microRNAs in the unicellular alga *Chlamydomonas reinhardtii* [J]. Plant J, 58(1): 165−174.

MOLNAR A, SCHWACH F, STUDHOLME D J, et al., 2007. miRNAs control gene expression in the single−cell alga *Chlamydomonas reinhardtii* [J]. Nature, 447(7148): 1126−1129.

MONTGOMERY M K, 2004. RNA interference: historical overview and significance [J]. Methods Mol Biol, 265: 3−21.

MONTSANT A, JABBARI K, MAHESWARI U, et al., 2005. Comparative genomics of the pennate diatom *Phaeodactylum tricornutum* [J]. Plant Physiol, 137(2): 500−513.

MUHLENHOFF U, CHAUVAT F, 1996. Gene transfer and manipulation in the thermophilic cyanobacterium *Synechococcus elongatus* [J]. Mol Gen Genet, 252(1−2): 93−100.

MURRY M A, WOLK C P, 1991. Identification and initial utilization of a portion of the smaller plasmid of *Anabaena variabilis* ATCC 29413 capable of replication in *Anabaena* sp. strain M−131 [J]. Molecular and General Genetics, 227(1): 113−119.

MUTO M, FUKUDA Y, NEMOTO M, et al., 2013. Establishment of a genetic transformation system for the marine pennate diatom *Fistulifera* sp. strain JPCC DA0580−−a high triglyceride producer [J]. Mar Biotechnol(NY), 15(1): 48−55.

MUTO M, HENRY R E, MAYFIELD S P, 2009. Accumulation and processing of a recombinant protein designed as a cleavable fusion to the endogenous Rubisco LSU protein in *Chlamydomonas* chloroplast [J]. BMC Biotechnol, 9: 26.

NELLEN W, LICHTENSTEIN C, 1993. What makes an mRNA anti−sense−itive? [J]. Trends Biochem Sci, 18(11): 419−423.

NEWMAN S M, BOYNTON J E, GILLHAM N W, et al., 1990. Transformation of chloroplast ribosomal RNA genes in *Chlamydomonas*: molecular and genetic characterization of integration events [J]. Genetics, 126(4): 875–888.

NG W O, ZENTELLA R, WANG Y, et al., 2000. *phrA*, the major photoreactivating factor in the cyanobacterium *Synechocystis* sp. strain PCC 6803 codes for a cyclobutane–pyrimidine–dimer–specific DNA photolyase [J]. Arch Microbiol, 173(5–6): 412–417.

NISHIYAMA R, WADA Y, MIBU M, et al., 2004. Role of a nonselective de novo DNA methyltransferase in maternal inheritance of chloroplast genes in the green alga, *Chlamydomonas reinhardtii* [J]. Genetics, 168(2): 809–816.

NIU Y F, YANG Z K, ZHANG M H, et al., 2012. Transformation of diatom *Phaeodactylum tricornutum* by electroporation and establishment of inducible selection marker [J]. Biotechniques, 52(6).

NORDBERG H, CANTOR M, DUSHEYKO S, et al., 2014. The genome portal of the Department of Energy Joint Genome Institute: 2014 updates [J]. Nucleic Acids Res, 42(Database issue): D26–D31.

NYMARK M, SHARMA A K, SPARSTAD T, et al., 2016. A CRISPR/Cas9 system adapted for gene editing in marine algae [J]. Sci Rep, 6: 24951.

ONAI K, MORISHITA M, KANEKO T, et al., 2004. Natural transformation of the thermophilic cyanobacterium *Thermosynechococcus elongatus* BP–1: a simple and efficient method for gene transfer [J]. Mol Genet Genomics, 271(1): 50–59.

OUDOT–LE S M, GRIMWOOD J, SHAPIRO H, et al., 2007. Chloroplast genomes of the diatoms *Phaeodactylum tricornutum* and *Thalassiosira pseudonana*: comparison with other plastid genomes of the red lineage [J]. Mol Genet Genomics, 277(4): 427–439.

PALMER B R, MARINUS M G, 1994. The dam and dcm strains of *Escherichia coli*–a review [J]. Gene, 143(1): 1–12.

PERRINEAU M M, GROSS J, ZELZION E, et al., 2014. Using natural selection to explore the adaptive potential of *Chlamydomonas reinhardtii* [J]. PLoS One, 9(3): e92533.

PERRINEAU M M, ZELZION E, GROSS J, et al., 2014. Evolution of salt tolerance in a laboratory reared population of *Chlamydomonas reinhardtii* [J]. Environ Microbiol, 16(6): 1755–1766.

PFEUTY A, DUFRESNE C, GUERIDE M, et al., 2006. Mitochondrial upstream promoter sequences modulate *in vivo* the transcription of a gene in yeast mitochondria [J]. Mitochondrion, 6(6): 289–298.

PONGER L, LI W H, 2005. Evolutionary diversification of DNA methyltransferases in eukaryotic genomes [J]. Mol Biol Evol, 22(4): 1119–1128.

POULSEN N, CHESLEY P M, KROGER N, 2006. Molecular genetic manipulation of the diatom *Thalassiosira pseudonana*(Bacillariophyceae) [J]. Journal of Phycology, 42(5): 1059–1065.

POULSEN N, KROGER N, 2005. A new molecular tool for transgenic diatoms: control of mRNA and protein biosynthesis by an inducible promoter–terminator cassette [J]. FEBS J, 272(13): 3413–3423.

PULZ O, GROSS W, 2004. Valuable products from biotechnology of microalgae [J]. Applied Microbiology and Biotechnology, 65(6): 635–648.

RADAKOVITS R, JINKERSON R E, FUERSTENBERG S I, et al., 2012. Draft genome sequence and genetic transformation of the oleaginous alga *Nannochloropis gaditana* [J]. Nat Commun, 3: 686.

RAMADAN N, FLOCKHART I, BOOKER M, et al., 2007. Design and implementation of high–throughput RNAi screens in cultured Drosophila cells [J]. Nat Protoc, 2(9): 2245–2264.

RANDOLPH–ANDERSON B L, BOYNTON J E, GILLHAM N W, et al., 1993. Further characterization of the respiratory deficient dum–1 mutation of *Chlamydomonas reinhardtii* and its use as a recipient for mitochondrial transformation [J]. Mol Gen Genet, 236(2–3): 235–244.

RAVEN J A, WAITE A M, 2004. The evolution of silicification in diatoms: inescapable sinking and sinking as escape? [J]. New Phytologist, 162(1): 45–61.

REINFELDER J R, MILLIGAN A J, MOREL F M, 2004. The role of the C4 pathway in carbon accumulation and fixation in a marine diatom [J]. Plant Physiol, 135(4): 2106–2111.

REINHART B J, SLACK F J, BASSON M, et al., 2000. The 21–nucleotide *let*–7 RNA regulates developmental timing in *Caenorhabditis elegans* [J]. Nature, 403(6772): 901–906.

REMACLE C, CARDOL P, COOSEMANS N, et al., 2006. High–efficiency biolistic transformation of *Chlamydomonas mitochondria* can be used to insert mutations in complex I genes [J]. Proc Natl Acad Sci U S A, 103(12): 4771–4776.

REVITAL S, EDO M, STEFAN L, et al., 2015. Advanced methods for genetic engineering of *Haematococcus pluvialis*(Chlorophyceae, Volvocales) [J]. Algal Research, 10: 8−15.

RISMANI−YAZDI H, HAZNEDAROGLU B Z, HSIN C, et al., 2012. Transcriptomic analysis of the oleaginous microalga *Neochloris oleoabundans* reveals metabolic insights into triacylglyceride accumulation [J]. Biotechnol Biofuels, 5(1): 74.

ROCHAIX J D, 1998. The molecular biology of chloroplasts and mitochondria in *Chlamydomonas* [M]. Kluwer Academic Publishers.

SABATINO V, RUSSO M T, PATIL S, et al., 2015. Establishment of genetic transformation in the sexually reproducing diatoms *Pseudo-nitzschia multistriata* and *Pseudo-nitzschia arenysensis* and inheritance of the transgene [J]. Mar Biotechnol(NY), 17(4): 452−462.

SANDER J D, JOUNG J K, 2014. CRISPR−Cas systems for editing, regulating and targeting genomes [J]. Nat Biotechnol, 32(4): 347−355.

SANDESH K B, VIDHYAVATHI R, SARADA R, et al., 2008. Enhancement of carotenoids by mutation and stress induced carotenogenic genes in *Haematococcus pluvialis* mutants [J]. Bioresour Technol, 99(18): 8667−8673.

SANJANA N E, CONG L, ZHOU Y, et al., 2012. A transcription activator−like effector toolbox for genome engineering [J]. Nat Protoc, 7(1): 171−192.

SATOH A, ICHII K, MATSUMOTO M, et al., 2013. A process design and productivity evaluation for oil production by indoor mass cultivation of a marine diatom, *Fistulifera* sp. JPCC DA0580 [J]. Bioresour Technol, 137: 132−138.

SCHARNAGL M, RICHTER S, HAGEMANN M, 1998. The cyanobacterium *Synechocystis* sp. strain PCC 6803 expresses a DNA methyltransferase specific for the recognition sequence of the restriction endonuclease *Pvu*I [J]. J Bacteriol, 180(16): 4116−4122.

SCHMOLLINGER S, STRENKERT D, SCHRODA M, 2010. An inducible artificial microRNA system for *Chlamydomonas reinhardtii* confirms a key role for heat shock factor 1 in regulating thermotolerance [J]. Curr Genet, 56(4): 383−389.

SCHNEIDER A, 1994. Import of RNA into mitochondria [J]. Trends Cell Biol, 4(8): 282−286.

SCHOLZ P, HARING V, WITTMANN−LIEBOLD B, et al., 1989. Complete nucleotide sequence and gene organization of the broad−host−range plasmid RSF1010 [J]. Gene, 75(2): 271−288.

SCHRODA M, 2006. RNA silencing in *Chlamydomonas*: mechanisms and tools [J]. Curr Genet, 49(2): 69–84.

SEO S, JEON H, HWANG S, et al., 2015. Development of a new constitutive expression system for the transformation of the diatom *Phaeodactylum tricornutum* [J]. Algal Research–Biomass Biofuels and Bioproducts, 11: 50–54.

SERIF M, LEPETIT B, WEISSERT K, et al., 2017. A fast and reliable strategy to generate TALEN–mediated gene knockouts in the diatom *Phaeodactylum tricornutum* [J]. Algal Research–Biomass Biofuels and Bioproducts, 23: 186–195.

SHEEHAN J, 1998. A look back at the US department of energy's aquatic species program: biodiesel from algae [J].

SHESTAKOV S V, KHYEN N T, 1970. Evidence for genetic transformation in blue–green alga *Anacystis nidulans* [J]. Mol Gen Genet, 107(4): 372–375.

SHU L, HU Z, 2012. Characterization and differential expression of microRNAs elicited by sulfur deprivation in *Chlamydomonas reinhardtii* [J]. BMC Genomics, 13: 108.

SIDOROV V A, KASTEN D, PANG S Z, et al., 1999. Technical advance: stable chloroplast transformation in potato: use of green fluorescent protein as a plastid marker [J]. Plant J, 19(2): 209–216.

SILFLOW C D, LEFEBVRE P A, 2001. Assembly and motility of eukaryotic cilia and flagella. Lessons from *Chlamydomonas reinhardtii* [J]. Plant Physiol, 127(4): 1500–1507.

SILVA G, POIROT L, GALETTO R, et al., 2011. Meganucleases and other tools for targeted genome engineering: perspectives and challenges for gene therapy [J]. Curr Gene Ther, 11(1): 11 27.

SIMON D P, ANILA N, GAYATHRI K, et al., 2016. Heterologous expression of β–carotene hydroxylase in *Dunaliella salina* by *Agrobacterium*–mediated genetic transformation [J]. Algal Research, 18: 257–265.

STAUB J M, GARCIA B, GRAVES J, et al., 2000. High–yield production of a human therapeutic protein in tobacco chloroplasts [J]. Nat Biotechnol, 18(3): 333–338.

STEINBRENNER J, SANDMANN G, 2006. Transformation of the green alga *Haematococcus pluvialis* with a phytoene desaturase for accelerated astaxanthin biosynthesis [J]. Appl Environ Microbiol, 72(12): 7477–7484.

STEVENS S E, PORTER R D, 1980. Transformation in *Agmenellum quadruplicatum* [J]. Proc Natl Acad Sci U S A, 77(10): 6052–6056.

SUI Z H, ZHANG X C, REN X Y, et al., 2004. Cloning and characterization of the phycoerythrin operon upstream sequence of *Gracilaria lemaneiformis*(Rhodophyta) [J]. Journal of Applied Phycology, 16(3): 167–174.

SUMMERS M L, WALLIS J G, CAMPBELL E L, et al., 1995. Genetic evidence of a major role for glucose–6–phosphate dehydrogenase in nitrogen fixation and dark growth of the cyanobacterium *Nostoc* sp. strain ATCC 29133 [J]. J Bacteriol, 177(21): 6184–6194.

SUN Y, YANG Z, GAO X, et al., 2005. Expression of foreign genes in *Dunaliella* by electroporation [J]. Mol Biotechnol, 30(3): 185–192.

TAN C, QIN S, ZHANG Q, et al., 2005. Establishment of a micro–particle bombardment transformation system for *Dunaliella salina* [J]. J Microbiol, 43(4): 361–365.

TANAKA T, MAEDA Y, VELUCHAMY A, et al., 2015. Oil accumulation by the oleaginous diatom *Fistulifera solaris* as revealed by the genome and transcriptome [J]. Plant Cell, 27(1): 162–176.

THIEL T, POO H, 1989. Transformation of a filamentous cyanobacterium by electroporation [J]. J Bacteriol, 171(10): 5743–5746.

THIEL T, WOLK C P, 1987. Conjugal transfer of plasmids to cyanobacteria [J]. Methods Enzymol, 153: 232–243.

TONKIN C J, STRUCK N S, MULLIN K A, et al., 2006. Evidence for Golgi–independent transport from the early secretory pathway to the plastid in malaria parasites [J]. Mol Microbiol, 61(3): 614–630.

TRALLER J C, COKUS S J, LOPEZ D A, et al., 2016. Genome and methylome of the oleaginous diatom *Cyclotella cryptica* reveal genetic flexibility toward a high lipid phenotype [J]. Biotechnol Biofuels, 9: 258.

TRAN M, VAN C, BARRERA D J, et al., 2013. Production of unique immunotoxin cancer therapeutics in algal chloroplasts [J]. Proc Natl Acad Sci U S A, 110(1): E15–E22.

TRENTACOSTE E M, SHRESTHA R P, SMITH S R, et al., 2013. Metabolic engineering of lipid catabolism increases microalgal lipid accumulation without compromising growth [J]. Proc Natl Acad Sci U S A, 110(49): 19748–19753.

TRIEMER R E, FARMER M A, 1991. An ultrastructural comparison of the mitotic apparatus, feeding apparatus, flagellar apparatus and cytoskeleton in euglenoids and kinetoplastids [J]. Protoplasma, 164(1): 91−104.

TSINOREMAS N F, KUTACH A K, STRAYER C A, et al., 1994. Efficient gene transfer in *Synechococcus* sp. strains PCC 7942 and PCC 6301 by interspecies conjugation and chromosomal recombination [J]. J Bacteriol, 176(21): 6764−6768.

TUPPEN H A, BLAKELY E L, TURNBULL D M, et al., 2010. Mitochondrial DNA mutations and human disease [J]. Biochim Biophys Acta, 1797(2): 113−128.

UMEN J G, GOODENOUGH U W, 2001. Chloroplast DNA methylation and inheritance in *Chlamydomonas* [J]. Genes Dev, 15(19): 2585−2597.

VAHRENHOLZ C, RIEMEN G, PRATJE E, et al., 1993. Mitochondrial DNA of *Chlamydomonas reinhardtii*: the structure of the ends of the linear 15. 8−kb genome suggests mechanisms for DNA replication [J]. Curr Genet, 24(3): 241−247.

VALLI A A, SANTOS B A, HNATOVA S, et al., 2016. Most microRNAs in the single−cell alga *Chlamydomonas reinhardtii* are produced by Dicer−like 3−mediated cleavage of introns and untranslated regions of coding RNAs [J]. Genome Res, 26(4): 519−529.

VIELER A, WU G, TSAI C H, et al., 2012. Genome, functional gene annotation, and nuclear transformation of the heterokont oleaginous alga *Nannochloropsis oceanica* CCMP1779 [J]. PLoS Genet, 8(11): e1003064.

VOIGT J, HINKELMANN B, HARRIS E H, 1997. Production of cell wall polypeptides by different cell wall mutants of the unicellular green alga *Chlamydomonas reinhardtii* [J]. Microbiol Res, 152(2): 189−198

VOINNET O, 2009. Origin, biogenesis, and activity of plant microRNAs [J]. Cell, 136(4): 669−687.

WAKASUGI T, NAGAI T, KAPOOR M, et al. 1997. Complete nucleotide sequence of the chloroplast genome from the green alga *Chlorella vulgaris*: the existence of genes possibly involved in chloroplast division [J]. Proc Natl Acad Sci U S A,, 94(11): 5967−5972.

WALKER T L, BECKER D K, DALE J L, et al., 2005. Towards the development of a nuclear transformation system for *Dunaliella tertiolecta* [J]. Journal of Applied Phycology, 17(4): 363−368.

WANG C G, HU Z G, HU W, et al., 2004. Expression and molecular analysis of phbB gene in *Chlamydomonas reinhardtii* [J]. Chinese Science Bulletin, 49(16): 1713–1717.

WANG C, CHEN X, LI H, et al., 2017. Artificial miRNA inhibition of phosphoenolpyruvate carboxylase increases fatty acid production in a green microalga *Chlamydomonas reinhardtii* [J]. Biotechnology for Biofuels, 10: 91.

WANG C, HU Z, LEI A, et al., 2010. Biosynthesis of poly–3–hydroxybutyrate(PHB)in the transgenic green alga *Chlamydomonas Reinhardtii* [J]. Journal of Phycology, 46(2): 396–402.

WANG L, XUE C, WANG L, et al., 2016. Strain improvement of *Chlorella* sp. for phenol biodegradation by adaptive laboratory evolution [J]. Bioresour Technol, 205: 264–268.

WANG Q, LU Y, XIN Y, et al., 2016. Genome editing of model oleaginous microalgae *Nannochloropsis* spp. by CRISPR/Cas9 [J]. Plant J, 88(6): 1071–1081.

WANG Y, JIANG X, HU C, et al., 2017. Optogenetic regulation of artificial microRNA improves H_2 production in green alga *Chlamydomonas reinhardtii* [J]. Biotechnol Biofuels, 10: 257.

WANG Y, SHI M, NIU X, et al., 2014. Metabolomic basis of laboratory evolution of butanol tolerance in photosynthetic *Synechocystis* sp. PCC 6803 [J]. Microb Cell Fact, 13: 151.

WANG Y, ZHUANG X, CHEN M, et al., 2018. An endogenous microRNA(miRNA1166. 1)can regulate photobio–H_2 production in eukaryotic green alga *Chlamydomonas reinhardtii* [J]. Biotechnol Biofuels, 11: 126.

WATSON J M, FUSARO A F, WANG M, et al., 2005. RNA silencing platforms in plants [J]. FEBS Lett, 579(26): 5982–5987.

WEYMAN P D, BEERI K, LEFEBVRE S C, et al., 2015. Inactivation of *Phaeodactylum tricornutum* urease gene using transcription activator–like effector nuclease–based targeted mutagenesis [J]. Plant Biotechnol J, 13(4): 460–470.

WIGHTMAN B, HA I, RUVKUN G, 1993. Posttranscriptional regulation of the heterochronic gene *lin*–14 by *lin*–4 mediates temporal pattern formation in C. *elegans* [J]. Cell, 75(5): 855–862.

WILSON G G, MURRAY N E, 1991. Restriction and modification systems [J]. Annu Rev Genet, 25: 585–627.

WILUSZ J E, SUNWOO H, SPECTOR D L, 2009. Long noncoding RNAs: functional surprises from the RNA world [J]. Genes Dev, 23(13): 1494–1504.

WOLK C P, 1991. Genetic analysis of cyanobacterial development [J]. Current Opinion in Genetics & Development, 1(3): 336–341.

WOLK C P, CAI Y, PANOFF J M, 1991. Use of a transposon with luciferase as a reporter to identify environmentally responsive genes in a cyanobacterium[J]. Proc Natl Acad Sci U S A, 88(12): 5355–5359.

WOLK C P, VONSHAK A, KEHOE P, et al., 1984. Construction of shuttle vectors capable of conjugative transfer from *Escherichia coli* to nitrogen–fixing filamentous cyanobacteria [J]. Proc Natl Acad Sci U S A, 81(5): 1561–1565.

XIE W H, ZHU C C, ZHANG N S, et al., 2014. Construction of novel chloroplast expression vector and development of an efficient transformation system for the diatom *Phaeodactylum tricornutum* [J]. Mar Biotechnol(NY), 16(5): 538–546.

XU D, YU X, GUO C, et al., 2006. Construction of a non–antibiotic expression system in a marine cyanobacterium *Synechococcus* sp. PCC 7002 and its application in production of oral vaccine against enterotoxin of *Escherichia coli* [J]. Journal of Applied Phycology, 18(2): 127–134.

YAMANO T, IGUCHI H, FUKUZAWA H, 2013. Rapid transformation of *Chlamydomonas reinhardtii* without cell–wall removal [J]. J Biosci Bioeng, 115(6): 691–694.

YAMASAKI T, KUROKAWA S, WATANABE K I, et al., 2005. Shared molecular characteristics of successfully transformed mitochondrial genomes in *Chlamydomonas reinhardtii* [J]. Plant Mol Biol, 58(4): 515–527.

YAMASAKI T, ONISHI M, KIM E J, et al., 2016. RNA–binding protein DUS16 plays an essential role in primary miRNA processing in the unicellular alga *Chlamydomonas reinhardtii* [J]. Proc Natl Acad Sci U S A, 113(38): 10720–10725.

YAMASAKI T, VOSHALL A, KIM E J, et al., 2013. Complementarity to an miRNA seed region is sufficient to induce moderate repression of a target transcript in the unicellular green alga *Chlamydomonas reinhardtii* [J]. Plant J, 76(6): 1045–1056.

YI Z, XU M, MAGNUSDOTTIR M, et al., 2015. Photo–oxidative stress–driven mutagenesis and adaptive evolution on the marine diatom *Phaeodactylum tricornutum* for enhanced carotenoid Accumulation [J]. Mar Drugs, 13(10): 6138–6151.

YOON Y G, KOOB M D, 2005. Transformation of isolated mammalian mitochondria by bacterial conjugation [J]. Nucleic Acids Res, 33(16): e139.

YU S, ZHAO Q, MIAO X, et al., 2013. Enhancement of lipid production in low-starch mutants *Chlamydomonas reinhardtii* by adaptive laboratory evolution [J]. Bioresour Technol, 147: 499–507.

ZANG X, LIU B, LIU S, et al., 2007. Optimum conditions for transformation of *Synechocystis* sp. PCC 6803 [J]. J Microbiol, 45(3): 241–245.

ZASLAVSKAIA L A, LIPPMEIER J C, KROTH P G, et al., 2000. Transformation of the diatom *Phaeodactylum tricornutum*(Bacillariophyceae)with a variety of selectable marker and reporter genes [J]. Journal of Phycology, 36(2): 379–386.

ZEMACH A, MCDANIEL I E, SILVA P, et al., 2010. Genome-wide evolutionary analysis of eukaryotic DNA methylation [J]. Science, 328(5980): 916–919.

ZHANG C, HU H, 2014. High-efficiency nuclear transformation of the diatom *Phaeodactylum tricornutum* by electroporation [J]. Mar Genomics, 16: 63–66.

ZHANG Z, GREEN B R, Cavalier-Smith T, 1999. Single gene circles in dinoflagellate chloroplast genomes [J]. Nature, 400(6740): 155–159.

ZHAO T, LI G, MI S, et al., 2007. A complex system of small RNAs in the unicellular green alga *Chlamydomonas reinhardtii* [J]. Genes Dev, 21(10): 1190–1203.

ZHONG X, DU J, HALE C J, et al., 2014. Molecular mechanism of action of plant DRM de novo DNA methyltransferases [J]. Cell, 157(5): 1050–1060.

ZIENKIEWICZ M, KRUPNIK T, DROZAK A, et al., 2017. Transformation of the *Cyanidioschyzon merolae* chloroplast genome: prospects for understanding chloroplast function in extreme environments [J]. Plant Mol Biol, 93(1–2): 171–183.

第四章 微藻组学与合成生物学

第一节 微藻基因组学

一、组学时代的微藻学研究

以微藻组成的绿色浮游植物通过光合作用承担了地球40%～50%的固碳任务。真核藻类属于异源起源，其祖先通过一次内共生获得光合蓝藻后形成绿藻、链球藻（Streptophyte）、红藻和灰胞藻（Glaucophyte）。绿藻或红藻被某些真核细胞吞噬后，与寄主之间发生了第二次内共生。目前，种类丰富的藻类在分类系统上缺乏一张全面微藻系统图，研究大多集中于显微水平的观察，而对于微藻基本生命现象、生命过程和生命机制的研究，在宏观和微观层次尚处于“寻找切口”阶段。随着测序技术的发展，基因组技术带来了基因组结构的图谱和功能解析，特别是转录组、蛋白质组、代谢组以及表观基因组学的研究，为基础微藻学的发展注入了新的活力。

广义基因组包含一个生物体所有的遗传物质，不仅包括其核基因组，还包括细胞器基因组（如线粒体、叶绿体基因组）。微藻基因组都由脱氧核糖核酸（DNA）分子组成，包含着每个微藻物种的生物学信息。这些信息必须在参与基因组表达的酶和其他蛋白质的协同作用下才能正确表达。根据中心法则，通过转录（transcription），微藻细胞在一定的时空序列中会将包含着所需生物信息、编码蛋白质的基因复制为 RNA 分子，这些 RNA 分子的集合就是基因组表达的最初产物，被称为转录组（transcriptome）。通过翻译（translation）转录组中所包含的 RNA 分子而得到的细胞中所有蛋白质组分的集合，即构成基因组表达的终极产物——蛋白质组（proteome）。研究基因组、转录组和蛋白质组的学科分别被称为基因组学、转录组学和蛋白质组学。

1999 年所提出的代谢组概念将代谢和基因联系起来。在医学领域的疾病诊断、药物筛选等方面率先开展了卓有成效的工作，因此迅速拓展至其他组学研究。表型组学于 1997 年首次出现在正式文献中，但表型组一词最早出现于 1949 年。基因组概念最早出现于 1920 年，1990 年以后陆续启动了各物种基因组测序计划。20 世纪中后期，衍生了一系列以 -ome、-omics 为词尾的新词汇。基因组学又包括结构基因组学和功能基因组学。至此，“组学”概念逐渐强化，在科学思维或科学研究中，基因组、转录组、蛋白质组、代谢组、表型组互相渗透、互相参照和互相促进，学科交叉、分支学科、系统科学逐渐增加。如果按层次分，环境因素作用于基因组，表现型及其结果呈现的是表型或表型组。微藻虽然为微小生物，但基因组、表型组同样存在，由于其复杂的生态地位和进化地位，微藻学的视角更应着眼于多组学的联系与发展。

二、基因组学的研究技术

（一）历史回顾

20 世纪 70 ~ 80 年代，分子生物学家发现一系列包括 DNA 聚合酶、限制性内切核酸酶、连接酶和末端修饰酶在内的工具酶，人们可以利用它们在细胞外环境中对 DNA 分子开展精细操作，最终形成近乎标准化的 DNA 克隆技术和 PCR。通过这些技术，人们对单一基因的分离鉴定与功能研究获得了飞速发展，并由此发展出基因工程技术体系。随着大量基因结构与功能的揭示，人们渐渐发现，单个基因功能的实现是受细胞内多重因素调控的结果，涉及多基因间的互作。因此，生物学家们希望获得细胞中所有基因的信息。20 世纪末期，高度发展的 DNA 测序技术、分子克隆技术、PCR 和计算机技术的结合使得大规模的基因组测序在理论和技术上具备了可行性。1990 年，人类基因组计划（human genome project，HGP）正式启动，进一步推动基因组学技术的发展。

此前人们曾试图寻找不同基因间的联系，进行遗传作图。最初的遗传图谱来自 20 世纪初针对果蝇以及植物使用基因作为标记构建的连锁图谱（linkage map）。在遗传图谱中，以具有遗传多态性的等位基因为标记（在一个遗传位点上具有一个以上的等位基因，在群体中的出现频率皆高于 1%），以遗传学距离（减数分裂时两个位点之间进行交换、重组的百分率，1% 的重组率称为 1 cM）为图距。遗传学图谱的分辨率依赖于标记（等位基因）的数目和遗传交换事件，对于多数微藻而言，由于缺乏显著的等位基因和有性生殖，连锁分析的作用受到巨大限制，而且由于存在重组热点，遗传作图所依赖的等位基因交换沿染色体随机发生的假说不完全准确，也影响遗传作图的精确性。酿酒酵母 3 号染色体的 DNA 全序列与其遗传图谱间的差异也证实了这点。因此，在遗传图谱之外，人们又发展了多种物理作图方法，目前最有效的是序列标记位 STS。完整的物理图谱应包括待测基因组的不同载体 DNA 克隆片段重叠群图，大片段限制性内切酶切点图，DNA 片段或一特异 DNA 序列（STS）的路标图，以及基因组中广泛存在的特征型序列等标记图。

（二）DNA 测序方法

DNA 测序技术 30 多年的发展历程大致可分为三个阶段：第一代测序技术以 1977 年 Maxam 和 Gilbert 等人发明的化学降解法和 Sanger 等人发明的双脱氧核苷酸末端终止法为代表；第二代高通量的测序技术（high-throughput sequencing）以 2005 年后 Roche 公司的 454 技术、Illumina 公司的 Solexa 技术和 AB 公司的 SOLiD 技术为代表；第三代单分子测序技术 2008 年后来自 Pacific Bioscienses 公司和 Oxford Nanopore Technologies 公司。

1. 第一代测序技术

DNA 测序技术较蛋白质和 RNA 测序技术出现相对较晚。1975 年，Sanger 和 Coulson 发明了“加减法”测定 DNA 序列。2 年后，Sanger 等在引入双脱氧核苷三磷酸（ddNTP）后发明了经典的双脱氧核苷酸末端终止测序法（也称作 Sanger 法测序），基本原理为：在含有少量双脱氧核糖核苷三磷酸（dideoxynucleotide triphosphate，ddNTP）的反应体系中，以待测的单链 DNA 分子为模板进行 PCR 反应。在链延伸过程中，随机掺入的 ddNTP 会阻止链进一步延伸，结果产生一组长度不同的新 DNA 分子，该分子末端 ddNTP 的种类反映出模板 DNA 相应位置上所存在的核苷酸，然后通过聚丙烯酰胺凝胶电泳阅读上述终止实验所产生的序列。电泳根据分子长度将其分离开，该分子长度反映出分子末端核苷酸位点在模板 DNA 上的相对位置，结合分子末端 ddNTP 的种类，可依次阅读出模板 DNA 序列（图 4-1）。

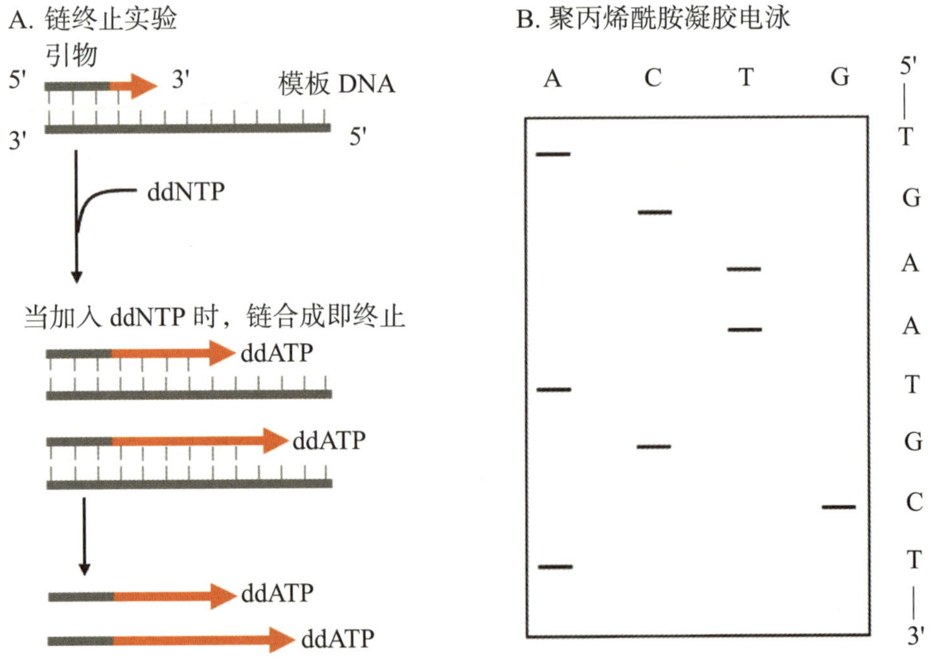

图 4-1 链终止法 DNA 测序

1977 年，Maxam 和 Gilbert 等研究人员报道了化学降解法测序，原理为：放射性标记一个 DNA 片段的 5′ 端磷酸基，再分别采用不同的化学方法修饰和裂解特定碱基，从而产生一系列长度不一而 5′ 端被标记的 DNA 片段。这些以特定碱基结尾的片段群通过凝胶电泳分离，再经放射线自显影，确定各片段末端碱基，从而得出目的 DNA 的碱基序列（图 4–2）。该方法与 Sanger 法类似，都是先得到随机长度的 DNA 片段，再通过电泳和显影的方法读出序列。但化学降解法由于操作过程较烦琐，且使用到放射性物质，随后逐渐被 Sanger 法所代替。

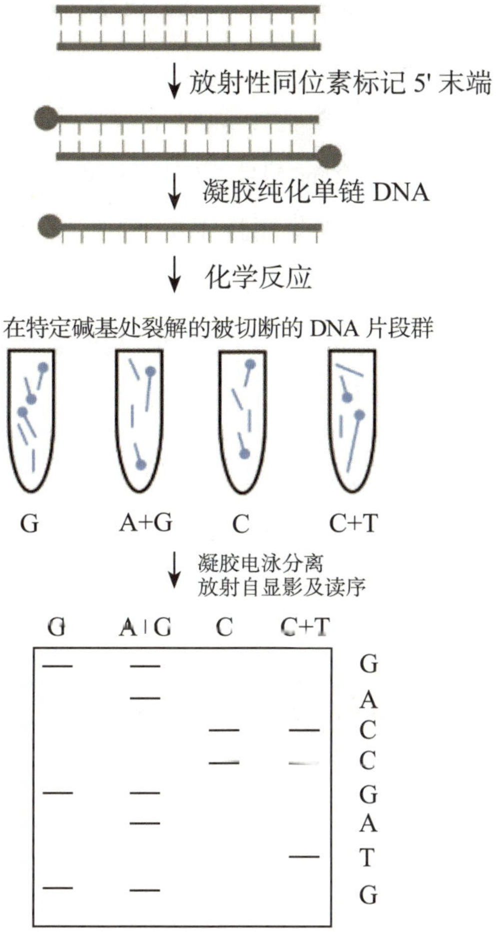

图 4–2　化学降解法测序

第一代测序法测序读长较长，准确度高，能很好地处理重复序列和多聚序列，目前基于 Sanger 的双脱氧核苷酸末端终止法的荧光自动测序仪仍被广泛应用于生命科学领域。但第一代测序仍有诸多不足，如测序成本较高，测序过程繁琐，速度太慢，通量低等。

2. 第二代测序技术

随着研究的深入，第一代测序方法因其测序成本高、通量低等缺点，已经不能满足大规模基因组测序的需求。第二代测序技术（next-generation sequencing，NGS），即高通量测序技术（high-throughput sequencing，HTS）应运而生。第二代测序技术以 Roche 公司的 454 技术、Illumina 公司的 Solexa 技术、ABI 公司的 SOLiD 技术为主。

（1）454 测序技术

Roche 454 测序系统是 454 生命科学公司推出的基于焦磷酸测序法的超高通量基因组测序系统，开创第二代测序技术的先河，是最早进行商业化运营的二代测序技术平台。

焦磷酸测序技术是由 Ronaghi 等于 1987 年发展起来的一种新型的 DNA 测序技术，其核心是由 4 种酶催化的同一反应体系中的酶级联反应（图 4-3）。

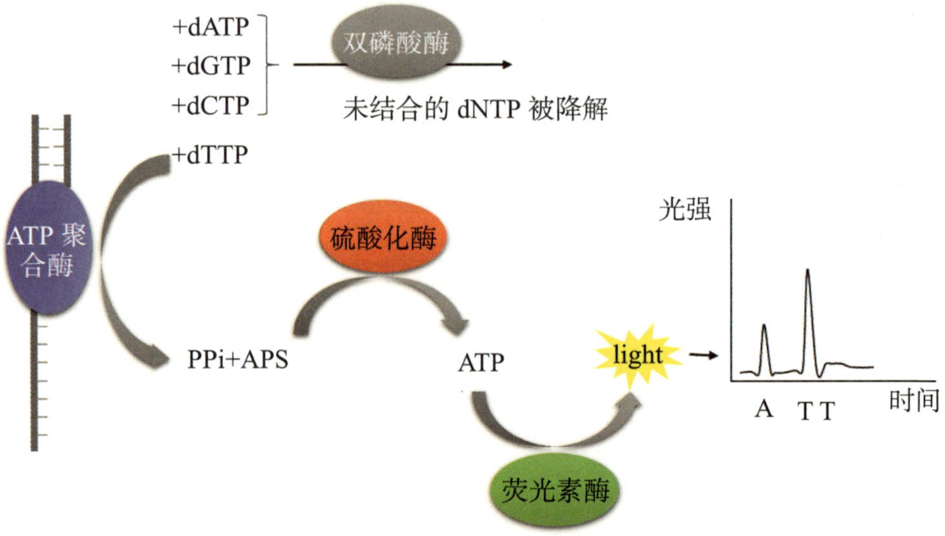

图 4-3　焦磷酸测序法

这 4 种酶分别为：DNA 聚合酶、ATP 硫酸化酶、荧光素酶（luciferase）和双磷酸酶。反应底物为 5′磷酰硫酸（5′ phosphoryl sulfuric acid），荧光素（fluorescein），反应体系还包括待测序 DNA 单链和测序引物。具体原理是：引物与模板 DNA 退火后，在上述 4 种酶的协同作用下，每一个 dNTP 的聚合与一次荧光信号的释放偶联起来，以荧光信号的形式实时记录模板 DNA 的核苷酸序列。

（2）Solexa 测序技术

2006 年，Solexa 公司研发的基于 Solexa 技术的 Genome Analyzer 测序系统问世，该公司后被 Illumina 公司收购。Solexa 技术基于边合成边测序（sequence by synthesis，SBS）的思想，其基本原理是用不同颜色荧光标记 4 种 dNTP，使其在不同波长激发光下发射不同波长的荧光，当 DNA 聚合酶合成互补链时，每添加一种荧光标记的 dNTP 就会释放相应荧光，如此循环，根据捕捉的荧光信号并经计算机软件识别处理，从而获得待测 DNA 样品的序列信息。

目前，Illumina 公司已将原来的 Genome Analyzer 测序仪发展成新的 HiSeq 2500、HiSeq 3000/4000、Miseq、NextSeq500 等多个不同的系列产品，分别针对从小型基因组测序到大型批量人类基因组测序等各个不同规模的应用领域。文库构建也从原来的 Single-read 文库发展出新的 Paired-end 文库和 Mate-pair 文库。Solexa 测序技术由于其通量高、速度快、成本低、准确度高，目前 Illumina 已经成为诸多二代测序平台中应用最多、市场占有率最高的测序平台。

（3）SOLiD 测序技术

SOLiD 测序系统由美国应用生物系统公司（ABI）开发，于 2007 年开始投入商业使用。SOLiD 全称为 Supported Oligo Ligation Detetion，它基于连接酶测序法，以四色荧光标记的寡核苷酸进行多次连接合成，取代传统的聚合酶连接反应。

SOLiD 技术采用两碱基测序，准确率较高，产出量大，可对具有参考基因组序列的物种进行重测序，鉴定 indel、SNP、甲基化及基因组结构变化。但是 SOLiD 测序技术所得序列的长度较短（1 × 75 bp，2 × 50 bp），数据分析过程依赖参考基因组序列，软件支持少，应用不如 Illumina 的各测序平台广泛。

3. 第三代测序技术

测序技术发展迅猛，第三代测序技术紧随第二代测序技术诞生，最大特点是单分子测序，测序过程无须进行 PCR 扩增。其技术原理主要分为两类：以单分子荧光测序为代表的 SMRT 技术和以纳米孔测序为代表的 Nanopore 技术。

（1）PacBio SMRT 测序技术

Pacific Biosciences（PacBio）公司推出的单分子实时测序（single molecule，real-time sequencing，SMRT），基于边合成边测序的思想，利用单分子技术和 DNA 聚合酶，在反应的同时读取测序产物。

SMRT 测序技术的基本原理是：用不同荧光标记 4 种 dNTP，荧光标记的位置是磷酸基团而非碱基。将待测 DNA 模板和不同荧光标记的 dNTP 放入 ZMW 孔底部进行合成反应。在碱基配对阶段，不同 dNTP 加入合成链时，在 ZMW 孔检测区激光束激发下发出不同波长荧光，根据荧光信号的波长与峰值可判断进入的碱基类型。此外，由于 dNTP 在荧光信号检测区停留的时间（毫秒级）与它进入和离开的时间（微秒级）相比会很长，这种特定颜色的荧光会持续一小段时间，因此信号强度强。

（2）Nanopore 测序技术

Nanopore 测序技术是 Oxford Nanopore Technologies 公司研发的纳米孔单分子测序技术，它是基于电信号而非光信号的测序技术。该技术依赖一种特殊的以 α- 溶血素为材料制作的纳米孔，仅能容纳单分子通过，孔内共价结合有分子接头。用核酸外切酶切割单链 DNA 时，切出的单个碱基通过纳米孔并与孔内的环糊精发生相互作用，使电荷变化，从而短暂地影响流过纳米孔的电流强度。每种碱基所引起的电流强度变化幅度差异受灵敏的电子设备检测，从而能鉴定所通过的碱基种类，达到测序目的。Nanopore 测序技术的另一大特点是它能够直接读取甲基化的胞嘧啶，而不必像传统方法那样需要用重亚硫酸盐（bisulfite）处理，这对表观遗传相关研究提供了巨大的帮助。

2015 年，Oxford Nanopore Technologies 公司正式推出了一款只有手掌大小

的测序仪 MinION，该测序仪体积小巧，可随身携带，即插即用。MinION 测序仪的平均读长达 5.4 kb，有些长达 10 kb，但其错误率很高，达到 30% ~ 38.2%。

（三）DNA 序列片段的组装方法

1. 鸟枪法

由于技术限制，大于 750 bp 长度的 DNA 分子无法直接测序，需经由一系列短的序列拼接而成，即需要将大分子分解为短片段，对短片段群测序后，利用计算机寻找重叠部分，再拼接成长的序列。这种对测序实验中得到的短序列通过简单地检查重叠区而直接叠加成主要序列的方法称为鸟枪法（图 4–4）。

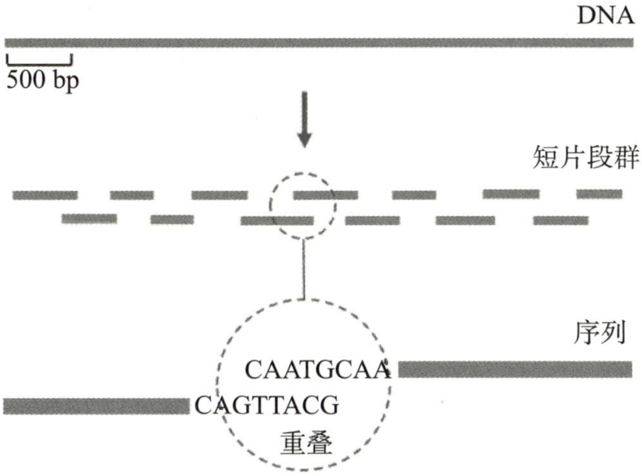

图 4–4　鸟枪法组装序列

鸟枪法最早用于人类基因组测序。1998 年，Venter 提出了全基因组鸟枪法测序策略，将基因组 DNA 打成 1 ~ 2 kb 的随机片段，测序、组装，之后这种方法成为当今基因组测序的主流。后来，鸟枪法有了很大进展，也用于基于图谱测序的 Gap 填充和高精度序列图、基因图的绘制。在此基础上，利用鸟枪法还进行重测序、转录组测序及其他方面的研究。现在，重测序一般进行 90 bp 测序，双向进行。鸟枪法测序分为从头测序和重测序：前者深度覆盖，如 90 倍覆盖测序；后者可能只测 0.2X 测序得到的碱基总量与基因组大小的比值，获得

SNP、InDel、SV 信息。

2. 克隆重叠群法

克隆重叠群法一般用于了解 DNA 的精确信息和基因组结构（从头测序）。目前都需要制备大片段文库，如 YAC、BAC、PAC 等，在大片段重叠群（Contig）信息指引下进行测序，现以 BAC 测序居多。逐一测定大片段后先在 Contig 内部组装，后进行跨界组装，先是组装成骨架（Scaffold），再进行基因组序列组装（图 4-5）。

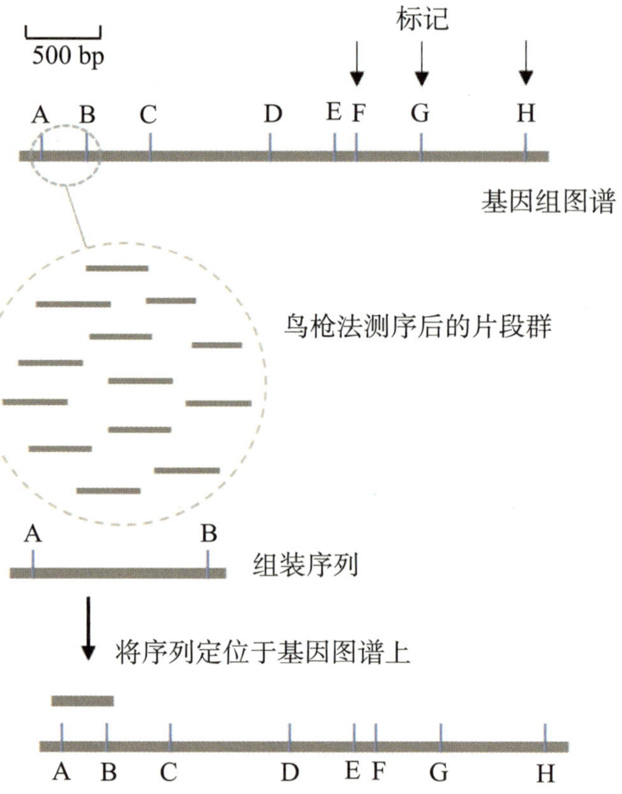

图 4-5　克隆重叠群法组装序列

将基因组打断成可用鸟枪法准确测序的片段大小，片段长度为数百 kb 或数个 Mb，一旦完成某个片段的序列测定，就在基因组图谱的正确位置上将其定位。利用这种逐步测序的方法，以期得到更准确的序列。

3. 全基因组鸟枪法

在鸟枪法的基础上，以基因组图谱上的显著特征作为界标，指引短序列向主序列的拼接（图 4-6），参考基因组图谱也可以确保含有重复 DNA 的区段正确组装，在真核基因组测序方面有不错应用。

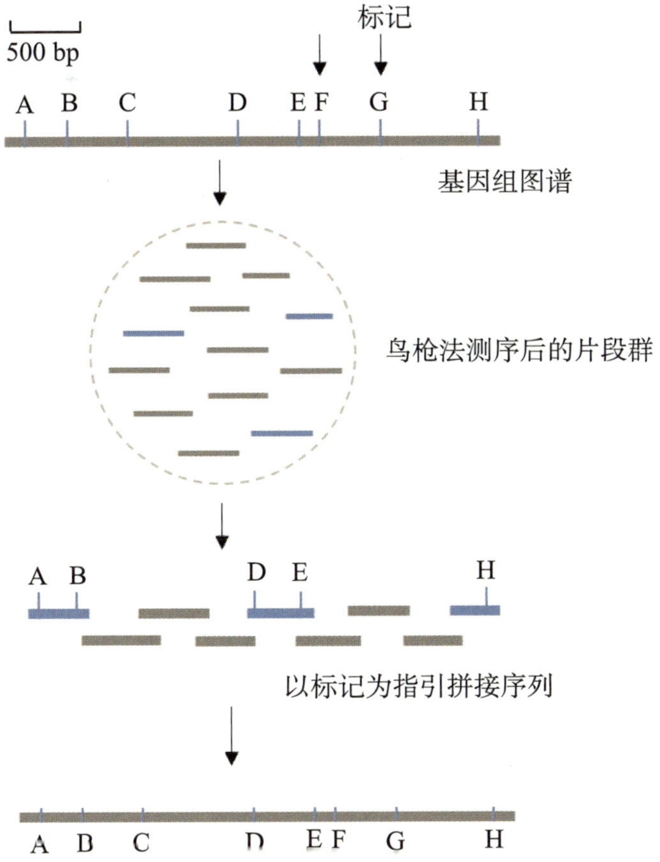

图 4-6　全基因组鸟枪法组装序列

（四）微藻基因组结构

第一个微藻基因组研究来自隐藻 Cryptomonad 中 *Guillardiatbeta* 的拟核的基因组，大小为 551 kbp。时至今日，已测序基因组的代表微藻已有很多种（表 4-1）。

表 4-1　微藻基因组

微藻 / 拉丁文名	基因组大小 / Mb	数据来源
Thalassiosira pseudonana	32.4	NCBI
Phaeodactylum tricornutum	27.4	NCBI
Aureococcus anophagefferens	56.7	JGI
Emilianiahuxleyi	165	JGI
Ostreococcustauri	12.6	NCBI
Ostreococcus lucimarinus	13.2	NCBI
Micromonas pusilla strain NOUM17	21	JGI

基因组结构主要是指一个物种所有基因及其附属结构的综合。因为遗传和进化的关系，微藻和其他生物一样，具有染色体结构。基因以染色体作为载体，随着染色体的复制而复制，随着染色体的移动而移动。另外，微藻的转座也非常活跃，转座子带来了基因的水平转移和垂直转移，对基因组变化和进化起重要作用。因为微藻多是单细胞，细胞活动受环境影响较大，环境变化往往引起基因组结构的变化——微藻线粒体基因组、叶绿体基因组、核基因组间相互作用，在红藻、褐藻、裸藻、绿藻等类群中尤其明显。

基因组学研究飞速发展，微藻的基因组结构日趋明晰。因此，确定染色体图谱在基因组结构研究方面的重要性首当其冲，可以通过一种单细胞绿藻（*Ostreococcus tauri*）的染色体图谱（图 4-7）加深认识。

在全球性基因组计划的框架内，对不同目标微藻种类，基因组结构特征变化，所形成的基因组结构特征图谱不同：第一，基因组结构图谱反映基因组结构研究的某些特性；第二，研究目标限制了基因组结构的部分特性（一般很难反映基因组结构全貌）；第三，基因组结构的呈现，包括图谱及图谱注解或图谱说明，还受研究层次、研究水平及软件工具的制约，一般任何实验室、任何个人都很难独立开展基因组水平研究。

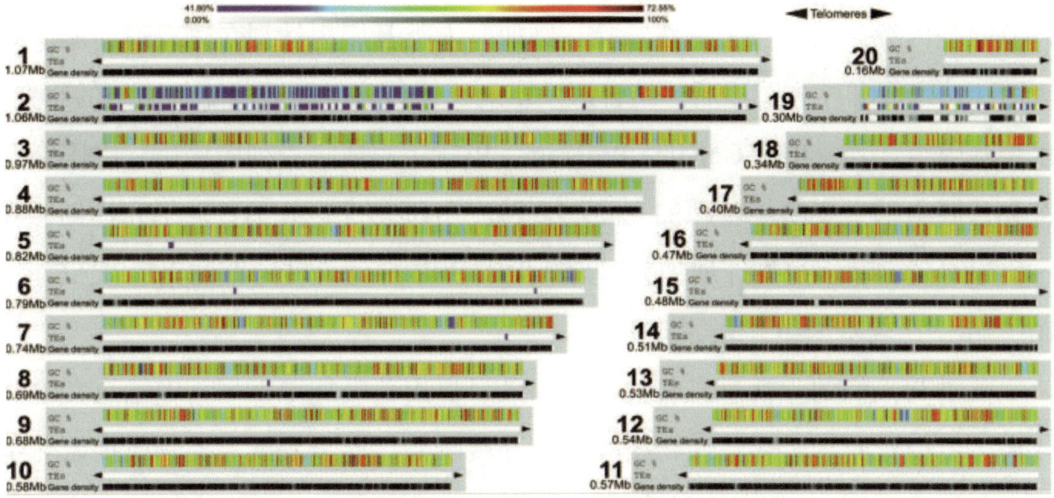

第 1 号染色体最大，为 1.0 Mb，第 20 号染色体最小，为 0.16 Mb。其他染色体为 0.3 ~ 1.0 Mb。图中显示了 GC 含量（粗线）和转座子的位置（下线）。第 2、第 19 号染色体比较特殊，转座子异常活跃，插入染色体的多个区域，引起染色体结构的很大改变。相反，第 18 号染色体比较保守。这张以染色体为基本结构的基因组图谱，主要体现了序列特征（基因组序列基础上的 GC 含量）、转座子插入位置和碱基数量（直接以 Bar 的长度表示）。实际上，基因位置、基因数量、分子标记、遗传图谱、物理图谱、转录图谱、基因组组装细节也可以反映基因组结构的特征

图 4-7　绿藻 *Ostreococcus tauri* 的染色体图谱

基因组结构解析通常分若干阶段，比如基因组计划和后基因组计划。在基因组计划的第一阶段，先绘制基因组序列的草图，经过填充间隙（Gap），增加测序深度或改进测序技术，再绘制完成图。以图 4-7 为例，图中未标明基因所在的位置，也未显示端粒、着丝粒的细节（如着丝粒的位置）。国际性的基因组计划一般都绘制遗传图、物理图、转录图和序列图，或者整合不同图谱，并在结构基因组、功能基因组基础上绘制基因图。

在上述图谱（图 4-7）绘制中，研究计划构建了 BAC 库（最大片段 130 kb）、1 ~ 5 kb 的测序文库和 cDNA 文库。基于 cDNA 文库的基因测序展示这个物种的所有基因和表达图谱，测序文库和 BAC 库的综合运用保证了测序深度。这些文库综合运用，最终形成了该物种的基因组图谱，其综合信息反映物种基因组结构的梗概。

在这些图谱、基因组注释等的研究完成以后，开展功能基因组计划研究。以前的基因组计划提供了一些经验。例如，人类基因组计划在完成遗传图、物理图、转录图和序列图以后，结合医学疾病、遗传病等开展功能基因组的研究；水稻基因组计划（Rice Genome Program，RGP）完成一系列图谱后，中国结合育种开展水稻重要功能基因的克隆与育种应用研究——分子育种研究计划，日本实施专门的基因挖掘计划，美国则开发了 SSR 标记，转向图位克隆、YAC 库、BAC 库、比较基因组计划等的研究。

藻类与人们的生活息息相关，美国最早提出藻类能源计划，中国也在油脂代谢、蛋白代谢和生物活性物质等方面开展研究，逐步发展藻类物质提取和生物反应器开发。Xu 等通过挑取螺旋藻单根藻丝体建立纯培养体系，并构建了插入片段分别为 1.5 kb、4.5 kb 和 10 kb 的基因组文库，结合鸟枪法和高通量测序，拼接后共得到 6.62 M 数据。通过比对拼接前后的基因组，发现了前所未有的大规模基因组重排，特别是基因组反转，类似于回文序列，还有广泛分布的 IIR 型限制性内切酶。另外，从中发现了大量水平基因转移，比如限制修饰系统，相对于 *Arthrospira* sp. PCC 8005 和 *A. platensis* C1，该藻株更接近 *A. platensis* NIES-39。

微藻基因组的结构与功能是相适应的，基因组研究关系到重要基因的克隆、功能基因的利用或能源计划、活性物开发等研究计划。当以宏大科研计划为契机，或者在国家层面或世界层面开展研究时，基因组结构或基因组计划的重要性则不言而喻。迄今为止，已经完成或开展的微藻基因组计划如表 4-1 所示，从表中可见，微藻的基因组一般为 12.6 ~ 250 Mb。基因组进化的基本趋势是基因组扩增，但也有删减的例子。根据以往的研究，藻类在地球上生存了 15 亿年或更久。久远的历史进化与选择使得藻类基因组结构异常复杂：第一，藻类系统庞大，类型多样；第二，藻类生存的环境复杂，适应机制复杂；第三，藻类淘汰不良基因（或不适于生存的基因）或进化而形成的基因组范式（包括新基因和新的基因形式）多型性独特而复杂。因此，藻类的基因组结构是非常复杂和多型的，随着科学的发展，藻类基因组结构会出现一个色彩斑斓的世界

（具有多种基因组结构及其与功能相互适应的情况）。

在基因组研究中，最先开展的是基因组测序的研究，后期可能会结合某些科学问题而开展较为系统的研究。例如，结合光合作用产生的时间和光合作用这一现象（作为进化线索）而开展系统生物学的研究；应用化石测定和生物钟（结合基因突变）的测定，研究一种红藻（*Bangiomorpha pubescens*）的光合作用可能产生于12.5亿年以前。

三、基因组的表达与功能分析

微藻生殖方式有两类：一类是单倍体表现型，形成配子，结合成合子，但是接着减数分裂，这样的性别决定为uv型性决定，性染色体上都有性决定区，如衣藻；一类是二倍体，先减数分裂，形成配子，但不长成配子体，而是直接融合成合子，还原成二倍体个体，目前只有2种硅藻如此。单倍体或二倍体微藻丢失减数分裂机制，于是也丢失性及性优势，成为无性的物种。许多微藻为进化增强了基因横向转移，类似转基因方式获取环境DNA，如硅藻。衣藻、微拟球藻和小球藻均为单倍体。其中，衣藻具有有性阶段和无性阶段，而微拟球藻和小球藻只有无性阶段。

微藻多为单细胞，在遗传行为层次上不如高等生物复杂。但由于微藻多为单细胞或进化上的独特性（如经历了上亿年的进化），同样也有遗传结构所决定的基因组调节的复杂性。基因组的表达与功能分析既包括单个基因分析，也包括多个基因（如相关基因）及全基因组水平的分析。在全基因组水平，主要包括基因表达程式和基因调控。在基因组水平，包括代谢网络、基因调控网络、蛋白互作网络、基因组互作等内容。

很多转录水平的调控是通过转录因子进行的。NF-Y是一类影响油脂代谢的转录因子。该转录因子可识别其特异的DNA序列CCAAT-box，它是由3个亚基NF-YA、NF-YB和NF-YC形成的异源三聚体。NF-YB可以分成LEC1和非LEC1两种类型。在绿藻中存在非LEC1型。

将高等植物大豆的 *GmDof4* 过表达到单细胞的椭圆小球藻（*Chlorella ellipsoidea*）中，在异养条件下转基因藻株的生长不受影响，其蛋白含量显著下降，但油脂含量提高 50% 左右；从其分子机制来看，转基因藻中 6 个 *ACCase* 基因的表达量显著上调，而与蛋白合成相关的基因表达下调。过表达莱茵衣藻 *Dof* 型转录因子可以使转基因藻中油脂含量提高 2 倍左右。这些研究结果为通过基因工程的手段提高藻类生物柴油的产能提供了很好的借鉴。

IFT 蛋白的双向转运功能依赖于一套特殊的装置，包括 IFT 运动蛋白（kinesin−Ⅱ 和 dynein）、IFT 颗粒（IFT particle，由 IFT−A 复合物和 IFT−B 复合物构成）以及被转运的分子（cargo molecules）。IFT 颗粒与被转运的分子结合，可将被转运的分子转运到细胞纤毛顶部，或者从顶部转运到底部。在正向转运过程中，活化 kinesin−Ⅱ 携带着装载的 IFT 颗粒进入纤毛中，在纤毛顶部 kinesin−Ⅱ 失活释放 IFT 颗粒。在纤毛的装配过程中 IFT 进入的速度受动态调控。

衣藻中一种钙离子依赖性激酶使得 kinesin−Ⅱ 蛋白亚单位 FLA8（KIF3B 同系物）保守的 S663 位点磷酸化，这种磷酸化破坏了 kinesin−Ⅱ 与 IFT−B 之间的互作，使得 kinesin−Ⅱ 失活并抑制了 IFT 进入，它也是纤毛顶部 IFT−B 卸载的必要条件。进一步的实验还证明，调控细胞内磷酸化 FLA8 水平可以控制 IFT 的进入速度。FLA8 磷酸化是控制 IFT 进入和转向的一个分子开关。

在基因组范畴，调控可以发生在复制、转录、翻译水平，这涉及微藻基因组、转录组、蛋白质组、代谢组等复杂的生物学过程。这在淀粉、蛋白、油脂及代谢的相互调节中有多种情况。碳水化合物、蛋白质、脂类的进化较早，如淀粉代谢在藻类中已经出现了上亿年，一些基础的代谢与高等动植物或原核生物有的相似，有的则有所不同。随着研究的不断深入，如各种组学的发展及相关科学的发展，将会进一步揭示基因组学调节的细节。

四、基因组中已知基因的定位与功能分析

1. 生物信息学方法

生物信息学是利用计算机技术分析生物信息的交叉科学，包括计算机技术支持和应用，进一步的研究还包括传感器、信息接收、处理、放大、展示及物联网技术。其中，一些信息转换及算法也是重要内容。近年来，生物信息学平台发展飞速，各种数据库应运而生，层出不穷。软件与软件管理是其重要组成部分。例如，利用 Notepad、Ultraedit 软件阅读 fq 文件。基因信息分析包括阅读、解析、作图。软件作图仍是生物信息学分析的重要部分。在大的基因组计划和数据管理中还包括处理器并用和信息存储。在云技术发展的今天，云基因组有越来越多的内容需要填充、发展及应用。

2. 实验技术验证

在进入功能基因组、后基因组时代，实验技术验证非常重要。基因组计划（结构基因组计划）绘制遗传图、物理图、转录图、序列图。功能基因组计划包括 cDNA 测序、转座子标签、大规模基因验证（大规模转基因技术建立与应用）、突变体、比较基因组研究、单倍型图谱、变异图谱、基因图等。其中，实验技术验证是最重要的研究内容之一。根据组学发展需要，转基因技术、基因标记技术、启动子捕获、RNA 干扰、基因芯片、人工合成生命等都在发展之中。

在基因组研究中，未知基因远多于已知基因。目前报道的微藻基因组序列有数十个，解析的基因仅数百个，明确的功能代谢通路也只有数十个。未知基因灿若星河，人类的基因解析能力还微乎其微。在理解微藻基因组结构和系统进化方面，人类仅仅迈出了第一步。随着科学进步，新概念、新发现、新技术出现推进组学技术爆炸式发展。

组学技术的融合与发展：在当前的组学研究中，基因组学的重点是基因

组序列的分析和基因注释。其他组学在基因组学研究的基础上分别研究在不同时空条件下的转录组、蛋白组、代谢组和表型组。其中，转录组的重点是全长 cDNA 克隆、微阵列（Microarray）基因芯片分析和表达序列标签（Express sequence tags，ESTs）分析，蛋白组的重点是分析蛋白质的表达和修饰水平、相互作用和亚细胞定位，代谢组的重点是分析代谢物组成和代谢网络，表型组的重点是理解细胞内基因和较高层次基于基因组信息或突变体库的所有表型进行映射和表型分析。组学的各分支学科融合发展，技术综合运用。随着科学发展，组学概念、技术、成果展现将出现飞跃性的变化。

第二节　转录组学

微藻转录组的构成

转录组学（transcriptomics）是研究细胞在某一生理功能状态下，细胞内所有转录产物的集合，包含了时间和空间的限定，是连接基因组遗传信息与生物功能的蛋白质组的必然纽带。微藻转录组是基因组表达的最初产物，以基因组 DNA 为模板，在依赖于 DNA 的 RNA 聚合酶的催化下，根据碱基配对原则：A 与 T 或 U 配对；G 与 C 配对，核苷酸依次被连接到 RNA 转录分子的 3′ 端。早年间，藻类领域转录组研究的主流是利用 ESTs 和微阵列等技术来寻找新基因或进行基因表达水平研究。近十几年来，高通量测序技术是一种快捷可靠的获取转录组信息的方法，用于基因结构和基因功能、可变剪接和新转录本预测等研究。转录组研究已成为揭示生物生长发育调控、逆境胁迫和抗病反应机制的最佳手段。

在一个典型的真核细胞中，RNA 大约只占细胞总质量的 1%。成熟的 RNA

分子可以分为编码 RNA（coding RNA）和非编码 RNA（noncoding RNA）。编码 RNA 由信使 RNA（message RNA，mRNA）组成，是编码蛋白质基因的转录物。mRNA 只占总 RNA 的 4% 不到，其半衰期很短，真核生物中的大部分 mRNA 合成后数小时就会降解。mRNA 的短半衰期说明转录组的组成是一个动态的变化过程，随着不同 mRNA 分子合成速率的改变而发生变化。非编码 RNA 不会被翻译成蛋白质，但它们在细胞内仍然担负着重要的作用，因此有学者建议以功能性 RNA（function RNA）来称呼此类 RNA 分子。非编码 RNA 主要包括核糖体 RNA（ribosome RNA，rRNA）、转运 RNA（transfer RNA，tRNA）、核小 RNA（small nuclear RNA，snRNA）、核仁小 RNA（small nucleolar RNA，snoRNA）、微小 RNA（micro RNA，miRNA）和短干扰 RNA（short interfering RNA，siRNA）。需要指出的是，细胞中还含有 RNA 的前体分子，尤其是在真核生物中，RNA 的前体分子必须经过一系列的加工过程后才会成为成熟的 RNA 分子，RNA 分子的加工包括末端修饰、剪接、剪切和化学修饰等。

通过细胞分裂得到的新的微藻细胞，从诞生时就接受了其上代细胞的部分转录组，因此转录组并不需要完全从头合成。各个基因通过转录合成新的 RNA 分子去替换细胞中被降解的 RNA 组分来保持转录组的动态更新，并通过控制不同基因的开合状态来改变转录组的组成。在转录组中，外显子组是一个物种基因组中全部外显子区域的总和，该区域包含着合成蛋白质所需要的信息，涵盖了与个体表型相关的大部分的功能性变异。外显子组测序是以高效捕获为前提，相对于全基因组测序，外显子组测序的覆盖度更深，数据准确性更高。同时基于大量的公共数据库提供的外显子数据，能够结合现有的资源更好地解释研究成果。

Small RNA 是一类重要的体内调节分子，长度为 18 ~ 30 nt，主要包括 miRNA、siRNA 以及 piRNA 三类。它们的功能主要是诱导基因沉默，参与基因转录后调控，从而调节细胞生长、分化，以及个体发育、生殖等重要生物学过程。高通量测序技术可以对样本中所有 small RNA 家族进行测序和表达定量，从而解析 miRNA、siRNA、piRNA 和其他非编码 RNA 以及相应靶序列，也可发现新的或物种特有的 Small RNA 并预测其靶基因。

长链非编码 RNAs（long non-coding RNAs，LncRNAs）是一类转录本长度大于 200 nt 且不编码蛋白质的 RNAs（不含 rRNA），广泛存在于各种生物体内。它们极少具有蛋白编码潜能，并且能够和 DNA、RNA 及蛋白质结合，以 RNA 的形式在多种层面上（表观遗传调控、转录调控以及转录后调控等）调控基因的表达水平。哺乳动物基因组序列中 4% ~ 9% 的序列产生的转录本是 LncRNA（相应的蛋白编码 RNA 比例是 1%）。近年来研究表明，LncRNA 参与了多种重要的调控过程，如 X 染色体沉默、基因组印记和染色质修饰等。通过 LncRNA 测序，可以快速获得与其生物学过程或者疾病相关的 LncRNA 的表达变化，从而促进 LncRNA 的深入研究。

环状 RNA（circular RNA，circRNA）是一类特殊的非编码 RNA 分子，也是 RNA 领域最新的研究热点。与传统的线性 RNA（linear RNA，含 5' 和 3' 末端）不同，circRNA 分子呈封闭环状结构，不受 RNA 外切酶影响，表达更稳定，不易降解。近几年的研究表明，circRNA 在生物的生长发育、对外界环境的抵御等方面具有重要的调控作用。由于 circRNA 的闭合环状特性，通过去除 total RNA 中的 rRNA 和线性 RNA 分子，可以特异地富集 circRNA 分子后测序，更有针对性地分析受检样本中特定的 circRNA 谱、circRNA 剪接模式、组间差异和功能等。

降解组测序主要针对 miRNA 介导的剪切降解片段进行深度测序，从中筛选 miRNA 作用的靶基因，并结合生物信息学分析确定降解片段与 miRNA 的精确配对信息。该技术能从细胞或组织中准确高效地筛选出 miRNA 的靶基因，为研究 miRNA 与其对应的靶基因的相互关系提供准确、高效的筛选手段。降解组测序技术已被广泛应用于靶基因功能研究、生物性状控制研究、发育进展研究、致病机理研究及药物研发等领域。miRNA 是针对靶基因、在转录后水平进行调控的一类 21 ~ 24 nt 的非编码 RNA，其中一种调控方式是通过与靶基因的完全互补，诱导沉默剪切复合体在特定位点剪切，沉默靶基因。传统预测 miRNA 靶标的方式主要是依靠计算机模拟后进行验证，假阳性的发生率极高。

随着高通量测序的发展，直接测序得到 mRNA 的降解片段，通过后续的信息分析，不仅能够准确分析 miRNA 及靶基因，还能发现新的 miRNA。

转录组测序根据有无参考基因组的不同分为有参转录组测序和无参转录组测序。有参转录组测序针对已发表基因组图谱的物种，用高通量测序技术对某物种的特定组织 / 细胞或个体进行转录组测序，进而与参考基因组比对，获得基因表达差异、可变剪接等遗传调控信息。无参转录组测序是指在缺乏物种基因组详细信息的情况下，用新一代高通量测序技术对某物种的特定组织 / 细胞或个体的转录本进行测序，用相应的软件进行转录本的组装，得到相关样本的基因表达信息，以及样本间差异表达信息。

在 21 世纪初，对于微藻研究，尤其是分子水平的研究，存在很大的限制，大部分微藻作为非模式生物，在高通量测序费用较高的情况下无法实现大规模的基因组测序，因此在代谢途径和代谢调控分析上存在很大的困难。而在同一时期，微藻转录组较基因组分析开展更早，得益于无参转录组测序策略的帮助，无须预先针对已知序列设计探针即可对物种的整体转录活动进行检测，因此对具有特殊进化意义及发育特点的非模式生物，尤其是藻类而言极为重要。RNA-Seq 技术已被应用于藻类研究中的新基因的发现、基因表达、进化分析以及代谢途径确定等方面。与藻类传统的 EST 研究相比较，转录组测序最大的特点是数据量大而且准确性高，更有利于系统分析。

截至 2020 年底，通过 NCBI 数据库中进行检索，关键词使用英文“algae”和 RNA，得到近 3 500 个藻类的转录组数据，主要集中在模式藻种和经济藻种中（表 4–2）。

表 4–2　部分微藻转录组数据统计

藻种	转录组数目
Chlamydomonas reinhardtii	645
Phaeodactylum tricornutum	316
Thalassiosira pseudonana	187
Cyanidioschyzon merolae	207

（续表）

藻种	转录组数目
Karenia brevis	114
Dunaliella viridis	129
Chlorella virus	85
Fucus vesiculosus	64
Nannochloropsis oceanica	75
Ostreococcus tauri	29
Pseudo-nitzschia multiseries	28
Volvox carteri	23
Symbiodinium sp. *A1*	21

针对微藻的转录组学，目前大部分的研究主要集中于微藻在营养元素缺乏条件下（缺氮、缺硫、缺磷等）mRNA 的基因表达特征，探究微藻在逆境条件下的应答机制。例如，Wang 等对基因组简单、蛋白质含量和油脂含量高的海洋微拟球藻 MET1（*N. OceanicaI* MET1）进行了缺氮处理，通过转录组分析获得了该藻种与油脂合成相关的关键差异转录的基因信息；Schmollinger 等对 3 个莱茵衣藻藻株的转录组进行分析，鉴定到缺氮胁迫下共有 2 914 个基因的转录发生变化，卡尔文循环相关基因表达下调，编码其他氮源利用途径相关的转运蛋白及酶的 RNA 表达量上调；Mansfeldt 等对缺氮培养的小球藻 C596 进行转录组测序分析，发现三酰甘油（triacylglycerol，TAG）生物合成过程中脂积累相关基因表达上调，而光合作用相关基因的表达却下调；Boyle 等用 RNA-seq 调查了莱茵衣藻缺氮胁迫处理的转录组，发现 3 个编码酰基转移酶的基因 DGAT1、DGTT1、PDAT1 是受缺氮胁迫诱导的，DGAT1 和 DGTT1 在其他提升 TAG 的胁迫条件下（缺硫、缺磷、缺锌和缺铁）转录水平也提高，说明它们是油脂合成相关基因；Peng 等比较胶球藻 C-169 在不同 CO_2 浓度下的转录组数据，绘制了其在不同 CO_2 浓度下代谢过程中提高基因表达和脂质积累的全局调控图谱。微藻转录组学的研究在发掘新的基因和代谢途径，解

析代谢途径中关键基因位点和关键代谢通路方面发挥了重要作用。随着测序技术进步和测序费用降低，在实验组和对照组的选择和设计上逐渐不再受到限制，并且随着小 RNA 和非转录 RNA 测序及分析技术的进步，对转录后水平调控的判断也在逐步加深。

基因芯片，也称基因微阵列技术（DNA microarray），指通过将目的基因制备的 DNA 探针密集排列在硅片等固体支持物上，从而使制备的样品核酸与其进行杂交，根据信号出现的杂交位点和强弱来判断目的基因的转录和表达。基因芯片可以规模检测出在不同的生理状态下细胞中各种基因转录强度的变化，从而可以对整个基因组的调控网络和基因的功能进行更加全面的认识。基因芯片一般要求研究对象具有参考基因组数据或者足够多的目的基因，该技术主要应用于模式藻类，如蓝藻中的集胞藻 *Synechocystis* sp. PCC 6803 和绿藻中的莱茵衣藻。

以集胞藻 PCC 6803 为例，二元信号转导系统和丝氨酸 / 苏氨酸激酶是蓝藻中主要的信号转导系统组分。针对外界复杂逆境，集胞藻 PCC 6803 如何响应外界变化，二元信号转导系统和丝氨酸 / 苏氨酸激酶分别如何应答，是否存在协同应答机制等，成为解读蓝藻适应性变化机制的关键科学问题。研究人员利用基因芯片技术对蓝藻中的信号转导系统的组成和作用机制进行了较为系统的研究，通过构建 *spkG* 基因突变株对高盐胁迫下的 *spkG* 突变株和野生株进行基因芯片测序，发现了 60 个差异表达基因，提示 *spkG* 在蓝藻应答高盐胁迫中发挥重要作用，首次发现由蓝藻二元信号转导系统和丝氨酸 / 苏氨酸激酶共同参与的对逆境胁迫响应的调控网络；通过构建 *spkE* 突变株，针对低温胁迫下和氮缺乏胁迫下的野生株和突变株进行基因芯片测序，发现低温胁迫诱导后有 409 个基因上调和 246 个基因下调，完全氮缺乏胁迫处理后分别有 426、282 个基因出现明显上调和下调现象。

绝大部分微藻为非模式生物，投入研究的人力物力还很有限。微藻虽然是一大类生物的统称，但在进化和生境尺度上，各种微藻之间的差异巨大，在基因组和转录组测序的结果分析上，常常无法在看似近缘的藻种之间找到相应的代谢通路和相似的表达水平。这需要今后更多的科研工作者投入微藻研究工作中，为微藻产业及微藻科学研究提供帮助。

第三节 蛋白质组学

蛋白质组（proteome）学来源于蛋白质和基因组学的组合，是所有研究蛋白质组信息相关技术的集合，其目的是将一个基因组所表达的蛋白质进行精确定量和鉴定，并分析它们之间的相互作用。1994 年，Marc Wilkins 提出了蛋白质组的概念。随着高通量、高灵敏度、高分辨率质谱技术的进步，蛋白质组学技术也迎来了飞速发展，是后基因组时代生命科学研究的核心手段之一。

蛋白质组是基因组的最终产物，是细胞中在特定时空序列中所有蛋白质的集合，基因组中携带的生物学信息将最终通过蛋白质实现。在真核生物中，蛋白质约占细胞总质量的 18% ~ 20%。不同蛋白质的拷贝数在细胞中的差别很大。蛋白质的生物学性质由其高级结构和表面化学基团的性质与空间分布所决定。组成 DNA 或 RNA 的核苷酸仅 4 种，而组成蛋白质的氨基酸有 20 种，在化学性质上具有多样性，不同的氨基酸顺序产生化学性质的不同组合，决定了蛋白质的整体结构，而且蛋白质在翻译后加工过程中，某些氨基酸可以通过诸如乙酰化或磷酸化等方式加入新的化学基团而被修饰，化学性质的多样性进一步得到增强。

蛋白质组是联系基因组与细胞生物化学功能间的桥梁。检测转录组能探知细胞中基因的活跃程度，但无法证明基因所编码的蛋白质是否存在，因为影响蛋白质组成的因素不仅包括 mRNA 是否存在，还包括 mRNA 被翻译成蛋白质的速率和蛋白质的半衰期。此外，蛋白质是否能够发挥功能还依赖于其正确修饰。

蛋白质数据库包含了蛋白质信息，是研究蛋白质组的重要工具。在已有的蛋白质数据库中，Uniprot（Universal Protein）被认为是收录最广泛和注释信息最全面的蛋白质数据库，它由 Swiss-Prot、TrEMBL 和 PIR-PSD 三大数据库的数据整合而成。其他重要的蛋白数据库还有 PDB（Protein Data Bank）。蛋白质数据库搜索是最常用的生物信息学技术，蛋白质的直系同源性（orthologous）检索是其中的重要组成部分，BLAST（basic local alignment search tool）是在蛋白质或 DNA 数据库中最常使用的相似性比较的分析工具。

一、蛋白质谱

蛋白电泳和质谱技术的联合使用构成了蛋白质谱的技术基础。依赖于质谱鉴定技术的蛋白质组学研究主要有自上而下的 Top-down 策略和自下而上的 Bottom-up 策略。Top-down 策略利用高分辨率质谱将离子化的蛋白质分子直接在离子源中气化后进行质谱鉴定，得到蛋白质及其碎片分子量的信息。受限于蛋白质大分子气化过程中的困难，且多电荷蛋白质离子产生的谱图信息非常复杂，分析困难，因此其应用受到限制。Bottom-up 策略将需要检测的蛋白质先酶解成肽段，再将肽段离子化后使用质谱检测。该方法是目前蛋白质鉴定中应用范围最广、最成熟的方法。

（一）分离蛋白质组中的蛋白质

聚丙烯酰胺凝胶电泳（polyacrylamide gel electrophoresis，PAGE）利用蛋白质的分子大小和电荷的差异，不仅可以达到分离混合样品中蛋白质的目的，而且可以确定蛋白质的相对分子质量，判定蛋白质浓度及检测蛋白质修饰。20 世纪 60 年代后期，Weber 等人率先开发了 PAGE 连续胶，其特点是有着均一的丙烯酰胺浓度。20 世纪 70 年代，Laemmli 等人开发不连续凝胶，这种凝胶由具有较长小孔径的分离胶和其上的含较短大孔径的浓缩胶组成。浓缩胶和分离胶的缓冲液成分也不相同。在不连续凝胶系统中，蛋白质样品在浓缩胶中得到浓缩，形成很窄的起始区带，使蛋白分子在分离时处于同一起跑线，可以提高分离蛋白质的分辨率。1983 年，Chrambach 和 Jovin 提出了多相区带电泳（multiphasic zone electrophoresis，MZE）理论，预测了可能用于优化 SDS-PAGE 的缓冲系统。

聚丙烯酰胺凝胶由丙烯酰胺单体和 N-N′- 亚甲基双丙烯酰胺聚合而成，通常通过四甲基乙二胺（TEMED）和过硫酸铵诱发二者间的化学聚合过程。过硫酸铵溶于水时产生过硫酸自由基活化丙烯酰胺单体，TEMED 作为电子载体催化该反应。聚丙烯酰胺凝胶的凝胶孔径是决定蛋白分子分辨率的主要因素，由单位体积中丙烯酰胺混合物的组成确定，可以用 *T* 值和 *C* 值来表征：%*T*（w/v）=［（丙烯酰胺 + 双丙烯酰胺）g / 缓冲液 mL］× 100%；%*C*（w/v）=［双丙烯酰胺 g /（丙烯酰胺 + 双丙烯酰胺）g］× 100%。蛋白质区带电泳的分离效果依赖于丙烯酰胺凝胶的浓度。实际使用过程中，均一凝胶的范围在 5% ~ 20%，梯度胶是 4% ~ 20%。此外，缓冲液成分、pH 以及 SDS 等凝胶添加物也会影响蛋白质分子在凝胶中的分辨率。

（二）质谱

质谱仪由电离源、质量分析器和离子检测仪三种基本的结构组成。其中，电离源将固相或液相分子转化成气相离子，质量分析器根据气相离子的质量电荷比（*m*/*z*，质荷比）利用飞行时间质谱仪（TOF）、电场或磁场将它们分开，最后由离子检测仪测定每个离子的质量电荷比。20 世纪 80 年代中后期，由于基质辅助激光解析电离（MALDI）和电喷雾电离（ESI）软电离技术的发展，使得产生蛋白和肽离子成为可能，这是质谱技术对于蛋白质组学的重要贡献。

基质辅助激光解析电离（MALDI）由 Tanaka 在 1989 年发明，其基本原理是将样品分散在基质分子中形成晶体，利用激光照射晶体，基质从激光中吸收能量，样品发生解吸附，基质与样品之间发生电荷转移，样品分子发生电离，单电荷的样品离子在电场作用下进入质量分析器和检测仪，根据到达检测器的飞行时间不同而被检测，离子的 *m*/*Z* 与离子的飞行时间成正比，据此来分析离子并测得样品分子的分子量。MALDI 一般只产生单电荷离子（$[M+H]^+$或$[M+H]^-$）。MALDI 常与 TOF 分析仪联用。MALDI-TOF 是一种软电离技术，不产生或产生较少的碎片离子，可以直接应用于蛋白混合物的分析。目前可测定的蛋白质的分子量高达 600 kDa，更适用于纯度较高或组成成分单一的蛋白质样品。

电喷雾电离（ESI）过程大致可以分为液滴形成、去溶剂化和气相离子形成 3 个阶段：包含蛋白样品的液体通过高压电场，产生带电液滴。电喷雾产生的小液滴携带正电荷，随着溶液的挥发和液滴体积的缩小，表面电荷与表面积的比值增大，当电荷间的库伦排斥力等于表面张力时，小液滴达到雷利（Rayleigh）极限。此后随着溶剂的持续挥发，小液滴的表面电荷突破表面张力的束缚，发生“库伦爆炸（coulomb explosion）”，形成更小的带电小液滴。这一过程循环往复，最后得到蛋白样品的气化离子。对于小于 2 kDa 的肽段，ESI 通常产生单电荷或双电荷离子；对于大于 2 kDa 的蛋白质，ESI 会产生一系列的多电荷离子。ESI 通常通过串联质谱与四极杆或离子阱质量分析器联用来测定氨基酸序列，适用于成分较多或组成成分复杂的蛋白质样品。

二、蛋白质相互作用组

多项基因组计划的成果揭示，生物体内 DNA 编码的基因数目是有限的，以人类基因组为例，大约包含了 30 000 个基因。由于翻译后修饰和选择性剪接的缘故，生物体内蛋白质数目远大于基因数目，而且生物体内细胞的发育与分化并非由单一蛋白质决定，而是由大的蛋白质复合体或大分子复合体中的关键蛋白质来执行和调控。微藻的光合作用就是由类囊体膜上包括 PSⅡ、PSⅠ和电子传递链等一系列蛋白复合体共同作用的结果，至少包括上百种蛋白质。要深入了解一个有机体，如微藻细胞的运转机制，就必须对细胞中 mRNA 和蛋白质的完整集合有全面认知，同时还需理解该集合体随着环境和发育时间的动态变化。揭示蛋白质间以及蛋白质与 DNA 间的相互作用，最终掌握生物学过程中的分子机制，才是研究蛋白质组学的原动力。

运用不同组合的生物学方法，已经证实部分普遍存在的蛋白质间的相互作用，利用这些相互作用的特异性和能量学可以构建蛋白质间的相互作用图谱。依据构建 DNA 编码的多肽文库所采用的方法，可以将其分为胞外法和胞内法。胞外法包括噬菌体展示技术和核糖体展示技术，主要用于抗体的选择和演化；胞内法则是使用多肽文库，在活细胞体内表达目的蛋白，胞内法中最广为使用的是酵母双杂交体系（yeast two-hybrid system）。

（一）噬菌体展示

20 世纪 80 年代，Smith George 等人首次将外源基因插入丝状噬菌体 f1 的基因Ⅲ，使目的基因产物多肽以融合蛋白的形式分布在噬菌体表面，从而创建了噬菌体展示（phage display）技术。至 20 世纪 90 年代，噬菌体多肽或抗体展示文库被开发出来，此后，噬菌体展示技术进入了快速发展时期，其基本原理在于将外源蛋白或多肽的 DNA 序列插入噬菌体外壳蛋白结构基因的适当位置，使外源基因随外壳蛋白的表达而表达，并随着噬菌体的重新组装而展示到噬菌体表面。被展示的多肽或蛋白保持相对独立的空间结构和生物活性，能够被靶分子识别与结合。噬菌体展示文库通过淘选（panning）而非筛选（screening）来分离所需要的重组基因。以展示文库作为流动相，与固相上的靶蛋白分子经孵育后结合。洗去不能与固相靶分子结合的噬菌体，然后使用竞争受体或酸洗脱下与靶分子特异结合的噬菌体，洗脱下的噬菌体进一步扩增，进入下一轮淘选。经过 3 ~ 5 次淘选后，与靶分子特异结合的噬菌体将得到高度富集，从而实现目的基因的富集。

噬菌体展示技术利用细菌病毒（如丝状噬菌体）作为载体，将基因和基因产物有机地结合起来，是目前应用最广的分子展示技术，根据载体和宿主细胞的不同，可以分为：①单链丝状噬菌体展示系统，将外源基因与 M13 噬菌体的 g8p 或 g3p 基因融合，在 g8p 或 g3p 表达和噬菌体扩增过程中，外源基因产物得以在噬菌体表面展示。②λ 噬菌体展示系统，外源多肽或蛋白质与 λ 噬菌体的主要尾部蛋白 PV 或 λ 噬菌体头部组装的必需蛋白 D 蛋白融合。λ 噬菌体的装配在细胞内进行，有利于展示难以分泌的多肽或蛋白质。③ T4 噬菌体展示系统可以将两种性质完全不同的外源多肽或蛋白质分别与 T4 噬菌体衣壳表面上的外壳蛋白 SOC 和 HOC 融合而得到展示，表达蛋白无须复杂的蛋白纯化步骤，避免因纯化而引起的蛋白质变性和丢失。T4 噬菌体在宿主细胞内装配，不需要通过分泌途径，适合于展示各种大小的多肽或蛋白质。

因为噬菌体展示过程中必须经过细菌转化、噬菌体包装，甚至跨膜分泌过程，限制了展示文库的容量和分子多样性。目前的噬菌体展示文库中含有的不同分子数量一般限制在 109。部分蛋白质功能的实现需要折叠、转运、膜插入和络合，体内筛选时需外加选择压力。由于真核细胞蛋白质合成与折叠机制与细菌不同，它们在细菌中的表达较差。此外，噬菌体展示系统依赖于细胞内基因的表达，一些对细胞有毒性的分子（如生物毒素分子）很难得到有效表达和展示。

（二）酵母双杂交

酵母双杂交由 Fields 等人于 1989 年提出，可以在酵母细胞内分析蛋白质之间的相互作用，基本原理在于利用了真核生物调控转录系统的特点。一个完整的真核生物的转录激活因子通常由两个可分离的结构域组成，即 DNA 结合域（DNA-binding domain，BD）和转录激活结构域（transcriptional activation domain，AD）。BD 或 AD 都无法单独激活基因转录，但当二者结合后，则能够发挥完整的转录因子活性并激活下游启动子，使启动子下游基因得以表达。因此，可以将两种蛋白分别与 BD 和 AD 构建成融合蛋白，已知的诱饵蛋白（bait protein）基因与 BD 结合域的序列融合产生的蛋白质称为 BD-Bait；未知的猎物蛋白（prey protein）基因与 AD 结构域序列融合，产生的融合蛋白称为 AD-Prey。当上述两种融合蛋白在寄主细胞中共表达后，如若两者之间能相互作用，形成某种蛋白—蛋白复合物，使 BD 与 AD 结合形成一个完整的转录激活因子，启动下游报告基因，通过对报告基因表型的检测即可判定诱饵蛋白与猎物蛋白之间是否具有相互作用。

一个典型的酵母双杂交系统包括三部分：①带有一个或多个报告基因（如 *HIS*3、*URA*3 和 *LacZ*）的酵母宿主菌株；② BD 载体质粒；③ AD 载体质粒。BD 主要源自转录因子 GAL4 或 LexA。酵母双杂交系统已成为蛋白质组研究的一个可靠而有力的技术平台，广泛用于检验蛋白质之间的作用，发现新的蛋白质和蛋白质的新功能以及建立蛋白相互作用图谱。但酵母双杂交系统经常受假阳性、假阴性与转化效率过低等问题困扰。

在酵母双杂交理论基础上，相继发展出酵母单杂交系统、三杂交系统和核外双杂交系统。酵母单杂交系统用于研究 DNA- 蛋白质之间的相互作用，与 AD 相融合的待筛选蛋白质直接与 DNA 结合位点相结合，使 AD 直接激活启动子下游报告基因表达，因而可分离出与靶 DNA 序列直接作用的蛋白质，是鉴定转录因子的有效手段。在三杂交系统中，两杂交蛋白结合需通过第 3 个分子的介导，第 3 个分子具有结合两蛋白的位点。根据介导分子的种类不同可分为蛋白质三杂交、激酶三杂交、小配体三杂交以及 RNA 三杂交系统等。传统的酵母双杂交系统中，BD-X 和 AD-Y 的相互作用发生在核内，二者共同表达的融合蛋白必须进入核内来激活报告基因表达，因此限制了应用酵母双杂交系统对非核内蛋白、膜受体蛋白和胞外分泌蛋白等的研究。Aronheim 等在 1997 年将蛋白质间的相互作用部位从核内转移至酵母细胞膜上，构建了 SOS 恢复系统（SOS recruitment system，SRS）。

（三）荧光共振能量转移

荧光共振能量转移（fluorescence resonance energy transfer，FRET）技术是目前比较成熟并广泛应用的研究蛋白质相互作用的技术，尤其适用于活细胞和固定细胞的各类分子，具有高灵敏度和分辨率，并能清晰成像，直观地展示蛋白质间的相互作用。

当两个荧光基团的距离小于 10 nm 时，如果一个荧光基团（供体）的发射光谱与另一个荧光基团（受体）的吸收光谱有重叠，供体受到入射光激发后，可通过偶极—偶极耦合作用将能量以非辐射方式传递给受体分子，回到基态而不发射荧光，受体分子由基态跃迁到激发态，再衰变到基态，同时发射荧光。共振能量转移效率和供受体间距离的6次方成反比。相距10 nm可以被认为是两个蛋白质分子相互作用或一个蛋白分子的不同结构域因构象改变而相互靠近的有力证据。两个蛋白质之间的距离信息可以通过FRET的效率信息而得到展示。蛋白分子间发生相互作用或因构象改变而靠近，则可检测到FRET效率的增强，反之则FRET效率减弱。理论上，FRET技术可用于检测任何形式的蛋白质分子和它们之间的相互作用，关键在于找到合适的荧光探针和检测设备。

FRET探针是一种建立在分子间荧光共振能量转移基础上的单链寡核苷酸探针。在蛋白质组研究中，荧光蛋白是应用最为广泛的FRET探针。绿色荧光蛋白（green fluorescence protein，GFP）的发现开启了应用FRET技术研究蛋白质功能的大门，并因其可对几乎所有蛋白进行标签以及支持活体实时检测而得到迅速普及。从GFP出发又相继发展出一系列突变体荧光蛋白，如蓝色荧光蛋白（BFP）、青色荧光蛋白（CFP）、黄色荧光蛋白（YFP）和红色荧光蛋白（RFP）等，CFP和YFP是目前最常用的荧光蛋白供受体对。

当前，在FRET领域，需要努力解决的问题是如何提高信号的灵敏度和特异性。开发新型FRET探针是其中的一个重要方面，有机荧光染料、镧系元素和量子点都是值得关注的方向。高级成像技术和理论分析模型等领域的创新也是推动FRET发展的动力。

三、定量蛋白质组学

在后基因组时代，对基因功能的注释已经成为微藻乃至生命科学领域的主要内容，定量蛋白质组学为细胞、组织或器官中的蛋白质种类的鉴定和表达水平的定量分析提供了强大的工具。蛋白质组学定量技术包括基于凝胶的定量技术和基于质谱的定量技术。近年来，基于生物质谱的定量技术逐渐成为主流。目前较主流的定量蛋白质组学方法主要有无标记定量技术（label-free）、相对和绝对定量的等量异位标签（isobaric tags for relative and absolute quantitation，iTRAQ）和稳定同位素标记（stable isotope labeling of amino acids in culture，SILAC）。SILAC 需要在细胞培养阶段加入同位素。iTRAQ 针对抽提的蛋白和多肽进行同位素标记。无标记定量技术则不使用同位素标签。

2004 年，由 Ross 等提出的 iTRAQ 定量是目前定量蛋白质组学应用最广泛的技术。iTRAQ 包含了不同标记的稳定同位素标签（isobaric tag），每个标签包括肽反应基团（reactive group）、平衡基团（balance group）和报告基团（reporter group）三部分。肽反应基团可与多肽的 N 端或赖氨酸侧链的 $\varepsilon\text{-}NH_2$ 共价连接。4 标记 iTRAQ 试剂盒中，报告基团的分子量分别为 114、115、116、117 Da，相应的平衡基团分别为 31、30、29、28 Da。每个 iTRAQ 试剂的报告基团和平衡基团分子量加和相等，因此被不同 iTRAQ 试剂标记的多肽在一级质谱中的分子量没有差异。在二级质谱中，这 3 个基团之间的共价连接被打断，只有报告基团可以被质谱检测到，用于区分蛋白样品来源。这些具有相同质荷比但来源于不同样品的母离子进行进一步的高能碰撞裂解，释放出代表来源样品的不同质荷比的报告离子和相同的子离子系列。子离子系列中包含的氨基酸序列信息可用于目标蛋白质的鉴定，而目标蛋白质的含量可用同一二级谱图中报告离子的丰度代表，从而实现目标蛋白质的定量分析。

iTRAQ 定量技术可以在体外对肽段进行标记，因此对样品来源没有限制，可应用于低丰度蛋白，如胞浆蛋白、膜蛋白、核蛋白以及胞外蛋白等分析，同时得出鉴定及定量的结果，尤其适用于采用多种处理方式或来自多个处理时间样本的差异蛋白分析。Wang 等在 2012 年分析了高产油衣藻突变体和野生型衣藻蛋白的差别，发现在高产油衣藻突变体中，参与脂肪酸合成的蛋白上调，而参与淀粉合成的蛋白下调，从而促进了油脂的生成。此外，iTRAQ 定量技术还可以用于蛋白翻译后修饰研究。

第四节 微藻基因组的进化

基因组学水平上的微藻起源理论

质体基因组向核基因组转移的动力与机制目前仍是未解之谜。Allen 和 Raven 曾提出：基因从质体转移至细胞核可降低突变频率，质体中因较高的氧化还原反应速率而产生氧自由基，极易攻击 DNA 分子，导致其发生突变。核基因更有利于有性生殖重组和 DNA 修复。质体中残留的基因表明基因的水平转移过程并未完成，或者光合作用某些关键原件的表达需受电子载体氧化还原状态的直接调控。在高等植物中，电子载体的氧化还原电势可通过某种未知的信号通路控制核中原质体基因的表达。

质体蛋白在核—细胞质—质体膜之间的转运机制：核基因编码的质体蛋白在细胞质中合成，然后转运至质体中。这一过程涉及信号肽与转运蛋白之间的协同作用，具体的行为模式仍存在争议。

横向基因转移（lateral gene transfer，LGT），即水平基因转移（horizontal gene transfer）现在已经被认为是微藻在基因组水平上进化的重要动力。LGT 与内共生事件是相互独立发生的，可为细菌基因组提供 10% ~ 20% 的外来基因。一个真核细胞（原生生物）吞噬消化另一个细胞后，后者的 DNA 有可能进入前者的基因组中。在真核单细胞间以及细菌与真核细胞间的 LGT 事件的发生已经被大量的数据所证实。目前已知的原生生物中的外来基因主要来自细菌。细菌与真核细胞间的基因转移需要调控机制的改变和目标肽（targeting peptide）的协助。这方面的典型例子来自蓝藻的两个相邻基因——脱氢奎尼酸合成酶（dehydroquinate synthase）和甲基转移酶（O-methyltransferase）的编码基因转移至金牛骨球藻（*Ostreococcus tauri*，*O. tauri*）中的实验。上述两个基因在蓝藻中相邻，但在鞭毛虫体内与一个质体目标蛋白形成了融合蛋白。显然，这两个基因已经在鞭毛虫内结合了质体目标蛋白，形成各自独立的两个基因。更加极端的情况是 *O. tauri* 中有一条外来的染色体，19 号染色体的 G + C 含量、密码子使用和剪切行为，以及转座子的大量存在使得该染色体的性质与其余染色体截然不同。对该染色体上编码肽链的基因进行系统学分析，表明多数基因的起源与绿藻截然不同，反而类似于细菌。19 号染色体上的许多蛋白基因，尤其是膜蛋白，均与细胞表面过程相关，其功能可能与藻细胞对病原菌或其他不良环境因子的自我防御机制有关。

LGT 的检测与鉴定是比较困难的工作。LGT 的发现多数是基于在两个亲缘关系较远的分类单位中发现同源基因的存在，并依赖以下几方面证据：具有典型初始起源的分类单元及其衍生后代的分子系统学分析；供体与受体的生活史，二者之间是否具有潜在的交集；密码子使用偏好性与 G + C 含量，这需要对供体和受体的细胞核与细胞器基因组都有深入的了解，而对于多数原生生物而言，这方面的知识仍然空白。通过对供体和受体生活史的研究，可以推断 LGT 的形成机制。在 Chlorarachniophyte 的 *Bigelowiella natans* 中，多达 21% 的核基因编码质体蛋白都可能是 LGT，起源的多样性与细菌和红藻一样复杂，而在莱茵衣藻中情况正好相反，类似的基因没有表现出存在 LGT 的迹象。有观点认为上述两种藻在质体蛋白质组起源上的差异在于 *B.natans* 是兼养的。但也有例子表明硅藻与周围甚至体内的细菌之间存在 LGT 现象。三角褐指藻的基因组序列数据和系统学研究表明其体内的 784 个基因（约占全基因组的 7.5%）来自细菌。因此，微藻与细菌间的基因交换是普遍存在的现象。

海洋微藻间的基因交换可以由病毒介导（如转导）。第一个证据来自在 3 个噬藻体的基因组中发现蓝藻（*Prochlorococcus* 和 *Synechococcus*）光合基因（*psbA* 和 *bliP*）。在两个侵染大型褐藻（*Ectocarpus* sp. 和 *Feldmannia* sp.）的病毒 EsV 和 FsV 中，其基因组中含有的光敏色素基因最近被发现也存在于硅藻（*P. tricornutum* 和 *T. pseudonana*）中，说明由病毒介导的 LGT 现象在真核微藻中的发生是有可能的。

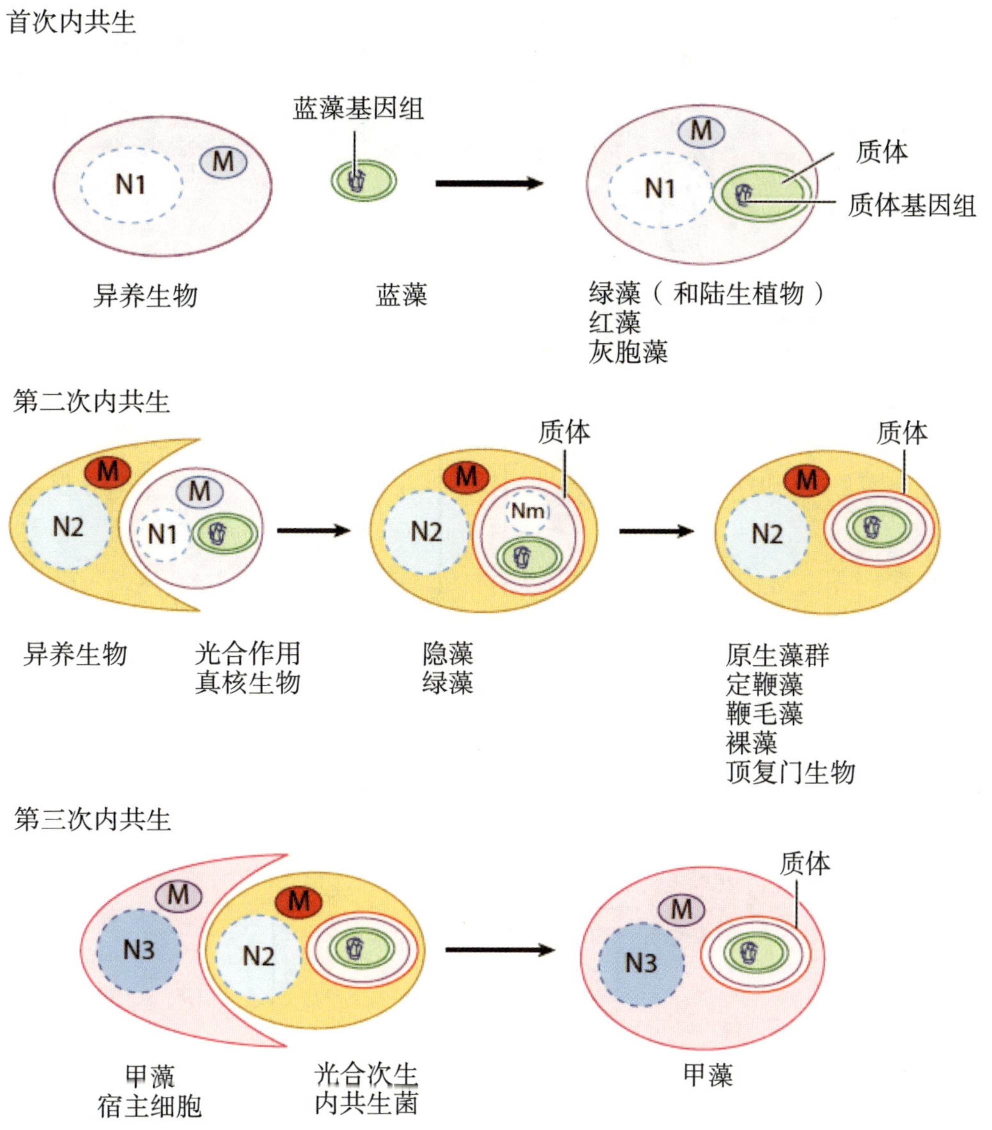

在首次内共生事件中，一个蓝藻被一个异养的真核细胞吞噬，随着时间流逝，蓝藻的基因组逐渐消失，但仍有部分基因保留在光合真细胞的质体基因组中。在二次内共生事件中，一个异养的真核细胞吞噬了一个光合自养生物。作为内共生生物的光合自养细胞的细胞核逐渐退化成“拟核”，典型的例子如隐藻和绿藻，或者在转移了若干基因至宿主的基因组中之后，细胞核完全消失，典型的例子如原生藻群、定鞭藻、鞭毛藻、裸藻和顶复门生物。三次内共生事件发生在甲藻细胞吞噬了原生藻群、定鞭藻和隐藻之后

图 4-8　微藻内共生事件

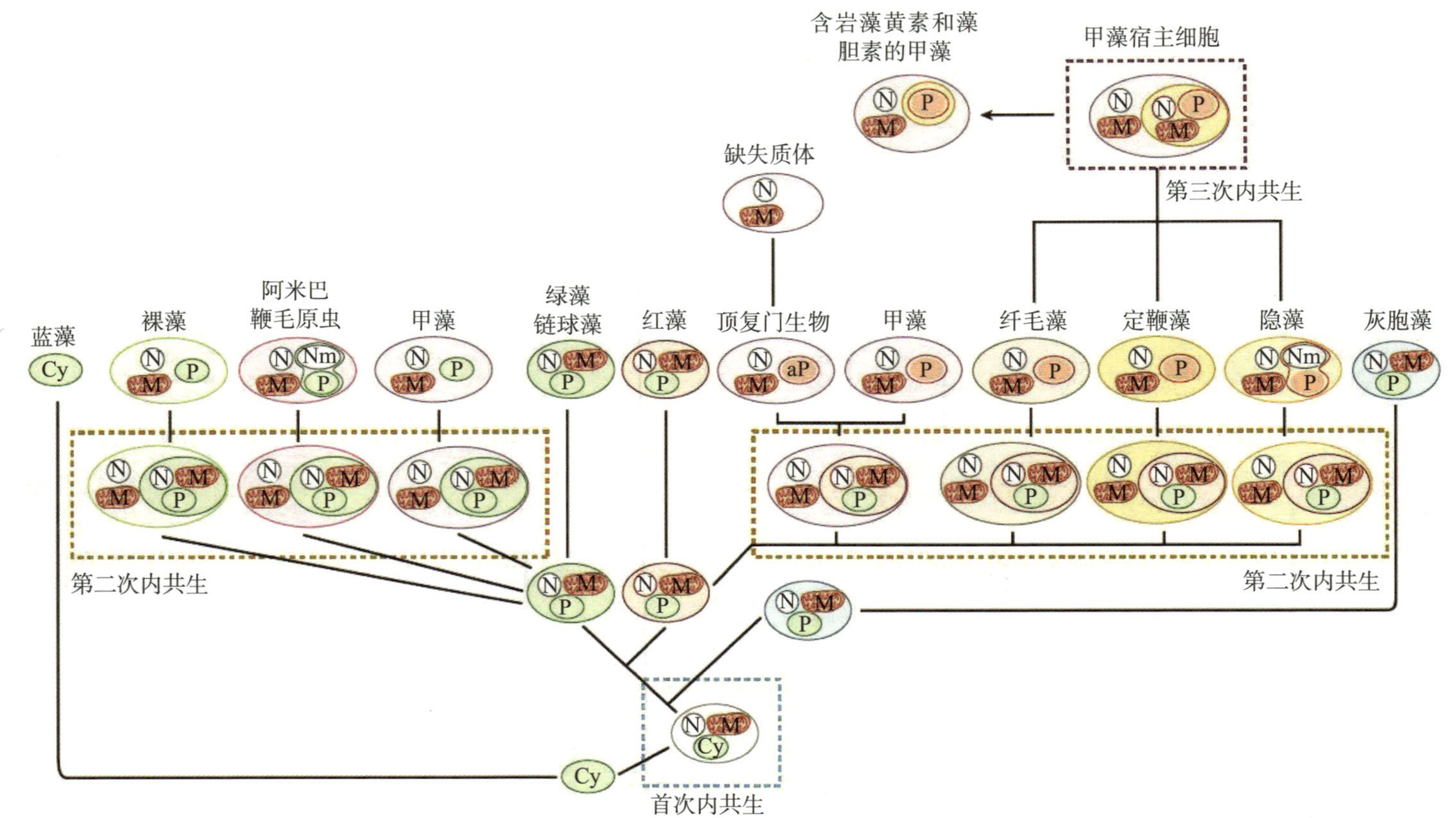

现存微藻分类谱系中的质体进化路线。虚线框中是假定的进化中的中间类群（ref 22）。在分支树的底部，初次内共生事件发生后，催生了绿藻、红藻和灰胞藻三个类群的诞生。二次内共生事件发生后，绿藻被吞噬后，其宿主细胞分化成裸藻、阿米巴鞭毛原虫和含有叶绿素 b 的甲藻。吞噬了红藻的宿主细胞则进化形成了顶复门生物、含叶绿素 c 的甲藻、原生藻、定鞭藻和隐藻。在三次内共生事件中，甲藻的宿主细胞在吞噬原生藻、定鞭藻和隐藻后丢弃了通过第一次内共生事件获得的质体，保留了来自二次内共生细胞中的质体。在二次或多次内共生事件后，质体基因组中的基因多数被转移到核基因组中，而质体只保留极少数的基因，甚至完全丧失。内共生事件后的核与质体基因组之间的进化情形是相当复杂的

图 4-9　微藻质体细胞器基因组起源

第五节　基因组编辑技术

对人类而言，基因资源的重要意义不言而喻。以人类基因组计划启动为标志，传统意义上的基因组学研究飞速发展，许多生物基因组序列被陆续公布。然而，要实现基因资源的充分利用还需要后续蛋白质组学和功能基因组学等研究的支持。相比于获得基因组序列，对庞大序列信息的高效解读利用是人们要面对的新一轮挑战。基因利用的主要挑战之一，就是要快速了解和估测未知基因的生物学功能，即进行功能基因的筛选研究。随着后基因组时代的来临，各种基因研究手段的发展和大规模数据分析能力的提高为基因资源的开发利用提供了广阔前景。近年兴起的 CRISPR/Cas9（Clustered regularly interspaced short palindromic repeat sequences/CRISPR–associated protein 9）技术，因其快速、简便、准确的基因定点编辑能力，快速成为一项炙手可热的遗传筛选工具。CRISPR/Cas9 高效、简便的技术特点与高通量功能基因筛选的要求完美契合，基于 CRISPR/Cas9 系统的功能基因筛选现已应用在多种细胞系和模式动物中，并显现出许多瞩目优势。本文总结功能基因筛选的基本策略，并结合 CRISPR/Cas9 的技术特点，重点介绍该技术在高通量功能基因筛选中的应用情况，最后对该技术未来的发展与挑战进行了讨论，以期为今后高通量功能基因筛选平台的构建提供有益参考。

一、CRISPR/Cas9 系统与基因组编辑

（一）CRISPR/Cas9 系统的基本结构

CRISPR 系统广泛分布于细菌和古生菌基因组中，是其进化过程中形成的一种适应性免疫系统。CRISPR 由一系列短的高度保守的正向重复序列（repeats）

与长度相似的间隔序列（spacers）间隔排列组成。在该串联结构的上游是前导序列（leader）和一系列 Cas 基因（CRISPR-associated genes，Cas genes），它们共同组成了 CRISPR 基因序列（图 4-10 A）。CRISPR 的间隔序列与一些噬菌体或质粒的序列存在同源性，Cas 蛋白与这些间隔序列的转录产物整合后，能够特异性降解外源 DNA，宿主细胞通过这种方式实现对外源基因的适应性免疫。

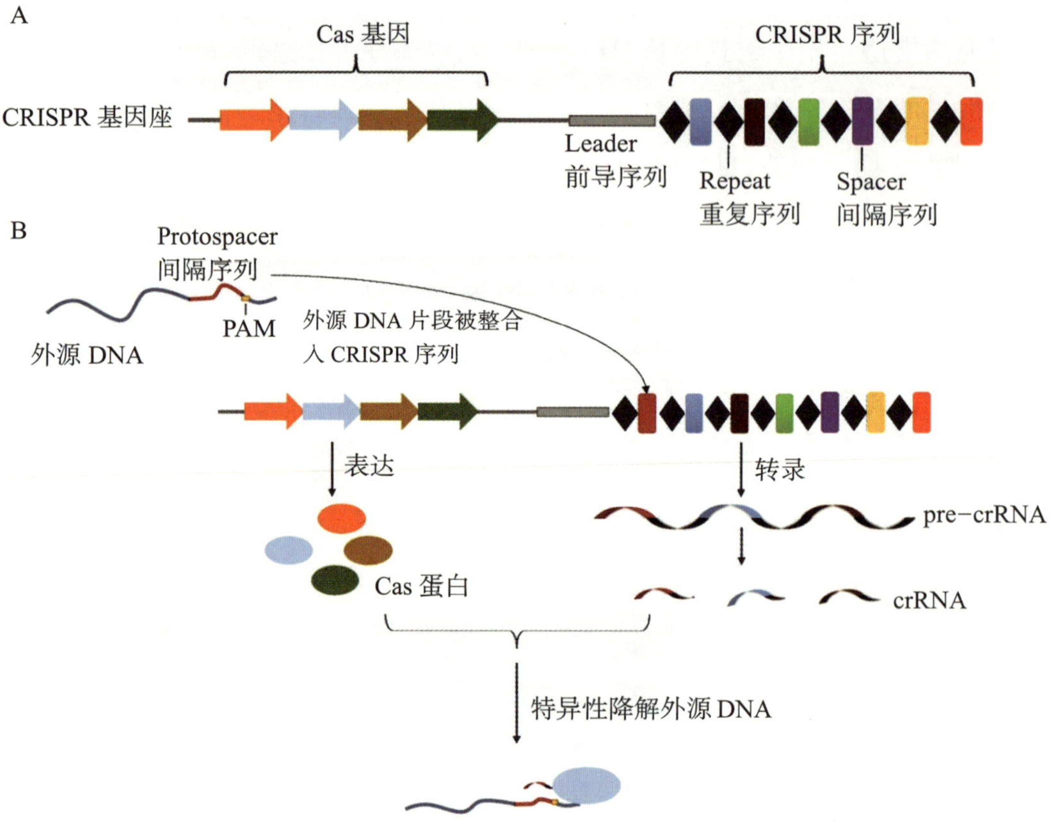

图 4-10　CRISPR 基因座结构示意图（A）和 CRISPR/Cas9 系统介导的免疫机制（B）

（二）CRISPR/Cas9 系统的作用机理

CRISPR/Cas9 系统介导的免疫机制一般通过适应、表达、干扰三个阶段实现（图 4-10 B）。在适应阶段，当外源 DNA 入侵细菌时，其 CRISPR 系统会特异性地捕获一段被称为 proto-spacers 的外源 DNA 序列插入前导序列与间隔重复序列之间。这种特异性识别依赖于外源 DNA 的间隔序列前体（proto-spacer）下游的一段保守短序列，即间隔序列前体旁基序（proto-spacer adjacent motif，PAM）。在表达阶段，CRISPR 序列被转录形成前体 CRISPR RNA（pre-CRISPR RNA，pre-crRNA），随后 pre-crRNA 在特定的核酸内切酶加工下形成成熟 CRISPR RNA（crRNA）。在干扰阶段，crRNA 进一步与 Cas9 蛋白结合形成靶向切割复合体对外源 DNA 进行特异切割，达到识别和降解外源 DNA 的目的。

（三）CRISPR/Cas9 系统在基因组编辑中的应用

CRISPR/Cas9 系统通过设计的特异性向导 RNA（single guide RNA，sgRNA）与靶序列进行碱基配对，引导 Cas9 蛋白结合到靶序列处，定点断裂 DNA 双链（DNA double-stranded break，DSB），然后利用细胞的非同源性末端连接（non-homologous end joining，NHEJ）或同源重组（homologous recombination，HR）修复机制实现目标基因的插入、缺失（indel）、修复（repair）或替换（replacement）。

CRISPR/Cas9 系统被称为第三代基因编辑技术。与基于蛋白质工程的 ZFNs 和 TALENs 系统不同，CRISPR/Cas9 系统通过碱基配对识别基因组靶序列，不需要构建复杂的识别蛋白，操作更加简便。同时，CRISPR/Cas9 系统编辑和设计的操作性更强。虽然 CRISPR/Cas9 系统只能针对邻近具有 PAM 的靶序列进行基因编辑，但以常见的 *S. pyogenes* Cas9 为例，理论上基因组中每 8 个碱基就能够找到一个被此 CRISPR/Cas9 系统特异识别的 NGGPAM，几乎可以实现全基因组的编辑。

二、功能基因筛选的基本策略

（一）锁定候选基因

锁定候选基因是功能基因筛选的第一步。如何快速高效地锁定候选基因，是实现高通量基因筛选的必然要求和主要挑战。表达差异分析是一种锁定候选基因的常用方法。表达谱差异分析主要包括基因表达谱和蛋白质表达谱。通过表达谱差异分析，建立表型差异与基因表达差异间的可能联系，并以此为依据锁定候选基因。根据生物信息学分析锁定候选基因是一种常用研究方法。综合编码产物预测分析、序列同源性分析和蛋白功能域分析，可以初步快速地推测基因的可能功能，然后根据推测的基因功能在基因组中遴选、锁定候选基因。

（二）对候选基因进行功能评价

锁定候选基因的同时，还需要进一步对候选基因进行功能评价。把握候选基因的功能是筛选方案设计的基础，对候选基因进行功能评价可在基因组、转录组、蛋白质组和代谢产物等水平进行。细胞表型或形态学相关的检测指标，以及细胞信号转导通路、能量产生和代谢产物分析等代谢通路相关参数是基因功能评价的重要指标。

（三）基因功能的确证

以基因功能评价为基础做出合理假设后，就可以设计实验确证基因功能。这里列举了一些常用的技术方法，如高通量细胞筛选技术、反义核酸技术（antisense technology）、转基因和基因敲除技术等。

高通量细胞筛选技术是以高通量方式研究基因功能的有效方法之一。该技术通过基因转染将候选基因导入细胞，或直接将基因表达产物加入培养液中，然后结合先进的检测方法，如抗体芯片技术、多路测定技术、定量 PCR 和高通量荧光激活细胞分类器（HT-FACS）等，实现功能基因的高通量筛选。这个技术的问题：高通量筛选的灵敏度和重现性依赖于检测方法的发展。

反义核酸技术主要包括反义 RNA（antisense RNA）和反义寡核苷酸（antisense oligonucleotide）。RNA 干扰技术（RNA interference，RNAi）利用反义 RNA 与正链 RNA 形成双链 RNA、特异性抑制靶基因转录后表达这一原理，成为研究转录后调控的有效工具，广泛用于功能基因组学、基因治疗和转录调控机制研究 。然而，基因敲除实验显示 RNAi 存在一定程度的非特异性。反义寡核苷酸主要通过 RNase H 介导机制抑制基因表达。RNase H 是一种核糖核酸内切酶，可以特异性地水解 DNA–RNA 杂合链中的 RNA。RNase H 酶切产物因缺少 5′–cap 和 3′–poly A 尾而被细胞中的 5′ 和 3′ 外切酶降解。这种方法已被广泛用于含有反义寡核苷酸序列样的靶基因的下调。

在整体水平上研究基因的功能时，转基因和基因敲除是一种极为有效的工具。基因在实现功能的同时也会受到细胞环境系统的调控，因此通常在正常或病理状态下的个体整体中进行基因功能的评价和确证研究更为有效。

（四）开发战略

获得有潜力功能的基因后，就可以进行开发战略的设计，实现功能基因的生产应用，如定向遗传育种、药物靶点的开发、生物代谢合成途径的设计优化等。

三、基于 CRISPR/Cas9 系统的基因筛选

（一）CRISPR/Cas9 筛选体系

CRISPR/Cas9 技术主要由两部分组成：一部分是 sgRNA，通过碱基互补配对与靶基因特异结合；另一部分是 Cas9 核酸酶，在 sgRNA 引导下定点切割目标序列。

研究的基本思路是利用逆转录病毒载体表达 sgRNA 混合文库，在细胞系中引入各种基因的敲除，然后针对这个突变集合进行正向或逆向筛选（图 4–11）。每个 sgRNA 序列在引入突变的同时又充当一个突变位点标记，最后比较筛选前后混合文库中 sgRNA 丰度的变化，以此表征出筛选条件作用的基因突变位点。

为了实现高通量筛选的高效性，通常针对每个基因会设计多个 sgRNA 作用于编码区的外显子，保证合适的突变效率。同时为了保证对基因突变位点的有效表征，需要保证 sgRNA 逆转录病毒文库转染细胞后仍能保持良好的均匀性，不会出现显著的表达偏差，可以很好地覆盖全基因组。

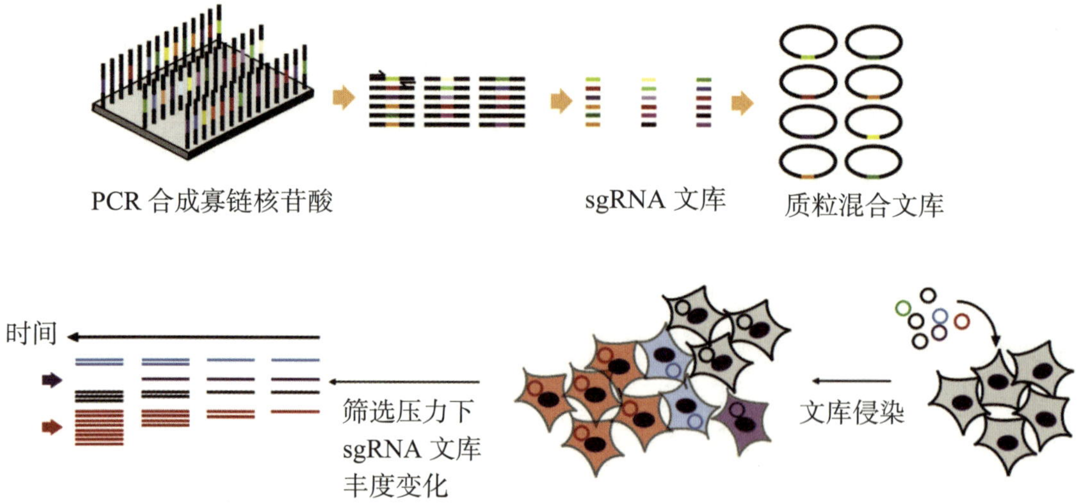

图 4-11　基于 CRISPR/Cas9 系统的功能基因筛选流程

（二）文库形式的选择

阵列文库和混合文库是高通量筛选文库的两种常用形式。阵列文库是将反应物（化学药品、RNA 等）通过物理方法连接于芯片或孔板中，由此排除不同实验组之间的相互干扰；混合文库则将待筛选文库混合，通过加入筛选压力富集阳性克隆，最终通过高通量测序等方法比较筛选压力处理前后混合文库的差异变化。两种文库针对不同实验目的各具优势，阵列文库支持各种细胞类型的应用，并且检测手段多样；混合文库制备方便，能够实现基因组全面覆盖，且在进行细胞侵染后，支持长期的培养检测。

CRISPR 筛选常用混合型文库，合成的混合 sgRNA 文库通过逆转录病毒（如慢病毒）载体装载，进行宿主细胞侵染，实现文库序列在基因组中的整合和稳定表达。文库序列的宿主内表达会引起细胞基因组扰动，导致细胞表型变化，然后对细胞表型（包括生存能力、增殖能力等）进行筛选。

（三）筛选策略

CRISPR 筛选构建的混合文库一般采用定向筛选的筛选策略，定向筛选策略又分为正向筛选和逆向筛选。正向筛选是指在给予的选择压力作用下，细胞系经过装载有 sgRNA 的病毒混合文库侵染扰动后，只有整合上抗性的克隆才能存活。在这种持续的选择压力作用下，细胞混合文库中 sgRNA 的丰度会呈现一种正向富集，并由此表征出与抗性有关的候选基因。在筛选鉴定一些抗性（毒素、药物等）基因时，正向筛选是一种常用手段，而逆向筛选则对于一些细胞生长不可缺少的依赖性基因的筛选鉴定十分有效。经过混合文库序列侵染扰动后，细胞中这些依赖性基因的表达受到影响，受到的影响越大，细胞的生存能力（抗性）就会越弱，这些细胞将在选择压力作用下被杀死，引起混合文库 sgRNA 分布的变化，然后通过测序比较文库丰度的变化遴选出一些影响表型的候选基因。

（四）检测方法

筛选工作的最后一步是进行表型检测，并进一步鉴定出对表型有影响的靶基因。一旦在细胞或者组织中得到感兴趣的表型，通常可以利用芯片杂交等技术手段进行 sgRNA 序列检测，进而确定靶基因。但是，这种方法存在许多缺陷，如样品消耗多、成本高，受限于芯片的设计检测信号有上限，导致检测结果不全面。在表型检测鉴定方面，随着高通量测序技术的不断发展，这项技术越来越受到广大研究人员的青睐。在外源文库 DNA 转入前，可以用特殊序列的核苷酸密码（barcode）对载体进行标记，后续依此设计 PCR 引物，进而可以很方便地获得经实验变量处理后的混合文库，再将其与原始文库进行比对分析，还可以同时对多种细胞系或不同实验条件的细胞进行标记，高通量测序能够一次性获得全面的序列数据而不会相互干扰。但是，处理高通量测序数据时要注意避免在 PCR 环节和测序时引入偏差。

四、发展与挑战

基于 CRISPR 系统的遗传筛选工作已经取得诸多进展。经过各种工程优化，CRISPR 系统可以高效地进行全基因组编辑，并可以根据具体的实验需要设计 CRISPR 系统，进而实现敲除、抑制或激活等不同的基因表达调节方式。与 RNAi、TALEN 等技术相比，CRISPR 系统优势明显。快速、灵敏、高通量、相对特异性是对功能基因筛选方法提出的要求和挑战，CRISPR 系统在高通量功能基因筛选的应用上，还有着许多发展改进的空间。

（一）CRISPR 系统各组件有待进一步认识和优化

CRISPR 基因筛选的另一个发展方向是利用工程化的 Cas9 蛋白调节基因表达，传统方法是利用野生型 Cas9 蛋白的核酸酶活性，在靶点位置形成双链 DNA 断裂（DSBs），然后借由基因修复机制引入突变。利用失去核酸酶活性的 dCas9（nuclease dead Cas9）与转录激活结构域（transcriptional activating domain）或抑制结构域（inhibitory domain）融合，组成 CRISPRa 或 CRISPRi，可以实现靶基因表达水平的上调或下调。在这些原则指导下，研究者们纷纷展开了高通量特异性 CRISPRi/a 筛选平台的组建。Gilbert 等借助 CRISPRa 或 CRISPRi 筛选鉴定了与蓖麻毒素、霍乱和白喉产生抗性有关的重要基因。Bikard 等引入 SunTag 技术改进了 CRISPRa。SunTag 是一种分子挂钩，可以连接多拷贝的生物活性分子于一些蛋白支架上，提高融合蛋白的活性。改进后的 sunCas9 系统中，dCas9 与 DNA 结合后会吸引多拷贝的转录激活因子，发现在单 sgRNA 靶点的条件下即可显著激活基因转录。CRISPRi 技术可以抑制一系列转录表达水平，并且因其作用是下调而非敲除，可以观察到一些与剂量效应相关的表型。除了改进 Cas9 蛋白，还有一些工作优化了 sgRNA（包括野生型 tracrRNA）的结构，以提高基因编辑的效率，或参考真核细胞的转录调控体系在 sgRNA 设计中引入模块化的脚手架 RNA（modular scaffold RNAs）招募相关转录因子调节转录。

（二）导入和表达 CRISPR/Cas9 系统的方法有待改善

导入和表达 CRISPR/Cas9 系统的方法直接关系着混合文库序列的丰度变化。利用 CRISPR 系统高通量筛选功能基因时，一个核心筛选策略是利用

sgRNA 标记突变基因，并通过筛选条件处理前后 sgRNA 丰度变化遴选、锁定与表型相关的靶基因。因此，必须保证筛选条件以外的其他因素不会影响文库的 sgRNA 丰度。为了保证对靶基因的有效表征，要求 sgRNA 经慢病毒文库转染细胞前后能够保持良好的均匀性，不会出现显著的表达偏差，可以很好地覆盖全基因组。

第六节　合成生物学技术在微藻研究中的应用

一、合成生物学发展史

合成生物学（synthetic biology）是由分子生物学、基因组学、信息技术和工程学交叉融合而产生的一个崭新的生物学研究领域，旨在按照人为需求（科研和应用目标）对细胞或生命体进行定向遗传学设计和改造，人工合成有生命功能的生物分子（元件、模块或器件）、系统乃至细胞。它不同于对天然基因克隆改造的基因工程和对代谢途径模拟加工的代谢工程，而是在以基因组解析和生物分子化学合成为核心的现代生物技术基础上，以系统生物学思想和知识为指导，综合生物化学、生物物理和生物信息技术的知识，建立基于基因和基因组、蛋白质和蛋白质组的基本要素（模块）及其组合的工程化资源库和技术平台。

合成生物学发展史上的重要历程：

（1）1953 年，沃森和克里克发现了 DNA 双螺旋结构。

（2）20 世纪 70 年代初，DNA 重组技术出现，生物学与工程学初次交叉融合：1972 年，首例重组 DNA 分子出现，细菌病毒的 DNA 被拼接到猴子病毒 SV40.1；1973 年，DNA 片段与质粒连接，并被转化入大肠杆菌；1974 年，外源 DNA 引入小鼠胚胎，创建了首例转基因哺乳动物。

（3）1980 年，DNA 限制性内切酶与聚合酶链式反应（PCR）技术的发明使人们拥有了快速而准确的操作 DNA 分子的“手术刀”。

（4）2000 年，E. Kool 重新定义“合成生物学”为基于系统生物学的遗传工程，从基因片段、人工碱基 DNA 分子、基因调控网络与信号转导路径到细胞的人工设计与合成，类似于现代集成型建筑工程。

（5）2002 年，人类第一次合成人工病毒—脊髓灰质炎病毒（Poliovirus），开创了从化学单体合成感染性病毒的道路。

（6）2003 年，X174 噬菌体基因组的寡核苷酸合成方法，精确合成 5 ~ 6 kb 的 DNA 序列。

（7）2005 年，重构的噬菌体 T7.1，去除基因重叠区域后成功存活。

（8）2006 年，*E.coli* MG1655 基因组敲除不稳定片段和非必需功能基因。

（9）2008 年，Venter 实验室合成了 582 970 bp 的生殖道支原体（*Mycoplasma genitalium*）全基因组。

（10）2010 年 5 月，Venter 研究所对支原体基因组进行了设计改造，组装了 JCVI–syn1.0 版支原体人工基因组，首次创制了由人工基因组驱动的“人造细胞”的诞生。至此，人工化学合成病毒和细菌基因组均已实现，预示着人工设计和构建生命体时代的到来。

（11）2016 年，JCVI–syn1.0 版支原体人工基因组进一步被精简，由原来的 1.08 Mb 精简为 531 kb 的 JCVI–syn3.0 版本。在第五届合成基因组年会上，首个真核基因组合成计划 Sc2.0（酿酒酵母基因组合成计划）被提出。2017 年，Science 期刊报道了 Sc2.0 项目的进展：新合成 5 条 synⅡ、synⅤ、synⅥ、synⅩ、synⅫ 和一条完成一半的酿酒酵母染色体 synIXR。随后几年，越来越多的合成生物学进展被报道。

除了分子生物学，计算生物学与化学生物学也是一同构成系统生物技术的方法基础。目前，合成生物学的主流研究方向是发展工程化的“人造生命”构建体系，主要包括两条路线：一是新的生物元件、组件和系统的设计与建造；

二是对现有的天然的生物系统的重新设计。合成生物学的研究途径主要包括生物工程、合成基因组学、原细胞（Protocell）合成生物学、非天然的分子生物学、计算机模拟的合成生物学等。

工程化思想在合成生物学中的典型应用就是基因开关（toggle switch）和压缩振荡子（repressilator）的构建。在基因回路的研究方面，科学家致力于最终实现每个生物学元件的功能可以像计算机组件那样进行操作。2000 年，Collins 等就创建了典型的基因回路（gene circuit）—基因双稳态回路。2008 年 Hasty 等成功创造了首个稳定、快速、可调的“遗传时钟”。2009 年，Collins 等开发了两种细胞计数器。在对现有的天然的生物系统的重新设计与构建方面，George Church 等在大肠杆菌中构建了烷烃 / 烯烃合成的代谢途径。2008 年，Liao 等用大肠杆菌在 *E.coli* 中引入了长链醇代谢途径。2009 年，Jay Keasling 等将青蒿素生物合成基因导入酵母菌中，使其产生青蒿酸，并通过对代谢途径（网络）进行改造和优化，将产量提高了若干数量级，具有了工业生产的潜力。这一研究成果是合成生物学在工业应用领域的标志性突破。

二、真核微藻合成生物学研究进展

单细胞真核微藻具有生长繁殖快、光合效率高、三套遗传转化系统、兼性营养、可食性且能快速实现多轮“设计—构建—测试—学习”（DBTL）循环等优良性状，是药物和天然活性产物合成的理想“光合细胞工厂”。与细菌的原核表达系统相比，它可以完成复杂的蛋白质折叠，形成有活性的药用蛋白；与酵母表达系统相比，它可以形成近似人体的糖基化修饰；与转基因植物相比，它培养周期短且不受季节等外界环境因素的限制；与动物细胞相比，它的生产成本不到动物细胞培养的万分之一，且可以实现规模化生产。同时，真核微藻来源的药用蛋白质具有生物相容性，甚至不需要纯化就可以直接食用给药，大大降低药物分离纯化成本。基于这些特色与优势，将药物合成代谢的基因模块及调控元件定向整合到细胞器或核基因组，利用藻细胞基因表达调控途径高效合成药物及生物活性物质，从而构建药用微藻细胞工厂，具有重要的理论意义和产业前景。

随着合成生物学和基因编辑技术 CRISPR-Cas9 在微藻中的成功应用，单细胞真核微藻基因工程和合成生物学已经成为国际研究热点领域，利用合成生物学思路开展了微藻生物能源和天然活性物质的开发、重组疫苗和药物的制备、细胞器基因组改造等研究。

（一）微藻萜类化合物工程

萜类化合物也称为类异戊二烯，是一类广泛存在于生物体内并具有异戊二烯（C_5H_8）单元的天然产物，如青蒿素、紫杉醇、类胡萝卜素等，在食品、制药、化妆品和农业领域具有巨大的商业价值。在生物体内，异戊二烯是由 2-C- 甲基 -D- 赤藓糖醇 -4- 磷酸酯（MEP）途径和甲羟戊酸（MVA）途径协同运作生成的异戊烯基焦磷酸（IPP）和二甲基烯丙基焦磷酸（DMAPP）所构成的 C_5 结构单元，然后在酶催化下通过环化、重排或偶联等反应生成多样性的开链或环状萜类化合物。

真核微藻作为“光合细胞工厂”，结合了植物系统和微生物系统的优势特征，富含类胡萝卜素等萜类化合物（如杜氏盐藻中的β- 胡萝卜素占干重的 14%），且具有不存在于高等植物内独特的萜类化合物（如岩藻黄质和虾青素），可作为萜类化合物的天然来源，也可用于开发新的萜类化合物研究。在微藻内，通过合成生物学技术提高内源或异源萜类化合物产量的研究已开展多年，主要集中在莱茵衣藻和三角褐指藻（表 4-3 和表 4-4）。此外，一些藻种由于其天然的优良性状及商业化潜力，也逐渐受到了关注，包括雨生红球藻、盐生杜氏藻、微拟球藻、小球藻、假微型海链藻和紫球藻（表 4-3 和表 4-4）。

表 4-3 利用合成生物学技术改善微藻内源性萜类化合物生产的研究进展

藻种	靶标通路	靶标基因	启动子	工程策略	结果
三角褐指藻	MVA 通路	内源性 *HMGR*	*49202* 聚合酶 Ⅱ 内源性启动子	过表达 *HMGR*	鲨烯含量增加 10 倍，环阿屯醇含量增加 3 倍，钝叶醇含量增加 2.5 倍，菜油甾醇含量减少 1/2
	甾醇通路	微拟球藻 *SQE*	—	过表达 *SQE*	鲨烯含量无变化，环阿屯醇增和钝叶醇含量增加 1.8 倍，菜油甾醇含量增加 2 倍
	MEP 通路	内源性 *DXS*	*fcpB* 内源性启动子	过表达 *DXS*	岩藻黄质含量增加 2.4 倍（干重为 24.2 mg/g）
	类胡萝卜素通路	内源性 *PSY*	*NR* 内源性启动子	过表达 *PSY*	岩藻黄质含量增加 1.8 倍（干重为 18.4 mg/g）
			fcpA 内源性启动子	过表达 *PSY*	岩藻黄质含量增加 1.45 倍
			fcpA 内源性启动子	人工 microRNA 敲除内源 *PSY*	类胡萝卜素含量减少
	MEP 和类胡萝卜素通路	内源性 *DXS* 和 *LCYB*	*fcpC* 内源性启动子	过表达 *DXS* 和 *LCYB*	岩藻黄质干重为 6.53 mg/g，类胡萝卜素干重为 4.34 mg/g
莱茵衣藻	类胡萝卜素通路	集胞藻属 *DXS*	*psaA* 内源性启动子	过表达 *DXS*	β-类胡萝卜素含量增加 2.0 倍
		小球藻 *PSY*	*RBCS2* 和 *HSP70A* 融合性启动子	过表达 *PSY*	紫黄素含量增加 2.0 倍（干重约 8 mg/g），叶黄素含量增加 2.2 倍（干重约 5 mg/g）
		盐生杜氏藻 *PSY*	*RBCS2* 和 *HSP70A* 融合性启动子	过表达 *PSY*	紫黄素含量增加 2.0 倍（干重约 2 mg/g），叶黄素含量增加 2.6 倍（干重约 2 mg/g），β-类胡萝卜素含量增加 1.25 倍（干重约 1 mg/g），新叶黄素含量增加 1.8 倍（干重约 0.5 mg/g）
		经突变的内源性 *PDS*	*RBCS2* 内源性启动子	提高 *PDS* 去饱和活性，过表达突变的 *PDS*	叶黄素含量增加（干重约 3 mg/g），β-类胡萝卜素含量增加（干重约 1.5 mg/g），紫黄素含量增加（干重约 2.2 mg/g）

（续表）

藻种	靶标通路	靶标基因	启动子	工程策略	结果
莱茵衣藻		内源性 *ZEP*	*na*	通过 CRISPR/Cas9 敲除 *ZEP*	玉米黄质含量增加 10 倍
		内源性假定 *BKT*	*RBCS2* 和 *HSP70A* 融合性启动子	合成设计内源性 *BKT* 并过表达	生产虾青素，酮式类胡萝卜素产量为 4.3 mg/L/ 天
		内源性 *BCH*	*atpA* 内源性启动子	过表达 *BCH*	高光下提高类胡萝卜素含量
		内源性 *LCY-E*	*RBCS2* 和 *HSP70A* 融合性启动子	过表达 *LCY-E*	叶黄素提高 2.6 倍
雨生红球藻	类胡萝卜素通路	经突变的内源性 *PDS*	*PDS* 内源性启动子	提高 *PDS* 去饱和活性，过表达突变的 *PDS*	虾青素含量增加 1.33 倍（干重约 11.4 mg/g）
		内源性 *BKT*	*CaMV 35S* 启动子	过表达 *BKT*	类胡萝卜素和虾青素含量增加 2 ~ 3 倍，海胆酮和角黄素增加 8 ~ 10 倍
		内源性 *PDS*	*psbA* 内源性启动子	密码子优化，过表达 *PDS*	虾青素含量增加 1.6 倍
小球藻	类胡萝卜素通路	经突变的内源性 *PDS*	*RBCS2* 内源性启动子	修饰内含子，提高 *PDS* 去饱和活性，过表达 *PDS* 基因	虾青素含量增加 1.54 倍
盐生杜氏藻	类胡萝卜素通路	莱茵衣藻 *BCH*	莱茵衣藻 *RBCS2* 启动子	过表达 *BCH*	生长期紫黄素含量增加 3 倍，应激条件下玉米黄质含量增加 2 倍
		内源性 *PDS*	泛素启动子，*CaMV 35S* 启动子	RNA 干扰，反义表达	类胡萝卜素含量减少
		雨生红球藻 *BKT*	*RBCS2* 内源性启动子	过表达 *BKT*	生产虾青素（干重 3.5 μg/g）
微拟球藻	MEP 通路	拟南芥 *DXS*	*β-tubulin* 内源性启动子	密码子优化，过表达 *DXS*	在高光照条件下提高 CO_2 吸收能力
栅藻	类胡萝卜素通路	人工设计 *PSY*	*CaMV 35S* 启动子	人工蛋白设计，密码子优化，过表达 *PSY*	类胡萝卜素含量增加 1.5 倍（干重约 30 mg/g）

表 4-4　利用合成生物学技术改善微藻内源性萜类产物的研究进展

藻种	内源性底物（合成场所）	异源萜类产物（合成场所）	靶标基因	工程策略	结果
莱茵衣藻	FPP（细胞质）	广藿香酚（细胞质）	广藿香的 Benth patchoulol synthase（PcPs） 内源性 *FPS*（*CrFPPS*） 大肠杆菌的 *FPS*（*ispA*） 酿酒酵母的 *GGPS*（*ERG*）	核基因组转化 密码子优化 内含子修饰 多基因共表达 多基因融合表达 多拷贝转化	混合营养条件下广藿香醇的干重为 0.9 mg/g
	GGPP（叶绿体）	13R（+）泪柏醚（叶绿体、胞外分泌）	毛喉鞘的 2 种萜烯合成酶（*CfTPS2* 和 *CfTPS3*） 细胞色素 *P450*（*CfCYP76AH16*） 酿酒酵母 *GGPPS*（*ERG*） 仙人掌鼠尾草 *DXS*（*SpDXS*）	核基因组转化 密码子优化 内含子修饰 多基因共表达 多基因融合表达 限速酶多拷贝转化	在光/暗循环和自养条件下，13（+）泪柏醚干重为 80 mg/g；产生 9-OH 的 13（+）泪柏醚
		蓖麻烯（叶绿体、胞外分泌）	蓖麻的蓖麻烯合成酶（*RcCBS*）	核基因组转化 密码子优化 内含子修饰 过表达 *RcCBS*	产生蓖麻烯
		紫杉二烯（叶绿体、胞外分泌）	短叶红豆杉的紫杉二烯合酶（*TbTXS*）	核基因组转化 密码子优化 内含子修饰 过表达 *TbTXS*	产生紫衫二烯

（续表）

藻种	内源性底物（合成场所）	异源萜类产物（合成场所）	靶标基因	工程策略	结果
莱茵衣藻	FPP（细胞质）	（E）-α-红没药烯（叶绿体）	大冷杉的红没药烯合成酶（*AgBs*） 大肠杆菌 *FPPS*（*ispA*） 内源性 *AGPP*、*PFT*、*GGPP* 和 *SQS* 的人工 miRNA	核基因组转化 多基因共表达 多基因融合表达 竞争性通路的基因干扰	在光/暗循环和混合营养条件下，（E）-α-红没药烯含量为 11.0 mg/L
	GGPP（叶绿体）	半日花烷型二萜类（叶绿体）	岩蔷薇的 Copal-8-ol 二磷酸合成酶（*CcCLS*）	叶绿体基因组转化 密码子优化 过表达 *CcCLS*	在光/暗循环和混合营养条件下，半日花烷型二萜类干重约 1.2 mg/g
	FPP（细胞质）	（E）-α-红没药烯（叶绿体）	大冷杉的红没药烯合成酶（*AgBs*）	启动子工程	通过合理的启动子工程使（E）-α-红没药烯含量增加约 18 倍
	GGPP（叶绿体）	香紫苏醇（叶绿体）	南欧丹参的香紫苏醇合成酶基因（*SsSCS*）、*s*（*13E*）*-8α-hydroxylabden-15-yl diphosphate* 合成酶基因（*SsLPPS*） 不同物种的 *GGPPS*、*DXS*、*DXR* 和 *IDI* 基因	启动子工程 核基因组转化 密码子优化 内含子修饰 多基因共表达 多基因融合表达 限速酶多拷贝转化	在持续光照和混合营养条件下，香紫苏醇含量为 656 mg/L

（续表）

藻种	内源性底物（合成场所）	异源萜类产物（合成场所）	靶标基因	工程策略	结果
三角褐指藻	GGPP（叶绿体和细胞质）	香叶醇（叶绿体）	长春花的香叶醇合成酶基因（*CrGES*）	附加体递交转化 密码子优化 诱导型和组成型过表达 *CrGES*	由诱导型启动子驱动的 *CrGES* 过表达，在诱导 72 小时后，香叶醇含量为 48.6 μg/L； *CrGES* 组成型过表达的转化子，其香叶醇在第 7 天的含量达 309 μg/L
	角鲨烯（细胞质）	桦木醇（叶绿体）	拟南芥和日本莲的羽扇豆醇合成酶基因（*AtLUS*、*LjLUS*） 蒺藜苜蓿的细胞色素 P450 基因和细胞色素 P450 还原酶基因（*MtCYP716A12* 和 *MtCPR*）	核基因组转化 多基因共表达 多基因融合表达	*LjLUS* 过表达藻株的羽扇豆醇最大产量为 0.1 mg/L； *LjLUS*、*MtCYP716A12* 和 *MtCPR* 共同过表达产生桦木酸
管状藻	FPP（细胞质）	（E）-α-红没药烯（叶绿体）	大冷杉的红没药烯合成酶（*AgBs*）	核基因组转化 内含子修饰	（E）-α-红没药烯含量为 0.81 mg/L

在微藻中，不同物种的类异戊二烯生物合成途径存在差异，如硅藻与部分红藻物种（如 *Phaeodactylum tricornutum*、*CyanIdIum caldarium*、*Galdieria sulphurari* 等）具有 MVA 途径与 MEP 途径；在红藻物种 *CyanIDIoschyzon merolae* 与绿藻、真眼点藻 *Eustigmatophyceae* 等物种中，MVA 途径在进化过程中特异性缺失，仅利用 MEP 途径合成所需的异戊二烯前体。然而，目前对微藻异戊二烯代谢和积累机制的研究不够深入，导致以微藻为“异戊二烯细胞工厂”的工程策略局限在特定酶基因的超表达或干扰。为了改善这种情况，需要研究代谢机制并开发新的技术和设计策略。

（二）微藻人工细胞器基因组工程

真核基因组较原核基因组不同的是，真核细胞除核基因组外还存在线粒体、叶绿体等细胞器基因组。这些细胞器由独立的膜结构包被，形成独立的腔室和理化环境，为细胞的正常生长发育提供支持。细胞器基因组的合成研究是合成生物学领域的重要分支领域，不仅促进合成生物学的发展，还为研究细胞器机能、遗传特点和定向改造细胞器提供支持。

1. 微藻人工线粒体基因组工程

线粒体是细胞进行有氧呼吸的主要场所，也是细胞的能量中心，在介导细胞程序性死亡、Ca^{2+} 转运、细胞信号传递等过程发挥重要作用。线粒体属半自主型细胞器，具独立的环状或线状基因组，能单独进行复制、转录和蛋白质合成。与核基因组相比，线粒体基因组较小，缺乏组蛋白的结合、DNA 链折叠包装等保护机制，因此更容易受到损伤。另外，线粒体合成 ATP 过程中会产生大量的自由基，这些自由基也容易造成 DNA 损伤。

由线粒体基因损伤造成的突变容易导致线粒体功能异常，从而引起细胞或个体病变，这种病变被称为线粒体疾病。由于线粒体在不同的组织中执行不同的功能，使得不同组织的线粒体异常，产生不同类型线粒体疾病；相同的线粒体基因突变在不同细胞中可能产生不同的病症，而不同的基因突变也可能产生相同的征兆；线粒体疾病还会通过卵细胞遗传给下一代，这些使得线粒体疾病临床诊断和治疗十分困难，目前临床上尚无有效治疗手段。因此，建立稳定的外源基因在线粒体中导入和表达系统，对未来治疗线粒体疾病有重要指导意义。

线粒体具双层包裹膜、多拷贝、超小尺寸（0.5 ~ 1 μm）等独特特征，使其转化效率和同质化基因组等技术存在巨大挑战。迄今为止，有关线粒体基因组的合成研究仅 4 篇：2008 年，Itaya 团队利用枯草芽孢杆菌基因组（BGM）载体构建小鼠线粒体基因组和水稻叶绿体基因组，并建立了从小的连续 DNA 片段构建完整重组基因组的方法；2010 年，Gibson 团队介绍了从重叠寡核苷酸合成 DNA 分子的等温体外重组系统，从 600 个重叠的 60 mer 寡核苷酸中合成了 16.3 kbp 的小鼠线粒体基因组；2020 年，Cochrane 团队开发了一种快速设计并生成藻类线粒体基因组的方法，人工合成了三角褐指藻线粒体基因组；2022 年，王泉等设计、合成和组装了一个莱茵衣藻人工线粒体基因组的左臂（synthetic mitochondria left arm，Syn–LA），并成功将 Syn–LA 转入缺陷型藻株 cc–2654，验证了 Syn–LA 的内功能化和异质性率。该研究是首个在活细胞内实现人工基因组功能化的研究，研究数据和结论为真核细胞器基因组的合成提供了有价值的指导。

2. 微藻人工叶绿体基因组工程

植物、藻类等光自养生物为地球生态系统提供所需的氧气和食物，提高作物光合作用的效率和生产力，在减少二氧化碳排放、防止气候变化和应对全球农业危机等方面发挥着重要作用。叶绿体是植物光合作用的场所，编码了参与该过程的大部分关键基因，但是由于这些基因的自发突变概率有限，传统育种方法较难突破光合作用效率的限制。因此，利用合成生物学技术改造叶绿体基因组，实现更高效的光收集和能量转换，提高碳固定和光合效率，以及利用叶绿体合成高价值的食品添加剂产品等已成为新的研究趋势。然而，高等植物的光自养及生长周期长的特性限制了对其光合作用系统中的人工修饰。目前仅有 Itaya 团队在枯草芽孢杆菌中利用化学合成片段完整组装水稻叶绿体基因组的报道，尚未对该基因组进行功能检测。相较之下，单细胞莱茵衣藻能完全自养生长，具有易于转化的单一叶绿体，生长周期短，是最理想的测试平台。

莱茵衣藻叶绿体基因组长 203 kb，以闭合环状方式存在，共含有 99 个基因，主要包括参与光合作用的相关基因、转录相关基因、tRNA 和 rRNA 编码基因等。除了两个约 22 kb 的大片段重复序列外，仍有超过 20% 的短重复序列分散分布于基因间区域，此外，叶绿体基因组序列中 AT 含量高达 65%。自 1988 年首次证明莱茵衣藻叶绿体的转化以来，分子工具数量和叶绿体转化技术稳步提高。2012 年，O'Neill 团队利用 BAC 库的大片段在酵母中组装了莱茵衣藻叶绿体基因组。2023 年，郭春立等通过化学合成、体外组装总长度为 221，372 bp 的莱茵衣藻人工叶绿体基因组 SynCpV1.0，并将其转化入莱茵衣藻 CC125 和光合作用缺陷藻株 CC5168 中，证实了 SynCpV1.0 具有生物学功能和活性，能使 CC5168 藻株恢复光合作用。该研究首次实现了从头合成人工叶绿体基因组并在光合生物中完成体内功能的表征，开创了藻类乃至光合植物细胞器研究的新篇章，允许研究者对叶绿体基因组进行自下而上地重编写和全合成，从而对叶绿体基因组进行全面的研究，将合成生物学研究带入亚细胞水平，也为后续人工细胞器的功能化研究及重新设计光合作用奠定基础。

参考文献

ANGENENDT P, 2005. Progress in protein and antibody microarray technology [J]. Drug Discov Today, 10(7): 503−511.

ARMBRUST E V, BERGES J A, BOWLER C, et al., 2004. The genome of the diatom *Thalassiosira pseudonana*: ecology, evolution, and metabolism [J]. Science, 306(5693): 79−86.

ARONHEIM A, 1997. Improved efficiency sos recruitment system: expression of the mammalian GAP reduces isolation of Ras GTPase false positives [J]. Nucleic Acids Res, 25(16): 3373−3374.

ATSUMI S, HANAI T, LIAO J C, 2008. Non-fermentative pathways for synthesis of branched-chain higher alcohols as biofuels [J]. Nature, 451(7174): 86–89.

BAILEY–SERRES J, PARKER J E, AINSWORTH E A, et al., 2019. Genetic strategies for improving crop yields [J]. Nature, 575(7781): 109–118.

BARRANGOU R, FREMAUX C, DEVEAU H, et al., 2007. CRISPR provides acquired resistance against viruses in prokaryotes [J]. Science, 315(5819): 1709–1712.

BASSETT A R, KONG L, LIU J L, 2015. A genome–wide CRISPR library for high–throughput genetic screening in *Drosophila* cells [J]. J Genet Genomics, 42(6): 301–309.

BHAYA D, DAVISON M, BARRANGOU R, 2011. CRISPR–Cas systems in bacteria and archaea: versatile small RNAs for adaptive defense and regulation [J]. Annu Rev Genet, 45: 273–297.

BLANC–MATHIEU R, VERHELST B, DERELLE E, et al., 2014. An improved genome of the model marine alga *Ostreococcus tauri* unfolds by assessing Illumina de novo assemblies [J]. BMC Genomics, 15: 1103.

BOWLER C, ALLEN A E, BADGER J H, et al., 2008. The *Phaeodactylum* genome reveals the evolutionary history of diatom genomes [J]. Nature, 456(7219): 239–244.

BOYNTON J E, GILLHAM N W, HARRIS E H, et al., 1988. Chloroplast transformation in *Chlamydomonas* with high velocity microprojectiles [J]. Science, 240(4858): 1534–1538.

BUTLER T, KAPOORE R V, VAIDYANATHAN S, 2020. *Phaeodactylum tricornutum*: a diatom cell factory [J]. Trends Biotechnol, 38(6): 606–622.

CELLO J, PAUL A V, WIMMER E, 2002. Chemical synthesis of poliovirus cDNA: generation of infectious virus in the absence of natural template [J]. Science, 297(5583): 1016–1018.

CHAN L Y, KOSURI S, ENDY D, 2005. Refactoring bacteriophage T7 [J]. Molecular Systems Biology, 1(2005. 0018).

CHENGWEI L, XIAOWEN Z, XIAOYUAN C, et al., 2011. Serine/threonine protein kinase *spkg* is a candidate for high salt resistance in the unicellular cyanobacterium synechocystis sp. PCC 6803 [J]. PLoS one, 6(5).

CHRISTIAN M, CERMAK T, DOYLE E L, et al., 2010. Targeting DNA double–strand breaks with tal effector nucleases [J]. Genetics, 186(2): 476–757.

CHUCK, BLAJSZCZAK, MARCELO, et al., 2017. Mitochondria targeting by environmental stressors: implications for redox cellular signaling [J]. Toxicology.

COCHRANE R R, BRUMWELL S L, SOLTYSIAK M P M, et al., 2020. Rapid method for generating designer algal mitochondrial genomes [J]. Algal Research, 50: 102014.

COHEN S N, CHANG A C, BOYER H W, et al., 1992. Construction of biologically functional bacterial plasmids in vitro. [J]. Biotechnology(Reading, Mass.), 24: 188–192.

COWAN K J, 2005. The mitochondria: powerhouse of the cell [M]. Functional Metabolism: Regulation and Adaptation.

CRAIGE B, WITMAN G B, 2014. Flipping a phosphate switch on kinesin–ii to turn IFT around [J]. Developmental Cell, 30(5): 492–493.

DIETRICH J A, YOSHIKUNI Y, FISHER K J, et al., 2009. A novel semi–biosynthetic route for artemisinin production using engineered substrate–promiscuous P450(BM3) [J]. ACS Chemical Biology, 4(4): 261–267.

DUEBER J E, WU G C, MALMIRCHEGINI G R, et al., 2009. Synthetic protein scaffolds provide modular control over metabolic flux [J]. Nature Biotechnology, 27(8): 107–753.

DYO Y M, PURTON S, 2018. The algal chloroplast as a synthetic biology platform for production of therapeutic proteins [J]. Microbiology(Reading), 164(2): 113–121.

FEDURCO M, ROMIEU A, WILLIAMS S, et al., 2006. BTA, a novel reagent for DNA attachment on glass and efficient generation of solid–phase amplified DNA colonies [J]. Nucleic Acids Research, 34(e223).

FRIEDLAND A E, LU T K, WANG X, et al., 2009. Synthetic gene networks that count [J]. Science, 324(5931): 1199–1202.

GARDNER T S, CANTOR C R, COLLINS J J, 2000. Construction of a genetic toggle switch in *Escherichia coli* [J]. Nature, 403(6767): 339–342.

GIBSON D G, BENDERS G A, ANDREWS–PFANNKOCH C, et al., 2008. Complete chemical synthesis, assembly, and cloning of a *Mycoplasma genitalium* genome [J]. Science, 319(5867): 1215–1220.

GIBSON D G, GLASS J I, LARTIGUE C, et al., 2010. Creation of a bacterial cell controlled by a chemically synthesized genome [J]. Science, 329(5987): 52–56.

GIBSON D G, SMITH H O, HUTCHISON C R, et al., 2010. Chemical synthesis of the mouse mitochondrial genome [J]. Nat Methods, 7(11): 901–903.

GILBERT L A, HORLBECK M A, ADAMSON B, et al., 2014. Genome–scale crispr–mediated control of gene repression and activation [J]. Cell, 159(3): 647–661.

GIMPEL J A, NOUR-ELDIN H H, SCRANTON M A, et al., 2016. Refactoring the six-gene photosystem Ⅱ core in the chloroplast of the green algae *Chlamydomonas reinhardtii* [J]. ACS Synth Biol, 5(7): 589-596.

GNESUTTA N, SAAD D, CHAVES-SANJUAN A, et al., 2017. Crystal structure of the *Arabidopsis thaliana* L1L/NF-YC3 histone-fold dimer reveals specificities of the LEC1 family of NF-Y subunits in plants [J]. Molecular Plant, 10(4): 645-648.

GOBLER C J, BERRY D L, DYHRMAN S T, et al., 2011. Niche of harmful alga *Aureococcus anophagefferens* revealed through ecogenomics [J]. Proceedings of the National Academy of Sciences of the United States of America, 108(11): 4352-4357.

GUO C L, ZHANG G Y, WANG H, et al., 2023. The "replacing surgery" of cpDNA: de novo chemical synthesis and in vivo functional testing of *Chlamydomonas chloroplast* genome [J]. bioRxiv.

HANNON G J, 2002. RNA interference [J]. Nature, 418(6894): 244-251.

HEID C A, STEVENS J, LIVAK K J, et al., 1996. Real time quantitative PCR [J]. Genome Research, 6(10): 986-994.

HELLEDAY T, LO J, VAN GENT D C, et al., 2007. DNA double-strand break repair: from mechanistic understanding to cancer treatment [J]. DNA Repair, 6(7): 923-935.

HUTCHISON C R, CHUANG R Y, NOSKOV V N, et al., 2016. Design and synthesis of a minimal bacterial genome [J]. Science, 351(6280): d6253.

IBANEZ-SALAZAR A, ROSALES-MENDOZA S, ROCHA-URIBE A, et al., 2014. Over-expression of Dof-type transcription factor increases lipid production in *Chlamydomonas reinhardtii* [J]. Journal of Biotechnology, 184: 27-38.

ITAYA M, FUJITA K, KUROKI A, et al., 2008. Bottom-up genome assembly using the Bacillus subtilis genome vector [J]. Nat Methods, 5(1): 41-43.

JAENISCH R, MINTZ B, 1974. Simian virus 40 DNA sequences in DNA of healthy adult mice derived from preimplantation blastocysts injected with viral DNA [J]. Proceedings of The National Academy of Sciences of The United States of America, 71(4): 1250-1254.

JONA M, BRAM P, FELIX O, et al., 2017. Ensemble and single-molecule dynamics of IFT dynein in *Caenorhabditis elegans* cilia [J]. Nature Communications, 8(1): 1-9.

KADOCH C, HARGREAVES D C, HODGES C, et al., 2013. Proteomic and bioinformatic analysis of mammalian SWI/SNF complexes identifies extensive roles in human malignancy [J]. Nature Genetics, 45(6): 592.

KANNAN K, GIBSON D G, 2017. Yeast genome, by design [J]. Science, 355(6329): 1024–1025.

KLEINSTIVER B P, PREW M S, TSAI S Q, et al., 2015. Broadening the targeting range of *Staphylococcus aureus* CRISPR–Cas9 by modifying PAM recognition [J]. Nature Biotechnology, 33(12): 1293.

KONERMANN S, BRIGHAM M D, TREVINO A E, et al., 2015. Genome–scale transcriptional activation by an engineered CRISPR–Cas9 complex [J]. Nature, 517(7536): 332–583.

Ku C, Nelson–Sathi S, Roettger M, et al., 2015. Endosymbiotic origin and differential loss of eukaryotic genes [J]. Nature, 524(7566): 427.

LARREA–ALVAREZ M, PURTON S, 2020. Multigenic engineering of the chloroplast genome in the green alga *Chlamydomonas reinhardtii* [J]. Microbiology(Reading), 166(6): 510–515.

LAVER T, HARRISON J, O'NEILL P A, et al., 2015. Assessing the performance of the Oxford Nanopore Technologies MinION [J]. Biomolecular detection and quantification, 3: 1–8.

LEGERET B, SCHULZ–RAFFELT M, NGUYEN H M, et al., 2016. Lipidomic and transcriptomic analyses of *Chlamydomonas reinhardtii* under heat stress unveil a direct route for the conversion of membrane lipids into storage lipids [J]. Plant Cell and Environment, 39(4): 834–847.

LI X, LAN C, LI X, et al., 2022. A review on design–build–test–learn cycle to potentiate progress in isoprenoid engineering of photosynthetic microalgae [J]. Bioresour Technol, 363: 127981.

LIANG Y, RIDZON D, WONG L, et al., 2007. Characterization of microRNA expression profiles in normal human tissues [J]. BMC Genomics, 8(166).

MACEDO–OSORIO K S, PEREZ–ESPANA V H, GARIBAY–ORIJEL C, et al., 2018. Intercistronic expression elements(IEE)from the chloroplast of *Chlamydomonas reinhardtii* can be used for the expression of foreign genes in synthetic operons [J]. Plant Mol Biol, 98(4–5): 303–317.

MANSFELDT C B, RICHTER L V, AHNER B A, et al., 2016. Use of de novo transcriptome libraries to characterize a novel oleaginous marine chlorella species during the accumulation of triacylglycerols [J]. PLoS one, 11(2).

MARGULIES M, EGHOLM M, ALTMAN W E, et al., 2005. Genome sequencing in microfabricated high-density picolitre reactors [J]. Nature, 437(7057).

MAUL J E, LILLY J W, CUI L, et al., 2002. The *Chlamydomonas reinhardtii* plastid chromosome: islands of genes in a sea of repeats [J]. Plant Cell, 14(11): 2659-2679.

MEI Y, WANG Y, CHEN H, et al., 2016. Recent progress in CRISPR/Cas9 technology [J]. Journal of Genetics and Genomics, 43(2): 63-75.

MILLS D B, 2020. The origin of phagocytosis in *Earth* history [J]. Interface Focus, 10(4)20200019.

MOHAMMED-AMIN M, STEFAN E, CORINNE C, et al., 2015. Genome assembly using Nanopore-guided long and error-free DNA reads [J]. BMC Genomics, 16(1).

MORROW J F, BERG P, 1972. Cleavage of simian virus-40 DNA at a unique site by a bacterial restriction enzyme [J]. Proceedings of The National Academy of Sciences of The United States of America, 69(11): 3365.

NARANG P K, DEY J, MAHAPATRA S R, et al., 2021. Genome-based identification and comparative analysis of enzymes for carotenoid biosynthesis in microalgae [J]. World J Microbiol Biotechnol, 38(1): 8.

NG Y S, BINDOFF L A, GORMAN G S, et al., 2021. Mitochondrial disease in adults: recent advances and future promise [J]. Lancet Neurol, 20(7): 573-584.

O'NEILL B M, MIKKELSON K L, GUTIERREZ N M, et al., 2012. An exogenous chloroplast genome for complex sequence manipulation in algae [J]. Nucleic Acids Res, 40(6): 2782-2792.

PALENIK B, GRIMWOOD J, AERTS A, et al., 2007. The tiny eukaryote *Ostreococcus* provides genomic insights into the paradox of plankton speciation [J]. Proc Natl Acad Sci U S A, 104(18): 7705-7710.

PARKER M S, MOCK T, ARMBRUST E V, 2008. Genomic insights into marine microalgae [J]. Annual Review of Genetics, 42: 619-645.

PAWE M, ANDRZEJ B, KRZYSZTOF M, 2013. The case of horizontal gene transfer from bacteria to the peculiar dinoflagellate plastid genome [J]. Mobile Genetic Elements, 3(4).

PENG H, WEI D, CHEN G, et al., 2016. Transcriptome analysis reveals global regulation in response to CO_2 supplementation in oleaginous microalga *Coccomyxa subellipsoidea* C-169

[J]. Biotechnology for Biofuels, 9(151).

POSFAI G, PLUNKETT G, FEHER T, et al., 2006. Emergent properties of reduced-genome *Escherichia coli* [J]. Science, 312(5776): 1044-1046.

POURKARIMI S, HALLAJISANI A, ALIZADEHDAKHEL A, et al., 2020. Factors affecting production of beta-carotene from *Dunaliella salina* microalgae [J]. Biocatalysis and Agricultural Biotechnology, 29: 101771.

READ B A, KEGEL J, KLUTE M J, et al., 2013. Pan genome of the phytoplankton Emiliania underpins its global distribution [J]. Nature, 499(7457): 209-213.

REUTER J A, SPACEK D V, SNYDER M P, 2015. High-throughput sequencing technologies [J]. Molecular Cell, 58(4): 586-597.

ROSS P L, HUANG Y, MARCHESE J N, et al., 2004. Multiplexed protein quantitation in *Saccharomyces cerevisiae* using amine-reactive isobaric tagging reagents [J]. Molecular & Cellular Proteomics, 3(12): 1154-1169.

RUBIN M R, 2020. Recent advances in understanding and managing hypoparathyroidism [J]. F1000Res, 9: F1000.

SCHMOLLINGER S, MUEHLHAUS T, BOYLE N R, et al., 2014. Nitrogen-sparing mechanisms in *Chlamydomonas* affect the transcriptome, the proteome, and photosynthetic metabolism [J]. Plant Cell, 26(4): 1410-1435.

SHALEM O, SANJANA N E, ZHANG F, 2015. High-throughput functional genomics using CRISPR-Cas9 [J]. Nature Reviews Genetics, 16(5): 299-311.

SHARWOOD R E, 2017. Engineering chloroplasts to improve Rubisco catalysis: prospects for translating improvements into food and fiber crops [J]. New Phytol, 213(2): 494-510.

SHENDURE J, PORRECA G J, REPPAS N B, et al., 2005. Accurate multiplex polony sequencing of an evolved bacterial genome [J]. Science, 309(5741): 1728-1732.

SIMKIN A J, LOPEZ-CALCAGNO P E, DAVEY P A, et al., 2017. Simultaneous stimulation of sedoheptulose 1,7-bisphosphatase, fructose 1,6-bisphophate aldolase and the photorespiratory glycine decarboxylase-H protein increases CO_2 assimilation, vegetative biomass and seed yield in *Arabidopsis* [J]. Plant Biotechnol J, 15(7): 805-816.

SIMKIN A J, MCAUSLAND L, HEADLAND L R, et al., 2015. Multigene manipulation of photosynthetic carbon assimilation increases CO_2 fixation and biomass yield in tobacco [J].

J Exp Bot, 66(13): 4075–4090.

SMITH H O, HUTCHISON C A, PFANNKOCH C, et al., 2003. Generating a synthetic genome by whole genome assembly: phi X174 bacteriophage from synthetic oligonucleotides [J]. Proceedings of the national academy of sciences of the united states of America, 100(26): 15440–15445.

STRICKER J, COOKSON S, BENNETT M R, et al., 2008. A fast, robust and tunable synthetic gene oscillator [J]. Nature, 456(7221): 516–539.

STRUL B, KOENIG F R. Method and apparatus for impedance measurement in a multi–channel electro–surgical generator.

SULTAN M, SCHULZ M H, RICHARD H, et al., 2008. A global view of gene activity and alternative splicing by deep sequencing of the human transcriptome [J]. Science, 321(5891): 956–960.

SUNDBERG S A, 2000. High–throughput and ultra–high–throughput screening: solution– and cell–based approaches [J]. Current Opinion in Biotechnology, 11(1): 47–53.

TANENBAUM M E, GILBERT L A, QI L S, et al., 2014. A protein–tagging system for signal amplification in gene expression and fluorescence imaging [J]. Cell, 159(3): 635–646.

URNOV F D, MILLER J C, LEE Y L, et al., 2005. Highly efficient endogenous human gene correction using designed zinc–finger nucleases [J]. Nature, 435(7042): 646–651.

VAN DER OOST J, WESTRA E R, JACKSON R N, et al., 2014. Unravelling the structural and mechanistic basis of CRISPR–Cas systems [J]. Nature Reviews Microbiology, 12(7): 479–492.

WALDER R Y, WALDER J A, 1988. Role of rnase–h in hybrid–arrested translation by antisense oligonucleotides [J]. Proceedings of The National Academy of Sciences of The United States of America, 85(14): 5011–5015.

WALKER R S, CAI Y, 2016. The fifth annual Sc2.0 and synthetic genomes conference: synthetic genomes in high gear [J]. ACS Synth Biol, 5(9): 920–922.

WALLACE D C, 1999. Mitochondrial diseases in man and mouse [J]. Science, 283(5407): 1482–1488.

WANG D, NING K, LI J, et al., 2014. Nannochloropsis genomes reveal evolution of microalgal oleaginous traits [J]. PLoS Genetics, 10(1): e10040941.

WANG H, ALVAREZ S, HICKS L M, 2012. Comprehensive comparison of itraq and label-free lc-based quantitative proteomics approaches using two *Chlamydomonas Reinhardtii* strains of interest for biofuels engineering [J]. Journal of Proteome Research, 11(1): 487-501.

WANG Q, LUO H, ZHUANG J, et al., 2022. Chemical synthesis of left arm of *Chlamydomonas reinhardtii* mitochondrial genome and in vivo functional analysis [J]. Front Microbiol, 13: 1064497.

WHEELER T, VON BRAUN J, 2013. Climate change impacts on global food security [J]. Science, 341(6145): 508-513.

WOLFF A, PERCH-NIELSEN I R, LARSEN U D, et al., 2003. Integrating advanced functionality in a microfabricated high-throughput fluorescent-activated cell sorter [J]. Lab on A Chip, 3(1): 22-27.

WORDEN A Z, LEE J, MOCK T, et al., 2009. Green evolution and dynamic adaptations revealed by genomes of the marine picoeukaryotes micromonas [J]. Science, 324(5924): 268-272.

XU T, QIN S, HU Y, et al., 2016. Whole genomic DNA sequencing and comparative genomic analysis of *Arthrospira platensis*: high genome plasticity and genetic diversity [J]. DNA Research, 23(4): 325-338.

ZALATAN J G, LEE M E, ALMEIDA R, et al., 2015. Engineering complex synthetic transcriptional programs with CRISPR RNA scaffolds [J]. Cell, 160(1-2): 339-350.

ZHANG H, TANG Y, YING Z, et al., 2015. Fucoxanthin: A promising medicinal and nutritional ingredient [J]. Evidence-based Complementray and Alternative Medicine, 723515.

ZHANG J, HAO Q, BAI L, et al., 2014. Overexpression of the soybean transcription factor GmDof4 significantly enhances the lipid content of *Chlorella ellipsoidea* [J]. Biotechnology for Biofuels, 7(128).

ZHAO Z X, CAO Y, LI M, et al., 2001. Double-stranded RNA injection produces nonspecific defects in zebrafish [J]. Developmental Biology, 229(1): 215-223.

ZHOU Y, ZHU S, CAI C, et al., 2014. High-throughput screening of a CRISPR/Cas9 library for functional genomics in human cells [J]. Nature, 509(7501): 487-491.